Henning Genz

Symmetrie – Bauplan der Natur

SERIE PIPER
Band 1579

Zu diesem Buch

An vielen erstaunlichen und überraschenden Beispielen zeigt der Physiker Henning Genz, daß Symmetrie der Bauplan der Natur, das alles tragende Grundprinzip ist. Auch die Naturgesetze unterliegen den Gesetzen der Symmetrie. Das Buch bietet dem physikalisch interessierten Leser nicht nur einen Blick in das Innerste der Natur, sondern auch Anlaß zu intellektuellem Staunen darüber, wie die Natur mit den verschiedenen Symmetrien »spielt« und so immer neue Objekte erschafft.

»Die Verbindung zwischen Gesetz und Symmetrie hat die Physiker immer schon begeistert, und beides – die Symmetrie und die Faszination – versucht Genz dem Leser deutlich zu machen. Er tut dies ohne jeden Schnörkel, ganz im Vertrauen auf die Überzeugungskraft der sichtbar werdenden Zusammenhänge ... Vielleicht fällt dem Leser bei seinem nächsten Blick in den Spiegel dann auch auf, daß dieser gar nicht links und rechts vertauscht; er vertauscht vor und hinten, weshalb oben und unten auch im Spiegel da bleiben, wo sie in Wirklichkeit sind.« Ernst Peter Fischer, FAZ

Henning Genz, geboren 1938 in Braunschweig, Studium der Mathematik und Physik in Göttingen und München, Physikdiplom 1965, Promotion 1967 in München, Habilitation 1971 in Karlsruhe; Forschungsstellen in Hamburg und Berkeley/Kalifornien; 1972 Universitätsdozent, seit 1976 Professor für Theoretische Physik in Karlsruhe.

Henning Genz

Symmetrie – Bauplan der Natur

Mit 136 Schwarzweiß-Abbildungen
und sechs farbigen Abbildungen
auf Tafeln

Piper
München Zürich

ISBN 3-492-11579-9
Durchgesehene Neuausgabe 1992
2. Auflage, 6.–9. Tausend November 1992
(1. Auflage, 1.–4. Tausend dieser Ausgabe)

Umschlag: Federico Luci,
unter Verwendung des Gemäldes von Hans Hinterreiter
»Study 228« (9.8.1949) (mit freundlicher Genehmigung
der Hans Hinterreiter-Stiftung)
Foto Umschlagrückseite: Gabi Mahler
Gesamtherstellung: Clausen & Bosse, Leck
Printed in Germany

Die Welt ist sehr kompliziert, und für den menschlichen Verstand ist es offensichtlich unmöglich, sie ganz zu verstehen. Daher wurde ein Kunstgriff eingeführt, der es ermöglicht, für die Komplikationen Umstände verantwortlich zu machen, die als zufällig angesehen werden, und dadurch Bereiche abzugrenzen, in denen einfache Gesetze entdeckt werden können. Die Komplikationen nennt man Anfangsbedingungen; das Feld der Regelmäßigkeiten Naturgesetze. Obwohl von außen gesehen diese Aufteilung der Struktur der Welt unnatürlich aussehen mag und obwohl sie wahrscheinlich nur begrenzt möglich ist, ist die ihr zugrunde liegende Abstraktion wohl eine der fruchtbarsten des menschlichen Verstandes überhaupt. Sie hat die Naturwissenschaft möglich gemacht.

E. P. Wigner, Invariance in Physical Theory

Inhalt

Prolog: Der Blick in den Spiegel

Einmal angenommen, Sie könnten wie Orpheus in Jean Cocteaus Film *Orphée* die Oberfläche Ihres Spiegels durchschreiten – würden Sie merken, in welch seltsame Umgebung es Sie verschlagen hat? Daß die Landschaft, die Sie dann sehen, das Spiegelbild einer wirklichen Landschaft ist, würden Sie wohl kaum bemerken; denn das Spiegelbild eines Berges ist wieder ein Berg, das eines Baches ein Bach und das eines Waldes ein Wald: Das Spiegelbild einer wirklichen Landschaft ist allemal eine mögliche Landschaft. Die Wolken, die heraufziehen und die Sonne verdunkeln, sehen aus wie wirkliche Wolken, und das Spiegelbild des Gewitters können Sie von einem wirklichen Gewitter nicht unterscheiden. Denn auch die gespiegelte Folge von Blitzen, Regen und Donner ist eine mögliche Folge. Merkwürdig ist allerdings, daß die Sonne nach dem Gewitter weiter links steht als zuvor.

Orpheus, wenn ich Cocteau richtig verstehe, würde das nicht bemerken. Ich hätte nicht sagen sollen, er durchschreite seinen Spiegel – er durchflutet ihn, und das soll wohl bedeuten, daß er dabei zu seinem eigenen Spiegelbild wird. Als Spiegelbild unter Spiegelbildern konnte er nichts mitnehmen, das ihm erlaubt hätte, sein altes »links« wiederzuerkennen – dort, wo sein Herz sitzt, ist für ihn links, auch wenn wir vor dem Spiegel anderer Ansicht sein sollten. Wie für uns die wirkliche Sonne, so hat sich für ihn die gespiegelte Sonne während des Gewitters von der Seite, wo das Herz sitzt, nach der anderen Seite bewegt – und so weiter, eine Geschichte, anscheinend zu langweilig, um sie auszuspinnen. Wir vergleichen die im Spiegel betrachtete wirkliche Welt mit dem exakten Nachbau ihres Spiegelbildes, der Welt des gespiegelten Orpheus, und erwarten natürlich, daß sich beide im Laufe der Zeit genau gleich verhalten. Das ist aber nicht so.

T. D. Lee, der 1957 zusammen mit C. N. Yang den Physiknobelpreis für die Vorhersage der Spiegelsymmetrieverletzung erhielt, hat ein Auto beschrieben, das sich, im Spiegel betrachtet, anders verhält als der Nachbau seines Spiegelbildes. Wie ein ganz normales Auto fährt auch dieses vorwärts, wenn der Fahrer auf dem linken Sitz den Schlüssel rechtsherum dreht und die automatische Schaltung auf > stellt. Im Spiegel betrachtet, steigt das Spiegelbild des Fahrers auf den rechten Sitz, dreht den Schlüssel linksherum, stellt die automatische Schaltung auf <, und das Auto fährt vorwärts. Neben dem Auto steht der exakte Nachbau seines Spiegelbildes mit Linksschrauben statt Rechtsschrauben, dem Steuer rechts und so weiter. Dieses Auto fährt, wenn gestartet, wie zuvor im Spiegel gesehen – rückwärts. Orpheus, wenn er hinter dem Spiegel in dieses Auto steigt, muß umlernen. Die ihm vertrauten Gesetze der wirklichen Welt gelten nicht mehr. Das Auto fährt in Richtung der Rücklichter statt der Scheinwerfer, wenn er es wie gewohnt, wie von uns im Spiegel gesehen, zu starten versucht – eine wahrlich verkehrte Welt: Das Spiegelbild einer wirklichen Folge von Ereignissen ist keine mögliche Ereignisfolge.

Das Auto T. D. Lees ist kein gewöhnliches Auto. Wie es funktioniert, wird in Kapitel 9 beschrieben. Neugierige Leser, die bereits wissen, was der »schwache radioaktive Zerfall« ist, verweise ich auf Abbildung 116. Kernstück des Autos ist ein radioaktives Präparat, in der Abbildung als Doppelhaken dargestellt. Der Nachbau des Spiegelbilds dieses Präparats verhält sich anders als das Präparat selbst, im Spiegel betrachtet.

Der Leser, der nicht glauben will, daß es wahrhaft und wirklich Dinge gibt, die sich, im Spiegel betrachtet, anders verhalten als der Nachbau ihres Spiegelbildes, befindet sich in allerbester Gesellschaft. In der kurzen Spanne – wenige Monate der Jahre 1956/57 – zwischen der theoretischen Vorhersage des Effekts und seinem experimentellen Nachweis war der Physik-Nobelpreisträger Wolfgang Pauli (1900 bis 1958) »bereit, eine sehr hohe Summe zu wetten, daß die Versuche symmetrische Ergebnisse liefern werden«. Pauli hätte die Wette verloren, die Ergebnisse waren nicht spiegelsymmetrisch. »Paradoxa aufstellen« ist, so Goethe, ein Stilmittel, um »lebhaftere

Aufmerksamkeit« zu erregen. Das paradoxe Resultat der Spiegelsymmetrieverletzung beim schwachen radioaktiven Zerfall kann ich im Prolog nur feststellen, nicht erklären. Ich hoffe natürlich, daß es lebhafte Aufmerksamkeit erregt.

Abläufe, die wir tagtäglich um uns herum beobachten, sind zwar nicht spiegelsymmetrisch, werden aber von spiegelsymmetrischen Naturgesetzen beherrscht. Wir schreiben fast alle mit der rechten Hand von links nach rechts. Linkshänder – oberflächlich betrachtet die Spiegelbilder von Rechtshändern – könnten, hätte man sie nur gelassen, viel besser mit der linken Hand von rechts nach links schreiben. Der Existenz von Linkshändern und ihrer Art zu schreiben widerspricht kein Naturgesetz. Zufällig – davon wird noch zu sprechen sein – zeichnet die belebte Natur eine bestimmte Händigkeit vor der anderen aus. Die Naturgesetze erlauben beide. Der Nachbau des Spiegelbildes eines Plattenspielers hätte seinen Arm, vom Benutzer aus gesehen, links. Mit ihm könnten Linkshänder genauso wie Rechtshänder mit handelsüblichen Plattenspielern umgehen. Der exakte Nachbau des Spiegelbildes eines normalen Plattenspielers funktioniert um nichts schlechter als der Plattenspieler selbst. Natürlich, spielen kann er nur die Spiegelbilder normaler Platten. Und so weiter: Die Welt hinter dem Spiegel kann höchstens dann ununterscheidbar von unserer sein, wenn alles, aber auch alles, gespiegelt ist.

Noch einmal zu T. D. Lees Auto. Im Nachbau seines Spiegelbildes ist jede Feder gespiegelt, jede Mutter und Schraube. Der Nachbau verhält sich aber anders als es selbst, im Spiegel betrachtet. Das ist das Dilemma. Das radioaktive Präparat im Innern des im Spiegel betrachteten Autos und der Nachbau seines Spiegelbildes verhalten sich unterschiedlich. Spiegelsymmetrie der Naturgesetze würde bedeuten, daß nicht ermittelt werden kann, ob wir in unserer Welt oder ihrem Spiegelbild leben.

Nehmen wir mit R. P. Feynman, Physik-Nobelpreisträger von 1965, an, wir könnten mit einer fernen Zivilisation Signale austauschen und sonst nichts. Wir senden *poch,* sie *poch poch,* wir *poch poch poch,* sie *poch poch poch poch poch* – aha, die Primzahlen –, wir *poch poch poch poch poch poch poch,* sie *poch poch poch poch poch poch poch poch poch poch poch* – in der Tat, die Primzahlen. Und so weiter. Es dauert nicht lange, und Signale können problemlos interpretiert werden. Für die Kollegen vom anderen Stern gelten dieselben Naturgesetze wie für uns. Licht hat bei ihnen dieselbe Geschwindigkeit wie hier, Atome haben dieselben Ausmaße und Gewichte; und so weiter. Es macht keine Schwierigkeit, ihnen mitzuteilen, daß wir soundso viele Wassermoleküle groß sind und wie wir aussehen. Kopf, Brust und Rücken sind modelliert, wir haben uns darüber verständigt, was »vorn« ist, »hinten«, »oben« und »unten«, und teilen nun mit, das Herz sitze links. Es stellt sich heraus, daß die Kollegen das nicht verstehen. Wir können ihnen nach den Spielregeln keinen Gegenstand zeigen und »links« durch Vergleich definieren. Wenn die Naturgesetze spiegelsymmetrisch sind, können jene Kollegen auf keine Weise herausbekommen, welche der beiden möglichen Lagen des Herzens wir meinen.

In Wirklichkeit ist das aber nicht so. Wir teilen den Kollegen den Bauplan von T. D. Lees Auto mit und stellen ihnen frei, probeweise als »links« eine der zwei Möglichkeiten zu wählen. Die erste Schraube, die sie verwenden, legt ein für allemal fest, was »links« für sie bedeutet. Alle anderen Bauteile haben sie daran zu messen. Wenn sie fertig sind, fordern wir einen auf, sich hinter das Steuer zu setzen, den Schlüssel so zu drehen, daß das Auto anspringt, und schließlich die Automatik auf > zu stellen. Er sitzt nach seiner Definition natürlich »links« im Auto; wenn dies nun vorwärts fährt, dann sitzt er »links« auch nach unserer Definition. Fährt es aber rückwärts, so hat er das Spiegelbild von T. D. Lees Auto gebaut, und was er »links« nennt, nennen wir »rechts«. Die Verletzung der Spiegelsymmetrie durch die Naturgesetze ermöglicht es, sich über die Definition von »rechts« und »links« zu verständigen, ohne materielle Objekte zu vergleichen.

Spiegelsymmetrie der Naturgesetze würde bedeuten, daß der Unterschied zwischen rechts und links unbeobachtbar ist. Da die Spiegelsymmetrie verletzt ist, leben wir in einer Welt, in der nicht die einfachsten vorstellbaren Naturgesetze gelten. Wenn wir in den Naturgesetzen alle Orte durch die gespiegelten Orte ersetzen, entstehen Gesetze, die das Geschehen in unserer Welt, im Spiegel betrachtet, beschreiben. Manches, was der Spiegel zeigt, kann sich in der Wirklichkeit nicht ereignen. Die durch Spiegelung der Ortsbeschreibungen aus den wirklichen entstehenden »gespiegelten Gesetze« widersprechen also denen, die wirklich gelten. Daher war bei der Entstehung der Welt festzulegen, welche Gesetze gelten sollen: die wirklichen oder die gespiegelten. Einfacher wäre eine Welt, in der beide übereinstimmten.

Einfachheit, Symmetrie und Schönheit

Der Zusammenhang von Einfachheit und Symmetrie gibt unserem Thema einen zweiten Aspekt. Symmetrie werden wir definieren und dadurch zu einem technischen Ausdruck machen, Einfachheit aber als eine Bewertung in der Nähe von Schönheit ohne Definition verwenden. Spiegelsymmetrie mußten wir nicht definieren, sie bedeutet für jedermann dasselbe: Ein Gebilde ist spiegelsymmetrisch, wenn es selbst und sein Spiegelbild ununterscheidbar, miteinander identisch sind. Man kann, mit anderen Worten, ein spiegelsymmetrisches Gebilde spiegeln, ohne es dadurch zu verändern.

Abbildung 1: *Menhirstatue aus Genna Arrele bei Nuoro, Sardinien, Chalkolitikum bis frühe Bronzezeit.*

Die Gestalt des Menschen ist nahezu spiegelsymmetrisch, und wenn überhaupt Menschliches, so stellen frühe Menhire (Abb. 1) die Symmetrie der Menschengestalt dar. Im Osten leben nach Pli-

Abbildung 2

nius d. Ä. sehr seltsame Fabelwesen (Abb. 2). Ich finde es beruhigend, daß sie zumindest spiegelsymmetrisch sind. Nach dem böhmischen *Codex Gigas* ist sogar der Teufel spiegelsymmetrisch. Üblicherweise brechen seine Füße – ein Pferdefuß, ein Menschenfuß – die Symmetrie. A. Salam, Physiknobelpreisträger von 1979, ist aufgefallen, daß der Zyklop sein eines Auge in der Mitte trägt, insofern also spiegelsymmetrisch ist. In dem *Handbuch der phantastischen Zoologie* von I. L. Borges und M. Guerrero sind, außer dem Einhorn, das mit seinem einen gewundenen Horn die Spiegelsymmetrie brechen muß, nur symmetrische Bestien dargestellt. Und D. Dixon, der in seinem Buch *Die Welt nach uns* die Zoologie der Zukunft vorstellt, sind nur spiegelsymmetrische Weiterentwicklungen heutiger Tiere eingefallen. Schmetterlinge und Käfer besitzen wie fast alle Tiere und viele Pflanzen eine spiegelsymmetrische Gestalt.

Zahlreiche Kunstwerke und Bauten sind – zumindest nahezu – spiegelsymmetrisch (Abb. 3). Mehrfach spiegelsymmetrisch und außerdem drehsymmetrisch sind die meisten Blüten, das Schmuckstück in Abbildung 3e und der Grundriß (Abb. 3f) des Castel del Monte (Abb. 3c).

Drehsymmetrisch nennen wir ein Objekt, das man so drehen

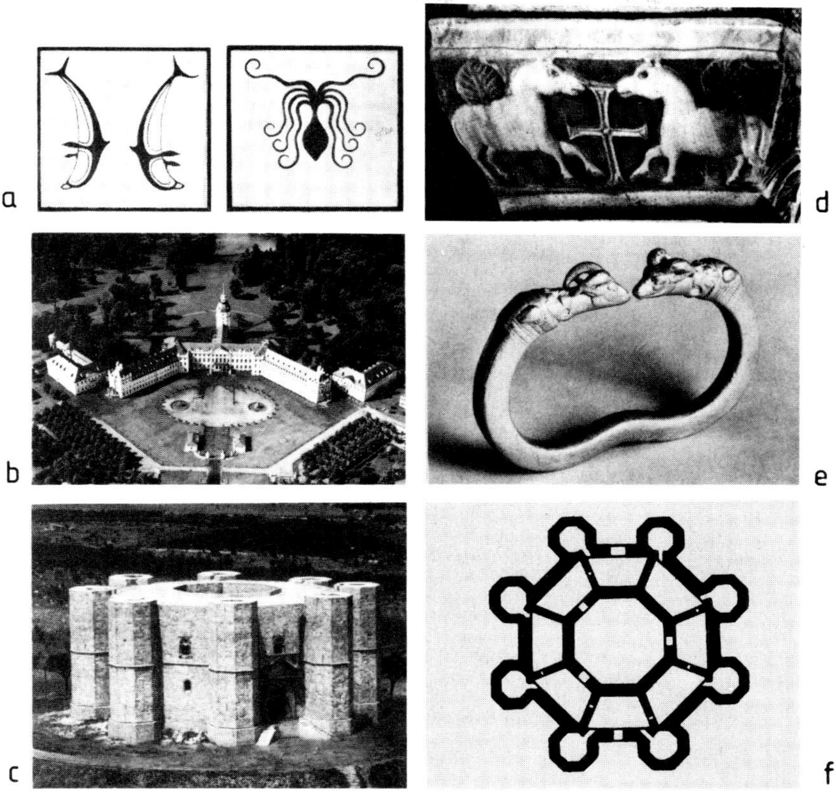

Abbildung 3: *Spiegelsymmetrie ist die verbindende Eigenschaft der Abbildungen. Die beiden (Abbildung a)* Fußbodenmuster im Megalon in Tiryns, etwa 1200 v. Chr. *besitzen Spiegelsymmetrie als einzige Symmetrie; dasselbe gilt vom Karlsruher Schloß (Abbildung b) und von dem* Kapitell von San Vitale, Ravenna *in Abbildung d. Spiegelsymmetrie in der Ebene bedeutet stets auch Drehsymmetrie im Raum: Wären die spiegelsymmetrischen Kacheln der Abbildung a durchsichtig, könnte man jede ohne Änderung um 180 Grad um ihre Spiegelgerade drehen. Daß dabei Oberseite und Unterseite vertauscht werden, macht bei ebenen Darstellungen nichts aus, wohl aber bei räumlichen; man beachte nur die Stellung der Flossen der Delphine und der Vorderhufe der Pferde des Kapitells: Das Pferd rechts schreitet mit dem rechten, das links mit dem linken Huf aus. Daß eine Spiegelung im Raum etwas ganz anderes ist als eine Drehung, zeigt das Karlsruher Schloß: Es ist nur spiegelsymmetrisch, nicht drehsymmetrisch. Es ist also eine weitergehende besondere Eigenschaft des* Achäminidischen Goldarmreifs, Erste Hälfte 5. Jh. v. Chr. *in Abbildung e, sowohl spiegel- als auch drehsymmetrisch zu sein. Drehsymmetrie besteht bei einer Drehung um 180 Grad, Spiegelsymmetrie bei Spiegelungen an zwei aufeinander senkrecht stehenden Ebenen. Der Grundriß (Abbildung f) des* Castel del Monte *(Abbildung c) ist, wenn man einige Details wie Gänge übersieht, symmetrisch bei Drehungen um 45 Grad und vielfache davon; außerdem bei Spiegelungen an acht verschiedenen Ebenen im Raum oder Geraden in seiner Ebene.*

kann, daß es mit sich selbst zur Deckung kommt. Drehsymmetrisch und nichts weiter sind nur wenige wohlbekannte Gebilde. Hermann Weyl, der große Mathematiker, der das wohl schönste und wichtigste Buch zu unserem Thema geschrieben hat, zeigt drei, darunter die Blume *Vinca herbacea* (Abb. 4a). Ich füge einen Scherkopf mit hoher Drehsymmetrie als einziger Symmetrie hinzu (Abb. 4b).

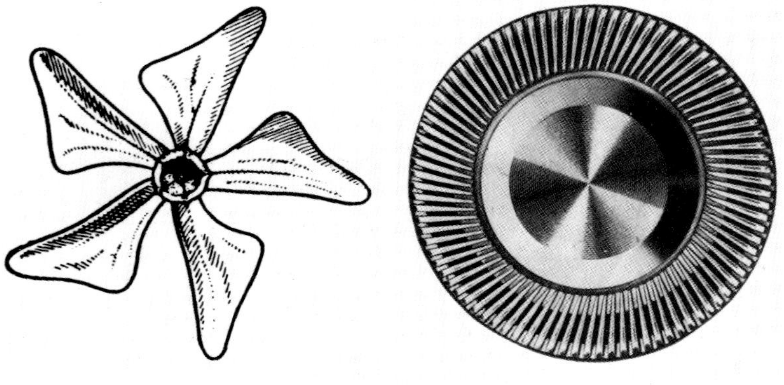

a b

Abbildung 4

Drehsymmetrie tritt häufig zusammen mit Spiegelsymmetrie auf. Das war zum Beispiel bei den Abbildungen 3c + f der Fall. Ich denke, daß ein weniger symmetrisches Castel del Monte weniger harmonisch wäre, daß Bewegungssymmetrie von Objekten helfen kann, deren Schönheit zu verstehen. Bewegungssymmetrisch nennen wir Objekte, die eine Bewegung – Drehung, Verschiebung, Spiegelung – mit sich selbst zur Deckung bringt. Denkt man sich die Fassade des Escorial (Abb. 5) nach rechts und links bis ins unendliche fortgesetzt, erhält man ein verschiebungssymmetrisches Gebilde, das außerdem mehrfach spiegelsymmetrisch ist.

Einfachheit, Harmonie und Schönheit haben, denke ich, eine gemeinsame Wurzel, und das ist Symmetrie – technisch gefaßt als Existenz einer Umformung oder Transformation, die das Gebilde unverändert läßt. Als Umformungen erlaubt sind neben Bewegungen auch Dehnungen (Kap. 5) oder Vertauschungen von Farben

Abbildung 5

(Abb. 58 und Farbtafeln 1–5), mit Bewegungen kombiniert. Das Ying-Yang in Abbildung 6 beispielsweise bleibt unverändert, wenn man es um 180 Grad dreht und zugleich die Farben schwarz und weiß vertauscht.

Abb. 6

Zweck und Symmetrie

»Kunstformen der Natur« hat Ernst Haeckel, der in der Bürgerwelt verschriene Naturphilosoph und große Biologe, die bizarr-gesetzmäßigen Radiolarien, Schwämme und Quallen genannt, die er penibel genau und besessen gezeichnet hat (Abb. 7). Schönheit ist sicher nicht der Zweck der Symmetrien von Lebewesen. Daß diese so sind, wie sie sind, ist die entwicklungsgeschichtliche Antwort auf ihre Lebensbedingungen. Auffällig ist die Spiegelsymmetrie der äußeren Gestalt fast aller Tiere. Der plausible Grund hierfür scheint auch der richtige zu sein: Für die Fortbewegung des Tieres bietet Spiegelsymmetrie offenkundig Vorteile. Ein Vogel, dessen

a

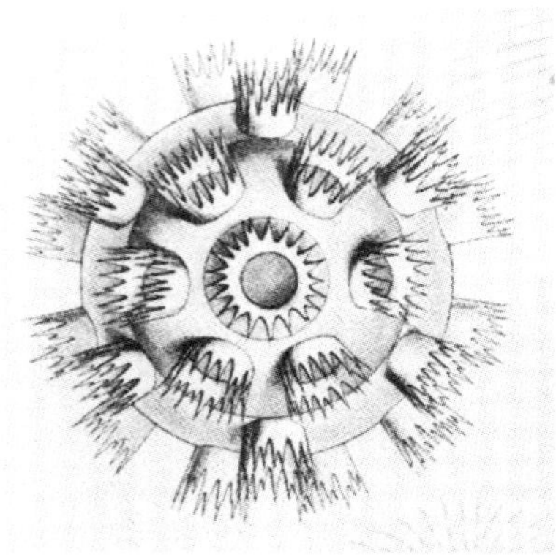

b

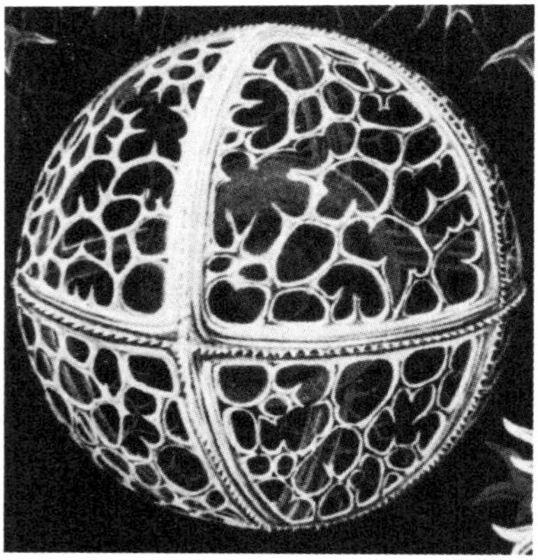

c

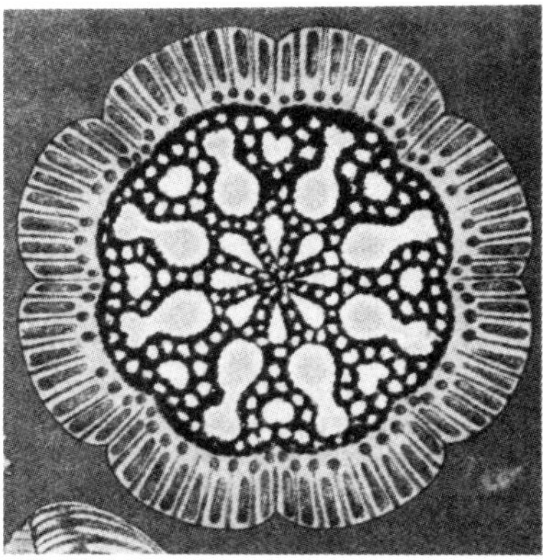

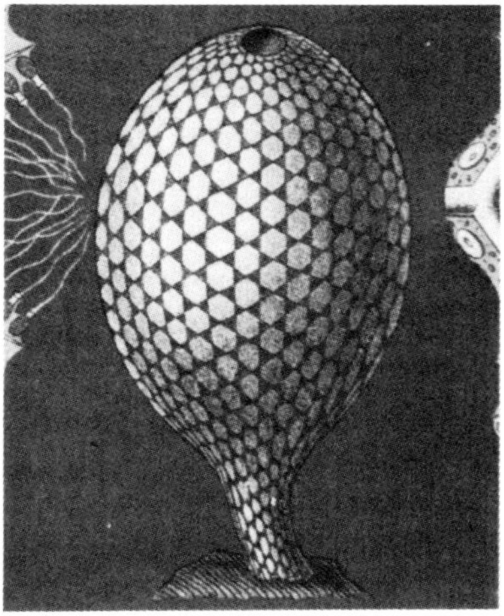

e

Abbildung 7: *Fünf Zeichnungen Ernst Haeckels: a–c) Radiolaria, d) Qualle, e) Kalkschwamm*

Flügel nicht Spiegelbilder voneinander sind, könnte Rechtskurven nicht gleich gut wie Linkskurven fliegen und flöge wohl auch geradeaus nicht optimal. Je schneller ein Tier sich fortbewegt, desto wesentlicher ist Spiegelsymmetrie seiner äußeren Gestalt. Die Flügelschnecke ist ein guter Schwimmer und, anders als die langsame Weinbergschnecke mit ihrer bekannt asymmetrischen Verpackung der asymmetrischen Eingeweide, spiegelsymmetrisch. Die festgewachsenen Austern zeigen keine Spiegelsymmetrie, Seitenschwimmer wie Seezungen haben begonnen, eine an ihre Schwimmweise angepaßte spiegelsymmetrische Gestalt neu zu entwickeln.

Entwicklungsgeschichtlich ist Spiegelsymmetrie bei Tieren als Einfluß ihrer spiegelsymmetrischen Lebensbedingungen zu verstehen. Es ist offenbar von Vorteil, bei Angriffen »von rechts« die richtige Verhaltensantwort für Angriffe »von links« gleich mit zu erlernen. Darüber hinaus ist Spiegelsymmetrie das Relikt einer höheren Symmetrie. Organismen, die gewichtslos in diffusem Licht im Wasser schweben, sollten eine möglichst kugelsymmetrische Gestalt besitzen und dadurch der Kugelsymmetrie ihrer Umwelt Rechnung tragen. In der Tat weisen zahlreiche Einzeller und Radiolarien Drehsymmetrie um mehrere Achsen durch ihren Mittelpunkt auf. Spielt dann Schwerkraft oder Einfallsrichtung des Lichtes eine Rolle für das Leben einer Pflanze oder eines Tieres, wird es vorteilhaft sein, zwischen waagerechten und senkrechten Richtungen zu unterscheiden und eine Unterseite mit speziellen Fähigkeiten auszubilden, die sich von der Oberseite mit ihren anderen speziellen Fähigkeiten unterscheidet. Die Drehsymmetrie um mehrere Achsen wird dadurch notwendig gebrochen, Drehsymmetrien um eine senkrechte Achse und Spiegelsymmetrien können erhalten bleiben wie bei den meisten Quallen (Abb. 7d zeigt einen Querschnitt), Blumen, Pilzen und manchen Wurzeln. Tieren, die sich aktiv bewegen, nützt es, »vorne« den Steuerungsapparat unterzubringen und »hinten« anders spezialisierte Organe. Ihnen bleibt Spiegelsymmetrie als einzige Symmetrie der äußeren Gestalt. Wenn aber die Feinde – zum Beispiel beim Kugelfisch (Abb. 8a) – aus allen Richtungen angreifen können, ist es zur passiven Verteidigung am besten, eine Gestalt anzunehmen, die durch ihre Symmetrie der Symmetrie der Situation Rechnung trägt – Kugelgestalt also.

Auch in der Technik bestimmt die Funktion die Gestalt und deren

Abbildung 8: *Der Tatsache, daß die Feinde von allen Seiten kommen können, trägt die möglichst kugelförmige Gestalt des aufgeblasenen Kugelfisches genauso Rechnung wie die mehrfach drehsymmetrische der befestigten Stadt.*

a

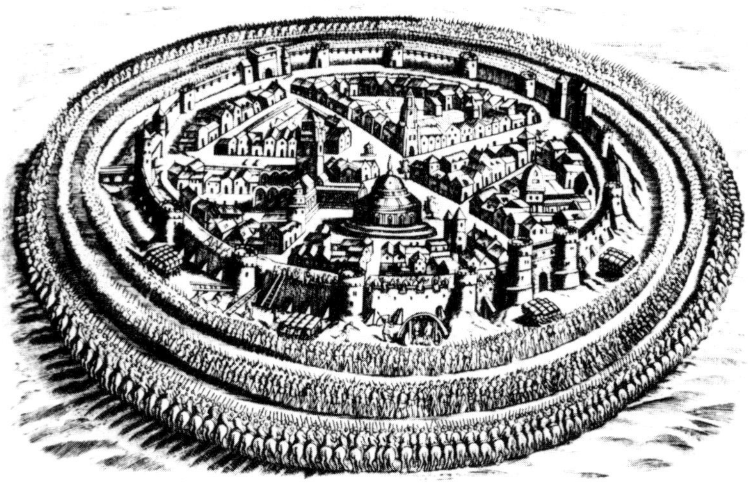

b

Symmetrie (Abb. 9 und Abb. 4b). Ein Flugzeug ist aus denselben Gründen spiegelsymmetrisch wie ein Vogel, Schmetterling oder Käfer. Offenbar ist es vorteilhaft, Kennzeichen und Signale symmetrisch, Tarnfarben aber asymmetrisch anzubringen (Abb. 9e).

Offensichtlich bestimmt die Funktion das drehsymmetrische Design von Windmühlen: Nicht drehsymmetrisch angebrachte Windmühlenflügel wären nicht ausgewogen und würden die Drehachse stärker belasten. Und einer befestigten Stadt (Abb. 8b) wie ebenso einer Burg (Abb. 3c + f) bringt Drehsymmetrie Vorteile. Tote Winkel müssen bei derartigen Konstruktionen natürlich gleichermaßen bedacht werden. Und die Verschiebungssymmetrie der Fenster- und Balkonfronten moderner Zweckbauten in waagerechter Richtung ermöglicht es, viele Menschen einfach und billig auf wenig Raum unterzubringen. Denselben Zweck soll die einfache Verschiebungssymmetrie einer Reihenhauszeile erfüllen.

Symmetrie und Symmetriebrechung

Man kann sich darüber wundern, daß Tiere und Pflanzen in einer drehsymmetrischen Situation nichtdrehsymmetrische Formen entwickelt haben. Natürlich verstehen wir den Mechanismus, der das bewirkt; aber abstrakt formuliert, ist es verwunderlich, daß die Antwort auf eine Situation die Symmetrie der Situation nicht wiedergibt. Hier begegnen wir einem wichtigen Thema des Buches, der Symmetriebrechung, zum ersten Mal. Ein jedes Tier mit Vorwärtsrückwärts-Asymmetrie bricht in jedem Augenblick die Drehsymmetrie um die senkrechte Achse. Andererseits kann es sich, selbstverständlich, um diese Achse drehen und bricht in diesem Sinne die Drehsymmetrie auch wieder nicht. Abstrakt formuliert, zeigt die Gesamtheit der Zustände, deren das Tier fähig ist, die Symmetrie der Situation, in der seine Art sich entwickelt hat. Jeder einzelne Zustand aber bricht sie.

Drehbare Geschütze wie Fliegerabwehrkanonen gehören zu den bekanntesten Beispielen für die Idee, daß die Gesamtheit der Zustände eines Systems Symmetrien besitzen kann, die jeder einzelne Zustand bricht. Wohin sie auch zielen, sie brechen die Drehsymmetrie um ihre senkrechte Achse. Da sie aber in jede Richtung zielen können, ist die Gesamtheit ihrer möglichen Zustände drehsymmetrisch. Nur wenn die symmetrische »Gesamtheit der Zustände« eines Systems aus genau einem Zustand besteht – Beispiel: ein Schornstein –, bewirkt Symmetrie der Zustandsgesamtheit Symmetrie des Zustandes selbst.

Bei genauer Betrachtung von Pflanzen und Tieren hinter dem Spiegel finden sich zahlreiche Abnormitäten. Bohnen, die sich normalerweise in einer Rechtsdrehung an ihrer Stange hochwinden, winden sich nun linksherum; Hopfen und Geißblatt, normalerweise Linksschrauben, bilden hinter dem Spiegel Rechtsschrauben. Die Hirsche tragen, zumindest im gespiegelten Mitteleuropa, nun ihr stärkeres Geweih rechts und greifen einander auch von rechts an.

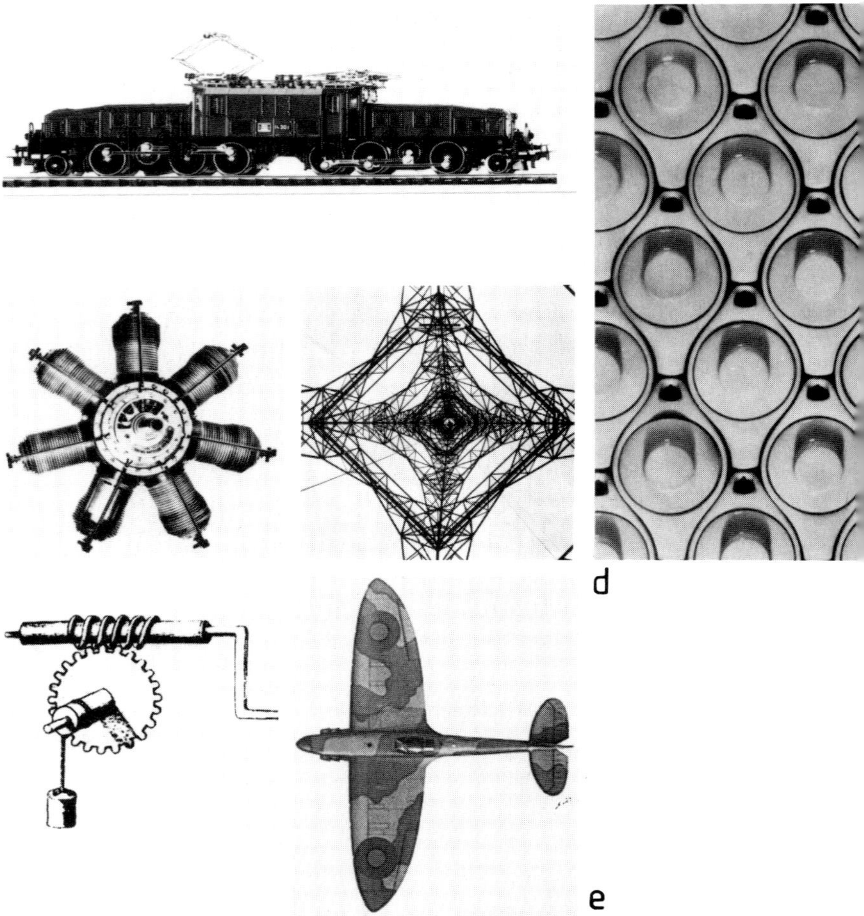

Abbildung 9: *Die Symmetrien der in der Abbildung gezeigten Objekte werden durch ihre Funktion bestimmt. Die Lokomotive* Schweizer Krokodil *(Abbildung a) soll in beide Gleisrichtungen gleich gut fahren können. Da sie sich aber nicht umdrehen kann, ist sie – anders als ein Auto – drehsymmetrisch. Kaffeekannen für Gaststätten (Abbildung f) sind zweckmäßig so geformt, daß sie lückenlos nebeneinander aufgestellt werden können. Das ergibt ein doppelt verschiebungssymmetrisches und mehrfach spiegelsymmetrisches ebenes Muster. Alle Symmetrien, die es besitzt, sind in Abbildung 52–8c (um 90 Grad gedreht) dargestellt. Der Flugzeugmotor in Abbildung b, ein Sternmotor, ist siebenfach dreh- und spiegelsymmetrisch. Je höher seine Drehsymmetrie, desto ruhiger der Lauf eines Motors. Daß der Motor keine noch höhere Drehsymmetrie besitzt, ist natürlich Resultat von Kompromissen mit anderen Anforderungen, der Größe der Teile zum Beispiel. Der Fernsehturm der BBC in Abbildung d ist vierfach dreh- und*

Den langen Zahn des Narwals umlaufen seine Rillen hinter dem Spiegel rechtsherum, und in der gespiegelten Landschaft finden sich fast nur Schnecken mit linksgewundenen Häusern; Rechtsgewundene sind Spiegelbilder von linksgewundenen, die in der Wirklichkeit nur sehr selten vorkommen.

Wenn es für eine Pflanze vorteilhaft ist, an Stämmen emporzuranken, kann sie dies entweder rechtsherum oder linksherum tun. Eine Pflanze mit abwechselnd fünf rechtsläufigen und fünf linksläufigen Windungen würde sich insgesamt gar nicht winden – sie ließe sich vom Stamm lösen, ohne von vorne bis hinten abgewickelt werden zu müssen (Abb. 10). Pflanzen, die sich nur in eine Richtung winden, sind stabiler angebracht als solche, die das nicht tun. Bei Gebilden der Quantenfeldtheorie spricht man in verwandten Fällen von »topologischer Stabilität«.

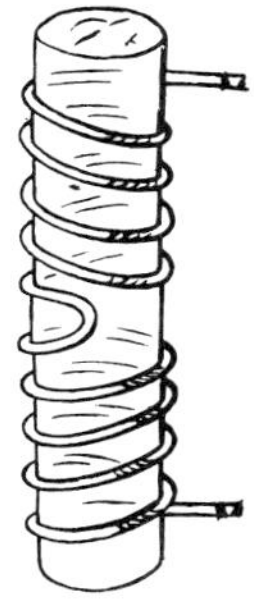

Abb. 10

Die Pflanze, für die es vorteilhaft ist, sich zu winden, muß sich für einen Schraubensinn entscheiden – rechtsherum oder linksherum. Sie kann nicht spiegelsymmetrisch sein. Wo der Schraubensinn nicht zuvor festgelegt wurde, wird sich einer der beiden zufällig durchsetzen – einer, gleichgültig welcher. Die Spiegelsymmetrie wird durch die Pflanze gebrochen.

Schrauben sind merkwürdige Gebilde. Ich habe gesagt, daß Bohnen sich in einer Rechtsschraube am Stamm emporwinden. Das Resultat, nach Beendigung des Wachstums, ist ebenfalls eine Rechtsschraube – von unten gesehen, selbstverständlich. Von oben gesehen? Selbstverständlich auch. Wäre das nicht so, müßten wir nicht nur bei Bohnen, sondern auch bei Muttern »oben« und »unten« unterscheiden. In die falsche Seite der Mutter paßte die Schraube

spiegelsymmetrisch. Abbildung c zeigt ein Schneckengetriebe, eine Erfindung von Archimedes. Es besteht aus einem Zahnrad mit hoher Dreh- und Spiegelsymmetrie und der Schnecke, die, wäre sie nur unendlich lang, symmetrisch wäre bei simultanen Verschiebungen und Drehungen. Spiegelsymmetrisch ist die Schnekke nicht; insgesamt besitzt sie dieselben Symmetrien wie die RNS, Abbildung 13. Flugzeuge (Abbildung e) besitzen aus denselben Gründen wie Vögel und Insekten eine spiegelsymmetrische Gestalt. Die Kennzeichen sind spiegelsymmetrisch, die Tarnfarben unsymmetrisch angebracht. Zu vermuten ist, daß deren Zwecke hierdurch optimal erfüllt werden.

nicht hinein. Die flache, spiralförmige Feder einer Uhr läßt sich mit ihrem Spiegelbild zur Deckung bringen, ist also spiegelsymmetrisch. Legt man sie nämlich auf einen Spiegel, so ist ihr Spiegelbild dieselbe Feder, verschoben. Bild und Spiegelbild bilden zusammen eine breitere spiralförmige Feder. Spiegelt man sie an der Ebene des Spiegels, so bleibt sie ungeändert. Ein doppelseitiger Spiegel, in Gedanken in der Mittelebene der Felder angebracht, bringt sie also mit sich selbst zur Deckung. Das alles stimmt nicht mehr, wenn Rück- und Vorderseite der Feder nicht übereinstimmen. Dann besitzt sie wie Spiralen auf Papier (Abb. 11) und die Spuren von Schallplatten Schraubensinn. Dem Leser, der sich wundert, warum der Spiegel – so eine alte Scherzfrage – »rechts und links vertauscht, aber nicht oben und unten«, sei geraten, sich mit einer Spirale vor den Spiegel zu stellen und sich anzusehen, was der Spiegel wirklich tut. Ich komme in Kapitel 9 auf die Scherzfrage zurück.

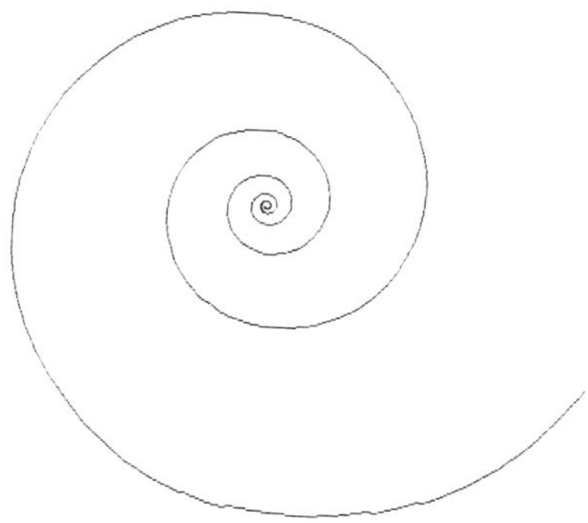

Leben bricht die Spiegelsymmetrie

Die (seltenen) invertierten Schneckenhäuser gehören Schnecken an, die insgesamt wie Spiegelbilder von normalen Schnecken aussehen; auch die Eingeweide winden sich falschherum. Vollständige Spiegelbilder normaler Schnecken sind diese Ausnahmen jedoch nicht. Dazu gehörte ja, daß auch die Moleküle, aus denen beide gemacht sind, Spiegelbilder voneinander wären, und das kann nicht so sein. Denn die Fermente der Schnecken bestehen, genau wie deren Nahrung, aus Molekülen, die nicht mit ihren Spiegelbildern identisch sind. Es ist, mit anderen Worten, unmöglich, einen Spiegel so aufzustellen, daß das Molekül mit seinem Spiegelbild in ihm übereinstimmt. Ein jedes dieser Moleküle ist aus Atomen so aufgebaut, daß das ganze Gebilde, wie ein Korkenzieher oder eine Hand, einen Schraubensinn besitzt: Man kann das Molekül drehen und verschieben, wie man will, nie bringt man es mit seinem Spiegelbild zur Deckung. Von diesen Molekülen gibt es also zwei Sorten – die Rechtsschrauben und die Linksschrauben –, und nur je eine kommt in den Schnecken als Ferment, in den Pflanzen als Schneckennahrung vor. Diese passen zusammen wie Schlüssel und Schloß – für das gespiegelte Ferment wäre die normale Schneckennahrung unverwertbar, Schnecken mit nur diesem Ferment anstelle des normalen könnten sich nicht ernähren und gingen zugrunde. Natürlich – nichts spräche dagegen, daß die vollkommen gespiegelte Schnecke

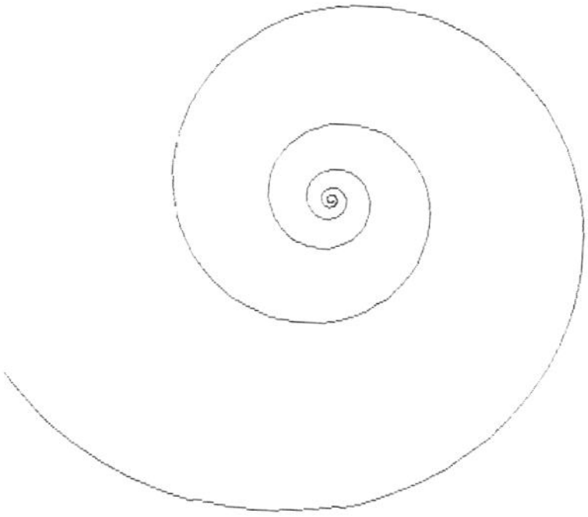

Abbildung 11
Eine Drehung im Raum – Zuklappen des Buches – bringt die beiden gegenläufigen Spiralen zur Dekkung.

vollkommen gespiegeltes Basilikum frißt und verwertet. Die Gesetze der Chemie, auf denen die der Biologie beruhen, unterscheiden nicht zwischen der wirklichen und der gespiegelten Welt. Der *gespiegelte* Orpheus in der gespiegelten Welt muß Chemie und Biologie nicht neu lernen.

L-Weinsäure besteht aus Molekülen, die mit ihrem Spiegelbild nicht übereinstimmen. Deren Spiegelbilder sind wegen der Spiegelsymmetrie der Gesetze der Chemie ebenfalls mögliche Moleküle. Sie bilden D-Weinsäure. (Daneben gibt es Mesoweinsäure aus spiegelsymmetrischen Molekülen; sie interessiert hier nicht.) Beliebige

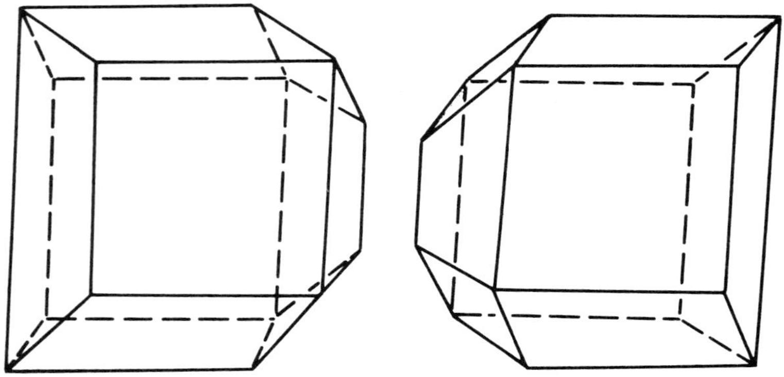

Abbildung 12: *Weinsäure bildet zwei Formen von Kristallen, die nichtspiegelsymmetrische Spiegelbilder voneinander sind.*

Mischungen von L- und D-Weinsäure werden ohne Zusatz als Weinsäure bezeichnet. Daraus, daß sie in zwei Formen kristalliert, die ungleiche Spiegelbilder voneinander sind (Abb. 12), hat schon Pasteur geschlossen, daß Weinsäure eine Mischung spiegelbildlicher Moleküle ist. Spiegelungssymmetrie der Gesetze der Chemie bedeutet auch, daß sich bei der Synthese von Weinsäure aus spiegelsymmetrischen Molekülen unter spiegelsymmetrischen Bedingungen immer gleich viele Moleküle beider Spiegelungstypen bilden müssen. Das ist bei Laborexperimenten innerhalb der Meßgenauigkeit der Fall. Auch Weintrauben produzieren Weinsäure, genauso Weißdorn, Huflattich, Löwenzahn, Vogelbeeren, Weichselkirsche und so weiter. Aber durch biologische Synthese entsteht nur einer und stets derselbe der zwei möglichen Spiegelungstypen, L-Weinsäure. Auch das ist ein Beispiel für die Brechung der Spiegelungssymmetrie durch die belebte Natur. Zu erklären ist, wie diese Asymmetrie entstehen konnte. Die Synthese von Weinsäure in Trauben verletzt natürlich nicht die Spiegelsymmetrie, da sie unter asymmetrischen Bedingungen erfolgt. Asymmetrie kann ohne Verletzung der Spiegelsymmetrie weitergegeben werden. Wie jedes Lebewesen enthält die Traube asymmetrische Substanzen, die den Spiegelungstyp der Produkte festlegen. Insbesondere zu nennen ist die Erbsubstanz RNS, die eine Rechtsschraube bildet (Abb. 13). Zu erklären ist der Ursprung dieser Asymmetrie bei der Entstehung des Lebens.

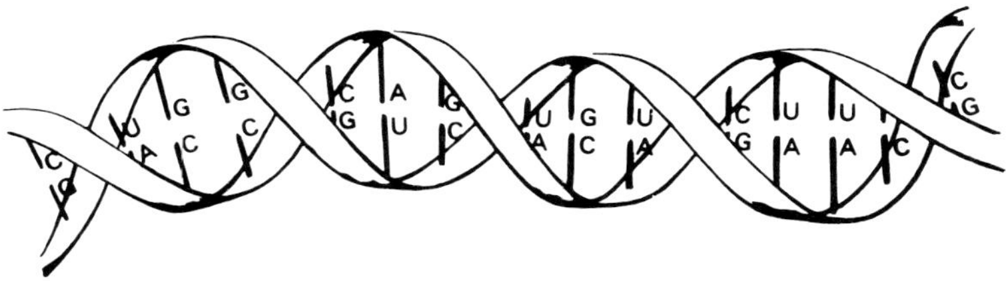

Abbildung 13: *Aufbau der Ribonukleinsäure RNS aus Adenin (A), Cytosin (C), Guanin (G) und Maidin (M). Die schraubenförmige äußere Gestalt der (unendlich lang gedachten) Erbsubstanz ist symmetrisch bei gleichzeitiger Drehung und Verschiebung, nicht aber spiegelsymmetrisch.*

Sicher ist, daß die Asymmetrie der Naturgesetze einen der zwei Spiegelungstypen der asymmetrischen Moleküle des Lebens ein wenig stabiler macht als den anderen. Das ist ein winziger, direkt nicht nachweisbarer, aber allgegenwärtiger Effekt. Er bewirkt nach Modellrechnungen einen unvermeidbaren Überschuß des »richtigen« Spiegelungstyps eines wichtigen asymmetrischen Moleküls des Lebens – Alanin – über den anderen: ein Molekül aus 10^{17} bei Zimmertemperatur. Ich bitte den Leser, sich vorzustellen, wie – ich bin versucht zu sagen: unendlich – klein dieser Effekt ist. Eine eins mit siebzehn Nullen, 10^{17}, sind einhundert Millionen Milliarden – unvorstellbar viel, verglichen mit eins. Es gibt aber, so weitere Rechnungen, chemische Modellreaktionen, die diese allgegenwärtige Asymmetrie so sehr vergrößern können, daß der Überschuß des richtigen Moleküls nach nur zehntausend Jahren 98 % beträgt.

Es kann also sein, daß die Asymmetrie der Naturgesetze einen der zwei Spiegelungstypen der asymmetrischen Moleküle des Lebens so viel stabiler macht als den anderen, daß die spiegelsymmetrischen Gesetze der Chemie die Entwicklung nur dieses Typs erzwingen. Es kann im Prinzip auch sein, daß der Einfluß asymmetrischer radioaktiver Strahlung zu diesem Resultat geführt hat. Wenn eines von beiden der Fall ist, kann die Asymmetrie heutiger Lebewesen vielleicht auf die Asymmetrie der Naturgesetze zurückgeführt werden. Wahrscheinlicher ist jedoch, daß am Anfang des Lebens Zufälle festgelegt haben, welcher Spiegelungstyp sich durchsetzen konnte. Daß gerade dieser und nicht der andere Spiegelungstyp aufgetreten ist und sich durchsetzen konnte, ist dann ein Zufall ohne evolutionären Vorteil. Wenn das so ist, muß etwa die Hälfte der noch zu entdeckenden, unabhängig voneinander entstandenen Lebensformen auf fernen Planeten rechtshändige, die andere Hälfte linkshändige Moleküle verwenden. In der Tat gibt es Vorschläge, die Atmosphären anderer Planeten daraufhin zu untersuchen, ob sie einen Überschuß eines Spiegelungstyps nichtspiegelsymmetrischer Moleküle enthalten und welcher das gegebenenfalls ist.

Menschenwerk bricht allemal die Spiegelsymmetrie. Rechtshänder zu sein ist eine Eigenschaft, die im allgemeinen genetisch verankert ist. Jemand, dem das Gen dafür fehlt, wird in der Regel zum Rechtshänder ausgebildet. Auch Tiere bevorzugen die eine Klaue vor der anderen. Welche es beim einzelnen Tier aber ist, entscheidet der Zufall. Für komplizierte Fertigkeiten wie das Behauen von Steinen ist es offenbar vorteilhaft, wenn die eine Hand aufs Halten, die andere aufs Hauen spezialisiert ist. Die rechte Hand des Menschen wird von der linken, die linke von der rechten Gehirnhälfte gesteuert; die Spezialisierung der Fertigkeiten der Hände ist also eigentlich eine der Gehirnhälften, denen sie zugeordnet sind. Für nichtangeborene Fertigkeiten, die gelehrt und gelernt werden müssen wie das Behauen von Steinen, ist es von Vorteil, wenn Lehrer und Schüler dieselbe Hand bevorzugen. Mit Ernst Peter Fischer, Biologe in Konstanz, möchte ich den Leser auffordern, sich die Schwierigkeiten eines Rechtshänders vorzustellen, der einem Linkshänder das Knoten einer Krawatte beibringen möchte. Schon die Hominiden, die vor etwa zwei Millionen Jahren in Ostafrika lebten, haben ihre Steinwerkzeuge mit der linken Hand gehalten, mit der rechten behauen. Für sie war, so Ernst Peter Fischer weiter, genetische Verankerung der Händigkeit von Vorteil – besonders dann, wenn damals nicht gesprochen wurde, so daß Demonstration die einzige Lehrmethode war.

Aus der asymmetrischen Lage von Herz und Leber sowie der Spezialisierung der zwei Gehirnhälften des Menschen folgen zahlreiche weitere, verstandene und unverstandene, Asymmetrien. Die dominierende linke Gehirnhälfte wird ein wenig besser durchblutet als die rechte. Das kann erklären, warum gerade sie und nicht die rechte Hälfte bei komplizierten Tätigkeiten dominiert. Die rechte Hirnhälfte beherrscht unsere räumlich-körperlichen Reaktionen. Ihre Antwort auf einen Reiz setzt die linke Hand, die sie steuert, direkt und ohne Umwege in Bewegung. Reaktion auf räumlich-körperliche Eindrücke mit der rechten Hand setzt voraus, daß die Reaktion der rechten Hirnhälfte erst der linken mitgeteilt und dann in Aktion umgesetzt wird – ein Vorgang, der Zeit kostet. Die linke Hand reagiert auf solche Reize also schneller, und das bedeutet für Linkshänder bei Sportarten wie Fechten oder Boxen einen wesentlichen Vorteil. Ein Nachteil beim linkshändigen Fechten mit scharfen Waffen ist, daß auch das Herz links sitzt, bei einem Stoß dem Gegner also zugewandt wird. Beim Sportfechten wirkt dieser Nachteil sich nicht aus. Dementsprechend sind fast alle hervorragenden Fechter Linkshänder. Bei den olympischen Spielen 1980 und 1984 haben Linkshänder alle Fecht-Medaillen gewonnen.

Wir gehen, da das rechte Bein im allgemeinen stärker ist als das linke, lieber links- als rechtsherum; Rennen über mehr als hundert Meter werden linksherum gelaufen. Und so weiter. Das Thema der Spiegelsymmetriebrechung durch das menschliche Verhalten ist nahezu unerschöpflich.

Symmetrien der Naturgesetze

Die Symmetrien, mit denen wir uns in diesem Buch vor allem beschäftigen wollen, sind die der Naturgesetze selbst. Physikalische Systeme – ein schönes Beispiel ist Großvaters Pendeluhr – lassen sich Transformationen unterwerfen: Man kann sie verschieben, drehen, kann ihre Spiegelbilder nachbauen oder Teile durch andere Teile ersetzen. Wenn für das Verhalten verschobener und unverschobener Systeme dasselbe Naturgesetz gilt, wollen wir sagen, das Gesetz sei verschiebungssymmetrisch: Man muß nicht wissen, wo sich das System befindet, um sein Verhalten berechnen zu können. Das Pendelgesetz ist nur symmetrisch bei Bewegungen parallel zur Erdoberfläche. Bei einem Pendel in großer Höhe hat man zu berücksichtigen, daß die Erdanziehung dort schwächer ist, das Pendel also langsamer schwingt.

Das Pendelgesetz ist kein sehr fundamentales Gesetz, richtig verstanden: kein Naturgesetz. Es beruht auf dem Gesetz der Anziehung zweier Massen – einem wirklichen Naturgesetz. Dies sagt aus, was geschieht, wenn man eine kleine Masse – das Pendel – in der Nachbarschaft einer großen – der Erde – aufhängt und anstößt. Verschiebungen ändern nicht, was geschieht. Denn Verschieben des Versuchsaufbaus bedeutet nun, daß Pendel *und* Erde verschoben werden. Für das Gesamtsystem aus Pendel und Erde gelten in der Tat dieselben Naturgesetze vor und nach der Verschiebung. Man muß nicht wissen, wo auf ihrer Bahn die Erde, die Sonne und die Milchstraße sich gerade befinden, um zu berechnen, wie schnell die Pendeluhr geht. Die Naturgesetze sind, soweit wir wissen, ausnahmslos verschiebungssymmetrisch.

Nach unserer Kenntnis sind sie auch drehsymmetrisch: Der Gang der Uhr hängt von der augenblicklichen Orientierung der Erde im Raum nicht ab. Und auch die momentane Geschwindigkeit der Erde beeinflußt ihn nicht.

Wir wissen von T. D. Lees Auto, daß sich manche Systeme, im Spiegel betrachtet, anders verhalten als der Nachbau ihres Spiegelbildes. Für Großvaters Pendeluhr gilt das nicht. Nichts spräche natürlich dagegen, das radioaktive Präparat aus T. D. Lees Auto in die Pendeluhr einzubauen und sie mit dessen Hilfe in die merkwürdige Pendeluhr R. P. Feynmans umzuwandeln, der an ihr die Bedeutung von Symmetrien erläutert hat. Es ist eine Uhr, deren Spiegelbild anders geht als dessen Nachbau.

Es ist eine interessante physikalische Frage, wie sich der Gang der Uhr ändert, wenn man Gewicht und/oder Länge des Pendels ändert. Mit derartigen Skalentransformationen werden wir uns in Kapitel 5 beschäftigen. Transformationen, die dem Austausch von Teilen entsprechen, nennen wir »innere« Transformationen. Wir können uns manches ausdenken: Zahnräder werden durch andere Zahnräder ersetzt, Federn durch andere Federn und so weiter. Selbst wenn das Verhalten der Uhr von solch einer Ersetzung nicht abhängen sollte, hat die ihr entsprechende Symmetrie nichts mit den fundamentalen Naturgesetzen zu tun. Wir verwenden sie, um die »inneren« Symmetrien der Elementarteilchen zu erläutern. Die Naturgesetze bleiben unverändert, wenn man Elementarteilchen durch andere Elementarteilchen ersetzt. Welche Ersetzungen genau möglich seien, ist eine der wichtigsten Fragen der heutigen Physik. Denn möglicherweise legen die Symmetrien der Naturgesetze die Gesetze selbst fest – nach einer Prozedur, die Eichung genannt wird. Wir erläutern sie in Kapitel 8.

Daher denken manche, dem letzten Ziel der Physik, dem Verständnis aller elementaren Teilchen und Naturkräfte aus einer Wurzel, nahe zu sein. Die Suche gilt der richtigen Symmetrie. Wenn sie gefunden ist, diktiert sie die Weltformel. Teilchen sind in diesem Spiel nur Darsteller der Symmetrie. Die Symmetrie sagt voraus, welche Teilchen es gibt und wie sie sich verhalten. Existenz oder Nichtexistenz eines vorhergesagten Teilchens ist der wichtigste Prüfstein der Symmetrien einer vorgeschlagenen Theorie und damit der Theorie selbst. Die Entdeckung der Teilchen W und Z^0 durch Carlo Rubbia (Nobelpreis 1984) und seine Gruppe am Europäischen Institut für Nuklearforschung, CERN, in Genf im Jahr 1983 war der letzte und wirkliche Beweis der »elektroschwachen« Theorie mit ihrer neuen Symmetrie, die in den Jahren zuvor von Glashow, Salam und Weinberg (Nobelpreis 1979) entwickelt worden war.

Symmetrie bedeutet Einheit

Historisch gehören Schritte in Richtung auf das Ziel, die Vielfalt von Teilchen und Kräften zu einem symmetrischen Ganzen zu vereinigen, zu den größten Erfolgen der Physik. Die Kraft, mit der die Erde einen herabfallenden Apfel anzieht, hatte zunächst nichts mit derjenigen zu tun, die die Bahn des Mondes bestimmt. Im Gegenteil – die kirchliche Naturkunde unterschied strikt zwischen irdischen und himmlischen Gesetzen. Die von Newton eingeführte Gravitation vereinigte beide Kräfte zu einer einzigen, einer der drei oder vier Grundkräfte, die wir heute kennen. Erst durch sie bekam der Raum drei gleichberechtigte Dimensionen. Wenn man nicht weiß, daß es die Erde ist, welche die Gegenstände anzieht, ist »unten« eine objektiv vor »oben« und den zwei waagerechten Richtungen ausgezeichnete Richtung im Raum, nicht eine Richtung relativ zur Erde. In einem eingeschränkten Sinn kommt seit Einsteins Relativitätstheorie die Zeit als vierte gleichberechtigte Dimension hinzu: Wie Drehungen die Himmelsrichtungen führen Änderungen der Geschwindigkeit Raum und Zeit ineinander über.

Daß die Kraft, durch die mit Katzenfell geriebener Bernstein Papierschnitzel anzieht, etwas mit der zu tun hat, mit der Magnetsteine einander beeinflussen, ist keineswegs offensichtlich. Es ist das Verdienst des englischen Physikers James Clerk Maxwell (1831 bis 1879), elektrische und magnetische Kräfte zur elektromagnetischen Kraft vereinigt zu haben. In unserem Jahrhundert wurden zwei weitere Kräfte entdeckt: die starke Kraft zwischen Kernteilchen – heute: Quarks und Gluonen –, die den Aufbau der Atomkerne bestimmt, und die schwache Kraft, die zu Kernzerfällen führt und dazu beiträgt, daß die Sonne leuchtet. In einem gewissen Sinn (Kap. 7) sind die schwache und die elektromagnetische Kraft nur zwei Erscheinungsformen derselben Grundkraft, der elektroschwachen Kraft. Von ihr wurde bereits gesprochen. Das ist, von attraktiven, aber unbestätigten Theorien abgesehen, der heutige Erkenntnisstand: Wir kennen drei, uns verschieden erscheinende Grundkräfte: Schwerkraft, elektroschwache und starke Kraft. Ob diese wirklich verschieden oder ob sie Erscheinungsformen derselben Grundkraft sind, wissen wir nicht.

Symmetriebrechung erlaubt Vielfalt

Die Vielfalt unserer Welt ist von vornherein ein Einwand gegen die Vermutung, daß es gelingen könnte, alle Teilchen und Kräfte aus einem Teilchen und einer Kraft durch Symmetrien abzuleiten. Tausende von konventionellen Bomben, die elektromagnetische Kräfte zwischen den Atomen ausnutzen, entsprechen einer sogenannten Atombombe, die Kernkräfte freisetzt. Wäre die Symmetriebrechung klein, so könnten wir ihr eine geringere Rolle zuweisen als der eigentlich geltenden, wenig verletzten Symmetrie. So ist es aber nicht. Die Symmetrie zwischen elektromagnetischer und Kernkraft ist, wenn es sie wirklich gibt, so total und vollständig verborgen, daß sie den Phänomenen unserer Alltagswelt nicht anzumerken ist. Ähnliches gilt für die Schwerkraft und die schwache Kraft im Vergleich zueinander und zu den anderen Kräften. Daß die elektrische Kraft viel stärker ist als die Schwerkraft, merken wir im Alltagsleben nur deshalb nicht, weil wir wie alles um uns herum elektrisch fast neutral sind, soll heißen, gleich viele Elektronen wie Protonen besitzen. Wäre das nicht so, fehlte beispielsweise Ihnen ein Prozent ihrer Elektronen, diesem Buch ein Prozent seiner Protonen, so würden Sie das Buch ungefähr so stark anziehen, wie die

Erde Sie anziehen würde, wenn Sie so schwer wie die Erde selbst wären – eine gigantische Kraft. Zugleich mit der Behauptung, daß eine Symmetrie die vier Wechselwirkungen und ihre Teilchen vereine, muß also ein Mechanismus vorgestellt werden, der diese Symmetrien so verbirgt, daß von ihnen auf den ersten Blick nichts zu sehen ist. Dies leistet die sogenannte spontane Symmetriebrechung, die in den frühen sechziger Jahren von J. Goldstone, P. Higgs und anderen entdeckt und später von Glashow, Salam und Weinberg auf die »richtigen« Theorien angewendet worden ist.

Vakuumasymmetrien

Die Grundidee der spontanen Symmetriebrechung ist es, zwischen symmetrischen Naturgesetzen und Asymmetrien des Zustands der Welt zu unterscheiden. Das allgegenwärtige Vakuum ist nach unserer heutigen Vorstellung kein strukturloses Medium höchster Symmetrie. Man kann es mit einem Ährenfeld vergleichen und Teilchen mit Wellen, die darüber hinlaufen. Nehmen wir an, die Ähren seien alle in dieselbe Richtung geneigt. Dadurch wird das Wechselspiel von Wind und Ähren asymmetrisch beeinflußt. Die Naturgesetze, die es bestimmen, sind selbstverständlich auch jetzt noch drehsymmetrisch. Bei ihrer Anwendung aber muß die Asymmetrie des Zustands ohne Wind, also ohne Wellen und Teilchen, berücksichtigt werden.

Wir denken, daß der leere Raum, das Vakuum, Symmetrien der Naturgesetze heute nicht mehr besitzt. Unmittelbar nach dem Urknall, bei unendlich hoher Temperatur, besaß der Zustand der Welt alle Symmetrien der Naturgesetze, alle Wechselwirkungen erschienen gleich stark. Danach, bei sinkender Temperatur, brach seine Symmetrie Stück um Stück zusammen – bis hin zu den scheinbar totalen Asymmetrien, die wir heute sehen. Zu fragen ist natürlich, wie sich der asymmetrische Zustand aus dem symmetrischen entwickeln konnte.

Zunächst und eigentlich vorhandene Symmetrie wird zusammenbrechen, wenn der symmetrische Zustand nicht stabil ist. Nehmen wir einen Esel, Buridans Esel, genau in der Mitte zwischen zwei Heuhaufen. Die Situation ist vollkommen symmetrisch. Doch schon die kleinste – unvermeidliche – Schwankung des Esels hin zu dem einen Heuhaufen und weg von dem anderen läßt die Symmetrie zusammenbrechen. Denn der hungrige Esel wird von dem Heuhaufen stärker angezogen, dem er näher ist: Die Schwankung wird größer, die Symmetrie bricht zusammen.

Die Welt, analog zu dem Esel zwischen zwei Heuhaufen, findet sich anfangs im Zustand höchster Symmetrie; ein Bild, das mehr ist als eine Analogie, wird in Kapitel 10 nachgeliefert. Der symmetrische Zustand ist aber nicht der günstigste. Dieser ist bei physikalischen Systemen das Vakuum, der Zustand mit der »niedrigsten Energie«. Davon gibt es, eben wegen der Symmetrie, mehrere. Das System kommt in einem solchen zur Ruhe und verbirgt dadurch die Symmetrie der Gesetze, die es beherrschen. Das war das Schicksal des Systems Welt unmittelbar – Sekundenbruchteile! – nach dem Urknall. Der Raum, in dem es geschah, ist der abstrakte Raum der Teilcheneigenschaften. In ihm liegen heute in einer Richtung die Quarks mit starker Wechselwirkung, in einer anderen die Elektronen, die nur durch die Schwerkraft und durch elektroschwache Kräfte beeinflußt werden. Und so weiter: Die Ähren dieses Raums sind in eine abstrakte Richtung geneigt, und es ist nicht möglich, sie alle zugleich in eine andere, genauso mögliche, Richtung zu biegen.

Vielfalt und Symmetrie

Nur der schwarze Fleck bricht in der von Max Ernst stammenden Abbildung 14 die ansonsten betonte Spiegelsymmetrie des Gesichtes. Symmetrische Naturgesetze geben auch Auskunft über die Möglichkeiten, Symmetrien zu verletzen. Mehr darüber in den Kapiteln dieses Buches. Verminderung von Symmetrie bedeutet Vermehrung der Vielfalt. Schneekristalle (Abb. 15) bleiben unverän-

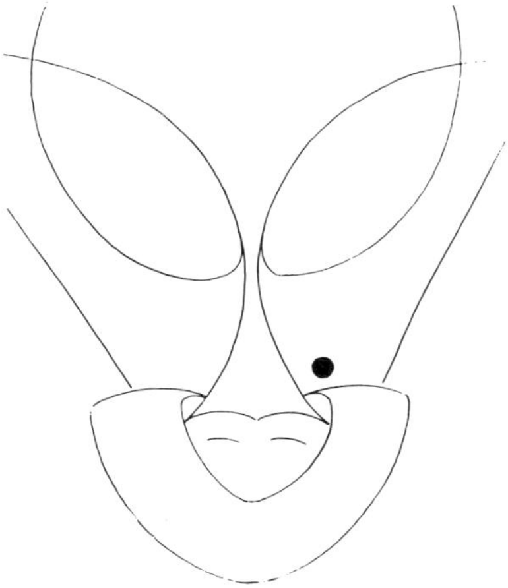

Abbildung 14

Abb. 15

dert, wenn man sie um 60, 120, 180, 240, 300 oder – natürlich! – 360 Grad dreht oder an sechs Achsen durch den Drehpunkt spiegelt. Geschmolzen zu Wasser, bildet eine Schneeflocke möglicherweise einen kugelrunden Wassertropfen. Der bleibt sogar bei beliebigen Drehungen um beliebige Achsen durch seinen Mittelpunkt und bei Spiegelungen an zahllosen Ebenen unverändert. Die Symmetrie eines Tropfens legt dessen Form eindeutig fest, nur der Radius bleibt unbestimmt. Die verminderte Symmetrie der Schneeflocke erlaubt unendlich viele Formen. Erst Symmetriebrechung ermöglicht Vielfalt.

Vielleicht besitzt unsere Welt beides zugleich: höchstmögliche Symmetrie und Vielfalt. Höchstmögliche Symmetrie bedeutet, daß es möglich ist, alle Teilchen und alle Kräfte aus derselben Wurzel zu verstehen. Die Suche gilt einer Symmetrie, die alle anscheinend verschiedenen Teilchen als verschiedene Zustände desselben Teilchens interpretiert; auch davon später mehr. Ist sie gefunden, so folgen unsere verschiedenen Naturgesetze vielleicht aus einem einzigen, einheitlichen. Im Augenblick des Urknalls, bei unendlich hoher Temperatur, besaß auch der Zustand der Welt die Symmetrie der Naturgesetze. Dann, als die Welt erkaltete, brach die Symmetrie ihres Zustands Stück um Stück zusammen, und Strukturen konnten sich bilden. Die Naturgesetze behielten ihre Symmetrie; asymmetrisch waren und sind deren Konsequenzen in einer asymmetrischen Welt. Mehr Materie als Antimaterie überlebte; Galaxien, Haufen von Galaxien, Sterne, Planeten, Kristalle, Leben, Schneeflocken konnten und können sich bilden.

Wir werden dies Thema im Epilog wiederaufnehmen und dann davon sprechen, was am Ende – vermutlich! – das Schicksal der Strukturen der Welt, unser Schicksal, sein wird. Zwischen Prolog und Epilog stehen Details über technische Aspekte der Symmetrie, über Erhaltungssätze, die aus ihr folgen, und darüber, was Symmetrie, Ordnung und Chaos verbindet. Im Chaos sind, wie im leeren Raum, alle Punkte gleichberechtigt. Daher ist Chaos zugleich auch höchste Symmetrie. Auf sie weist aber nichts hin. Das ist anders bei der sichtbaren Symmetrie geordneter Gebilde.

Sichtbare Symmetrie kann Schönheit bedeuten. Das, hoffe ich, zeigen einige Abbildungen dieses Buches. Ornamente spielen mit dem Widerspruch von Symmetrie und Vielfalt und scheinen ihn manchmal aufzuheben. Das macht vielleicht ihren Reiz aus. Manche der symmetrischen Zeichnungen Eschers sind aus interpretierbaren, anschaulichen Mustern aufgebaut. Zur Symmetrie, die für sich allein die Gestalt fast schon zu diktieren scheint, kommt etwas hinzu. Im besten Fall zeigt ein symmetrisches Gebilde die Vereinbarkeit von Symmetrien mit Ideen. Von den Naturgesetzen wissen wir nicht, ob sie durch ihre Symmetrien eindeutig festgelegt sind. Ich halte es nicht für verwegen, von deren Schönheit zu sprechen. Dieses Buch soll auch ein wenig den abstrakten Raum veranschaulichen, in dem die symmetrischen Naturgesetze angesiedelt sind.

1. Gesetz und Symmetrie

Manchmal stelle ich mir vor, ich könnte auf meinem Heimcomputer das Programm UNIVERSUM laufen lassen. Es ist ein sehr kluges Programm, das Auskunft gäbe über alle, wirklich alle, Ereignisse im Universum in Vergangenheit und Zukunft. Wie das mit dem freien Willen zu vereinbaren wäre, sei dahingestellt. Das Programm würde den Zustand der Welt gleichsam in einem Augenblick kennen und daraus alles weitere berechnen. Durch die Diskette mit dem Programm wäre ich jedem anderen Wissenschaftler überlegen. Er kennt bestenfalls einen kleinen Aspekt der Wirklichkeit, die Naturgesetze, ich kennte die Wirklichkeit selbst.

Die Keplerschen Gesetze sagen, wie sich die Planeten um die Sonne bewegen. Darüber, ob es Planeten und die Sonne gibt, schweigen sie sich aus. Diese Information lieferte mir mein Programm zusätzlich. Ich brauchte nicht zu wissen, daß die Punkte, die die Erde im Laufe eines Jahres durchläuft, eine Ellipse bilden, um mit Hilfe meines Programmes festzustellen, wann sie sich wo befindet. Vom praktischen Standpunkt aus gesehen, wäre Kenntnis der Naturgesetze für denjenigen überflüssig, der UNIVERSUM auf seinem Rechner laufen lassen könnte.

Symmetrien sind Gesetze, denen die Gesetze selbst unterliegen

E. P. Wigner (Nobelpreis 1963) hat argumentiert, daß sich die Symmetrien der Naturgesetze zu diesen Gesetzen genauso verhalten wie die Gesetze selbst zur Liste aller Ereignisse. Zusätzliche Informationen können beide nicht bringen, nur Vergnügen und Erstaunen beim Betrachten der Welt. Zu vermuten ist jedoch, daß ein Programm UNIVERSUM nicht geschrieben werden kann und daß auch die Offenbarung einer Liste aller Ereignisse ausgeschlossen ist. Wir brauchen Naturgesetze, da wir ohne sie noch weniger über die Welt wüßten. Und deren Symmetrien sind nicht nur ästhetisch, sondern auch praktisch wichtig, da wir nicht alle Gesetze mit all ihren Konsequenzen kennen oder kennen können.

Alle Abläufe im Universum, zu jeder Zeit und an jedem Ort, genügen den Naturgesetzen. Deren Symmetrien sind die Gesetze, denen sie selbst unterliegen. Wieder verhalten sich Naturgesetze zu Abläufen wie Symmetrien zu Naturgesetzen. Das ganze Universum ist allerdings ein zu komplexes Gebilde, um dies zu erläutern.

Nehmen wir den freien Fall im luftleeren Raum. Ein gutes Beispiel dafür ist ein Apfel, der vom Baum fällt. Er fällt zwar nicht im luftleeren Raum, aber der Luftwiderstand beeinflußt den Vorgang nur wenig. Ein schlechtes Beispiel wäre der »Fall« eines Fallschirmspringers. Nur der Luftwiderstand bewirkt, daß er an seinem Fallschirm sanft zur Erde schwebt. Im luftleeren Raum, so hat Galilei entdeckt, fallen alle Körper – Federn wie Bleikugeln – gleich schnell.

Dieses Beispiel wird uns viel später noch beschäftigen. Unser physikalisches System ist jetzt eine kleine Masse – ein Stein –, die von einer großen Masse – der Erde – angezogen wird und frei fallen kann. Das Naturgesetz für solch einen Ablauf führt auf eine Formel für die Fallzeit in Abhängigkeit von der Fallhöhe. Wer jemals versucht hat, die Tiefe eines Brunnens durch Fallenlassen eines Steines herauszufinden, hat diese Formel verwendet. Kaum jemandem wird dabei aufgefallen sein, daß für dieses Experiment vieles gleichgültig ist: das Gewicht des Steines (wenn nur einigermaßen schwer), seine Form und chemische Zusammensetzung. Nur ein Witzbold wird allerdings den Stein mit aller Kraft in den Brunnen hineinwerfen. Denn die Anfangsgeschwindigkeit des Steines bestimmt zweifelsohne seine Fallzeit mit.

Das Naturgesetz für den Fall eines schweren Steines in einen Brunnen stellt fest, daß die Fallzeit allein von der Tiefe des Brunnens und der Anfangsgeschwindigkeit des Steines abhängt. Eine mathematische Formel, die hier außer acht bleiben soll, drückt diesen Sachverhalt aus. Um sie auszuwerten, brauchen wir weder das Gewicht des Steins noch seine Gestalt zu kennen. Wir wollen nun eine Liste aller Daten über in Brunnen fallende Steine mit dem Naturgesetz, dann das Naturgesetz mit dessen Symmetrien vergleichen.

Eine Liste der morgigen Ereignisse, die wir heute lesen, ist mit der Erfahrung unvereinbar. Ihre Existenz würde bedeuten, daß wir nicht experimentieren könnten. Sonst würfen wir nämlich morgen einen weiteren Stein in den Brunnen und widerlegten die Liste. Zudem – es mag ein Vorurteil sein – steht nach meinem Urteil heute nicht fest, was morgen geschieht. Ich denke also, daß wir es nicht nur nicht wissen und ebensowenig wissen können, sondern daß es objektiv und wirklich nicht feststeht. Das folgt, so denke ich, aus der Quantenmechanik. Der Schluß hingegen, daß eine heute lesbare Liste aller morgigen Ereignisse Naturwissenschaft unmöglich machen würde, ist auch ohne dieses Argument richtig.

Beschreibbarkeit und Symmetrie

Vorhersagen sind nur für abgeschlossene Systeme möglich. Systeme können aus verschiedenen Gründen abgeschlossen sein. Zum Beispiel weil wir uns entschließen, keinen Eingriff vorzunehmen. Damit dies ausreicht, müssen wir empfindliche Systeme, so gut wir können, abschirmen. Denn – gleichgültig, ob aus praktischen oder prinzipiellen Gründen – stets strömt Unbekanntes in kontrollierte Bereiche ein. Nehmen wir also an, Stein plus Brunnen seien ein abgeschlossenes System. Aber schon dafür kann es keine Liste aller Fallzeiten geben. Denn solch eine Liste enthielte notwendig unendlich viele Eintragungen, eine zumindest für jede der unendlich vielen möglichen Brunnentiefen, und das ist unmöglich. Wir versuchen uns zu helfen, indem wir UNIVERSUM_BS aufrufen.

UNIVERSUM_BS ist eine modifizierte und abgemagerte Version meines Programms UNIVERSUM. Es handelt nicht mehr vom ganzen Universum, sondern nur noch von Brunnen und Steinen. Es verlangt, daß man beide vollständig beschreibt, und gibt dann angeblich Auskunft über die Fallzeit. Ich sage angeblich, weil ich bisher noch nie mit dem Eintippen aller Voraussetzungen, nach denen das Programm fragt, fertig geworden bin. Es fragt außer nach der Tiefe des Brunnens, dem Gewicht, der Form und der chemischen Zusammensetzung des Steins nach Dingen wie seiner Farbe, dem Wetter in New York und so weiter – und das, obwohl ich weiß, daß die Fallzeit damit nichts, überhaupt nichts, zu tun hat. Das Programm aber scheint das nicht zu wissen; insofern ist es unendlich dumm.

Ich beschreibe UNIVERSUM_BS, um zu erläutern, daß schieres Wissen über die Natur, ohne jede Theorie, unmöglich ist. Das Wissen, daß für die Fallzeit eines Steines viele der Umstände, nach denen das Programm fragt, gleichgültig sind, ist theoretisches Wissen. Daß wir überhaupt Vorhersagen machen können, hängt davon ab und ist außerdem in hohem Maße nichttrivial. Dazu muß die Natur symmetrisch sein in dem Sinn, daß Änderungen der Versuchsbedingungen möglich sind, ohne das Verhalten des Systems zu ändern. Zum Beispiel könnte das Resultat eines Versuchs unkontrollierbar davon abhängen, *wer* die Meßgeräte abliest. Das würde Physik unmöglich machen. Könnten wir nur Situationen schaffen, in denen alles von allem abhängt, wäre Naturwissenschaft ausgeschlossen. Jede Beschreibung der Natur muß die Möglichkeit nutzen, für das Verhalten des jeweiligen Systems Relevantes von Irrelevantem zu trennen, sonst kann sie dafür nicht erfolgreich sein. Wir, wenn wir Naturwissenschaft treiben, wissen von ihr. In das Programm UNIVERSUM_SC wurde sie eingebaut.

Dieses Programm (mit SC für *scientific,* wissenschaftlich), Programmteil BS, erfragt zwei Dinge: die Tiefe des Brunnens und die Geschwindigkeit, mit der der Stein den Brunnenrand verläßt – nichts weiter. Es will auch nicht die unendlich vielen Ziffern jeder Eingabe wissen, sondern ist mit denen zufrieden, die ich eingeben will. Nach einer Bedenkzeit druckt es die Fallzeit aus und gibt an, wie genau das Ergebnis ist.

Hätten wir nur dieses in einer uns unverständlichen Sprache geschriebene Programm, so könnten wir dieselben Vorhersagen machen wie jemand, der das Naturgesetz kennt und benutzt. Wir wenden das Programm genau wie das Naturgesetz an: Eingegeben wird der Zustand des Steines in einem Augenblick – seine Höhe und seine Geschwindigkeit –, und ausgegeben wird sein Verhalten zu späteren Zeiten; hier nur das Detail, wie lange er fällt.

Aussagen über das Verhalten eines physikalischen Systems werden genauso aus Naturgesetzen gewonnen. Zunächst wird das System definiert. Das Gesetz erlaubt sodann, aus dem augenblicklichen Zustand des Systems Informationen über dessen zukünftiges Verhalten zu gewinnen. Wenn das Gesetz, das das Verhalten des

Systems beherrscht, vollständig bekannt und lösbar ist, kann aus dem augenblicklichen Zustand das künftige Verhalten vollständig berechnet werden. Eine lückenhafte Information über den Anfangszustand wird nur gewisse Aspekte des Ablaufs zu berechnen gestatten. Hierher gehören die Erhaltungssätze, die aus Symmetrien folgen und von denen in Kapitel 4 zu sprechen sein wird. Jetzt nur so viel: Gewisse physikalische Größen besitzen während des ganzen Ablaufs denselben Zahlenwert. Derartige Größen – zum Beispiel die Energie – ändern ihren Wert im Laufe der Zeit nicht, gleichgültig, was sonst noch geschieht.

Von Naturgesetzen und Computerprogrammen

Wir wollen das Argument E. P. Wigners auf UNIVERSUM_SC anwenden. In der Tat leistet das Programm für den praktischen Brunnenforscher dasselbe wie das Naturgesetz, das die Fallzeit aus Brunnentiefe und Anfangsgeschwindigkeit zu berechnen gestattet. Für ihn, der über Land reist und die Tiefe von Brunnen ermittelt, ist UNIVERSUM_SC etwas unbequem, da er ja lieber die Fallzeit eingeben und die Tiefe herausbekommen möchte. Doch er weiß sich durch Probieren zu helfen. Das Naturgesetz in seiner von uns angenommenen Form würde für ihn genau dasselbe leisten. Daß unser Naturgesetz eine einfache Formel ist und nicht ein kompliziertes Programm, geoffenbart und geschrieben in einer Sprache, die wir nicht verstehen, ist für den praktischen Brunnenforscher ein Extra, ein Luxus, für uns ein Anlaß zu Erstaunen und Vergnügen. Zu mehr? Ich denke schon. Die Formel können wir, anders als das unverstandene Programm, nach einfachen Rechenregeln so umschreiben, daß aus der Fallzeit die Brunnentiefe folgt. Das wieder erlaubt es, ein Programm zu schreiben, das alle Wünsche des Brunnenforschers erfüllt. Die Formel läßt sich auch verwenden, um Fragen zu beantworten, die zu entscheiden unendlich viele Läufe des Programms erfordern würde. Dies führt uns auf die Symmetrien, die zu den Naturgesetzen nach E. P. Wigner in demselben Verhältnis stehen wie diese zu den Listen, die UNIVERSUM_SC unermüdlich ausdruckt.

Der Formel für das Naturgesetz sieht jeder Primaner im Leistungskurs Mathematik sofort an, daß sich für einen Stein, der am Brunnenrand losgelassen wird, die Fallzeit verdoppelt, wenn die Brunnentiefe vervierfacht wird. Für den praktischen Brunnenforscher, der – bekehrt – neuerdings das Naturgesetz anwendet, ist dies bedeutungslos, ein Extra, ein Luxus. Für uns ist es Anlaß zu Erstaunen und Vergnügen, haben wir dadurch doch ein Gesetz, das das Naturgesetz selber beherrscht. Und dieses Gesetz des Gesetzes ist eine Symmetrieeigenschaft: Das Naturgesetz für den losgelassenen Stein bleibt dasselbe, wenn man die Brunnentiefe mit vier, die Fallzeit mit zwei multipliziert. Es besitzt zudem all die anderen Symmetrien, von denen wir gesprochen haben. Es ist dasselbe, wo auch immer man es anwendet, und vom Gewicht des Steines und seiner chemischen Zusammensetzung hängt es auch nicht ab. Der praktische Brunnenforscher könnte nicht arbeiten, wenn die Fallzeit seines Steins unkontrollierbar davon abhinge, wann und wo er seine Versuche anstellt.

Aufbau und Symmetrie

Ich habe gesagt, daß die Symmetrien der Naturgesetze die Gesetze sind, denen die Gesetze selbst unterliegen. Die Symmetrie eines Objektes ist in der Tat ein Ausdruck der Gesetze, die seinen Aufbau bestimmen. Es kann sogar sein, daß die Symmetrien eines Objektes die Gesetze seines Aufbaus vollständig beschreiben.

Wir beginnen mit einem Objekt, dessen Aufbau keiner Regel genügt und das zugleich keine Symmetrie besitzt, einem Klecks (Abb. 16a). Verdoppelt man den Klecks (Abb. 16a + b), so entsteht aus der regellosen Form ein Objekt, dessen Aufbau einem Gesetz genügt. Dies kann man folgendermaßen beschreiben: Legen Sie eine durchsichtige Folie auf Abbildung 16 und zeichnen Sie den Doppelklecks auf ihr ab. Drehen Sie nun die Folie so herum, daß Oberseite und Unterseite vertauscht sind. Jetzt können Sie die Folie so hinlegen, daß seine Nachzeichnung den Doppelklecks genau überdeckt. Insgesamt haben Sie eine Bewegung ausgeführt, die den Doppelklecks nicht verändert. Eine solche Bewegung ist eine Drehung, die »oben« und »unten« vertauscht. Man kann auch sagen, daß der Doppelklecks bei einer Spiegelung an seiner Mittelli-

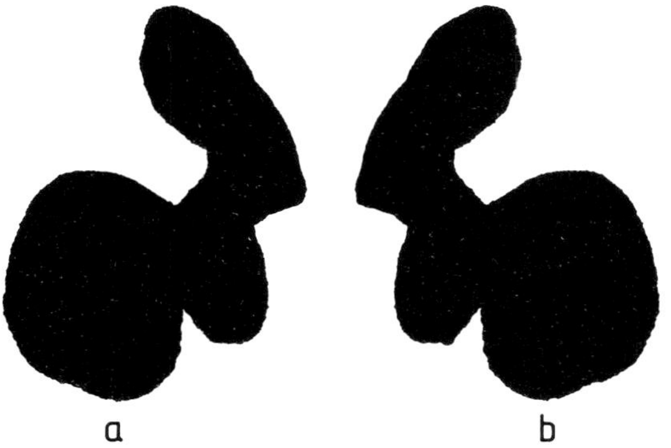

Abbildung 16: *Der in der Psychologie zu hohem Ansehen gekommene Doppelklecks soll die Möglichkeit verdeutlichen, Objekte in der Ebene durch Drehung im Raum – aus der Ebene heraus – in ihr ebenes Spiegelbild zu verwandeln.*

nie nicht geändert wird, also spiegelsymmetrisch ist. Dadurch ist das Gesetz, das seinen Aufbau beherrscht, vollständig beschrieben.

Ein zweites Beispiel. Abbildung 17 zeigt eine Fensterrose der Kathedrale in Lausanne. Sie bleibt unverändert bei Drehungen um 90 Grad und um ganzzahlige Vielfache davon (also 90, 180 Grad und so weiter). Diese Symmetrie ist eines der Gesetze, die ihren Aufbau bestimmen. Offensichtlich besitzt sie aber weitere Symmetrien: Sie bleibt auch dann unverändert, wenn sie an der waagerechten Achse gespiegelt wird. Daraus und aus der Drehsymmetrie um 90 Grad folgt, daß die Rosette Spiegelungssymmetrie an insgesamt vier Achsen besitzt. Auch diese Symmetrien drücken Gesetze aus, die den Aufbau der Rosette beherrschen. Die Regeln für den Aufbau

Abbildung 17: *Fensterrose der Kathedrale in Lausanne, südl. Querhaus (vor 1232)*

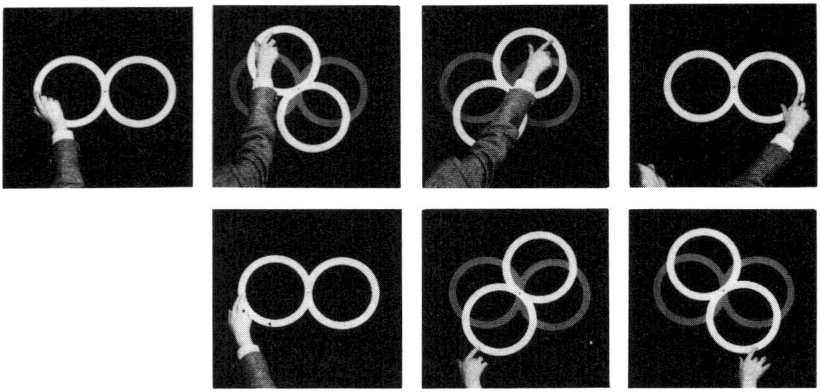

Abbildung 18
Dreht man eine Acht um 180 Grad um ihren Mittelpunkt (obere Bildreihe), so kann man das Resultat der Bewegung von der ursprünglichen Acht nicht unterscheiden; die Acht ist symmetrisch bei (oder gegenüber) Drehungen um 180 Grad. Allgemein wollen wir ein Objekt, mit dem wir etwas anstellen können, ohne es zu ändern, symmetrisch nennen. Jede Symmetrie ist genauso interessant wie die Prozedur, die sie definiert. Dreht man die Acht (untere Bildreihe, von rechts nach links) um abermals 180 Grad, so verändert man sie natürlich abermals nicht. Daß sie von der zweimaligen Drehung um 180 Grad – insgesamt eine Drehung um 360 Grad – nicht geändert wird, ist keine interessante Symmetrie der Acht, da alle Objekte sie besitzen.

der Rosette und – beispielsweise – der Schneekristalle in Abbildung 15 werden, soviel ich sehe, durch deren Symmetrien vollständig beschrieben.

Prozeduren definieren Symmetrien

Noch einmal die Definition von Symmetrie: Wir nennen ein Objekt symmetrisch, wenn wir es einer Prozedur unterwerfen können, ohne es zu ändern. Bei bewegungssymmetrischen Objekten ist diese Prozedur eine Bewegung (Abb. 18). Das durch die Bewegung entstandene Objekt ist, wie Doppelklecks, Rosette, Acht oder Schneekristall, nach Beendigung der Bewegung von dem Objekt in seiner Ausgangslage ununterscheidbar. Unsere Beispiele zeigen, daß Gesetze des Aufbaus eines Objekts durch dessen Symmetrien beschrieben werden können.

Wie interessant eine Symmetrie ist, hängt natürlich von der sie definierenden Prozedur ab. Bewegungssymmetrie eines Objekts ist allemal interessant. Unser Symmetriebegriff ist aber nicht auf Objekte im Raum und deren Bewegungssymmetrien beschränkt. Symmetrie eines Naturgesetzes gegenüber einer Prozedur, z. B. einer Drehung, besagt, daß es unverändert bleibt, wenn es von einem beliebigen System, für das es gilt, auf das durch die Prozedur – die Drehung – geänderte System umgeschrieben wird. Drehung eines Systems ändert die Orte der Teilchen, aus denen es aufgebaut ist. Überall, wo im Naturgesetz der Ort eines Teilchens steht, wird nun der Ort des Teilchens nach der Drehung eingetragen. Ein drehsymmetrisches Naturgesetz wird durch diese Umschreibung nicht geändert. Auch abstrakte Naturgesetze können anschauliche Symmetrien, in diesem Fall Drehsymmetrien, besitzen.

Es gibt aber auch unanschauliche Symmetrien. Die – mit dem Wort »Farbe« besonders anschaulich benannte – Farbsymmetrie der Quarks gehört hierher. Von jedem Quark gibt es drei Typen, und das Naturgesetz, das das Verhalten der Quarks bestimmt, ist für jeden Quarktyp dasselbe: Wie sich ein Quark verhält, ist davon unabhängig, ob es vom Typ 1, 2 oder 3 ist. Die Elementarteilchenphysiker haben diese Quarktypen mit anschaulichen Namen belegt. Statt vom Quarktyp 1 sprechen sie von blauen, statt vom Typ 2 von grünen und statt vom Typ 3 von roten Quarks. Die der Austauschbarkeit der verschieden gefärbten Quarks entsprechende Symmetrie heißt Farbsymmetrie.

Was die Farbsymmetrie der Quarks physikalisch bedeutet, werde ich in Kapitel 7 schildern. Die Bezeichnung wurde von den Farbsymmetrien der Mathematiker und Kristallographen übernommen. Wenn Mathematiker von Farbsymmetrien sprechen, meinen sie wirklich die Symmetrien anschaulicher, farbiger Objekte. Die Kristallographen sprechen von den Farbsymmetrien von Kristallen und meinen damit im Grunde dasselbe wie die Mathematiker. Zwar unterscheiden sich die Bausteine von Kristallen (Kap. 3) durch magnetische Eigenschaften, aber wir dürfen uns für den Aspekt »Farbsymmetrie« statt magnetischer Bausteine farbige Flecken vorstellen. Die Symmetrien der Kristalle unterscheiden sich in nichts von denen anschaulicher Objekte. Das ist ganz anders für Gebilde wie Elementarteilchen, die aus Bausteinen aufgebaut sind, die der

Quantenmechanik genügen – Quarks beispielsweise. Davon wird in Kapitel 6 zu sprechen sein.

Symmetrisch nennen wir ein Gebilde, wenn es, einer Prozedur, Transformation oder Umformung unterworfen, unverändert bleibt. Bei farbsymmetrischen Objekten sind dies Vertauschungen von Farben, kombiniert mit Bewegungen. Die Abbildungen 6 und 58 und die Farbtafeln 1–5 zeigen Beispiele. Als Umformungen haben wir auch Dehnungen (Abb. 62) zugelassen. Um im Einzelfall von Symmetrie sprechen zu können, müssen wir die Umformung festlegen, bei der Symmetrie besteht. Symmetrie allein, ohne diese Festlegung, ist ein Allerweltsbegriff, und ich vermute, daß man sich für jedes beliebig vorgegebene konkrete oder abstrakte Gebilde Umformungen ausdenken kann, die es unverändert lassen. Wenn es zum Beispiel erlaubt ist, zwei beliebig herausgegriffene Punkte zu vertauschen und sonst nichts zu ändern, ist auch der Klecks in Abbildung 16a symmetrisch. Doch diese Symmetrie wird niemanden interessieren. Interessant hingegen ist die Bewegungssymmetrie des Doppelkleckses in der vollständigen Abbildung 16. Und so weiter: Symmetrien sind genauso interessant wie die Prozeduren, die sie definieren.

Symmetrien, die allein und die nicht allein vorkommen können

Der Doppelklecks in Abbildung 16 bleibt bei einer Spiegelung an seiner Mittellinie unverändert. Daher natürlich auch, wenn man ihn zweimal hintereinander an dieser Linie spiegelt. Das aber ist keine zweite, den Doppelklecks auszeichnende Symmetrie, denn die Eigenschaft, durch zweimal dieselbe Spiegelung insgesamt nicht geändert zu werden, teilt er mit allen ebenen Objekten. Zwei an derselben Achse hintereinander durchgeführte Spiegelungen ergeben nämlich die »Bewegung«, die gar nichts ändert, die Identität. Es ist üblich und bequem, auch die Identität als Bewegung zu bezeichnen. Nur dann kann man sagen, daß Hintereinanderschalten zweier Bewegungen stets eine Bewegung ergibt.

Bei der Aufzählung der Symmetrietransformationen eines Gebildes werden wir die Identität nicht erwähnen; ein Objekt, das nur sie nicht ändert, besitzt für uns keine Symmetrie, der Doppelklecks ist nur spiegelsymmetrisch. Die einzigen Bewegungen der Ebenen, die ihn nicht ändern, sind die Spiegelung an seiner Mittellinie und die Identität – nicht beispielsweise auch noch die Spiegelung an einer anderen Linie oder eine Drehung. Das ist nur möglich, da jede Spiegelung, zweimal hintereinander ausgeführt, die Identität ergibt. Denn wenn eine Transformation ein Gebilde unverändert läßt, so selbstverständlich auch dieselbe Transformation, wenn man sie abermals anwendet. Durch Hintereinanderschalten von zwei Bewegungen gewinnen wir eine zusammengesetzte Bewegung, und auch diese läßt nach unserer Überlegung das Gebilde unverändert. Welche Bewegung auch immer das Hintereinanderschalten von zwei Spiegelungen an derselben Spiegellinie ergeben mag – sie kann den Doppelklecks nicht ändern. Nur weil diese zusammengesetzte Bewegung – sozusagen zufällig – die Identität ist, kann es Objekte geben, die spiegelsymmetrisch und sonst nicht symmetrisch sind. Der Leser kann sich leicht überlegen, daß es kein Gebilde geben kann, das Spiegelsymmetrie an zwei parallelen Geraden und sonst keine Symmetrie besitzt. Denn die aus beiden zusammengesetzte Bewegung ist weder die Identität noch stimmt sie mit einer der zwei Spiegelungen überein. Welche Symmetrien ein Gebilde mit Spiegelsymmetrien an zwei parallelen Geraden zumindest sonst noch besitzen muß, wird in Kapitel 3 erläutert.

Eine ähnliche Überlegung wie auf den Doppelklecks läßt sich auf Abbildung 19a anwenden. Wie die Spiegelung an einer Geraden ergibt auch die Drehung um 180 Grad, zweimal angewendet, die Identität, und daher kann es Gebilde geben, die gegenüber dieser Drehung symmetrisch sind, aber sonst keine Symmetrie besitzen.

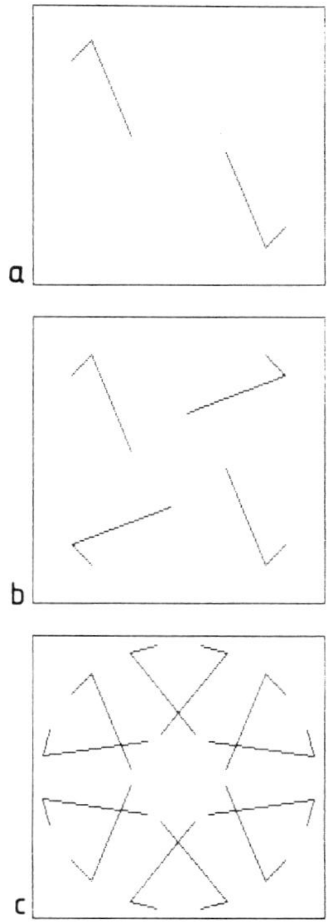

Abbildung 19

Die Menge der Transformationen, die ein Gebilde nicht ändern, heißt die Symmetriegruppe des Gebildes. Wir beschränken uns hier auf Bewegungen. Die Symmetriegruppe des Doppelkleckses besteht dann aus einer Spiegelung und der Identität, die der Abbildung 19a aus der Drehung um 180 Grad und wieder der Identität.

Bleibt ein Gebilde unverändert bei einer Drehung um 90 Grad, so auch bei derjenigen Transformation, die aus zwei Drehungen um 90 Grad entsteht – der Drehung um 180 Grad. Also kann es kein Gebilde geben, das nur bei einer Drehung um 90 Grad unverändert bleibt. Zu ihr kommt außer der Drehung um 180 Grad die um 270 Grad, immer um denselben Punkt, hinzu. Diese entsteht, wenn man eine Drehung um 90 Grad und eine um 180 Grad hintereinanderschaltet. Auch zwei verschiedene Bewegungen, die einzeln ein Gebilde nicht ändern, ergeben zusammengefaßt eine Bewegung, die das Gebilde unverändert läßt. Abbildung 19b zeigt, daß die Drehungen um 90, 180 und 270 Grad zusammen mit der Identität eine Symmetriegruppe bilden – die der Abbildung 19b.

Wenn eine Symmetriegruppe zwei Bewegungen enthält, so auch diejenigen, die sich durch Zusammensetzen ergeben. Den Plural habe ich zu Recht verwendet. Denn die Reihenfolge, in der die zwei Bewegungen nacheinander ausgeführt werden sollen, ist noch unbestimmt. Es gibt zwei Möglichkeiten – erst spiegeln und dann drehen oder umgekehrt. Es kann nun sein, daß die zusammengesetzte Bewegung von der Reihenfolge abhängt. Bei einer Spiegelung und einer Drehung trifft das in der Tat im allgemeinen zu. Wenn ich das gleichseitige Dreieck in Abbildung 20a erst um 120 Grad um seinen Mittelpunkt rechtsherum drehe, erhalte ich Abbildung 20b. Spiegelung an der eingezeichneten senkrechten Achse ergibt dann Abbildung 20c. In umgekehrter Reihenfolge führe ich die Bewegungen aus, wenn ich Abbildung 20a erst an der senkrechten Gerade spiegele (Resultat: Abb. 20d) und anschließend um 120 Grad um den Dreiecksmittelpunkt rechtsherum drehe. Das ergibt Abbildung 20e. Da sich Abbildung 20c und Abbildung 20e unterscheiden, hängt das Ergebnis der Spiegelung und der Drehung um 120 Grad von der Reihenfolge der Operationen ab. Man sagt, sie seien nicht vertauschbar.

Wenn eine Bewegung ein Objekt nicht ändert, so auch diejenige

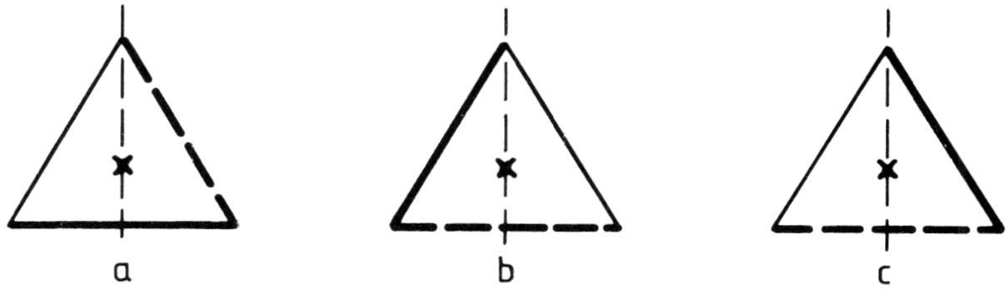

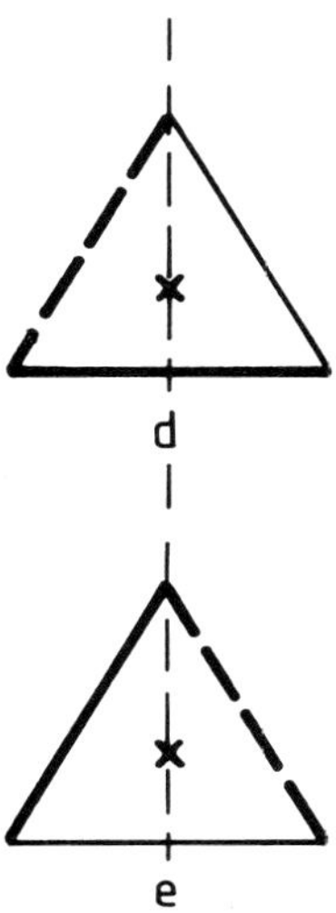

Abbildung 20
Das Dreieck der Abbildung a geht – mit dem der Abbildung b als Zwischenstufe – in das der Abbildung c über, wenn es erst um 120 Grad im Uhrzeigersinn gedreht und dann an der senkrechten Mittellinie gespiegelt wird. Führt man dieselben Operationen in umgekehrter Reihenfolge aus, entsteht aus dem Dreieck der Abbildung a über das der Abbildung d das der Abbildung e. Da das Dreieck der Abbildung c, verglichen mit dem der Abbildung e, gedreht ist, hängt die aus Drehung und Spiegelung zusammengesetzte Operation von der Reihenfolge *beider Operationen ab.*

nicht, die sie rückgängig macht. Bei der Spiegelung ist dies dieselbe Spiegelung, bei der Drehung um 180 Grad dieselbe Drehung, und die Drehung um 90 Grad wird durch eine um 270 Grad um denselben Punkt rückgängig gemacht. Die Symmetriegruppe eines beliebigen Objektes enthält mit jeder Bewegung diejenige, die sie aufhebt. Die Identität, die nichts verändert, wird – wie schon die Spiegelung und die Drehung um 180 Grad – durch sich selbst aufgehoben.

Die Symmetriegruppe der Rosette in Abbildung 17 besteht wie die der Abbildung 19c aus Spiegelungen und Drehungen. Man kann Spiegelungen und/oder Drehungen auch mit Verschiebungen kombinieren. Kapitel 3 enthält zahlreiche Beispiele. Kristallographen verwenden die so entstehenden Symmetriegruppen, um Kristalle zu klassifizieren. Auch das wird in Kapitel 3 erläutert. Abbildung 19c besitzt dieselbe Symmetriegruppe wie jede vollkommene Schneeflocke.

»Daß sie dieselbe Symmetriegruppe besitzen« ist unsere Antwort auf die Frage, was einem Schmetterling und dem Doppelklecks in Abbildung 16 gemeinsam sei. Dasselbe gilt für einen Widder und das Karlsruher Schloß (Abb. 3b) sowie für eine Geranienblüte und, wenn man Anbauten ignoriert, das Pentagon: Beide sind fünffach dreh- und spiegelsymmetrisch. Zeichnungen Eschers besitzen dieselben Symmetrien wie Kristalle in der Ebene.

Symmetriegruppen können, wenn man nur auf ihre Struktur sieht, gleich sein, obwohl sie eigentlich verschieden sind. Das ist weniger paradox, als es klingt. Die Symmetriegruppen der Abbildung 16 – Spiegelung und Identität – und der Abbildung 19a – Drehung um 180 Grad und Identität – sind verschieden, denn Spiegelungen sind keine Drehungen. Beide sind aber gleich, wenn man nur auf die Beziehungen der zwei Bewegungen in jeder Symmetriegruppe zueinander achtet und nicht auf deren anschauliche Bedeutung. Jede besteht aus zwei Bewegungen, der Identität und einer weiteren, die, zweimal angewendet, die Identität ergibt. Stehen zwei Symmetriegruppen in derartiger Beziehung zueinander, sprechen Mathematiker von Isomorphie.

Gruppentheorie als mathematische Disziplin

Symmetriegruppen besitzen eine reiche Struktur. Denn jeweils zwei ihrer Transformationen ergeben, nacheinander ausgeführt, eine bestimmte dritte. Das Ergebnis hängt im allgemeinen von der Reihenfolge ab. Diese Beziehungen der Transformationen zueinander fassen die Mathematiker in Gruppentafeln zusammen. Eine beliebige Menge abstrakter oder konkreter Objekte, zwischen denen Beziehungen wie zwischen den Transformationen einer Symmetriegruppe bestehen, nennen sie eine Gruppe. Zwei Gruppen heißen isomorph, wenn sie bei geeigneter Zuordnung ihrer Elemente dieselbe Gruppentafel besitzen. Das ist der Ausgangspunkt der mathematischen Disziplin Gruppentheorie. Für uns ist sie nicht besonders interessant. Durch Symmetriegruppen können wir, unabhängig von aller Gruppentheorie, Objekte in Klassen einteilen. Eine Symmetriegruppe besteht aus all den Bewegungen, die das Objekt unverändert lassen. Weiter unten in diesem Buch kommen noch andere Transformationen wie Farbvertauschungen hinzu.

Sogenannte Abelsche Gruppen enthalten nur miteinander vertauschbare Elemente. Gibt es in einer Gruppe mindestens zwei Elemente, die nicht miteinander vertauschbar sind, heißt die Gruppe nicht-Abelsch.

Symmetrie ermöglicht Erkenntnis

Objekte können aus vielen Gründen symmetrisch sein. Die Symmetrien der Naturgesetze bilden vielleicht die höchstmögliche Stufe in der Hierarchie naturwissenschaftlichen Wissens. Dann ist es nicht sinnvoll, nach ihrem Ursprung zu fragen. Aber das ist Spekulation. Möglich ist auch, daß die Naturgesetze und mit ihnen ihre Symmetrien vermöge einer einsehbaren Entwicklung erst nach dem Urknall zu gelten begonnen haben. Wir wissen es aber einfach nicht. Ebensowenig, warum die Symmetrien der Naturgesetze gerade die sind, die sie sind. Daß die Naturgesetze symmetrisch sind, macht Physik, wie wir sie kennen, erst möglich. Hingen die Naturgesetze unkontrollierbar von Zeitpunkt und Ort ihrer Anwendung ab, wären Experimente nicht wiederholbar, und Physik wäre unmöglich. Unsymmetrische Naturgesetze, die aus keinem Prinzip folgen, sind möglicherweise uneinsehbar. Vielleicht wäre ohne Symmetrie der Naturgesetze Erkenntnis unmöglich. Doch die Naturgesetze *sind* symmetrisch. Einstein hat seine der Anschauung widersprechenden Theorien aus Symmetrieprinzipien hergeleitet, an denen er auch dann festgehalten hat, wenn sie ihn mit der Anschauung in Widerspruch brachten. Wir hoffen, eines Tages aus – vermuteten oder bewiesenen – Symmetrien die Weltformel, *the theory of everything,* herleiten zu können. Symmetrien können uns den Weg zeigen zum Verständnis dessen, was es geben kann, nicht nur dessen, was es in unserer Epoche und Ecke des Universums zufällig gibt. Für viele Physiker, auch für mich, ist dies Anlaß zu Vergnügen und Erstaunen.

Die Sprache, in der wir die Symmetrien der Naturgesetze formulieren, ist jene, in der die Naturgesetze selbst geschrieben sind, die Sprache der Mathematik. Vergnügen und Erstaunen bereitet letztlich die Tatsache, daß die Natur berechenbar ist. Die Planeten folgen berechenbaren Bahnen, das von Wasserstoffatomen ausgesandte Licht besitzt die Farben, die aus der vollkommen unanschaulichen Quantenmechanik berechnet werden, und so weiter. Das Staunen darüber, und wohl auch das Vergnügen, bringt der Titel eines Artikels von E. P. Wigner zum Ausdruck: »The Unreasonable Effectiveness of Mathematics in the Natural Sciences«. Man könnte geradezu denken, die Mathematiker hätten sich die Mathematik ausgedacht, um die physikalische Welt zu beschreiben. Dem ist aber nicht so. Wie durch ein Wunder bilden die Strukturen, die die Mathematiker entdeckt haben und weiter entdecken, die Sprache der Physik.

2. Symmetrieanalyse

Gegeben sei der Aufbau in Abbildung 21a: Ein Gewicht wird von zwei gleichen Drähten getragen. Die Spannungen der Drähte zeigen die zwei Federn an. Da Abbildung 21a bei einer Drehung um 180 Grad um die Mittellinie in sich übergeht, muß dieselbe Drehung, auf die Spannung des Drahtes links angewendet, die des Drahtes rechts ergeben. Also zeigt jede Feder dieselbe Spannung und trägt jeder Draht die Hälfte des Gewichtes. Daraus folgt, daß auch die Anordnung von Gewichten, Drähten und Rollen in Abbildung 21b im Gleichgewicht ist. Ersetzt man in Abbildung 21a die linke Feder durch eine feste Aufhängung, die rechte durch das Gewicht, das ihrer Anzeige entspricht, bleibt das Gleichgewicht erhalten. Das Resultat ist Abbildung 21b. Die Symmetrieanalyse erklärt, daß der Aufbau in Abbildung 21b im Gleichgewicht ist. Ein Gewicht wird dort anscheinend durch ein nur halb so schweres getragen.

In einer Sendung des Zweiten Deutschen Fernsehens wurde uns vor einiger Zeit dieses Gleichgewicht wie ein achtes Weltwunder vorgeführt. Nun ist ohne Einsicht in die verborgene Symmetrie der Anordnung sicher nicht einfach herzuleiten, daß sie im Gleichgewicht ist. Zugegeben, sie sieht ein wenig paradox aus.

Symmetrie als Hilfsmittel zur Lösung physikalischer Probleme

Nach E. P. Wigner ist Einsicht in die Symmetrien der Naturgesetze bei Kenntnis der Gesetze selbst überflüssig. In der physikalischen Praxis ist es, wie Wigner ebenfalls schreibt, anders. Wenn jemand zwar die Naturgesetze, nicht aber ihre Symmetrien kennt, kann er selbstverständliche Resultate von Symmetrieanalysen nur schwer oder überhaupt nicht herleiten. Denn manche Probleme sind durch ihre Symmetrien sehr einfach, ohne Symmetrieanalyse hingegen

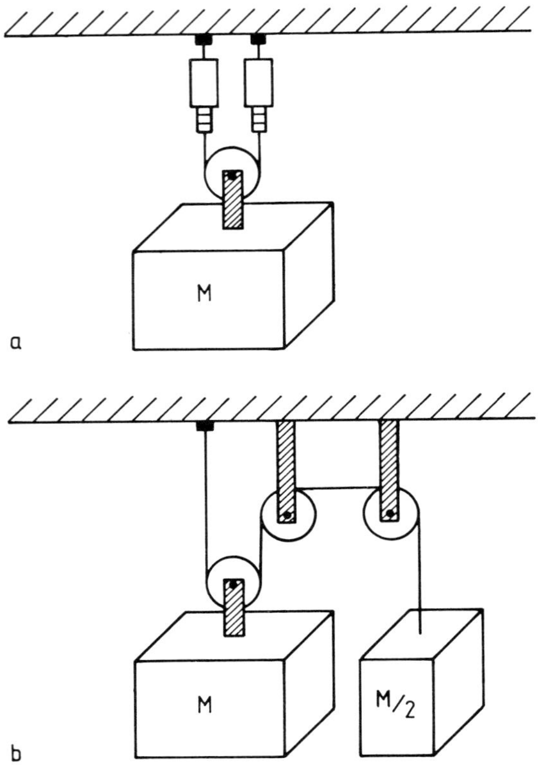

Abbildung 21
Die Symmetrie der Abbildung a macht verständlich, daß die Anordnung in Abbildung b im Gleichgewicht ist. Scheinbar halten sich in Abbildung b zwei um einen Faktor zwei verschiedene Gewichte die Waage.

nur schwer oder überhaupt nicht zu lösen. Das soll dies Kapitel an Beispielen zeigen.

E. P. Wigner hat durch seine Einsicht in die Symmetrien physikalischer Systeme und der Naturgesetze viele triumphale Erfolge erzielt. Ich würde ihn daher gern als Kronzeugen gegen die These von der Überflüssigkeit von Symmetrien anführen. Mein Dilemma ist, daß die These *und* die Gegenthese von E. P. Wigner stammen.

Ein weiteres Beispiel. Die Sonne zieht andere Massen an. Daher kann man an jeder Stelle im Raum von jener Kraft sprechen, mit der sie – die Sonne – einen dort befindlichen kleinen Planeten anziehen würde. Kraft besitzt stets Stärke und Richtung. Wir stellen uns vor, daß an jeder Stelle im Raum ein Pfeil angebracht ist, der in Richtung der dort wirkenden Kraft zeigt und dessen Länge der Stärke der Kraft entspricht. Abbildung 22a zeigt einige dieser Pfeile.

Uns interessieren die Kräfte, die eine kugelförmige Sonne auf eine Probemasse – einen kleinen Planeten – irgendwo im Raum ausüben würde. Das ist ein klassisches Problem, das sich mit Hilfe der Symmetrieanalyse lösen läßt. Gegeben ist eine drehsymmetrische Kraftquelle. Die Größen, nach denen gefragt wird – die Kräfte auf Probemassen –, sind durch die Kraftquelle eindeutig bestimmt. Wie sich die Kräfte bei einer Drehung ändern, ist auch bekannt: Die Kraftpfeile werden mitgedreht. Bereits dadurch sind viele ihrer Eigenschaften festgelegt.

Zunächst einmal zeigt jeder Kraftpfeil auf den Mittelpunkt der Sonne. Wir betrachten nämlich einen beliebigen Punkt A. Ist er der Sonnenmittelpunkt, muß die Kraft verschwinden. Denn wegen der Drehsymmetrie kann die Richtung der Kraft im Sonnenmittelpunkt durch keine Drehung um eine Achse durch den Sonnenmittelpunkt

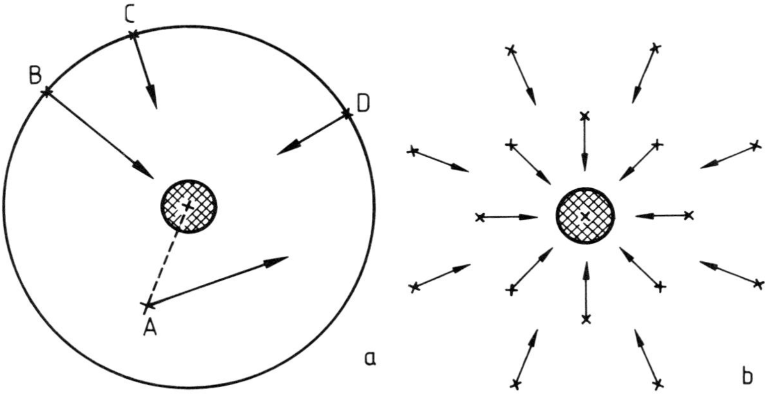

Abbildung 22: *Das Kraftfeld einer kugelförmigen Massenverteilung muß Kugelsymmetrie besitzen. Damit stimmt Abbildung b überein, nicht aber Abbildung a.*

geändert werden. Tatsächlich wird ein an die Drehachse gehefteter Pfeil durch eine Drehung im allgemeinen geändert. Das ist nur dann nicht der Fall, wenn er in Richtung der Drehachse zeigt. Diese aber kann ich im Sonnenmittelpunkt frei wählen. Folglich kann es dort keinen Kraftpfeil geben – die Kraft auf eine Probemasse, die sich im Sonnenmittelpunkt befindet, verschwindet.

Jeder andere Punkt kann mit dem Sonnenmittelpunkt durch eine Gerade verbunden werden. Drehungen um diese Gerade als Achse können die Kraft auf eine in dem Punkt angebrachte Probemasse – den kleinen Planeten – nicht ändern. Wieder muß der Kraftpfeil in Richtung der Drehachse zeigen. Das läßt zwei Möglichkeiten zu: Entweder zeigt er auf den Sonnenmittelpunkt oder nach außen. Da die Sonne den Planeten anzieht und nicht abstößt, zeigt er in Sonnenrichtung. Erlaubt sind also die an die Punkte B, C und D angehefteten Pfeile, nicht aber der in Punkt A. Der wirkliche Kraftpfeil an jener Stelle zeigt ebenfalls in Sonnenrichtung, fällt also mit der gestrichelten Achse zusammen.

Durch Symmetrieanalyse kennen wir jetzt also die Richtungen der Kraftpfeile: Sie zeigen von dem Punkt, an den sie geheftet sind, zum Sonnenmittelpunkt. Symmetrieoperationen – Drehungen um den Sonnenmittelpunkt – können die Verteilung der Pfeile im Raum nicht ändern. Nun wird jeder Punkt in jeden anderen mit demselben Abstand von der Sonne durch eine geeignete derartige Drehung überführt. Diese Drehung, auf den Kraftpfeil im ersten Punkt angewendet, muß den Kraftpfeil im zweiten ergeben. Aus auf den Sonnenmittelpunkt gerichteten Pfeilen entstehen durch Drehungen wiederum Pfeile, die auf den Sonnenmittelpunkt gerichtet sind. Insofern ist unsere Anordnung der Pfeile B, C, D bereits drehsymmetrisch.

Aber auch die Stärke der Kraft – die Länge der Pfeile – kann durch Drehungen nicht geändert werden. Folglich sind Pfeile, die an Punkte mit demselben Abstand vom Sonnenmittelpunkt angeheftet sind, gleich lang: Wenn Pfeil D ein wirklicher Kraftpfeil ist, dann auch Pfeil C, nicht aber Pfeil B.

Die Stärke der Kraft auf eine Probemasse hängt also nicht davon ab, wo auf einer Kugelschale um den Sonnenmittelpunkt sie sich befindet. Die Kraft zeigt vom Ort der Probemasse zum Sonnenmittelpunkt. Diese Resultate der Symmetrieanalyse des »Kraftfeldes«

einer kugelförmigen Sonne veranschaulicht Abbildung 22b durch Pfeile. Sie zeigen in die Richtung der Kraft. Deren Stärke legt die Pfeillänge fest. Über die Abhängigkeit der Stärke vom Abstand eines Pfeils vom Sonnenmittelpunkt kann Symmetrieanalyse nichts aussagen.

Symmetrieanalyse bringt mehr als die Auswertung von Formeln

Dem im Umgang mit derartigen Argumenten ungeübten Leser wird unsere Herleitung von Abbildung 22b aus Symmetrieargumenten nicht besonders einfach erscheinen. Sie besitzt eine Fülle exakter Resultate und muß mit einer Herleitung verglichen werden, die die Symmetrien der Naturgesetze und des Problems nicht berücksichtigt. Es gibt eine Formel für die von einer beliebigen – also nicht notwendig kugelförmigen – Massenverteilung ausgehenden Kräfte. Wir haben durch Einsicht in die Symmetrien unendlich viele Fragen an die Formel auf einmal beantwortet.

Die Formel muß für jeden Punkt im Raum neu ausgewertet werden, und die Genauigkeit eines jeden in endlicher Zeit vom Computer berechenbaren Resultats ist endlich. Kein Computerprogramm, das nur die allgemeine Formel verwendet, kann die exakten Ergebnisse der Symmetrieanalyse in endlicher Zeit ermitteln. Einsicht in die Symmetrien der Naturgesetze und des Problems bringt hier unendlich viel mehr als Kenntnis der Gesetze und – zusätzlich – des allgemeinen Lösungsverfahrens.

Natürlich – die Symmetrie des Problems kann in die Formel eingetragen werden. Die Symmetrien der Naturgesetze berücksichtigt sie schon. Jemand mit einer Einsicht in Symmetrien, die zu der unseren äquivalent ist, kann die Formel so umschreiben, daß die exakten Resultate von ihr ablesbar werden. Aber das bedeutet, daß die Symmetrien des Problems zur Lösung herangezogen werden.

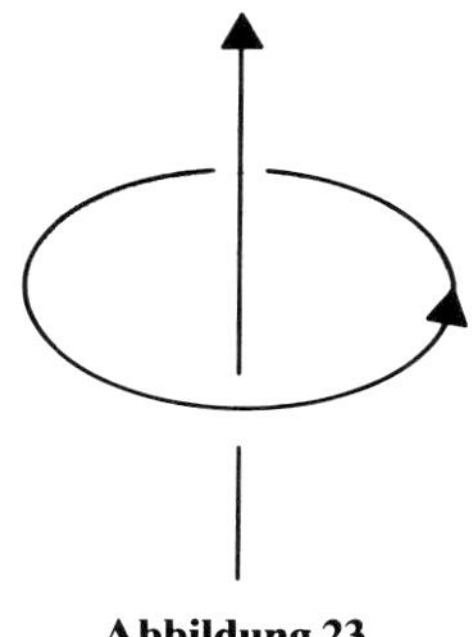

Abbildung 23

Viele Übungsaufgaben im Physikkurs sind genauso ausgerichtet: Es werden spezialisierte Fragen gestellt, die mit Hilfe von Symmetrieanalyse lösbar sind. Beispielsweise wird nach dem Magnetfeld einer kreisförmigen Stromschleife auf der Achse gefragt (Abb. 23). Dieses Problem läßt sich wegen der Drehsymmetrie um die Achse leicht exakt lösen. Das Magnetfeld anderswo in der Nähe der Stromschleife auszurechnen ist ein Problem, das über den üblichen Übungsstoff weit hinausgeht.

Symmetrieanalyse von Schwingungsformen

Symmetrieanalyse kann nicht nur auf statische Probleme angewendet werden. Die Schwingungen einer runden, am Rand eingespannten ebenen Membran müssen den Dreh- und Spiegelungssymmetrien ihrer Gestalt Rechnung tragen. Das heißt natürlich nicht, daß alle Schwingungsformen für sich allein symmetrisch sein müssen. Es bedeutet, daß aus möglichen Schwingungen durch Drehungen und Spiegelungen mögliche Schwingungen entstehen.

Viel mehr als dies bringt Symmetrieanalyse der Schwingungen einer runden Membran nicht. Ich werde sie verwenden, um drei wichtige Konzepte zu erläutern: Entartung, Überlagerung und Symmetriebrechung. Interessanter als die der runden Membran sind die Schwingungen mancher Gebilde, die nicht die volle Dreh- und Spiegelungssymmetrie des Kreises besitzen. Es kann sein, daß aus geringerer Symmetrie bereits dasselbe wie aus Kreissymmetrie folgt. So ist es bei kleinen Schwingungen eingespannter Stäbe. Ich werde sie als Modell für Molekülschwingungen verwenden. Sehenswert sind die sogenannten Chladnischen Klangfiguren. Mit ihnen beginne ich meine Symmetrieanalyse von Schwingungen.

Pendel, Saite, Platte und Membran

Eine – beispielsweise – quadratische, schwingungsfähige Metallplatte wird in der Mitte in ein Stativ waagerecht eingespannt. Auf die Platte wird Sand gestreut. Um sie zu Schwingungen anzuregen, wird sie mit einem Bogen – einem Geigenbogen – an einer Stelle des Randes gestrichen. Es bilden sich »stehende« Schwingungen aus (vgl. Abb. 25). Das ist wie bei eingespannten schwingenden Saiten.

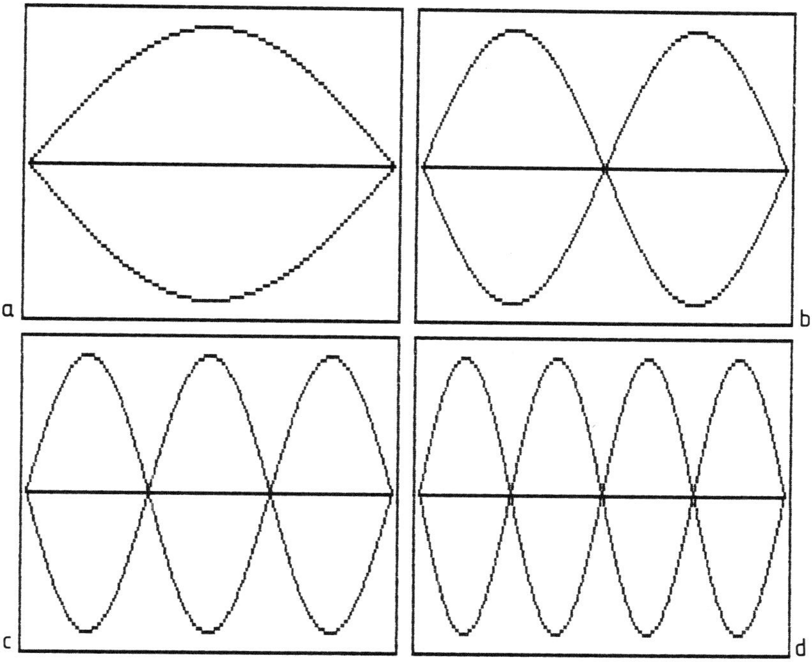

Abbildung 24: *Vier Schwingungsformen einer Saite*

Abbildung 24 zeigt vier mögliche Schwingungsformen einer beidseitig eingespannten Saite. Denkt man sich die Saite in einzelne Punkte zerlegt, so schwingen diese senkrecht auf und ab. Schwingungen in Längsrichtung der Saite soll es nicht geben. An den Enden ist die Saite eingespannt, hier kann sie sich nicht auf und ab bewegen. Bei der Grundschwingung (Abb. 24a) schwingt die Saite außerhalb der Einspannung überall. Knoten heißen diejenigen Stellen der Saite, die an der Schwingung nicht teilnehmen. Wenn man die Einspannungsstellen nicht als Knoten zählt, besitzt die Saite bei den Schwingungsformen der Abbildung 24 in dieser Reihenfolge 0, 1, 2 und 3 Knoten.

Die Schwingungsformen der Saite in den Abbildungen 24a–d unterscheiden sich außer durch die Zahl der Knoten durch die Schwingungsfrequenz. Frequenz, gemessen in Hertz, ist »Zahl der Schwingungen pro Zeit«, bei Tönen also dasselbe wie die Tonhöhe. Frequenz und Knotenzahl sind dieselbe Sache, sind auseinander berechenbar. Die Schwingungsweite, den maximalen Saitenausschlag bei einer Schwingung, legt die Schwingungsfrequenz hingegen nicht fest. Von der Weite des Maximalausschlags ist die Zeit von einem bis zum nächsten unabhängig; die Saite kann mit derselben Frequenz sowohl kaum merklich als auch sehr intensiv schwingen.

Die Saite besitzt unendlich viele Schwingungsfrequenzen

Eine Saite kann nur mit gewissen Frequenzen schwingen. Wichtig und für die Saite im Vergleich mit der Membran charakteristisch ist, daß die Schwingungsfrequenz die Schwingungsform eindeutig festlegt. Die Schwingungsform der Saite ist dasselbe wie die Zahl der Knoten. Es gibt genau eine Schwingungsform und Schwingungsfrequenz zu jeder Zerlegung der Saite in 1, 2, 3, 4, ... gleiche Strecken, die wie in den Abbildungen 24 a–d zusammen schwingen und durch 0, 1, 2, 3, ... Knoten getrennt sind. Die Frequenzen der Saitenschwingungen bei diesen verschiedenen Schwingungsformen sind zur Zahl der Strecken zwischen den Knoten proportional. Wenn die Saite wie in Abbildung 24c schwingt, ist die Schwingungsfrequenz dreimal so groß wie bei der Schwingungsform der Abbildung 24a; die Frequenz bei Abbildung 24d ist viermal so groß und so weiter. Es gibt also unendlich viele Schwingungsfrequenzen der eingespannten Saite, die sich durch ihre Knotenzahl unterscheiden und in ganzzahligen Verhältnissen wie 3:4 – Abbildung 24c : Abbildung 24d – zueinander stehen.

Diese Tatsache hat Pythagoras tief beeindruckt und ist Grundlage der Harmonielehre. Ich habe gelesen, daß sie Ausgangspunkt zahlreicher mystischer Spekulationen, auch bei Kepler, gewesen ist. Da die Knoten die eingespannte Saite in gleiche Strecken zerlegen, läßt sich die schwingende Saite nach rechts und links unbeschränkt so fortsetzen, daß ein Gebilde mit Verschiebungssymmetrie um den Abstand zweier Knoten entsteht. Das hat natürlich mit der vollen Verschiebungssymmetrie der Gesetze zu tun, die das Verhalten einer unendlich langen Saite bestimmen.

Die eine Frequenz des harmonischen Oszillators

Die eingespannte Saite gehört nach dem »harmonischen Oszillator« zu den einfachsten schwingungsfähigen Gebilden. Jedes Pendel verhält sich bei kleinen Schwingungen wie ein harmonischer Oszillator, genauso jede an einer Feder aufgehängte Masse. Mein Beispiel ist ein dünnes elastisches Band, das wie in Abbildung 28a fest in eine Wand eingelassen ist. Das Band ist so breit, daß es praktisch nur in die Richtung schwingen kann, die in der Abbildung durch einen Doppelpfeil angedeutet ist.

Anders als die Saite besitzt der harmonische Oszillator nur eine einzige Frequenz, in der er schwingen kann. Unser Band ist ein harmonischer Oszillator, wenn wir nur Schwingungen zulassen, bei denen es außerhalb der Einspannung keine Knoten gibt. Es bildet sozusagen die eine Hälfte einer Stimmgabel und schwingt wie diese mit nur einer Frequenz oder Tonhöhe. Unabhängig davon, wie und wie stark er angeregt worden ist, braucht er zu einer Schwingung stets dieselbe Zeit. Bei der Saite legt erst Vorgabe der Knotenzahl der Schwingung die Schwingungsfrequenz fest; sie verfügt über unendlich viele Obertöne des Grundtons. Der harmonische Oszillator hingegen besitzt keine Obertöne. Er ist das einfachste überhaupt mögliche schwingungsfähige Gebilde. Jeder Knotenzahl der Saite entspricht ein harmonischer Oszillator mit der zugehörigen Schwingungsfrequenz. Erst unendlich viele harmonische Oszillatoren besitzen zusammen dieselben Schwingungsmöglichkeiten wie die Saite.

Entartete und nicht entartete Frequenzen

Die eingespannte Saite gehört nach dem Oszillator zu den einfachsten schwingungsfähigen Gebilden, da keine ihrer Schwingungen entartet ist. Darunter ist folgendes zu verstehen. Wenn ich die Frequenz der Saitenschwingung kenne – dazu gehört natürlich, daß sie eine einfache Schwingung ausführt –, ist die Schwingungsform festgelegt. Schwingungsform bedeutet bei der Saite die Lage der Knoten; sie kann ich bei vorgegebener Frequenz Punkt für Punkt angeben. Allgemeiner ist eine Schwingungsfrequenz nicht entartet,

Abbildung 25: *Schwingungsformen von in der Mitte eingespannten Platten, deren Ränder frei schwingen können (Chladnische Klangfiguren)*

wenn zwei Zahlen – Schwingungsweite und die Zeit, zu der der Ausschlag in eine bestimmte Richtung maximal ist – zur vollständigen Charakterisierung des Ablaufs der Schwingung ausreichen. Bei entarteten Schwingungen braucht man dazu 2, 4, 6, ... Zahlen. Ich werde mich damit begnügen, in meinen drei Einzelfällen die Schwingungsformen geometrisch zu kennzeichnen, und an die Anschauung appellieren.

Zurück zu den Chladnischen Klangfiguren (Abbildung 25). Denkt man sich die in der Mitte eingespannte schwingende Platte in kleine Flächenstücke zerlegt, so schwingen diese auf und ab, nicht hin und her. Statt Knotenstellen haben wir nun Knotenlinien, Linien also, an denen die Platte dauernd ruht. Dadurch entstehen die Figuren aus Sand – überall sonst wird er durch die Schwingung fortgeschleudert, allein auf den Knotenlinien bleibt er liegen.

Die Vielfalt der Schwingungsformen quadratischer und runder Platten, die Abbildung 25 zeigt, ist verblüffend. Es gibt sowohl Schwingungsformen, die die Symmetrien der schwingenden Platte besitzen, als auch andere mit geringerer oder ohne jede Symmetrie. Die Frequenz der Schwingung der Platte in der zweiten Abbildung der ersten Zeile der Abbildung 25 ist auf Grund der Symmetrie der quadratischen Platte entartet: Drehung um 90 Grad führt die Platte in sich über, ändert aber das Knotenlinienbild: Nach der Drehung verläuft die diagonale Knotenlinie anders als zuvor; die Platte selbst wird durch die Drehung nicht verändert. Daher besitzen beide Schwingungsformen der Platte dieselbe – entartete – Frequenz. Symmetrie sagt nicht, ob die Frequenz, die zu der Schwingungsform der vierten Abbildung in der ersten Zeile gehört, entartet ist. Alle Symmetrietransformationen der Chladnischen Platte überführen auch die Schwingungsform in sich selbst.

Symmetrie und Entartung

Eine runde, am Rand eingespannte Membran besitzt sowohl entartete als auch nicht entartete Schwingungsfrequenzen. Die Abbildungen 26a zeigen zu den vier niedrigsten Frequenzen gehörende Knotenlinienbilder. Uns geht es hier nicht um die Form, in der die Membran jeweils tatsächlich schwingt, sondern um ihre *möglichen*

Schwingungsformen. Welche Schwingungsformen möglich sind, bestimmt allein das Naturgesetz für das Verhalten einer runden, eingespannten Membran. Dieses ist, wie die Membran selbst, symmetrisch bei Drehungen um beliebige Winkel um den Membranmittelpunkt und bei Spiegelungen an beliebigen Geraden durch ihn. Wie die Membran jeweils tatsächlich schwingt, legt das Gesetz zusammen mit möglicherweise asymmetrischen Anfangsbedingungen fest. Dementsprechend müssen zwar die möglichen Schwingungsformen insgesamt die Symmetrien der Membran besitzen, jede einzelne Schwingung aber kann – und wird oft – asymmetrisch sein.

Mit jedem möglichen Knotenlinienbild ist wegen der Symmetrie der Membran stets auch jenes möglich, das aus dem Gegebenen durch eine Symmetrieoperation der Membran – Drehung oder Spiegelung – entsteht. Also: Wenn das der Abbildung 26a2, dann auch das der Abbildung 26a2'; wenn Abbildung 26a3, dann auch Abbildung 26a3'. Das Knotenlinienbild der Abbildung 26a1 geht, genau wie das der Abbildung 26a4, bei allen Symmetrieoperationen der Membran in *sich selber über.* Daraus, daß die Knotenlinienbilder dieser beiden Abbildungen möglich sind, folgt also nicht, daß es weitere mögliche Knotenlinienbilder gibt: Es gibt Schwingungsformen – ein Beispiel zeigt Abbildung 26a4 –, die *für sich allein* alle Symmetrien des Systems besitzen, und andere – Abbildung 26a2 zum Beispiel –, bei denen das nicht so ist. Letztere besitzen diese Symmetrien jedoch als Gesamtheit: Nimmt man zu dem Knotenlinienbild der Abbildung 26a2 all die hinzu, die aus ihm durch die Symmetrieoperationen der Membran entstehen, so gewinnt man auf Grund der Symmetrie der Platte und ihrer Gesetze andere, ebenfalls mögliche Knotenlinienbilder. Die so erzeugte Gesamtheit von Knotenlinienbildern geht bei den Symmetrieoperationen in sich selbst über – als Gesamtheit, wohlgemerkt, nicht Mitglied für Mitglied.

Die Anfangsbedingungen, die die jeweilige Schwingung hervorrufen, sind vergleichsweise uninteressant. Wir stellen uns vor, die Membran werde durch einen Schlag mit dem Wirbel zur Schwingung angeregt und schwinge dann frei. Reibung vernachlässigen wir; unsere idealisierte Membran schwingt, einmal angeregt, für immer. Nur wenn der Wirbel die Mitte der Membran trifft, besitzt

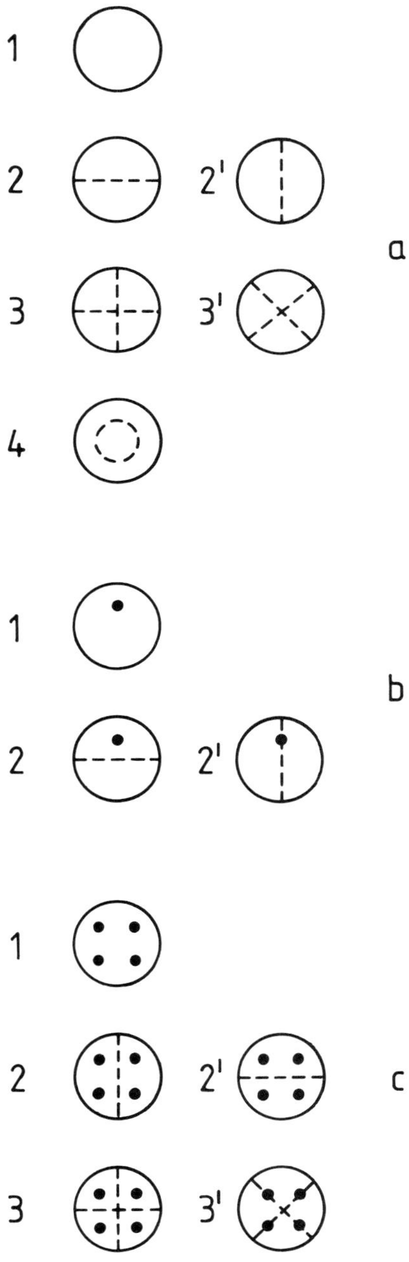

Abbildung 26
Schwingungsformen einer runden Membran ohne (Abbildung a) und mit (Abbildung b + c) symmetriebrechenden Störungen

die Anfangsbedingung alle Symmetrien des Systems. In allen anderen Fällen sind die Anfangsbedingungen asymmetrisch, und daher ist ein symmetrischer Ablauf nicht zu erwarten.

Unabhängige Schwingungsformen der Membran

Da das Knotenlinienbild der Abbildung 26a2 die Symmetrien der Membran nicht besitzt, ist die zugehörige Schwingungsfrequenz entartet: Außer der Schwingungsform der Abbildung 26a2 gehört zu derselben Frequenz eben wegen der Symmetrie auch die der Abbildung 26a2'. Außerdem sind bei derselben Schwingungsfrequenz natürlich alle die Knotenlinienbilder möglich, die aus dem der Abbildung 26a2 durch eine beliebige Drehung um den Membranmittelpunkt (oder durch Spiegelung an einer Geraden durch ihn, aber das sind dieselben) entstehen. Das ergibt unendlich viele verschiedene Knotenlinienbilder zu derselben Frequenz. Von diesen sind nur zwei unabhängig. Denn es ist möglich, aus zwei verschiedenen durch ein Überlagerung genanntes mathematisches Verfahren alle zu erzeugen. Ich kann dies Verfahren ohne Formeln nicht schildern. Lesern, die in der Schule gelernt haben, mit Sinus und Cosinus umzugehen, sei gesagt, daß es sich um nicht mehr als die Formeln für Sinus und Cosinus von Winkelsummen handelt. Mit Hilfe dieser Formeln kann man, ausgehend von den zwei in den Abbildungen 26a2 + 26a2' dargestellten Schwingungen, Schwingungen mit beliebiger Richtung der Knotenlinie erzeugen. Daß gerade zwei Richtungen der Knotenlinie zur Darstellung aller ausreichen, liegt daran, daß die Ebene zwei unabhängige Richtungen besitzt. Man sagt, die Frequenz der in Abbildung 26a2 dargestellten Schwingung sei »zweifach entartet«.

Im wesentlichen dieselben Argumente lassen sich auf das Knotenlinienbild der Abbildung 26a3 anwenden. Anders als bei Abbildung 26a2 bringt nun die Drehung um 90 Grad nichts Neues, da sie nicht nur die Membran und ihre Physik, sondern auch das Knotenlinienbild in sich überführt. Das war bei Abbildung 26a2 bei Drehungen um 180 Grad der Fall. Durch Drehung des Knotenlinienbildes der Abbildung 26a3 um 45 Grad entsteht das der Abbildung 26a3'. Mit denen der Abbildungen 26a3 + 26a3' verfügen wir wieder über zwei Schwingungsformen, aus denen sich alle zu derselben entarteten Schwingungsfrequenz gehörenden aufbauen lassen. Die zugehörige Schwingungsfrequenz ist also ebenfalls zweifach entartet.

Die Membran kann mit der zu den Abbildungen 26a2 + 26a2' gehörenden Frequenz nicht nur so schwingen, daß die Knotenlinie in einer ihrer möglichen Lagen ruht. Möglich ist auch, daß sich die Punkte der Membran so auf und ab bewegen, daß sich die Knotenlinie mit der Schwingungsfrequenz *dreht.* Auch diese Bewegung kann durch Zusammensetzen der zwei Schwingungsformen der Abbildungen 26a2 + 26a2' dargestellt werden. Ich erwähne diese Bewegungsform der Membran, da sie sich von den in den Abbildungen 26a2 + 2' auch dann noch unterscheidet, wenn man alle Knotenlinienbilder, die durch Drehung auseinander hervorgehen, als »gleich« auffaßt. Die beiden Schwingungsformen der Abbildungen 26a2 + 26a2' sind sicher unabhängig voneinander, da sie zusammen die ganz andere Schwingungsform mit sich drehender Knotenlinie aufbauen können.

Noch einmal: Symmetrie und Entartung

Vom Standpunkt der Symmetrie aus gesehen unterscheiden sich die Schwingungsformen der Abbildungen 26a1 + 4 wesentlich von denen der Abbildungen 26a2 + 3. Die ersten besitzen einzeln und für sich allein alle Symmetrien der Anordnung. Hingegen sind die Schwingungsformen, die sich durch Drehungen aus denen der Abbildung 26a2 (oder der Abb. 26a3) ergeben, nur zusammen symmetrisch, jede einzeln ist es nicht. Dieser Unterschied der Schwingungsformen bewirkt, daß die einen zu nichtentarteten Schwingungsformen gehören können, die anderen zu entarteten Schwingungsfrequenzen gehören müssen. Die runde, eingespannte Membran besitzt also gleichzeitig nicht entartete und zweifach entartete Schwingungsfrequenzen. Die zu verschiedenen Schwingungsformen gehörenden Tonhöhen stehen übrigens anders als bei der Saite im allgemeinen *nicht* in ganzzahligen Verhältnissen zueinander.

Ein irgendwo, aber nicht im Mittelpunkt, auf eine kreisrunde Membran geklebtes Pfennigstück (Abb. 26b1) vermindert deren Symmetrie. Sie und die für sie geltenden Gesetze sind nicht mehr drehsymmetrisch, und spiegelsymmetrisch nur noch bei Spiegelung an der Gerade durch die Mittelpunkte von Membran und Pfennigstück. Solch eine Symmetriebrechung »nach Wigner-Weyl« heißt auch »explizite Symmetriebrechung« – im Unterschied zur spontanen, bei der sich das System wie Buridans Esel zwischen zwei durch Symmetrie gleichberechtigten, aber verschiedenen Zuständen niedrigster Energie entscheiden muß. Spontane Symmetriebrechung wird ausführlich in Kapitel 10 besprochen. Nun also die explizite Brechung der Symmetrien der kreisrunden Membran durch die Störung in Abbildung 26b1.

Wir wollen annehmen, daß die Störung der – großen – Membran durch das aufgeklebte Pfennigstück klein ist. Dann kann bereits aus Störung und ungestörter Schwingung berechnet werden, wie die Störung sich auswirken wird. Für die Auswirkung der Störung auf die Schwingungsformen der ungestörten Membran ist der Unterschied von entarteten und nichtentarteten Frequenzen besonders wichtig.

Die Brechung fast aller Symmetrien der Membran wird die Anregung der Abbildung 26a1 nur wenig stören; im wesentlichen dieselbe Anregung ohne Knoten wird es immer noch geben, das Pfennigstück wird sich mit der Schwingung heben und senken. Nur die Schwingungsfrequenz wird nicht genau dieselbe sein. Für die Schwingung in Abbildung 26a4 gilt Analoges.

Interessanter ist der Effekt der Symmetriebrechung auf die Schwingungsformen der Abbildungen 26a2 + 2'. Zu ein und derselben Schwingungsfrequenz der ungestörten Membran gehören nun beliebige Richtungen der Knotenlinie. Auch mit der Symmetriebrechung muß es zwei unabhängige Schwingungsformen geben, die denen der Abbildungen 26a2 + 2' entsprechen. Die der Abbildung 26b2 besitzt einzeln und für sich allein die Restsymmetrie des gestörten Problems in Abbildung 26b1: Spiegelsymmetrie an der senkrechten Gerade. Dasselbe gilt für die der Abbildung 26b2'(und für keine weitere Lage der Knotenlinie). Mit der Restsymmetrie ist also vereinbar, daß beide auftreten und zu verschiedenen Frequenzen gehören. Das ist in der Tat der Fall: Die eine entartete Frequenz der ungestörten Membran, die zu den Abbildungen 26a2 + 2' gehört, wird durch die Störung zu zwei nichtentarteten, *verschiedenen* Frequenzen aufgespalten. Die Knotenlinienbilder der zugehörigen Schwingungen sind die der Abbildungen 26b2 + 2'. Bei der Schwingung der Abbildung 26b2 hebt und senkt sich das kleine Pfennigstück mit der Schwingung, bei der der Abbildung 26b2' ruht es. Man wird also erwarten, daß die Frequenzen der Schwingungen verschieden sind. Die Entartung wird, wie man sagt, durch die Störung aufgehoben.

Ich überlasse es dem Leser, sich zu überlegen, wie sich die Störung der Abbildung 26b1 auf die in den Abbildungen 26a3 + 3' dargestellten Schwingungen der Membran auswirken wird. Interessant ist die in Abbildung 26c1 dargestellte Störung mit ihrer Restsymmetrie, der eines Quadrats. Es ist ausgeschlossen, eine Knotenlinie so zu legen, daß sie für sich allein die Restsymmetrie besitzt: Jede einzelne Linie wird durch Drehung um 90 Grad geändert. Daher erzeugt diese Symmetrietransformation der Anordnung aus jeder Schwingungsform mit einer Knotenlinie eine unabhängige andere, die wegen der Symmetrie zu derselben Schwingungsfrequenz gehören muß. Die Entartung der zu Abbildung 26a2 gehörenden Schwingungsfrequenz wird also durch die Störung der Abbildung 26c1 nicht aufgehoben. Hingegen gibt es zwei unabhängige Schwingungsformen mit zwei Knotenlinien der gestörten Membran, die einzeln und für sich allein alle Symmetrien der Anordnung besitzen. Sie zeigen die Abbildungen 26c3 + 3′. Jede der zwei Abbildungen geht bei den Symmetrietransformationen der Abbildung 26c1 in sich über. Daher läßt die Symmetrie des Systems zu, daß beide zu verschiedenen Schwingungsfrequenzen gehören. Das ist in der Tat so: die Entartung der zu Abbildung 26a3 + 3′ gehörenden Schwingungsfrequenz wird durch die Störung aufgehoben. Betrachtet man nur die Abbildungen 26c3 + 3′, so wird man, wie auch bei den Abbildungen 26b2 + 2′ von vornherein erwarten, daß die zugehörigen Frequenzen verschieden sein werden.

Für die Schwingungen der ungestörten symmetrischen Membran bringt Symmetrieanalyse nur wenig. Das ist anders bei den Schwingungen von Molekülen im Raum. Aufgebaut aus voneinander entfernten einzelnen Atomen, können sie die volle Drehsymmetrie des Kreises um eine Achse nicht besitzen. Symmetrieanalyse kleiner Schwingungen solcher Gebilde ergibt häufig mehr, als einfaches Betrachten zeigt.

Moleküle wollen wir uns als schwingungsfähige Gebäude im Raum vorstellen, die aus durch Federn verbundenen kugelähnlichen Gebilden aufgebaut sind. Vielleicht kennt der Leser aus dem Chemieunterricht die schönen Molekülbaukästen. Sie enthalten bunte Kugeln für die Atome mit Steckern für die Verbindungen. Heute gibt es Computerprogramme, die es erlauben, Molekülmodelle auf dem Bildschirm zusammenzusetzen. Für uns sind Moleküle anschauliche Gebilde im Raum, nichts weiter.

Das Molekül von Wasser, H_2O, ist ein einfaches Beispiel. Es besteht aus drei Kugeln, zwei gleichen für die zwei Wasserstoffatome (H) und einer für das Sauerstoffatom (O). Die Wasserstoffatome hängen durch ihre Bindungen – die »Federn« – am Sauerstoffatom. (Abb. 27a). Drei Punkte liegen immer in einer Ebene, daher auch die Mittelpunkte der drei Atome von H_2O. Es ist leicht zu sehen, welche Symmetrien das Wassermolekül als dreidimensionales Gebilde besitzt: Es kann ohne Veränderung an zwei aufeinander senkrecht stehenden Ebenen gespiegelt und um die Schnittgerade dieser Ebenen um 180 Grad gedreht werden. Eine Spiegelebene ist die Papierebene der Abbildung 27a.

Symmetrieanalyse der möglichen Schwingungen des Moleküls ergibt, daß drei unabhängige Schwingungsformen mit unterschiedlichen Frequenzen möglich sind. Dieses Resultat aber hat mit den Symmetrien des Wassermoleküls eigentlich nichts zu tun; es folgt bereits durch Abzählen der Bewegungsmöglichkeiten von drei Atomen, unabhängig davon, ob zwei übereinstimmen oder nicht. Drei unabhängige Atome können sich in je drei unabhängige Raumrichtungen bewegen, das ergibt $3 \cdot 3 = 9$ Bewegungsformen von drei Atomen. Das Molekül als Ganzes kann sich bei festen Abständen seiner Atome, also ohne zu schwingen, in drei unabhängige Raum-

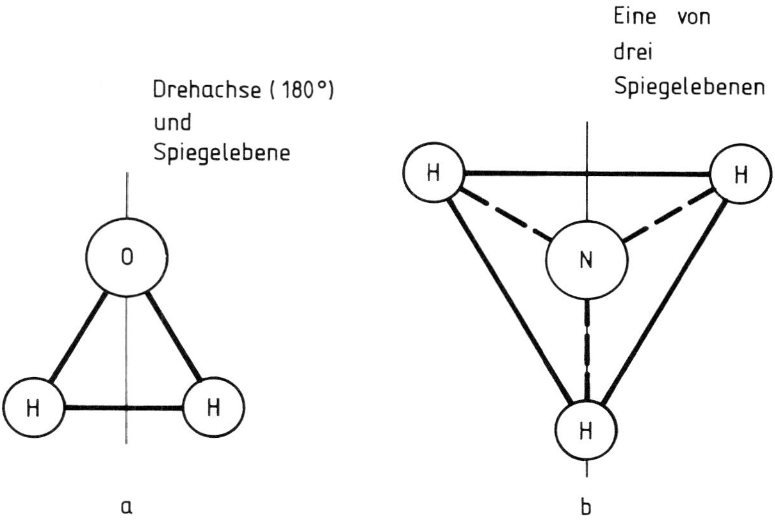

Abbildung 27
Das Molekül von Wasser (H_2O), das von Ammoniak (NH_3) und ihre Symmetrien. Das Wassermolekül geht auch bei Spiegelung an der Zeichenebene in sich über.

richtungen bewegen und sich um drei Achsen drehen. Das sind sechs Bewegungsformen des Moleküls ohne Schwingungen. Daher bleiben, unabhängig von aller Symmetrie, drei unabhängige Schwingungsformen übrig. Symmetrie könnte nun sagen, daß zwei von ihnen oder alle drei dieselbe Frequenz besitzen. Das ist aber nicht der Fall. Daher sagt beim Wassermolekül Symmetrieanalyse nichts über mögliche Schwingungsformen aus.

Beim Ammoniakmolekül, NH_3, ist das anders. Es besteht aus drei Wasserstoffatomen (H) und einem Stickstoffatom (N). Deren Anordnung im Molekül zeigt Abbildung 27b. Die drei Wasserstoffatome bilden ein gleichseitiges Dreieck; das Stickstoffmolekül befindet sich oberhalb des Mittelpunktes des Dreiecks. Das Molekül geht bei drei Spiegelungen an Ebenen, die senkrecht auf der Dreiecksebene stehen, in sich über, außerdem bei Drehungen um 120 und 240 Grad um die auf der Dreiecksebene senkrechte Gerade durch das Stickstoffatom.

Abzählen der möglichen Bewegungsformen ergibt, unabhängig

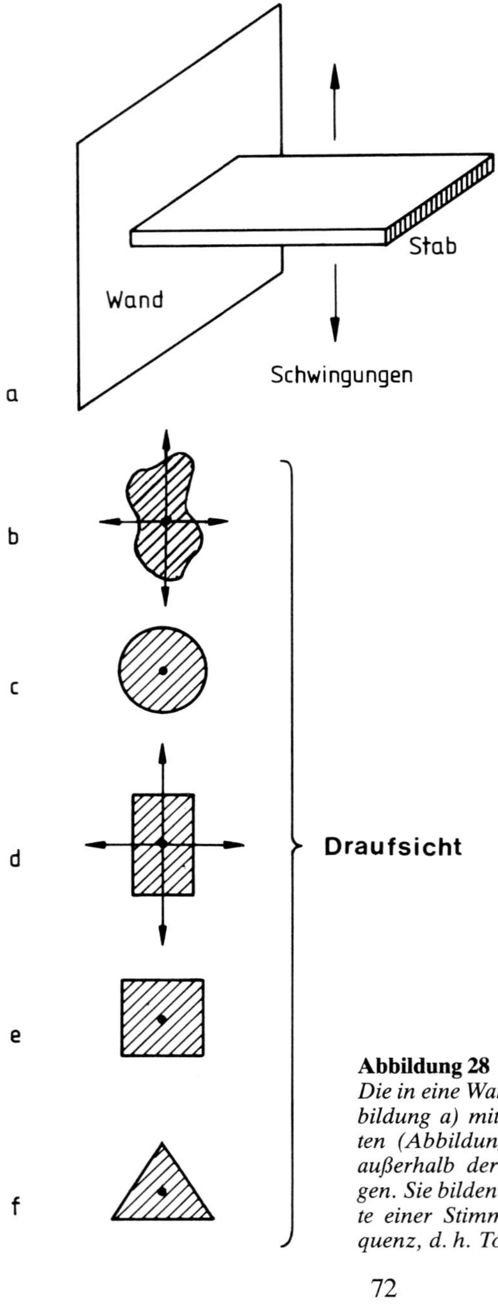

Abbildung 28
Die in eine Wand eingelassenen Stäbe (Abbildung a) mit verschiedenen Querschnitten (Abbildung b–f) sollen ohne Knoten außerhalb der Einspannung frei schwingen. Sie bilden – sozusagen – die eine Hälfte einer Stimmgabel mit bestimmter Frequenz, d. h. Tonhöhe.

von aller Symmetrie, $4 \cdot 3 = 12$ für die vier Atome. Vermindert um die sechs Bewegungsformen des Moleküls als Ganzes, verbleiben sechs Schwingungsformen des NH_3-Moleküls. Sie könnten alle zu verschiedenen Frequenzen gehören. Symmetrieanalyse ergibt, daß das nicht der Fall ist: Es kann höchstens vier verschiedene Frequenzen geben. Zu zwei Frequenzen gehört je eine Schwingungsform, zu den anderen zwei gehören je zwei. Das ist ein nichttriviales Resultat der Symmetrieanalyse für ein recht einfaches Molekül.

Lissajous-Schwingungen

Die Bedeutung eines solchen Resultats möchte ich durch ein noch einfacheres Modell erläutern. Wir wollen uns vorstellen, statt des schmalen Bandes der Abbildung 28a sei ein Stab mit beliebigem Querschnitt – beispielsweise dem der Abbildung 28b – in die Wand eingelassen. Er führt, wenn angestoßen, wie das flache Band um seine gestreckte Ruhelage Schwingungen aus. Anders aber als das Band kann er nicht nur in eine Richtung schwingen. In den Abbildungen 29a–e sind einige mögliche Bahnen des in Abbildung 28b eingezeichneten Punktes dargestellt; an ihre Stelle treten bei kreisförmigem Querschnitt (Abb. 28c) unter anderem die der Abbildungen 29d–h. Der Leser möge beachten, daß die Bahnen der Abbildungen 29d + e bei beiden Querschnitten möglich sind. Für die anderen Abbildungen gilt das nicht.

Die Figuren in Abbildung 29 heißen Lissajous-Figuren nach dem französischen Physiker Jules Antoine Lissajous (1822–1880). Er hat ein Verfahren erfunden, sie mit Hilfe zweier Spiegel darzustellen. Unsere Lissajous-Figuren hat ein Computerprogramm gezeichnet.

Wir wollen annehmen, daß unser Stab, verglichen mit Breite und Höhe seines Querschnitts, sehr lang ist und daß er nur kleine Schwingungen ausführt. Der Mittelpunkt seines Querschnitts schwingt dann praktisch in einer zur Wand parallelen Ebene. Die Ebene besitzt zwei unabhängige Richtungen, und dementsprechend gibt es genau zwei unabhängige Schwingungen, aus denen sich alle – im wesentlichen nach dem bereits bei der Membran erwähnten Verfahren in der Überlagerung – aufbauen lassen. Es gibt bei jedem Stab mit beliebigem Querschnitt zwei aufeinander senk-

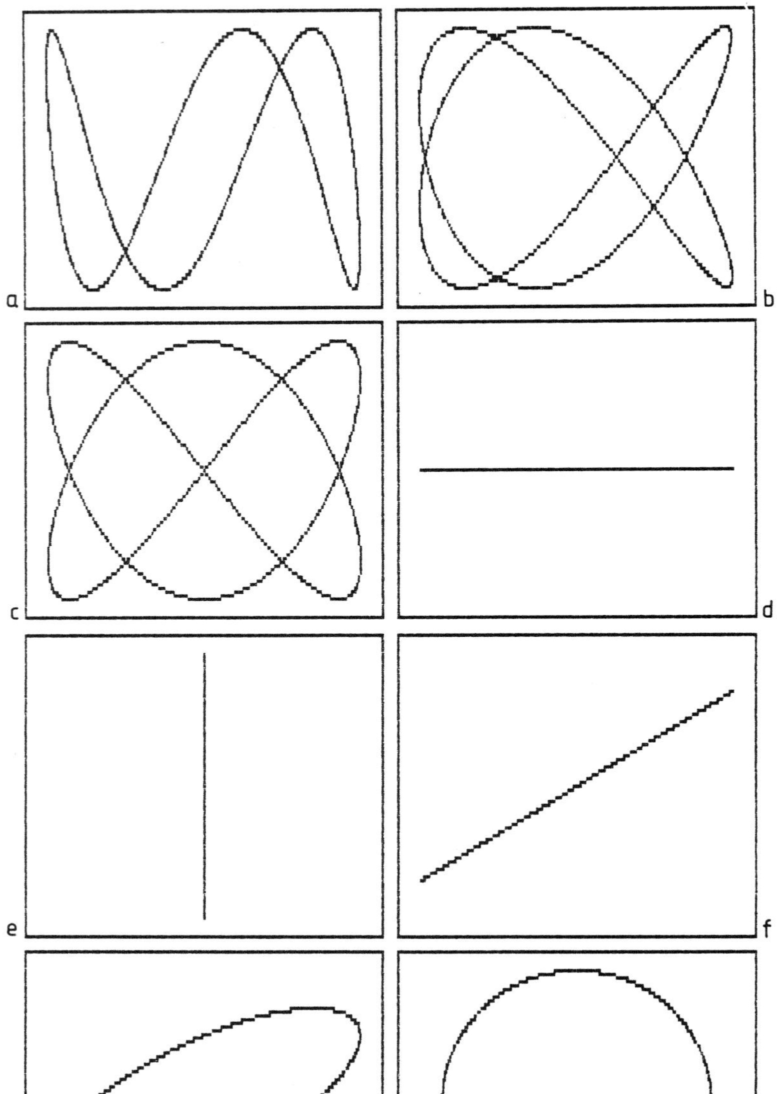

Abbildung 29: *Schwingungsformen der Stäbe der Abbildung 28 (Lissajous-Figuren)*

recht stehende Richtungen, in die er frei schwingen kann. Sie sind in Abbildung 28b durch Pfeile dargestellt. Die Schwingungsrichtungen der Abbildung 29d + e geben die Richtungen dieser Pfeile wieder; wohin das Achsenkreuz der freien Schwingungen zeigt, wird natürlich erst durch die Einspannrichtung des Stabes festgelegt. In die zwei Richtungen der Abbildung 29d + e kann der Stab linear so hin und her schwingen, als gäbe es die anderen Richtungen der Ebene nicht. Weitere Richtungen, in die der Stab so schwingen kann, gibt es nur bei speziellen Querschnitten.

Die Schwingungen des Stabes in eine der zwei Richtungen, in die er linear schwingen kann, heißen Normalschwingungen. Wir beschränken uns wieder auf Schwingen ohne Knoten außerhalb der Einspannung. Wenn der Stab eine seiner beiden Normalschwingungen ausführt, schwingt er wie ein geeignet gewähltes Band (Abb. 28a), das heißt wie ein harmonischer Oszillator. Jede Normalschwingung besitzt daher eine bestimmte Frequenz ohne Oberschwingungen. Die Saite mit ihren unendlich vielen verschiedenen Frequenzen entsprach unendlich vielen verschiedenen Oszillatoren, darunter eine Grundschwingung ohne Knoten; der schwingungsfähige Stab entspricht genau zweien.

Nichts spricht natürlich dagegen, daß beide Normalschwingungen dieselbe Frequenz besitzen; beim kreisförmigen Querschnitt, der keine Richtung vor der anderen auszeichnet, muß das offenbar so sein. Alle Schwingungen des Stabes kann man dadurch gewinnen, daß man seine zwei Normalschwingungen gleichzeitig geeignet anregt. Daß ein Stab mit rechteckigem Querschnitt in die Richtungen linear schwingen kann, die in Abbildung 28d durch Pfeile angedeutet sind, ist aus Symmetriegründen offensichtlich. Breite und Höhe des Rechtecks legen die Frequenzen der zwei unabhängigen Normalschwingungen fest. Daher schwingt ein Stab mit geeignet gewähltem rechteckigen Querschnitt (Abb. 28d) genauso wie einer mit beliebig vorgegebenem Querschnitt (Abb. 28b). Das aber bedeutet, daß durch Wahl von zwei Größen – der Frequenzen der Normalschwingungen, das heißt Breite und Höhe des Rechtecks – die *möglichen* Schwingungen eines Stabes mit beliebigem Querschnitt bereits festgelegt sind.

Bei kreisförmigem Querschnitt sind alle Richtungen gleichberechtigt. Daher kann ein Stab mit diesem Querschnitt lineare

Schwingungen in beliebige, nicht nur in zwei, Richtungen ausführen. Außerdem müssen die beiden Frequenzen seiner Normalschwingungen, die ja Richtungen zugeordnet sind, übereinstimmen. Zu der *einen Schwingungsfrequenz* gehören bei kreisförmigem Querschnitt *zwei unabhängige Schwingungsformen*, die Frequenz ist entartet. Man kann leicht zeigen, daß die einzig möglichen Bahnen des Kreismittelpunktes Gerade, Kreise und Ellipsen sind (Abb. 29d–h).

Wir wollen uns fragen, ob bereits aus *geringerer Symmetrie* für die Schwingungsformen von Stäben *dasselbe folgt wie aus Kreissymmetrie.* Das ist, in Analogie zu den Molekülschwingungen, in der Tat der Fall. Wenn wir den zwei Seiten des Rechtecks in Abbildung 28d dieselbe Länge geben, legen wir fest, daß die beiden Normalschwingungen dieselbe Frequenz besitzen sollen; gleichzeitig wird aus dem rechteckigen Querschnitt ein quadratischer, Abbildung 28e. Da die möglichen Schwingungen eines jeden Stabes durch Wahl der zwei Frequenzen seiner Normalschwingungen eindeutig festgelegt sind, ist der Stab mit quadratischem Querschnitt genau derselben Schwingungen fähig wie der kreisförmige. Bereits Quadratsymmetrie hat also für Lissajous-Schwingungen von Stäben dieselben Folgen wie Kreissymmetrie: Es gibt statt zwei verschiedenen nur eine – entartete – Schwingungsfrequenz. Das ist ein bemerkenswertes Resultat. Eine kleine amüsante Rechnung zeigt überdies, daß bereits Dreieckssymmetrie des Querschnitts (Abb. 28f) für die Schwingungen des Stabes dieselben Konsequenzen besitzt wie Kreissymmetrie.

Die bisher betrachteten symmetrischen Systeme besitzen außer Drehsymmetrien auch Spiegelsymmetrien. Das Spiegelbild der kugelrunden Sonne an einer Ebene durch ihren Mittelpunkt ist mit der Sonne selbst identisch. Im Spiegel betrachtet, ist die Anordnung ihrer Pfeile dieselbe. Das gilt zumindest für wirkliche Pfeile – Indianerpfeile – aus Holz oder Eisen. Bei der Sonne aber meinen wir Richtungen von Kräften, nicht Indianerpfeile. Ehe wir sagen können, daß die Spiegelsymmetrie der Pfeile Ausdruck der Spiegelsymmetrie der Kraftquelle ist, müssen wir uns vergewissern, daß sich Richtungen von Kräften bei Spiegelungen genauso verhalten wie Pfeile.

Die analoge Frage hätten wir eigentlich schon bei den Drehungen stellen sollen. Dort ist die Antwort einfach: Das Verhalten einer Richtung bei Drehungen ist davon unabhängig, wie sie definiert wurde. Das ist, überraschenderweise, bei Spiegelungen anders: Spiegelungen ändern Richtungen von Drehachsen nicht so wie die von Pfeilen.

Kräfte verhalten sich auch bei Spiegelungen wie Pfeile. Man kann die Richtung der Schwerkraft messen, indem man beobachtet, in welche Richtung sie einen zuvor ruhenden Probekörper zu bewegen beginnt. Ihre Richtung ist als diese Richtung definiert. Sie ist die Anfangsrichtung eines Weges, eine Tangente an einem Weg. Die Richtung des Spiegelbildes der Kraft ist genauso durch den im Spiegel betrachteten Weg des Probekörpers zu definieren. Wege verhalten sich bei Spiegelungen wie materielle Objekte – Spuren –, Wegrichtungen wie materielle Pfeile. Bei Spiegelungen verhält sich die Richtung der Schwerkraft daher wie ein Pfeil aus Holz und Eisen; die Spiegelsymmetrie der Anordnung von Pfeilen in Abbildung 22b ist Ausdruck der Spiegelsymmetrie der Kraftquelle Sonne.

Richtungen kann man auch so kennzeichnen, daß sie sich bei Spiegelungen anders als materielle Pfeile verhalten. Nehmen Sie die Zigarre mit Bauchbinde in Abbildung 30. Die Haken markieren einen Umlaufsinn. Sie können die Zigarre als Wegweiser benutzen, wenn Sie festlegen, welche ihrer zwei Richtungen »vorn« sein soll. Bei dieser Festlegung wollen wir etwas unkonventionell vorgehen. Wir sagen, vorn an der Zigarre ist die Richtung, in die gesehen die Haken im Uhrzeigersinn umlaufen. Stellen Sie sich nun mit der Zigarre – zumindest in Gedanken – vor einen Spiegel und zeigen Sie mit dem so definierten Vorderteil nach oben. Sie – vor dem Spiegel – sehen im Spiegel eine Zigarre, deren Vorderteil nach unten zeigt. Überlegen Sie es. Eine durch Umlaufssinn gekennzeichnete »axiale« Richtung verhält sich bei Spiegelungen anders als die »polare« eines Indianerpfeils. Systematisches dazu in Kapitel 9, Abbildung 111 und folgende.

Abb. 30

Die Unmöglichkeit, materielle Objekte in ihr Spiegelbild zu überführen

Materielle Objekte kann man wirklich drehen und schieben. Wirklich spiegeln kann man sie nicht. Keine wirklich durchführbare Bewegung kann eine rechte Hand in eine linke verwandeln. Das ist zugleich offensichtlich und wichtig. Bei Drehungen und Verschiebungen läßt sich ohne weiteres definieren, was »dasselbe« Objekt, gedreht oder verschoben, sein soll: Man dreht oder verschiebt es. So etwas ist bei Spiegelungen ausgeschlossen. Will man das materielle Spiegelbild eines nicht spiegelsymmetrischen Objektes vor sich haben, ist man darauf angewiesen, das Spiegelbild neu zu bauen. Das setzt natürlich die Kenntnis des Bauplans voraus.

Es ist unmöglich, daß es ein wirkliches Objekt gibt, das, wenn es gedreht oder verschoben wurde, nicht mehr existieren kann. Beweis: Man nimmt das Objekt und dreht oder verschiebt es. Dieser Beweis funktioniert bei Spiegelungen nicht. Damit eröffnet sich eine jeder Alltagserfahrung widersprechende Möglichkeit: Es könnte Objekte geben, deren Spiegelbilder nicht existenzfähig sind. Nach einer Theorie der Verletzung der Spiegelungssymmetrie der Naturgesetze ist dies in der Tat der Fall. Danach soll es Elementarteilchen geben, masselose – das ist wichtig (Kap. 9) – »Neutrinos«, deren Spiegelbilder im Bauplan der Natur nicht vorgesehen, nicht existenzfähig, sind. Damit räumt uns die Unmöglichkeit, Spiegelungen durch Bewegungen tatsächlich durchzuführen, eine tiefliegende Aussicht ein.

Da es stets möglich ist, ein Objekt vor dem Auge zu drehen und zu verschieben, besteht keinerlei Freiheit, zu definieren, was das Gedreht-Verschobene sein soll. Bei Spiegelungen mag man sich ausmalen, es sei anders. Keiner kann kommen, dasselbe Objekt tatsächlich spiegeln und nachsehen, ob die Spiegelung »richtig« definiert wurde. In Kapitel 9 wird eine, allerdings nicht mehr aktuelle, Anwendung der Möglichkeit beschrieben, den physikalischen Spiegel anders zu definieren als rein geometrisch.

Daß Wirkliches im Spiegel, für sich genommen, von Wirklichem ununterscheidbar zu sein scheint und dabei, von uns aus gesehen, doch ganz anders ist, war und ist Anlaß zu Erstaunen und Spaß. Das

a) Hören wir Kant in seiner Schrift »Von dem ersten Grunde des Unterschiedes der Gegenden im Raum«:

Die rechte Hand ist der linken ähnlich und gleich, und wenn man bloß auf eine derselben allein sieht, auf die Proportion und Lage der Teile untereinander und auf die Größe des Ganzen, so muß eine vollständige Beschreibung der einen in allen Stücken auch von der anderen gelten.

b) Mir scheint, Pascual Jordan und Ralph de Laer Kronig nehmen sich und ihr hochgeschätztes Publikum bei dieser Arbeit in NATURE (3. Dezember 1927) ein wenig auf den Arm:

BEWEGUNGEN DES UNTERKIEFERS VON RINDVIEH BEIM WIEDERKKÄUEN

Unter den biologischen Phänomenen mit bestimmtem Drehsinn wie zum Beispiel das Wachstum gewisser Schlingpflanzen und Schneckenhäuser gibt es eins, das anscheinend bisher noch nicht untersucht worden ist und auf das wir hiermit aufmerksam machen wollen: Die Wiederkäubewegung von Rindvieh. Genaue Untersuchung zeigt, daß der Unterkiefer des Tieres bezogen auf den Oberkiefer nicht bloß horizontal oder bloß vertikal verschoben wird, sondern mit einem solchen Phasenunterschied gleichzeitig in beide Richtungen, daß eine offensichtliche Drehung erfolgt. Theoretisch kann dies selbstverständlich in zwei Richtungen geschehen, und die Beobachtung zeigt, daß beide Möglichkeiten in der Natur vorkommen. Nimmt man die Bewegungsrichtung der Nahrung als positiv an, wird man diejenigen Kühe als rechts- beziehungsweise linksdrehend bezeichnen, deren Kaubewegung von vorne gesehen im Uhrzeigersinn beziehungsweise ihm entgegen abläuft.

Diese Benennung beruht auf der stillschweigend gemachten Annahme, daß ein und dieselbe Kuh ihren Drehsinn immer beibehält. Wir können dies durch eine begrenzte Zahl von Beobachtungen bestätigen, sind uns aber im klaren darüber, daß vollständigere und über längere Zeiträume genommene Daten erforderlich sind, um diesen Punkt endgültig zu klären. Statistische Erhebungen bei Kühen im Verbreitungsgebiet von

Nord-Själland, Dänemark, haben zu dem Ergebnis geführt, daß ungefähr 55 % von ihnen rechtsdrehend, die restlichen linksdrehend waren. Der Anteil beider Arten ist, wie man sieht, näherungsweise gleich. Die Zahl der Beobachtungen war jedoch kaum ausreichend, um sicher sein zu können, daß die beobachtete Abweichung des Verhältnisses von eins signifikant ist. Natürlich erlauben diese Feststellungen keine Verallgemeinerung auf Kühe anderer Nationalität.

Die Tatsache, daß beide Arten von Drehsinn vorhanden sind, führt zu der Frage, ob einfache Gesetze die Vererbung der genannten Eigenschaft steuern. Von den bereits erwähnten Schnecken weiß man, daß für sie die Mendelschen Gesetze in ihrer einfachsten Form zutreffen; in den meisten anderen Fällen hingegen macht das Vorkommen nur eines Drehsinns derartige Untersuchungen unmöglich. Besonders interessant wäre es zu untersuchen, welche Modifikation dominant ist. Leider sind wir nicht in der Lage, zur Klärung dieser wichtigen Frage beizutragen, glauben aber, daß es für diejenigen, die mit Rindvieh näher bekannt sind, leicht sein wird, eine Antwort zu geben.

Universitätsinstitut für Theoretische Physik Kopenhagen — *P. JORDAN*, *R. DE L. KRONIG*

Erstaunen kommt in Worten Kants zum Ausdruck, der Spaß in einer Ferienarbeit zweier damals bereits hochangesehener Physiker, die sie 1927 in der englischen Wissenschaftszeitschrift *Nature* veröffentlichen konnten.

Moleküle und ihre Spiegelbilder

Weinsäure bildet zwei unterschiedliche Kristalle, die ungleiche Spiegelbilder voneinander sind (Abb. 12). Die Moleküle, aus denen die Kristalle bestehen, sind ebenfalls ungleiche Spiegelbilder,

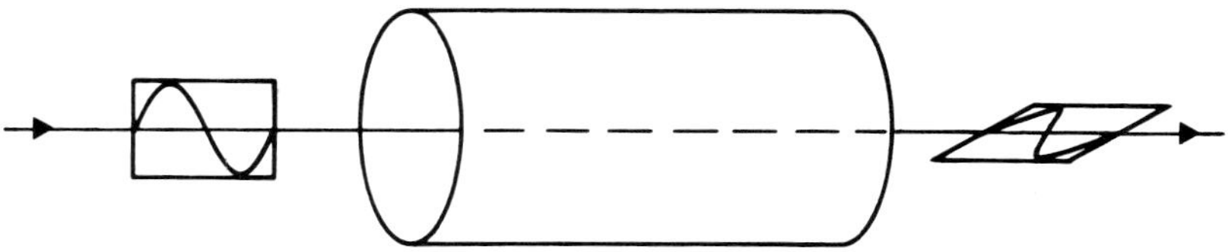

Abbildung 31
Durchgang durch eine nicht spiegelsymmetrische Lösung von Weinsäure dreht die Schwingungsebene von »polarisiertem Licht«.

die aus dem Prolog schon bekannte L-Weinsäure und D-Weinsäure. Daher ist auch eine Lösung von L-Weinsäure nicht spiegelsymmetrisch. Ihr Spiegelbild sieht aus wie eine Lösung von D-Weinsäure. Spiegelsymmetrie der Naturgesetze bedeutet, daß Experimente mit D-Weinsäure so verlaufen wie im Spiegel betrachtete Experimente mit L-Weinsäure. Ein interessantes Experiment mit L-Weinsäure ist »Drehung der Polarisationsebene von Licht«.

»Linear polarisiertes Licht« kann man sich als ein Band vorstellen, in dessen Ebene – der Polarisationsebene – das Licht schwingt und das sich zugleich parallel zu seiner Achse in Richtung des Lichtstrahls vorwärtsbewegt. Die Spiegelsymmetrie wäre gebrochen, wenn die Polarisationsebene von Licht beim Durchtritt durch eine mit einer spiegelsymmetrischen Substanz gefüllte Röhre gedreht würde (Abb. 31). Das ist ein unmittelbares Resultat einer Symmetrieanalyse der Situation. Angenommen, in Richtung des Lichtstrahls gesehen, wird die Polarisationsebene linksherum gedreht. Dann dreht sie sich, in dieselbe Richtung gesehen, im Spiegel rechtsherum. Bis auf diese Umkehr des Drehsinns wäre der Vorgang im Spiegel derselbe wie in der Wirklichkeit. Spiegelsymmetrische Bedingungen würden den Ablauf nichtspiegelsymmetrisch gestalten. Die Spiegelsymmetrie wäre gebrochen, da aus spiegelsymmetrischen Bedingungen ein nichtsymmetrischer Ablauf folgen würde.

Nichts spricht aber gegen eine Drehung der Polarisationsebene von Licht beim Durchtritt durch eine mit der L-Form von Weinsäure gefüllte Röhre. Sie wird wirklich beobachtet und ist ein großer Effekt. Verwendet man die D-Form, so wird die Polarisationsebene ebenfalls gedreht – um den entgegengesetzten Winkel, wie es bei Spiegelsymmetrie der Naturgesetze sein muß. In Kapitel 9 wird ein analoges Experiment mit Atomen statt Molekülen beschrieben. Es ist um vieles genauer und beweist die Existenz von winzigen die Spiegelsymmetrie verletzenden Beiträgen auch zu dem jetzigen Experiment.

Das Verhalten von Magneten bei Spiegelungen

Um eine scheinbare Verletzung der Spiegelsymmetrie handelt es sich in einem Experiment, von dem gesagt wird, es habe den jungen Ernst Mach – den österreichischen Physiker und Philosophen (1838–1916) – in tiefe geistige Erschütterung versetzt, als er davon hörte.

Über einem waagerechten Draht ist eine Kompaßnadel parallel zum Draht drehbar aufgehängt. Daneben, ebenfalls parallel zum Draht, steht ein Spiegel (Abb. 32). Fließt elektrischer Strom durch den Draht, dreht sich die Kompaßnadel, in Stromrichtung gesehen, um einen gewissen Winkel nach rechts, im Spiegel also – auch dort in Stromrichtung gesehen – um denselben Winkel nach links (Abb. 32b). Das sieht aus wie eine Verletzung der Spiegelungssymmetrie durch die Naturgesetze: Apparatur und ihr Spiegelbild stimmen – bis auf eine Verschiebung – überein, verhalten sich aber unterschiedlich.

Ausgegangen sind wir von der Annahme, das materielle Spiegelbild der Magnetnadel sei dieselbe Magnetnadel, nur verschoben. Das Experiment läßt sich als Hinweis verstehen, daß das nicht stimmen kann. Die Abweichung von der Spiegelsymmetrie verschwindet, wenn man annimmt, daß das Spiegelbild der Magnetnadel eine (parallel verschobene) Nadel aus demselben Material und von derselben Gestalt, *aber mit umgekehrter Magnetisierung* ist.

Abbildung 32
Die über einem waagerechten Draht aufgehängte Magnetnadel (Abbildung a) dreht sich (Abbildung b), wenn durch den Draht elektrischer Strom geschickt wird. Der Nachbau des Spiegelbildes der Magnetnadel muß daher eine Nadel mit der umgekehrten Magnetisierung (Abbildung c) sein (und nicht einfach die verschobene Nadel). Solange auf der Nadel keine andere Markierung angebracht ist, ist der Nachbau des Spiegelbildes der über dem Draht hängenden Nadel mit der verschoben-gedrehten Nadel identisch.

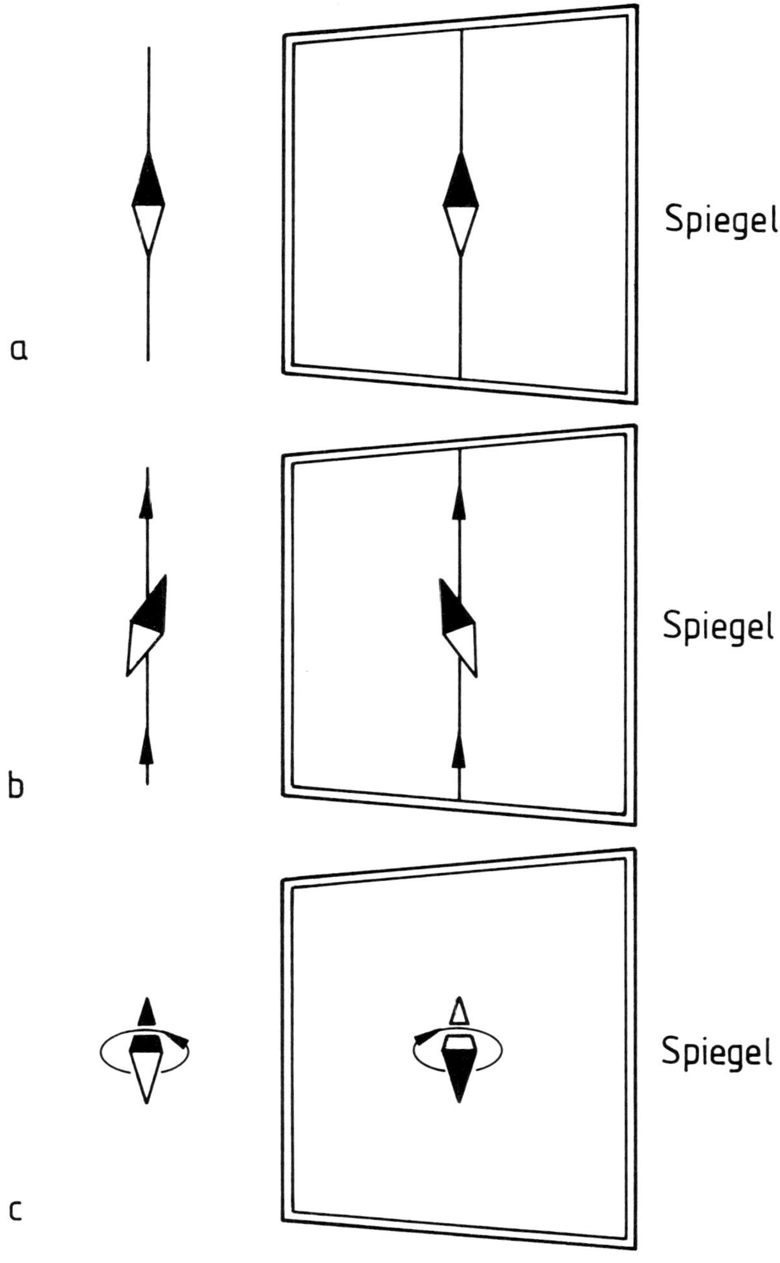
Spiegel
a
Spiegel
b
Spiegel
c

Dasselbe Resultat ergibt eine genauere Untersuchung des Bauplans der Magnetnadel: Ihr Magnetismus beruht nach Auskunft von Modellen darauf, daß in ihr Kreisströme fließen in Ebenen, die auf der Nadel senkrecht stehen. Betrachtet man Nadel und Kreisstrom im Spiegel, so fließt der Strom in die umgekehrte Richtung (Abb. 32c) und erzeugt damit das umgekehrte Magnetfeld. Die Magnetnadel verhält sich bei Spiegelungen wie die Zigarre mit Bauchbinde in Abbildung 30 und nicht wie ein Indianerpfeil: Spiegelung an einem zur Magnetnadel parallelen Spiegel vertauscht Vorder- und Hinterende, d. h. die Richtung der Magnetisierung der Kompaßnadel. Berücksichtigt man dies, so bestätigt das Experiment die Spiegelsymmetrie der Naturgesetze für Elektrizität und Magnetismus.

3. Moleküle, Kristalle und Ornamente

Ein Röntgenstrahl, der durch einen Kochsalzkristall hindurch auf eine Photoplatte fällt (Abb. 33a), erzeugt bei geeigneter Orientierung des Kristalls eine Figur nach Abbildung 33b. Der Röntgenstrahl wird durch den Kristall zu einem symmetrischen Muster aufgefächert. Andere Kristalle ergeben ähnliche Aufnahmen. Entdeckt hat

a

b

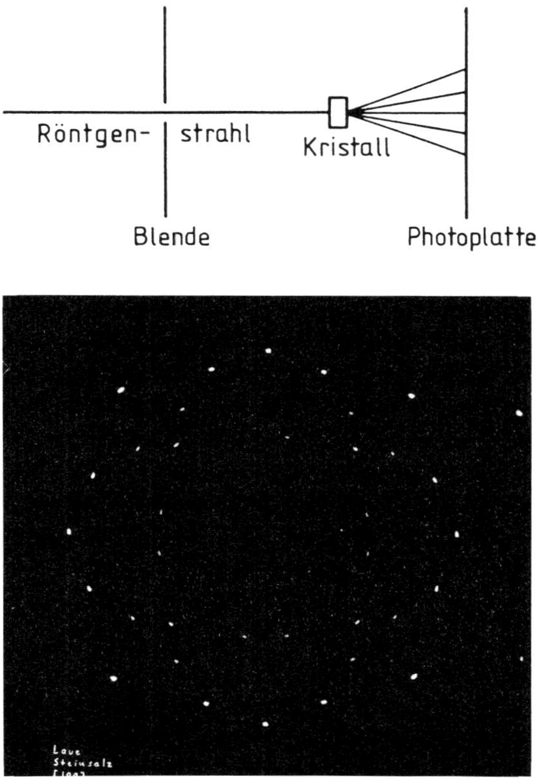

Abbildung 33
Das Laue-Diagramm eines Kochsalzkristalls in Abbildung b wurde durch die in Abbildung a schematisch dargestellte Anordnung gewonnen.

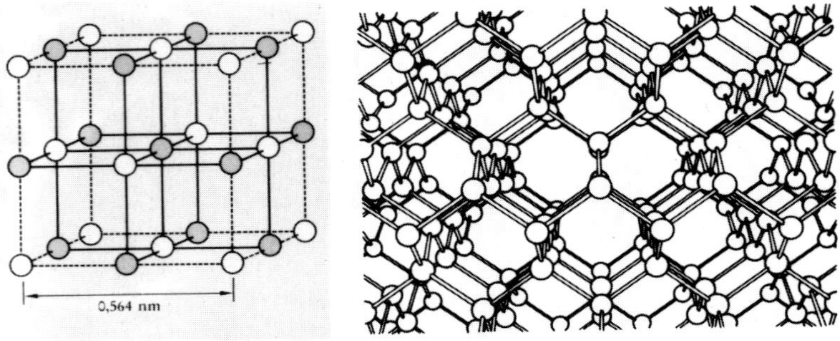

a b

Abbildung 34
Die Abbildung a zeigt das Innere eines Kochsalzkristalls; die weißen Kugeln stellen Chlor-, die schwarzen Natriumatome (genauer: Ionen) dar. Das Diamantgitter der Abbildung b ist aus Kohlenstoffatomen aufgebaut.

diesen Effekt 1912 der deutsche Physiker Max von Laue (1879–1960), der dafür 1914 mit dem Nobelpreis für Physik ausgezeichnet wurde. Die Entdeckung, daß Röntgenstrahlen durch Kristalle nicht diffus gestreut, sondern aufgefächert werden, hat damals zwei Vermutungen auf einmal bestätigt. Erstens, daß Röntgenstrahlen Welleneigenschaften besitzen, und zweitens, daß Kristalle regelmäßige Anordnungen elementarer Bausteine sind. Für uns ist nicht wichtig, worauf im Detail diese Schlüsse beruhen. Auch die Welleneigenschaften des Röntgenlichts interessieren uns hier nicht. Wichtig ist nur, daß Atome und Moleküle, die einen Röntgenstrahl wie in Abbildung 33a auffächern, regelmäßig angeordnet sein müssen (Abb. 34).

Überall in großen Gebieten herrscht bei Kristallen dieselbe Ordnung

Damit der Effekt klar hervortritt, sind makroskopische Kristalle erforderlich. Das aber heißt, daß – atomar gesehen – praktisch unendlich weit voneinander entfernte Bausteine die Auffächerung des Röntgenstrahls gemeinsam bewirken. Würden Atome im Abstand von vielleicht 100 Atomen den Röntgenstrahl unabhängig voneinander und damit in ganz verschiedene Richtungen ablenken, wäre es ausgeschlossen, daß er in wohldefinierte Teilstrahlen aufgefächert wird. Der Effekt setzt also voraus, daß über makroskopische Bereiche hin dieselbe Ordnung herrscht. Ich kann sicher sein, daß diejenige Ordnung, die ich an einer Stelle vorfinde, den Aufbau des Kristalls auch in großer Entfernung bestimmt. Bis vor kurzem wurde angenommen, daß solch eine langreichweitige Ordnung im Festkörper gleichbedeutend mit periodischer Wiederholung der Bausteine ist. Dem wollen wir fürs erste folgen. Periodizität im Raum ist in der Tat bei fast allen Festkörpern die richtige Deutung ihrer Röntgenstrukturaufnahmen (Abb. 33b). Der Leser sei aber gewarnt, daß weiter unten Einschränkungen gemacht werden müssen. Verwendet man in Abbildung 33a Elektronen- statt Röntgenstrahlen, so beobachtet man bei einigen Festkörpern, heute Quasikristalle genannt, Auffächerungen, die durch periodische Wiederholung nicht erzeugt werden können. Das aber sind Ausnahmen von einer sonst glänzend und im Detail bestätigten Interpretation.

Schon lange vor der Entdeckung Max von Laues im Jahr 1912 war bekannt, daß periodische Muster zur Auffächerung von Wellen – der Röntgenstrahl war also eine Welle, und Kristalle waren periodische Anordnungen von Molekülen und Atomen – führen müssen. Periodizität im Raum ist dasselbe wie Verschiebungssymmetrie. Kristalle sind also verschiebungssymmetrisch. Abbildung 33b gibt außerdem Spiegel- und Drehsymmetrien der Anordnung der Atome des Kochsalzkristalls wieder.

Auch die Gestalt mancher Kristalle weist auf Symmetrien ihres Aufbaus hin. Beispiele sind Quarz (Abb. 35), Antimonglanz und – am auffälligsten – Schneekristalle (Abb. 15). Die symmetrische äußere Form dieser Kristalle ist nur dann einfach zu erklären, wenn sie einen regelmäßigen inneren Aufbau besitzen. Doch kann man umgekehrt nicht von der Regellosigkeit der Gestalt auf innere Unordnung schließen. Schneeflocken bestehen aus demselben Eis wie Pappschnee, Gletscher oder Eisberge. Ausbildung der für Kristalle typischen Begrenzungen setzt neben innerer Ordnung geeignete Wachstumsbedingungen voraus.

Typisch für Eis ist die Form, die unter kugelsymmetrischen Bedingungen entsteht. Das ist die sechseckige Form von Schneekri-

Abbildung 35
Quarz aus dem Erzgebirge, 270 Millionen Jahre alt

stallen. Schneekristalle entstehen in der Atmosphäre unter Bedingungen, die keine Richtung vor der anderen auszeichnen. Daneben gibt es Eiskuben, Eiszapfen und kugelförmige Hagelkörner mit ihrer anderen oder höheren Symmetrie. Genauso können bei symmetrischem inneren Aufbau eines Stoffes Formen entstehen, die keiner Regel genügen und keine Symmetrie besitzen. Asymmetrie der Gestalt bedeutet nicht unbedingt Asymmetrie des inneren Aufbaus.

Ordnung, Chaos und Symmetrie im Mittel

Die beim Wachstum eines Kristalls sichtbar werdenden Symmetrien sind eigentlich Überbleibsel höherer Symmetrien. Übersättigter Wasserdampf, aus dem sich Schneekristalle bilden, ist ohne Einschränkung verschiebungs-, dreh- und spiegelungssymmetrisch. Dies, obwohl bei den Molekülen des übersättigten Gemisches von Wasserdampf und Luft vollkommenes Chaos herrscht. Vollständiges Chaos ist aber genauso symmetrisch wie der leere Raum, symmetrischer also als Schneekristalle mit ihrer aufs Sechsfache eingeschränkten, aber auffälligen Symmetrie. Auf diese merkwürdige Übereinstimmung von Chaos und Symmetrie sind wir schon eingegangen. Der nach Sendeschluß flackernde Fernsehbildschirm zeichnet, genau wie der leere, keinen Punkt vor einem anderen aus, beide sind symmetrisch. Wachstum eines Kristalls bricht in der Regel zuvor bestehende höhere Symmetrien. Will zum Beispiel jemand Holzscheite, die *ungeordnet* im Inneren eines Kreises liegen, so platzsparend wie möglich stapeln, legt er am besten einen rechteckigen Stapel an. Dieser bricht die zuvor zumindest im Mittel bestehende Drehsymmetrie um kleine Winkel. Übrig bleibt Rechtecksymmetrie. Diese verminderte Symmetrie ist aber augenfälliger als die höhere zuvor.

Durch regelmäßiges Anordnen von Bausteinen – Scheiten – mit endlicher Ausdehnung kann man höchste Symmetrie nicht erreichen. Struktur endlicher Objekte im Raum bedeutet Asymmetrie. Wenn ein geordnetes Gebilde aus Scheiten besteht, kann es nur drehsymmetrisch sein bei Drehungen, die ein Scheit in sich oder ein anderes überführen. Drehsymmetrie bei beliebig kleinen Winkeln ist dadurch ausgeschlossen. Ungeordnete Gebilde aus endlichen Teilen können aber im Mittel vollkommen drehsymmetrisch sein – in dem Sinn, in dem sich ein gedrehter Teller Spaghetti nicht von dem ungedrehten unterscheidet. Sandstrand ist ein anderes Beispiel für vollkommene Symmetrie im Mittel bei genauso vollkommener Asymmetrie im Detail. Ich umschreibe hier die Wahrscheinlichkeit, mit der in einer bestimmten, vorgegebenen Lage ein Molekül, eine Nudel, ein Scheit oder ein Sandkorn anzutreffen ist. Symmetrie im Mittel heißt dann, daß jede Lage gleich wahrscheinlich ist. Sieht man nur auf Wahrscheinlichkeiten, so stimmt das System nach einer beliebigen Bewegung mit dem ursprünglichen überein.

»Symmetrie im Mittel« kann ich hier nicht genau definieren. Intuitiv ist der Begriff, denke ich, klar. Der Leser wird mir wahrscheinlich folgen, wenn ich bei Wasserdampf oder Eis ohne weitere Erläuterung von der Wahrscheinlichkeit spreche, in einem kleineren Raumbereich ein Molekül anzutreffen. Wahrscheinlichkeit bedeutet relative Häufigkeit; um von ihr sprechen zu können, muß ich über eine Möglichkeit verfügen, zahlreiche Experimente anzustellen. Das ist bei Wasserdampf und Eis im Prinzip einfach: Ich stelle zu verschiedenen Zeiten fest, ob sich in dem Raumbereich ein Molekül befindet. Bei Wasserdampf finde ich wegen der Wärmebewegung der Moleküle nach vielen Experimenten eine überall gleiche, verschiebungssymmetrische und auch bei kleinen Winkeln richtungsunabhängige Wahrscheinlichkeit, bei einem Schneekristall hingegen besitzt sie, über der Ebene aufgetragen, nur noch Sechsecksymmetrie. Der aus Molekülen aufgebaute Wasserdampf ist in keinem Augenblick wirklich drehsymmetrisch. Da sich seine Moleküle ungeordnet – chaotisch – bewegen, ist er aber im zeitlichen Mittel um beliebig kleine Winkel drehsymmetrisch. Im Schneekristall schwingen die Wassermoleküle um ihre sechsecksymmetrisch angeordneten mittleren Positionen.

Wasserdampf scheint auch dann vollkommen symmetrisch zu sein, wenn wir seine Eigenschaften in einem Augenblick mit makroskopischen Meßinstrumenten untersuchen. Diese mitteln stets räumlich über Gebiete, die sehr, sehr viele Moleküle enthalten. Deren molekulares Chaos wirkt sich so aus, daß der Wasserdampf makroskopisch überall dieselben Eigenschaften besitzt. Seine makroskopischen Eigenschaften sind – und das ist für den Unterschied von Dampf und Kristall besonders wichtig – auch von der Richtung, die untersucht wird, unabhängig. Wie sich ein Kristall verhält, hängt hingegen auch bei Mittelung über viele Moleküle von der Richtung, die man untersucht, ab; der elektrische Widerstand mancher Kristalle ist für verschiedene Stromrichtungen verschieden. Daß Stoffe wie Wasserdampf makroskopisch vollkommen symmetrisch erscheinen, bedeutet mikroskopisch Symmetrie im Mittel auf Grund der ungeordneten – chaotischen – Verteilung der Moleküle in jedem einzelnen Augenblick im Raum.

Auf das Flackern des Fernsehschirms nach Sendeschluß lassen sich, wenn er aus unauflösbar vielen einzelnen flackernden Punkten besteht, beide Mittelungsbegriffe – zeitlich und räumlich – mit demselben Resultat anwenden: Er ist im Mittel symmetrisch. Auf Scheite läßt sich nur die Mittelung im Raum ohne weiteres übertragen. Wichtig ist stets, daß man ein Verfahren findet, über die Eigenschaften der einzelnen Bestandteile zu mitteln.

Eine interessante Eigenschaft, die davon abhängt, ob eine Verteilung von »Scheiten« im Mittel drehsymmetrisch um kleine Winkel ist, ist das Magnetfeld der gesamten Verteilung. Nehmen wir an, unsere Scheite seien kleine Magnete und wir könnten nur feststellen, ob Gebiete, die – sagen wir – mindestens einhundert Scheite enthalten, insgesamt magnetisch sind. Unser Meßinstrument sei außerdem nicht sehr genau. Dann werden sich bei ungeordnet liegenden Scheiten die magnetischen Felder der jeweils vermessenen – mindestens einhundert – Einzelscheite gegenseitig praktisch auslöschen.

Als Resultat wird überall das vollkommen symmetrische Magnetfeld Null gemessen. Wenn die Magnete aber so gestapelt sind, daß der Nordpol eines jeden Magneten in dieselbe Richtung zeigt, verstärken sich die Magnetfelder der Einzelmagnete gegenseitig. Der Block mit seiner gegenüber der chaotischen Verteilung verminderten Drehsymmetrie ist insgesamt magnetisch: Als Ganzes ist er ein Magnet mit Nordpol und Südpol; sein Magnetfeld zeichnet eine Richtung vor anderen aus. Ferromagnete wie Eisen werden tatsächlich durch derartige Modelle beschrieben. Ich werde auf sie zurückkommen.

Die räumliche Mitteilung über zahlreiche Moleküle gibt die Symmetrien chaotischer Verteilungen richtig wieder. Sieht man bei der Mittelung nur auf die Zahl der Moleküle in Raumbereichen mit bestimmten Volumen, so überleben möglicherweise bestehende kristalline Strukturen die Mittelung aber nicht. Sie verschwinden bei dem Mittelungsprozeß, da die Symmetrien chaotischer Verteilungen nur dann richtig herauskommen, wenn der Durchmesser des Mittelungsvolumens viele Abstände, in denen sich die Moleküle des Kristalls wiederholen, groß ist. Um die Symmetrien der kristallinen zugleich mit denen der chaotischen Verteilung durch Mittelung deutlich zu machen, ist ein anderer Mittelungsprozeß erforderlich. Wichtig ist vor allem, statt *einer* individuellen Verteilung *viele* zu erzeugen, die die *wesentlichen Züge der individuellen Verteilung* tragen. Ist das erreicht, hat man also ein *Ensemble* erzeugt, so kann man mitteln. Es ist dieser Punkt, den genau zu erläutern den Rahmen dieses Buches sprengen würde. Ich will mich mit einem Beispiel begnügen.

Nehmen wir Mikadostäbe als spezielle Scheite und stellen wir uns eine Verteilung vor, die am Anfang eines Spiels durch Fallenlassen der Stäbe entstanden ist. Diese Verteilung ist im Mittel vollkommen drehsymmetrisch um den Punkt, an dem die Stäbe vor dem Fallenlassen aufgestellt gehalten wurden. Denn ein Ensemble, innerhalb dessen wir relative Häufigkeiten ermitteln, erzeugen wir dadurch, daß wir die Stäbe wieder und wieder fallen lassen. Nun zerlegen wir den Tisch in Flächenstücke, die gerade ein Ende eines Mikadostabes enthalten können, und fragen, wie oft bei den Versuchen des Ensembles in jedes einzelne Flächenstück tatsächlich eine Stabende gefallen ist. So gewinnen wir eine Verteilung von relativen Häufigkeiten in der Ebene, die bei einem hinreichend großen Ensemble – bei hinreichend vielen Versuchen – um beliebig kleine Winkel drehsymmetrisch ist. Nur um 180 Grad drehsymmetrisch ist hingegen die geordnete Verteilung der Stäbe des Spielers X nach dem Spiel: Er legt die von ihm gewonnenen Stäbe stets parallel zur Tischkante in der Tischecke rechts von ihm ab. Bei vielen Spielen erzeugt er natürlich auch ein Ensemble von Verteilungen der Mikadostäbe. Die Drehsymmetrie seiner Verteilungen bleibt bei der bereits geschilderten Ermittelung der relativen Häufigkeiten von Lagen der Stabenden innerhalb des Ensembles bestehen.

Die innere Ordnung von Eis

Die Symmetrien von Schneeflocken sind auf zweierlei zurückzuführen. Erstens auf die Eigenschaften von Wassermolekülen, die den inneren Aufbau von Eis bestimmen, und zweitens auf die Wachstumsbedingungen der Flocken in der Atmosphäre. Abbildung 36a zeigt, daß ebene Figuren mit den Symmetrien von Schneekristallen leicht aus regelmäßigen Sechsecken aufgebaut werden können. Wassermoleküle bestehen aus zwei Wasserstoffatomen und einem Sauerstoffatom. Die Sauerstoffatome in Schneekristallen sind in der Tat wie in Abbildung 36a angeordnet, so nämlich, daß sie ein Sechseckgitter bilden.

Die Stabilität dieser Anordnung beruht auf Gestalt und Wechselwirkung von Wassermolekülen und ist nicht unser Thema. Eigenschaften der Wassermoleküle allein können aber nicht erklären, daß die Nadeln eines Schneekristalls einander so sehr gleichen, daß die Sechsecksymmetrie der Anordnung bei einzelnen Schneekristallen erkennbar ist. Dafür sind die Wachstumsbedingungen der Flocken entscheidend. Wenn wir einer Nadel weitere Sechsecke – Wassermoleküle – so anfügen, daß die Nadel einer anderen Schneeflocke entsteht, kann das zwar die Stabilität des Kristalls nicht beeinflussen, aber seine Sechsecksymmetrie wird dadurch zerstört (Abb. 36b).

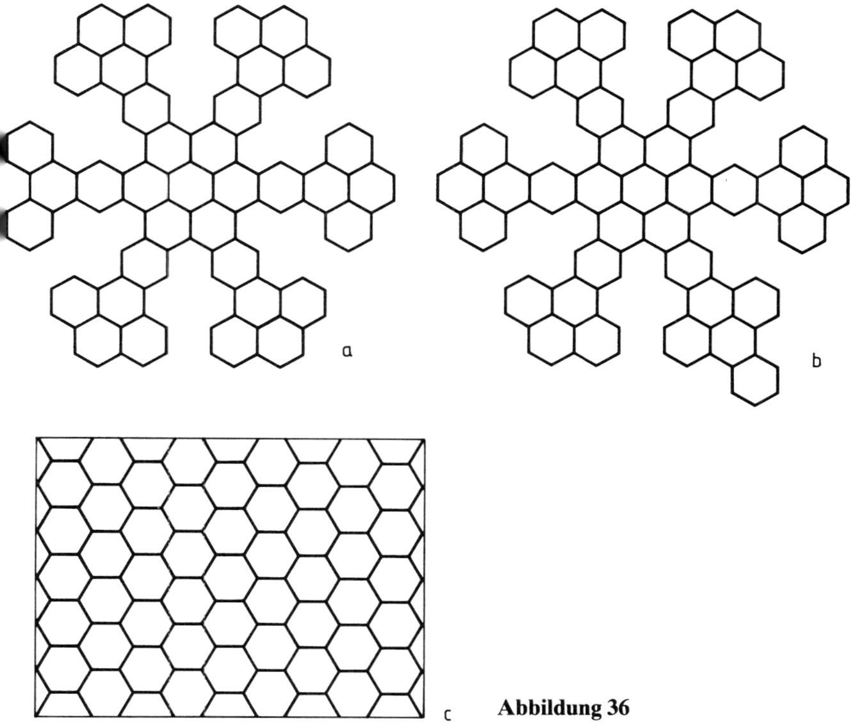

Abbildung 36

Wie bereits erwähnt, ist die Gesetzmäßigkeit des inneren Aufbaus von Eis für Schneekristalle dieselbe wie für Pappschnee und Hagel. Sie tritt hervor, wenn man den inneren Aufbau eines beliebigen Eisstückes anschaut. Verglichen mit der Ausdehnung der Wasserstoffmoleküle sind Eisstücke praktisch unendlich groß, und wir machen keinen nennenswerten Fehler, wenn wir uns statt endlicher Stücke unendlich ausgedehntes Eis vorstellen. Ein Kubikzentimeter eines jeden Kristalls enthält näherungsweise (vielleicht bis auf einen Faktor 100) 10^{23} Atome. In jeder Richtung sind das bei einem würfelförmigen Kristall etwa 50 Millionen. Damit überhaupt makroskopische Eisstücke entstehen können, muß es möglich sein, Wassermoleküle nach dem Bauplan von Eis wieder und wieder aneinanderzusetzen.

Mit den für den molekularen Aufbau von Eis charakteristischen

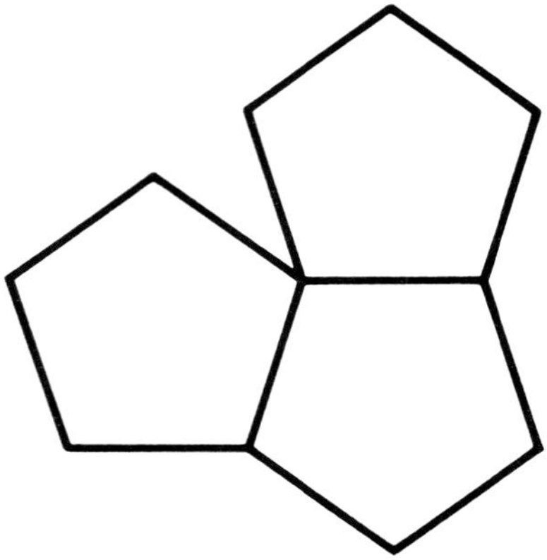

Abbildung 37

Sechsecken der Abbildung 36a kann man in der Tat die Ebene ganz überdecken (Abb. 36c). Mit regelmäßigen identischen Fünfecken ist das, wie Abbildung 37 zeigt, nicht möglich. Daher kann es keine makroskopischen Körper geben, die lückenlos aus demselben regelmäßigen Fünfeck aufgebaut sind. Hier schließt eine Symmetrie – die Verschiebungssymmetrie eines lückenlosen Waben- oder Fliesenmusters – eine andere Symmetrie – fünffache Drehsymmetrie – aus.

Periodischer Aufbau im Raum und in der Ebene

Kristalle sind räumliche Gebilde. Daher geht es bei unserer Diskussion eigentlich nicht um lückenlose Überdeckungen der Ebene, sondern darum, welche Körper den dreidimensionalen Raum ganz ausfüllen können. Identische Kugeln zum Beispiel können das nicht. Ein Kugelstapel besitzt stets Lücken zwischen den Kugeln. Würfel hingegen kann man so stapeln, daß der Raum lückenlos gefüllt wird. Gleiches gilt für identische Quader – Backsteine. Und so weiter. Sich aber vorzustellen, welche Symmetrien in drei Dimensionen verwirklicht werden können und welche nicht, setzt beträchtliche geometrische Einsicht voraus.

In den zwei Dimensionen der Ebene sind dieselben Probleme einfacher. Dem Problem, den Raum drehsymmetrisch mit sich wiederholenden Körpern zu füllen, entspricht in zwei Dimensionen die

Aufgabe, die Ebene lückenlos und drehsymmetrisch mit identischen Figuren zu überdecken. Die Lösung dieses Problems ist in einem Buch – mit zweidimensionalen Seiten! – relativ leicht zu beschreiben; leichter jedenfalls, als darzustellen, welche Körper sich in welcher Weise raumfüllend stapeln lassen. Die für uns wesentliche Frage ist in beiden Fällen dieselbe: Kann es sein, daß der Raum, die Ebene von sich aus bereits die möglichen Kristallsymmetrien auf wenige Typen beschränken?

Die Zahl wesentlich verschiedener Symmetriegruppen periodischer Gebilde ist endlich

Das ist in der Tat der Fall. Wir werden nur in der Ebene zeichenbare periodische Gebilde betrachten, meinen damit aber Kristalle im Raum. Am einfachsten sind lineare Kristalle. Wie ebene Kristalle ganz in einer Ebene, so liegen lineare Kristalle ganz in einer Gerade, sind also aus Punkten und Teilstrecken dieser Gerade aufgebaut. Bänder besitzen die Verschiebungssymmetrie linearer Kristalle, bestehen aber aus ebenen Figuren. Die Schlüsse, die wir ziehen werden, gelten ganz ähnlich für alle vier Strukturen – für Bänder, lineare, ebene und räumliche Kristalle. Sie alle besitzen nur endlich viele wesentlich verschiedene Symmetriegruppen. Deren Anzahl ist, in dieser Reihenfolge, sieben, zwei, siebzehn und 230. Das folgt aus Eigenschaften der Räume, in denen die Gebilde angesiedelt sind.

Es gibt auch dreidimensionale Gebilde mit nur einfacher oder doppelter Verschiebungssymmetrie. Ketten, die Reihe von Statuen in Abbildung 50c und Spiralstrukturen wie die Erbsubstanz Desoxyribonukleinsäure (DNS) (Abb. 13) sind einfach, Gewebe und Säulenhallen (Abb. 38) doppelt verschiebungssymmetrisch.

Bei jedem dreifach periodischen Kristall sind wir sicher, daß er eine der 230 überhaupt möglichen Symmetriegruppen besitzt. Erst wenn wir wissen wollen, welche Substanz in welcher Form kristallisiert, müssen wir die Wechselwirkungen von Atomen und Molekülen berücksichtigen. Da es praktisch unendlich viele Atome, Moleküle und Wechselwirkungen gibt, reduziert die Klassifikation von Kristallen aufgrund ihrer Symmetriegruppe unendlich viele Mög-

Abbildung 38: *Moschee von Kairuan*

lichkeiten auf endlich viele »wesentlich verschiedene«. Wir wollen verständlich machen, daß es nur endlich viele – sieben – wesentlich verschiedene Symmetriegruppen ebener Bänder gibt. Die zwei Symmetriegruppen linearer Kristalle gehören dazu. Daß es dann in der Ebene 17, im Raum 230 statt sieben wesentlich verschiedene Symmetriegruppen periodischer Gebilde gibt, ist, verglichen mit der Reduktion von unendlich auf sieben, ein kleiner Schritt. Das Resultat hängt natürlich auch davon ab, was genau »wesentlich verschieden« bei Symmetriegruppen heißen soll. Auch das soll durch Symmetrien der Gerade und der Ebene erläutert werden.

Molekülsymmetrien

Beginnen wir also unseren Weg. Am Anfang stehen die Symmetrien der Bausteine, aus denen Kristalle aufgebaut sind. Jeder Baustein, der im fertigen Kristall wiederholt und wiederholt wird, paßt in ein endliches Volumen. Seine Symmetrien nennen wir Symmetrien von

Molekülen – obwohl nicht nur Moleküle als Bausteine von Kristallen auftreten können. Auch Zusammenstellungen von Atomen, die außerhalb des Kristalles instabil sind, können in stabilen Kristallen regelmäßig aufgereiht sein. Ob die betrachtete Zusammenstellung von Atomen allein stabil ist, bleibt für die Symmetrien des ganzen Kristalls unbedeutend.

Wenn wir von Molekülen und Molekülsymmetrien sprechen, meinen wir über diese hinaus zugleich auch andere Zusammenstellungen von Objekten: Ornamente zum Beispiel, also Bilder und Zeichen. Wichtig für uns ist die Symmetriegruppe, nicht das Objekt.

Manche Moleküle im Raum kann man ohne Änderung drehen. Es kann verschiedene Drehachsen durch denselben Drehpunkt geben. Eine Kugel ist ohne Änderung um jeden Winkel und um jede Achse durch ihren Mittelpunkt drehbar. Sie besteht aus Punkten ohne Ausdehnung, und kein Molekül, das aus Atomen mit endlichem Abstand aufgebaut ist, kann die Symmetrien einer Kugel besitzen. Aber das Beispiel zeigt, daß räumliche Objekte existieren, die bei Drehungen um mehrere Achsen durch denselben Punkt in sich übergehen.

Die möglichen Symmetrien ebener und eindimensionaler Moleküle sind einfacher. Ebene und eindimensionale Gebilde verwenden wir als Modelle für räumliche. Es stört uns also nicht, daß es in Wirklichkeit nur sehr wenige derartige Moleküle gibt.

Eindimensionale Moleküle liegen in einer Gerade. Zwei Atome definieren stets eine Gerade durch ihre Mittelpunkte, sind also – wenn man ihre Ausdehnung vernachlässigt – eindimensional. Die Mittelpunkte von drei Atomen – Wasser zum Beispiel: einmal Sauerstoff, zweimal Wasserstoff – liegen immer in einer Ebene. Ammoniak hingegen mit seinen vier Atomen kann dreidimensional sein und ist es auch (Abb. 27b).

Moleküle unterscheidet von Kristallen, auch bandförmigen, daß sie nicht periodisch sind. Aufgrund ihrer endlichen Ausdehnung können sie es nicht sein. Die Symmetriegruppe eines Moleküls kann daher keine Verschiebung enthalten. Molekülsymmetrien werden wir an ebenen und linearen Gebilden mit endlicher Ausdehnung, die ansonsten beliebig sind, erläutern.

Lineare Moleküle besitzen entweder keine Symmetrie wie das

Ausrufezeichen, oder sie sind spiegelsymmetrisch wie der Doppelpunkt. »Spiegelung« heißt bei einem linearen Gebilde Spiegelung an einem Punkt der Gerade, die es enthält. Für das lineare Molekül *in* seiner Gerade bedeutet eine Drehung der Gerade um 180 Grad um diesen Punkt dasselbe wie die Spiegelung.

Als Symmetrien von Molekülen in der Ebene können Drehungen und Spiegelungen vorkommen. Eine Drehung besitzt stets einen Drehpunkt, um den gedreht wird und der bei der Drehung unverändert bleibt. Drehpunkt und Drehwinkel kennzeichnen die Drehung eindeutig. Eine ebene Spiegelung ist stets eine Spiegelung an einer Gerade. Jeder Punkt der Spiegelgerade geht bei der Spiegelung in sich selbst über, bleibt unverändert. Angabe der Gerade, an der gespiegelt wird, kennzeichnet die Spiegelung eindeutig. Das alles kann sich der Leser leicht am Beispiel der symmetrischen Abbildungen im Prolog und in Kapitel 1 klarmachen. Die Abbildungen zeigen auch, daß bei Drehungen und Spiegelungen keine anderen Punkte als der Drehpunkt und die Punkte der Spiegelungslinie in sich selbst übergehen.

Verschiebungen lassen keinen Punkt der Ebene unverändert, Drehungen nur einen und Spiegelungen alle Punkte der Gerade, an der gespiegelt wird. Interessanter als die einzelne Bewegung, die ein Gebilde nicht ändert, ist die Gesamtheit dieser Bewegungen. Das ist die aus Kapitel 1 bereits bekannte Symmetriegruppe. Die Symmetriegruppe der Abbildungen 16 besteht aus der Spiegelung an der Mittellinie des Doppelkleckses und der »Bewegung«, die nichts verändert, der Identität. Die zweimal angewendete Spiegelung führt insgesamt jeden Punkt in sich über, ist die Identität. Und so weiter: Interessant an Symmetriegruppen sind die Beziehungen, in denen ihre einzelnen Bewegungen zueinander stehen.

Der Grundgedanke bei der Einführung der Symmetriegruppe war, daß eine Bewegung, die aus zwei Bewegungen zusammengesetzt ist, deren jede ein Gebilde nicht ändert, ebendiese Eigenschaft besitzt. Hinzu kommt, daß jede Bewegung, die ein Gebilde nicht ändert, durch eine Bewegung mit derselben Eigenschaft rückgängig gemacht wird. Daraus folgt sofort, daß die Symmetriegruppe eines Moleküls, eines endlichen Gebildes, nicht zusätzlich zur Spiegelung an einer Gerade die Spiegelung an einer anderen, zur ersten parallelen enthalten kann. Das zeigt Abbildung 39a. Zwei derartige

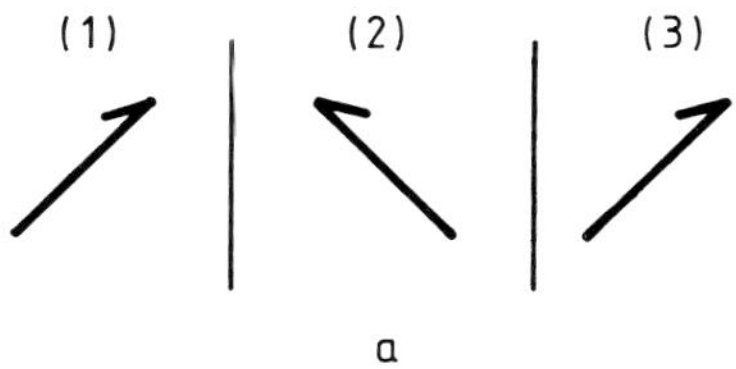

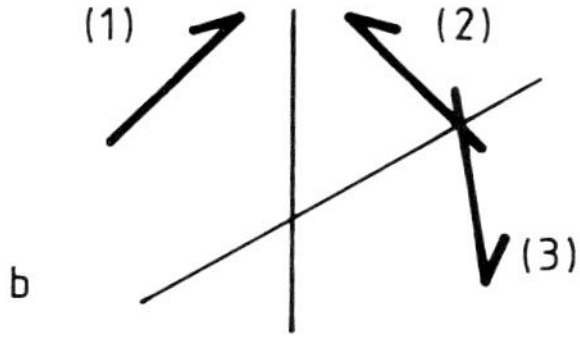

Abbildung 39
Hintereinanderausführen von zwei Spiegelungen an zwei parallelen Geraden wirkt (Abbildung a) wie eine Verschiebung; sind die Geraden nicht parallel, wie eine Drehung (Abbildung b). Stehen die Geraden senkrecht aufeinander, wird der Haken durch die zwei Spiegelungen um 180 Grad gedreht (Abbildung c). Abbildung d entsteht, wenn der Haken (3) der Abbildung c an der senkrechten Geraden gespiegelt wird. Insgesamt ist Abbildung d symmetrisch bei Spiegelungen an der senkrechten und waagerechten Gerade sowie bei Drehungen um 180 Grad.

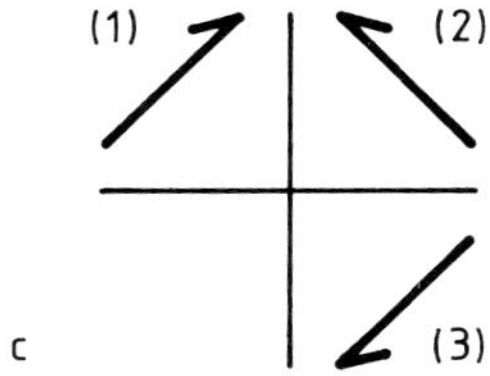

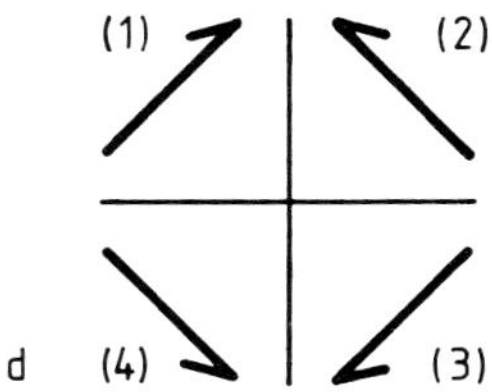

Spiegelungen ergeben hintereinander ausgeführt dasselbe wie eine Verschiebung. Ein Gebilde, das keine von beiden ändert, wird also auch von der Verschiebung nicht geändert, ist verschiebungssymmetrisch, das bedeutet unendlich ausgedehnt – ein Kristall, kein Molekül.

Ein Molekül kann bei zwei unterschiedlichen Spiegelungen nur dann symmetrisch sein, wenn deren Spiegelungslinien nicht parallel sind, sich also schneiden. Abbildung 39b zeigt, daß zwei Spiegelungen an zwei sich schneidenden Linien, hintereinander ausgeführt, eine Drehung um den Schnittpunkt ergeben. Der Drehwinkel ist zweimal so groß wie der von den Spiegelungslinien eingeschlossene Winkel. Wenn also ein ebenes Gebilde von den zwei Spiegelungen nicht verändert wird, so auch nicht von der Drehung. Damit enthält seine Symmetriegruppe mindestens vier Bewegungen: die Identität, die beiden Spiegelungen und die Drehung.

Wenn die zwei Spiegelungslinien senkrecht aufeinander stehen

(Abb. 39c), ergibt sich eine Drehung um 180 Grad. Werden nun zwei der vier Bewegungen in beliebiger Reihenfolge hintereinander ausgeführt – Identität, zwei Spiegelungen an aufeinander senkrechten Geraden und die Drehung um 180 Grad durch den Geradenschnittpunkt –, so ergibt sich keine zusätzliche Bewegung. Das kann der Leser mit Hilfe von durchsichtiger Folie leicht ausprobieren. Rückgängig gemacht wird jede durch sich selbst. Folglich bilden die vier Bewegungen zusammengenommen möglicherweise eine Symmetriegruppe.

Das ist, wie Abbildung 39d zeigt, in der Tat so. Die Abbildung

Abbildung 40
Symmetrische Ornamente und Zeichen sind in unserer Zivilisation allgegenwärtig: Tapeten- und Fliesenmuster sind zumeist doppelt verschiebungssymmetrisch, das Schachbrett ist wie auch das weiß-blaue Rautenmuster des Freistaates Bayern farbsymmetrisch, und Verkehrszeichen besitzen die Dreh- und Spiegelsymmetrien ebener Moleküle. Genau wie das die Vorfahrt einräumende Quadrat von III a ist das Halteverbotsschild in IV a vierfach dreh- und spiegelsymmetrisch; beide Verkehrszeichen besitzen also dieselbe Symmetriegruppe. Der Doppelpfeil des beidseitigen Halteverbots (IV b) bricht die Symmetrie des Halteverbotsschildes so, daß nur Spiegelsymmetrie an der senkrechten Mittellinie bleibt. Auch diese Restsymmetrie ist beim einseitigen Halteverbotsschild gebrochen (Abbildungen IV c und IV d). Das die Vorfahrt an Verengungen regelnde Schild V b ist farbsymmetrisch: Vertauscht man gleichzeitig mit einer Drehung um 180 Grad die Farben Rot und Weiß miteinander (in der Abbildung: das Grau des einen Pfeils mit dem Weiß des anderen), so bleibt das Schild ingesamt unverändert. Die Verkehrszeichen der Abbildungen IV c bis V d kann man – anders als die anderen – so drehen und/oder spiegeln, daß sie zwar nicht unverändert bleiben, durch die Bewegung aus ihnen aber wieder gültige und richtig aufgestellte Verkehrszeichen entstehen: Spiegelt man das Schild IV c für »Halteverbot bis hier« an der senkrechten Mittellinie, entsteht Schild IV d für »Halteverbot ab hier« und umgekehrt. Jedes der zwei Halteverbotsschilder von IV a und IV b ist für sich allein spiegelsymmetrisch, die zwei einseitigen Halteverbotsschilder in IV c und IV d sind es nur zusammengenommen, als Menge. Daher ist die Regel, die festlegt, was ein richtig aufgestelltes Halteverbotsschild ist, spiegelsymmetrisch: Sie unterscheidet nicht zwischen rechts und links; in ihr brauchen diese Begriffe nicht vorzukommen. Wenn sie aber vorkommen, so erlaubt die Regel dieselben Verkehrszeichen, wenn man sie vertauscht. Das ist nicht viel anders als bei dem Naturgesetz, das die möglichen Schwingungsformen einer runden Trommel festlegt. Hier wie dort gibt es Zeichen (Schwingungsformen), die für sich allein, und solche, die nur als Menge die Symmetrien der Regel (des Naturgesetzes) besitzen. Allerdings sind die Symmetrien der Trommel und ihre Brechungen unendlich viel interessanter als die von Verkehrszeichen, da sie nicht nur geometrische Formen, sondern das Verhalten von Systemen im Laufe der Zeit betreffen.

SYMMETRIE UND SYMMETRIEBRECHUNG IM SCHILDERWALD

I

a

Drehsymmetrie um beliebige Winkel, Spiegelsymmetrie an Geraden mit beliebiger Neigung.

b

Drehsymmetrie um 180 Grad, Spiegelsymmetrie an waagerechter und senkrechter Gerade. Symmetriegruppe: D_2.

c

Spiegelsymmetrie an senkrechter Gerade. Symmetriegruppe: D_1.

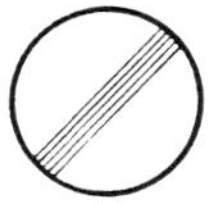

d

Drehsymmetrie um 180 Grad, Spiegelsymmetrie an zwei aufeinander senkrecht stehenden, um 45 Grad geneigten Geraden. Symmetriegruppe wie in Ib: D_2.

II

a

Dreifache Dreh- und Spiegelsymmetrie. Symmetriegruppe: D_3.

b

Spiegelsymmetrie an senkrechter Gerade wie in Ic. Symmetriegruppe hier wie dort: D_1.

c

Spiegelsymmetrie an senkrechter Gerade wie in Ic. Symmetriegruppe hier wie dort: D_1.

d

Keine Symmetrie.

III

a

Vierfache Dreh- und Spiegelsymmetrie. Symmetriegruppe: D_4.

b

Drehsymmetrie um 180 Grad, Spiegelsymmetrie an zwei aufeinander senkrecht stehenden Geraden wie in Id. Symmetriegruppe hier wie dort: D_2.

c

Drehsymmetrie um 180 Grad, Spiegelsymmetrie an waagerechter und senkrechter Gerade wie in Ib. Symmetriegruppe hier wie dort: D_2.

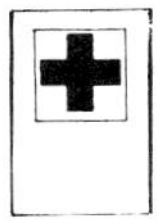

d

Das Kreuz besitzt dieselbe vierfache Dreh- und Spiegelsymmetrie wie in IIIa. Symmetriegruppe hier wie dort: D_4.

IV

a

Vierfache Dreh- und Spiegelsymmetrie wie in IIIa. Symmetriegruppe hier wie dort: D_4.

b

Spiegelsymmetrie an senkrechter Gerade wie in Ic. Symmetriegruppe hier wie dort: D_1.

c

Keine Symmetrie. Spiegelung an senkrechter Gerade ergibt IVd.

d

Keine Symmetrie. Spiegelung an senkrechter Gerade ergibt IVc.

V

a

Keine Symmetrie. Durch Spiegelung an senkrechter Gerade entsteht das Zeichen für »Verengung links«.

b

Farbsymmetrie. Durch Drehung um 180 Grad und Vertauschen von rot und weiß – hier: hellgrau und weiß – der Pfeile geht das Verkehrszeichen in sich selbst über.

c

Keine Symmetrie. Durch Spiegelung an senkrechter Gerade entsteht das Zeichen für »nur geradeaus oder links«.

d

Spiegelsymmetrie an waagerechter Gerade. Symmetriegruppe wie in Ic: D_1. Durch gewisse Drehungen und Spiegelungen – sie bilden zusammen keine Gruppe im mathematischen Sinn – entstehen andere gültige und richtig aufgestellte Verkehrszeichen.

bleibt bei der Identität, der Spiegelung an einer waagerechten und einer senkrechten Gerade, bei der Drehung um 180 Grad um den Schnittpunkt beider und bei sonst keiner Bewegung unverändert.

Die zwei Serien von Symmetriegruppen ebener Moleküle

Unsere Überlegungen haben gezeigt, daß beliebig herausgegriffene Bewegungen zusammengenommen im allgemeinen keine Symmetriegruppe bilden. Genaue Analyse zeigt, daß es zwei Serien von Symmetriegruppen von ebenen Molekülen – Gebilden mit endlicher Ausdehnung – gibt. Die eine Serie, C-Serie genannt, enthält nur Drehungen um einen Punkt, keine Spiegelungen. Bei der zweiten Serie, der D-Serie, kommen Spiegelungen an Geraden durch den Drehpunkt hinzu. Wenn wir konzentrische Kreise und nichtzeichenbare Figuren ausschließen, gibt es einen kleinsten Drehwinkel mit Symmetrie. Dieser muß so sein, daß nach einer ganzen Zahl von Drehungen um diesen Winkel die volle Drehung um 360 Grad, die Identität, entsteht. Die kleinste derartige Zahl ist gleichzeitig die Zahl unterschiedlicher Drehungen, darunter die Identität, die die Symmetriegruppe enthält. Sie charakterisiert innerhalb einer Serie die Symmetriegruppe eindeutig. Das Seriensymbol, C oder D, gibt zusammen mit dieser Zahl der Symmetriegruppe ihren Namen. Die Symmetriegruppen der D-Serie enthalten Spiegelungen an genauso vielen Geraden durch den Drehpunkt, wie die Symmetriegruppe Drehungen, die Identität eingeschlossen, enthält. All dies hat eine einfache anschauliche Bedeutung. Der Leser kann sie sich an Beispielen klarmachen.

Schon Leonardo da Vinci war unsere Tabelle der möglichen Symmetriegruppen endlicher Gebilde bekannt. Er hat sie bei dem Versuch entdeckt, alle für Zentralbauten möglichen Symmetrien zu bestimmen. Das sind dieselben, die auch für Moleküle möglich sind. Zentralbauten, Ornamente, Rosetten und Moleküle kann man durch dieselben Symmetriegruppen der C- und D-Serie klassifizieren.

Die erste Symmetriegruppe der C-Serie enthält nur ein Element, die Identität. Sie ist die »Symmetrie«-Gruppe von Gebilden ohne jede Symmetrie – zum Beispiel des einfachen Kleckses in Abbildung 16a. Die erste der D-Serie ist die uns schon bekannte Symme-

Abbildung 41: *Apulischer Fischteller, Ton, ca. 350 v. Chr.*

triegruppe des Doppelkleckses in den Abbildungen 16. Es folgt die zweite Symmetriegruppe der C-Serie. Sie enthält außer der Identität nur die Drehung um 180 Grad und ist uns als die der Abbildung 19a ebenfalls bereits bekannt. Die zweite aus der D-Serie ist die Symmetriegruppe der Abbildung 39d. So geht es weiter. Die Symmetriegruppen eines Schneekristalls ist die sechste der D-Serie, die eines Quadrats die vierte. Die Symmetrien eines Quadrats besitzen auch das Photo in Abbildung 9d und die Rosette in Abbildung 17. Die Symmetriegruppen einiger Verkehrszeichen sind in Abbildung 40 zusammengestellt.

Interessant ist die Tonschale in Abbildung 41. Zwei der Fische unterscheiden sich so ausdrücklich von dem dritten, daß der Gedanke, der Künstler des Jahres 350 v. Chr. könnte mit dreifacher Drehsymmetrie gespielt haben, auf den ersten Blick abwegig zu sein scheint. Hat er aber doch! Denn in der Bildmitte sind im Kreis sorgfältig nebeneinander zwölf(!) kleine Tüten und achtzehn(!) Haken dargestellt. Die Tüten sind symmetrisch bei Drehungen um Vielfache von 30 Grad, die Haken bei solchen um 20 Grad. Zusammengenommen sind Tüten und Haken daher symmetrisch bei Drehungen um Vielfache von 60 Grad, das heißt auch bei Drehungen um 120 Grad – den Drehungen, die die Fische ineinander überführen.

Ebene Moleküle ohne jede Symmetrie oder mit einer Symmetriegruppe der C-Serie sind besonders interessant. Sie stimmen nämlich mit ihrem Spiegelbild nicht überein, soll heißen, keine Drehung oder Verschiebung der Ebene vermag sie mit die-

Abbildung 42

sem zur Deckung zu bringen. Nehmen wir das ebene Phantasiemolekül der Abbildung 42a. Es besitzt keine Symmetrie. Vorstellbar ist auch das Phantasiemolekül der Abbildung 42b. Dieses ebene Spiegelbild des Moleküls in Abbildung 42a kann durch keine Drehung oder Verschiebung der Ebene mit ihm zur Deckung gebracht werden. Natürlich wäre es möglich, das ebene Molekül aus der Ebene heraus so zu drehen, daß es mit seinem Spiegelbild übereinstimmt. Wesen aber, die in der Ebene leben und denen die dritte räumliche Dimension so verschlossen ist wie uns eine vierte, würden nicht begreifen, was wir meinen. Wir können uns weder einen zweidimensionalen Raum vorstellen, der nicht in den dreidimensionalen eingebettet ist, noch einen vierdimensionalen, der den dreidimensionalen enthält. Uns ist anschaulich klar, daß ebene Gebilde durch eine räumliche Drehung in ihr Spiegelbild verwandelt werden können. Um aber einzusehen, daß eine dreidimensionale rechte Hand durch eine Drehung in einer – hypothetischen! – vierten Dimension in eine linke verwandelt werden kann, kommen wir mit der Anschauung nicht aus. Dazu brauchen wir Mathematik. Dennoch ist es so.

Durch Wesen, die in zwei Dimensionen leben und diese nicht verlassen können, illustrieren wir Eigenschaften von Räumen. Es ist amüsant und lehrreich, sich ihr Leben und seine eigentümlichen Schwierigkeiten – sie können nichts nageln!?! – im Detail vorzustellen. Dementsprechend sind über Flachländer mehrere Bücher geschrieben worden. Für Flachländer gibt es zwei verschiedene Substanzen, die aus Molekülen der einen oder anderen Spezies in Abbildung 42 aufgebaut sind, und dazu natürlich die »racemische« Mischung beider.

Racemisch heißen in unserer dreidimensionalen Welt Mischungen der zwei Spiegelungstypen eines Moleküls, die gleich viel von dem einen wie dem anderen enthalten. Bereits im Prolog wurde Weinsäure als eine Substanz genannt, deren Molekül nicht mit seinem

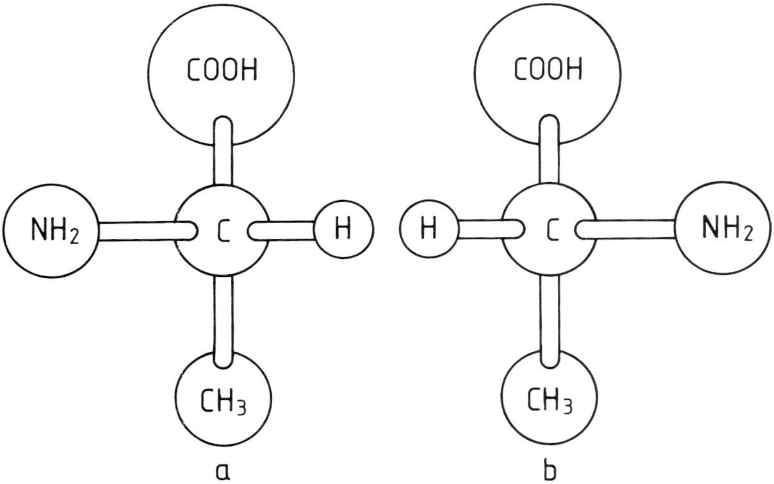

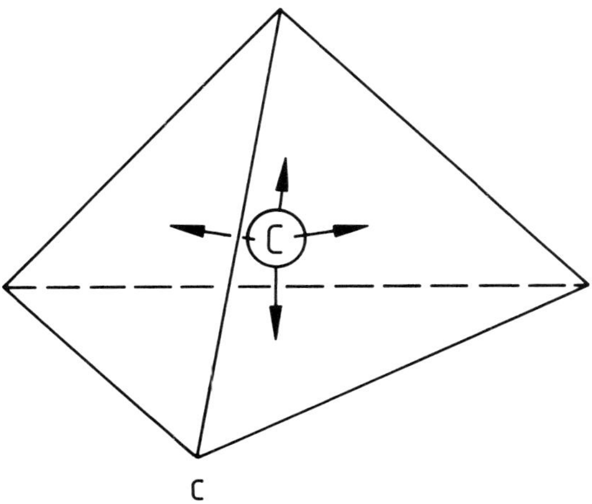

Abbildung 43
Die vier chemischen Bindungen des »asymmetrischen« Kohlenstoffatoms (Abbildung c) zeigen auf die vier gleichseitigen Dreiecke der Oberfläche eines Tetraeders (Abbildung 44b). Wenn an diesen Bindungen vier verschiedene Atome oder Atomgruppen angebracht werden, entsteht ein Molekül, das mit seinem Spiegelbild nicht übereinstimmt, beispielsweise Alanin (Abbildungen a + b).

Spiegelbild zur Deckung gebracht werden kann. Das Weinsäuremolekül ist recht kompliziert. Abbildung 43a zeigt ein einfacheres Molekül, das mit seinem Spiegelbild (Abb. 43b) nicht übereinstimmt. Es handelt sich um eine Aminosäure, Alanin genannt. Die Bedeutung der chemischen Symbole COOH, NH_2, CH_3 und H, Wasserstoff, ist für uns uninteressant. Wichtig ist erstens, daß die Zusammenstellungen von Atomen, die sie bezeichnen, alle verschieden sind. Zweitens ist die Anordnung der Verbindungen wichtig, die von dem Kohlenstoffatom C in der Mitte ausgehen. Sie zeigen vom Mittelpunkt auf die Mittelpunkte der Seiten eines »regulären Tetraeders« (Abb. 43c). Wegen dieser Anordnung besitzen die vier Bindungen – also *ohne* die an ihnen hängenden Kugeln – dreifache Drehsymmetrie um jede einzelne Bindung als Achse. Sie gehen außerdem durch Spiegelungen an den fünf Ebenen, die je zwei Bindungen enthalten, in sich über. Daher sind die zwei Moleküle der Abbildung 43 in der Tat Spiegelbilder voneinander. Wären zwei der außen an den Bindungen hängenden Kugeln gleich, so stimmte das Molekül mit seinem Spiegelbild überein. Sagen wir, H sei dasselbe wie NH_2. Dann könnten wir das Molekül ohne Änderung an der Ebene spiegeln, die die beiden anderen Molekülgruppen (COOH und CH_3) enthält. Da H aber nicht dasselbe wie NH_2 ist, überführt diese Spiegelung die zwei Moleküle der Abbildung ineinander, nicht aber jedes in sich selbst.

Die Tetraederanordnung seiner Bindungen zeichnet das Kohlenstoffatom aus. Nichtspiegelsymmetrische Moleküle, die auf dieser Anordnung beruhen, sind daher häufig. Auch Weinsäure gehört dazu. Wir wissen, daß nur ein Spiegelungstyp der Weinsäure in der Natur auftritt. Genauso produzieren und verbrauchen Lebewesen nur die Aminosäure der Abbildung 43a, nicht die der Abbildung 43b.

Regelmäßige Vielecke und Körper

Das gleichseitige Dreieck ist, wie der Name schon sagt, aus drei gleichen Strecken aufgebaut und besitzt die dritte Gruppe aus der D-Reihe als seine Symmetriegruppe. Das Quadrat besitzt vier gleiche Seiten und Winkel; seine Symmetriegruppe ist die vierte der

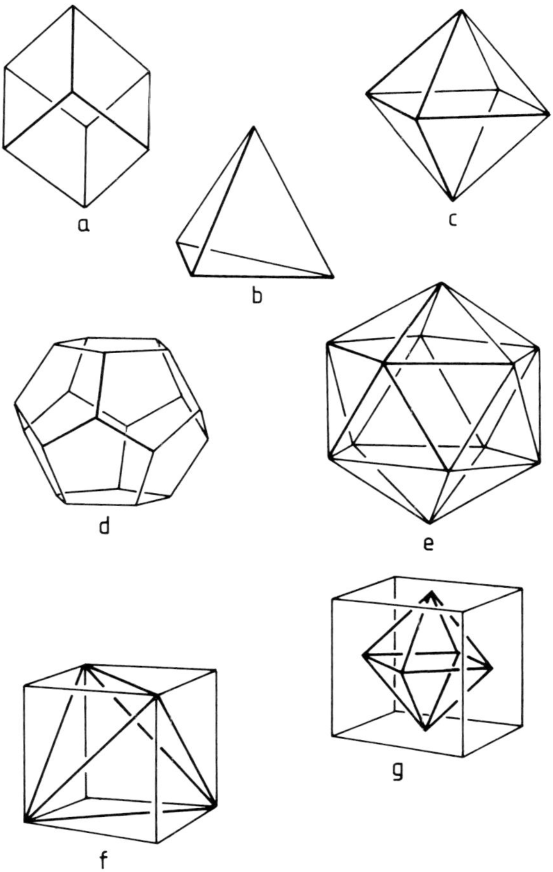

Abbildung 44
Die Abbildungen a–e zeigen die fünf platonischen Körper Würfel, Tetraeder, Oktaeder, Dodokaeder und Ikosaeder; von den Abbildungen f + g ist abzulesen, daß Würfel, Tetraeder und Oktaeder dieselben Symmetrien besitzen

D-Reihe. Und so weiter: Auch zu jeder weiteren Gruppe der D-Reihe gibt es ein Vieleck mit so vielen (gleichen) Seiten und Winkeln, wie die Nummer der Gruppe angibt; die Gruppe ist die Symmetriegruppe des »regelmäßigen Vielecks«. Das Sechseck der Bienenwabe gehört ebenso dazu wie jedes der regelmäßigen Fünfecke in Abbildung 37.

Die Existenz der regelmäßigen Vielecke in der Ebene ist eine triviale Tatsache. Im Raum kann man sich analog nach allen Körpern fragen, die durch regelmäßige kongruente Flächen begrenzt werden. Die Antwort ist alles andere als trivial: Es gibt genau fünf derartige Körper. Sie sind nach Plato benannt, in dessen Naturphi-

Abbildung 45

losophie sie eine herausragende Rolle als die vier Elemente und – mit dem Dodekaeder – als die Welt insgesamt spielen. In Abbildung 44 a – e sind sie dargestellt; das Tetraeder der Abbildung 43c gehört dazu (Abb. 44b). Die Symmetriegruppen der Platonischen Körper enthalten Drehungen um verschiedene Achsen und Spiegelungen. Die Abbildungen 44 f + g zeigen, daß Würfel, Tetraeder und Oktaeder dieselbe Symmetriegruppe besitzen. Geht bei einer Bewegung das eine in sich über, dann auch das andere in derselben Abbildung. Für den Aufbau von Kristallen kann der Dodekaeder wegen seiner fünfzähligen Drehsymmetrie keine Rolle spielen. Schwächt man die Forderungen, denen die fünf Platonischen Körper genügen, geeignet ab, so kommen die dreizehn Archimedischen Körper hinzu. Zu ihnen gehört das populäre Objekt in Abbildung 45. Seine Oberfläche ist aus regelmäßigen Fünfecken und Sechsecken aufgebaut. Aufbau der Oberfläche aus regelmäßigen Vielecken mit gleicher Seitenlänge gehört zu den Forderungen an die Archimedischen Körper.

Die Symmetrien von ebenem Eis und Kochsalz

Es ist interessant, die Symmetrien der Abbildung 36 a mit denen der Abbildung 36 c zu vergleichen. Abbildung 36 a besitzt ein zentrales Sechseck, und genau jene Bewegungen – Drehungen und Spiegelungen –, die dieses Sechseck nicht ändern, lassen die ganze Figur unverändert. Abbildung 36 c zeichnet kein Sechseck vor einem anderen aus, und daher kann es nicht überraschen, daß Drehungen und Spiegelungen, die ein beliebiges Sechseck der Abbildung in sich überführen, die ganze Figur unverändert lassen. Wir stellen uns das Bienenwabenmuster der Abbildung 36c nach allen Richtungen ins Unendliche fortgesetzt vor. Aufgrund seiner Konstruktion erwartet man auch Verschiebungssymmetrien des Musters. In der Tat bleibt der ganze unendlich ausgedehnte ebene Kristall unverändert, wenn man ihn so verschiebt, daß eines der Sechsecke in ein anderes übergeht.

Abbildung 36c besitzt aber nicht nur diese ihrer Konstruktion nach selbstverständlichen Bewegungssymmetrien. Weitere Drehpunkte liegen auf den Ecken der Waben und in den Mittelpunkten ihrer Ränder. Die zugehörigen kleinsten Drehwinkel sind 120 und 180 Grad. Und so weiter: Die Symmetriegruppe von Abbildung 36c besteht aus all den Bewegungen, die eins der Sechsecke in ein beliebiges anderes überführen.

Abbildung 52 (–17 c) soll die Symmetrien von Abbildung 36c veranschaulichen. Es gibt, durch ausgefüllte Rauten, Dreiecke und Sechsecke angedeutet, die bereits erwähnten doppelten, dreifachen und sechsfachen Drehpunkte. Die gebrochenen Geraden deuten Symmetrie bei Gleitspiegelungen an: Spiegelt man das Sechseckmuster an einer dieser Geraden und verschiebt es dann um eine gewisse Strecke in Richtung der Geraden, so bleibt es unverändert. Die zwei Haken der Abbildung 46 gehen durch Gleitspiegelung auseinander hervor. An den durchgezogenen Geraden kann man das Sechseckmuster ohne Änderung spiegeln. Das alles probiert man am besten mit Hilfe durchsichtiger Folie aus.

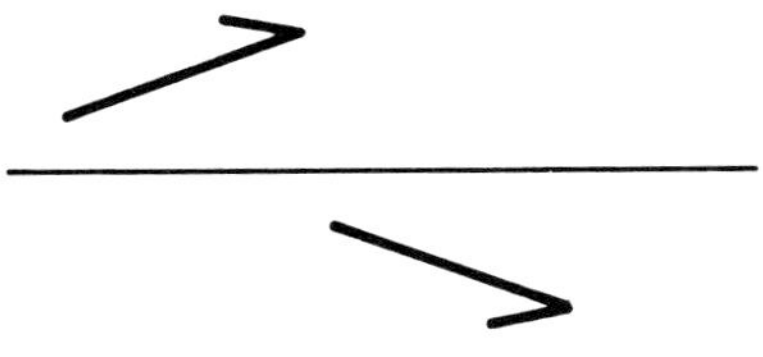

Abbildung 46

Das Sechseckmuster – Bienenwabenmuster – der Sauerstoffatome von »ebenem Eis« ist nicht die einzige Möglichkeit, Moleküle und Atome so anzuordnen, daß ein die ganze Ebene überdeckender ebener Kristall entsteht. Abbildung 47 zeigt »ebenes Kochsalz« –

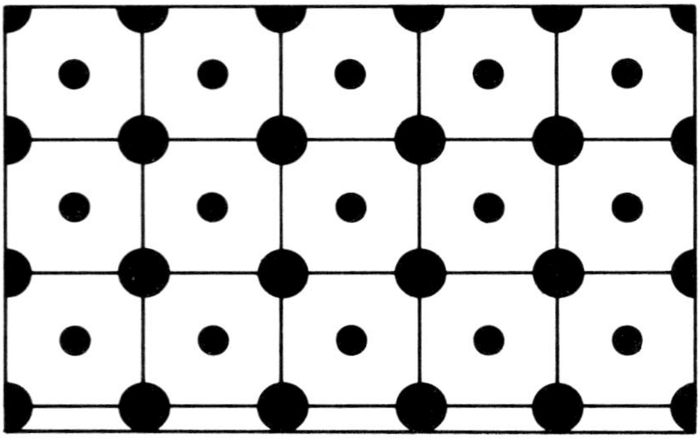

Abbildung 47

eine regelmäßige Anordnung von Natrium- und Chloratomen. Die Kristallstruktur von ebenem Eis vereint Verschiebungssymmetrie mit den Symmetrien des Sechsecks bei Drehungen und Spiegelungen; genauso vereint ebenes Kochsalz Verschiebungssymmetrie mit den Symmetrien des Quadrats – Spiegelungen und Drehungen um Vielfache von 90 Grad. Die Symmetrien von ebenem Eis und ebenem Kochsalz (Abb. 52 [–11c]) unterscheiden sich offenbar wesentlich voneinander.

Die zwei Symmetriegruppen linearer Kristalle

Unsere systematische Behandlung von Verschiebungssymmetrien beginnen wir mit dem einfachsten Fall: linearen Kristallen. Diese bestehen aus linearen Molekülen und sind symmetrisch bei Verschiebungen in Richtung der Geraden, die sie enthält. Bei Verschiebungen in der Gegenrichtung besteht selbstverständlich auch Symmetrie. Es soll außerdem eine kleinste Strecke mit Verschiebungssymmetrie geben. In einem gewissen Abstand sich wiederholende Strukturen – Atome, Moleküle oder auch Striche und Punkte – haben genau diese Eigenschaft: Sie werden von gewissen Verschiebungen nicht geändert, und es gibt eine kleinste derartige Verschiebung. Die Existenz einer kürzesten Distanz, in der sich die Elemente der Darstellung wiederholen, ist hier die wesentliche Eigen-

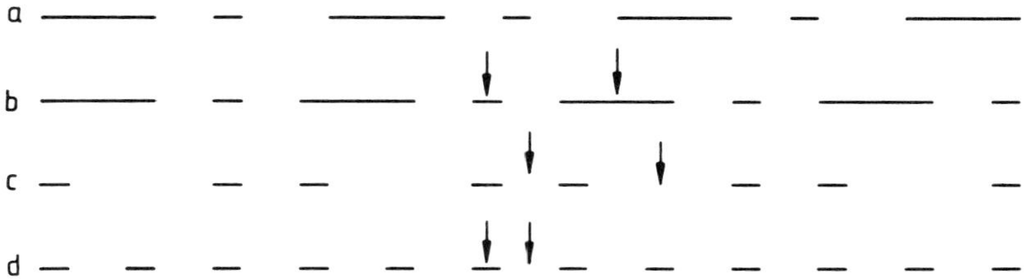

Abbildung 48

schaft. Nur die ganze Gerade oder nichtzeichenbare Punktefolgen können bei einer Verschiebung um einen beliebig kleinen Abstand symmetrisch sein.

Die Moleküle oder Atome linearer Kristalle besitzen entweder keine Symmetrie, oder sie sind spiegelsymmetrisch. Aus Molekülen entstehen Kristalle durch Wiederholung in einem gewissen Abstand. Das (liegende) Ausrufezeichen kann ich so wiederholen (Abb. 48a), daß der entstehende lineare Kristall keine Symmetrien außer Verschiebungssymmetrien besitzt. Ich kann es durch Wahl des Abstands mit Verschiebungssymmetrie aber auch so einrichten (Abb. 48b), daß der lineare Kristall zusätzlich spiegelsymmetrisch ist. Durch Wiederholen eines liegenden Doppelpunktes entsteht stets (Abb. 48c) ein spiegelsymmetrisches Muster. Da liegt der Gedanke nahe, daß durch spezielle Wahl des Abstands (Abb. 48d) beim Doppelpunkt ein Muster höherer Symmetrie erzeugt werden kann. Das ist aber nicht so; denn die Abbildungen 48b–d haben alle im wesentlichen dieselbe Symmetrie: Verschiebungssymmetrie und Symmetrie gegenüber Spiegelungen an *zwei* Serien von Punkten mit unterscheidbarer Umgebung. Je einer ist durch einen Pfeil angedeutet. Als Ergebnis halten wir fest, daß es genau zwei wesentlich verschiedene Symmetrien linearer Kristalle gibt.

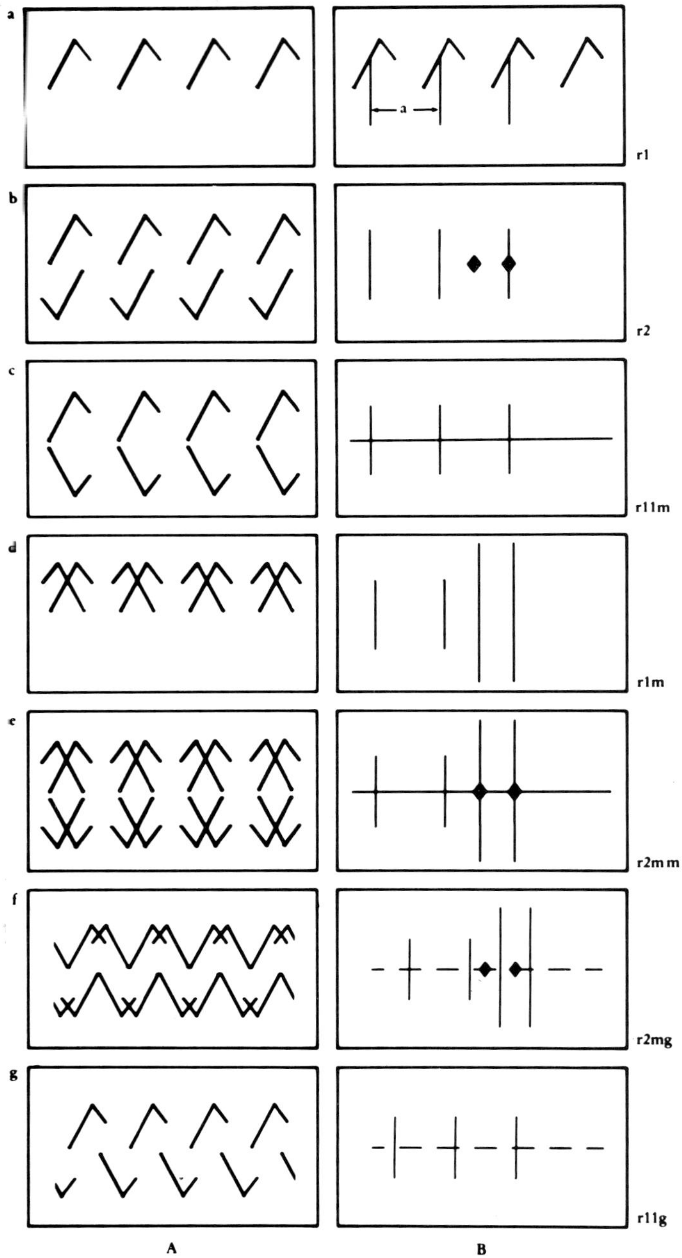

Abbildung 49: *D.
Abbildungen A ze
gen für jedes der si
ben wesentlich ve
schiedenen ebene
Ornamente mit einf
cher Verschiebung
symmetrie ein Be
spiel; die Folgen vo
Buchstaben und Zi
fern am rechten Ran
werden verwende
um sie zu kennzeic
nen. Die Abbildu
gen B stellen die Sym
metrien der Must
symbolisch dar. D
kurzen senkrechte
Striche teilen die Eb
ne in Streifen so ei
daß jeder Streife
identisch aussehen
Teile des jeweilige
Ornaments enthä
und daß es kei
Überdeckung d
Ebene durch schm
lere Streifen mit di
ser Eigenschaft gib
Die waagerechte
und längeren sen
rechten Gerade
stücke stellen Lini
dar, an denen das O
nament ohne Änd
rung gespiegelt we
den kann; Gleitspi
gelung an den gebr
chenen Linien füh
das Muster ebenfa
in sich über. U
die Mittelpunkte d
Rauten kann man
ohne Änderung u
180 Grad drehen.*

Aus linearen Kristallen werden Bänder, wenn man statt Strecken und Punkten ausgedehnte ebene Figuren einzeichnet. Abbildung 49(Aa) zeigt ein Band mit Verschiebungssymmetrie ohne eine weitere Symmetrie. Es entsteht aus Abbildung 48a, wenn man jedes liegende Ausrufezeichen durch einen stehenden Haken ersetzt. Verschiebungssymmetrie kann auch zugleich mit anderen Symmetrien auftreten – Drehsymmetrie, Spiegelsymmetrie und Gleitspiegelungssymmetrie. Das zeigen die anderen Abbildungen 49A. Damit die Richtung mit Verschiebungssymmetrie nicht geändert wird, können nur Drehungen um 180 Grad in der Symmetriegruppe eines Bandes vorkommen, genauso nur Spiegelungen an einer waagerechten Gerade und/oder senkrechten Geraden. Als Richtung mit Verschiebungssymmetrie haben wir die waagerechte Richtung gewählt. Aus Spiegelung und Verschiebung zusammengesetzte Gleitspiegelungen (Abb. 46) sind nur in waagerechter Richtung möglich. Und so weiter: Die Symmetrien, die ein Band zusätzlich zur Verschiebungssymmetrie in einer Richtung besitzen kann, bilden eine kleine Auswahl aus allen Symmetrien der Ebene. Die für ein Band überhaupt möglichen Symmetrien lassen sich zudem nicht beliebig zu Symmetriegruppen zusammenstellen.

Das war bei Molekülsymmetrien genauso. Spiegelung an einer Gerade, vereint mit Drehsymmetrie, erzwang Spiegelsymmetrie an mindestens einer weiteren Gerade. Und so weiter: Insgesamt gab es zwei unendliche Serien von Symmetriegruppen ebener Gebilde mit endlicher Ausdehnung. Genauso gibt es genau sieben wesentlich verschiedene Symmetriegruppen von Bändern. Jedes der sieben Bänder in den Abbildungen 49A besitzt eine andere dieser sieben Gruppen als seine Symmetriegruppe. Wir sehen zwei Symmetriegruppen von Bändern als nicht wesentlich verschieden an, wenn sie sich nur um den kleinsten Abstand mit Verschiebungssymmetrie und die Verschiebungsrichtung – bei uns die waagerechte Richtung – unterscheiden.

Die Abbildungen 49B zeigen die Symmetrien der Abbildungen 49A. Überdeckt man die Ebene lückenlos mit einem der durch senkrechte Strecken angedeuteten Streifen, so entsteht das ganze Band. Die Bedeutung der anderen Symbole kennen wir schon. Her-

Abbildung 50
Die Abbildung zeigt einfach periodische Gebilde in der Ebene (Abbildung a, b, d und e) und im Raum (Abbildung c); Abbildung a ist ein Detail des Wandgemäldes im Grab des Nacht bei Theben. Durch Scherenschnitte (Abbildung d) kann man leicht symmetrische Muster, hier eins mit Verschiebungs- und Spiegelsymmetrien, erzeugen. Andere Symmetrien einfach periodischer ebener Muster als die in Abbildung 49 dargestellten gibt es nicht. Der Leser ist aufgefordert herauszufinden, welche dieser Symmetrien die Abbildungen a, b, d und e besitzen. Abbildung e wurde vom Computerprogramm SYMMETRIE aus einem Parabelast entwickelt. Die Symmetriegruppe der Steinkopfreihe auf einer der Osterinseln in Abbildung c unterscheidet sich von der der Abbildungen a und d nur dadurch, daß sie statt Spiegelungen in der Ebene Spiegelungen im Raum enthält; die Symmetriegruppen sind isomorph.

auszufinden, welche Symmetrien die Streifenornamente der Abbildungen 50 a, b, d, e haben, überlasse ich dem Leser.

SYMMETRIE – ein Programm zur Konstruktion ebener symmetrischer Muster

Muster mit einer beliebig vorgegebenen Symmetriegruppe sind leicht zu erzeugen. In Abbildung 16 haben wir aus einem unsymmetrischen Objekt, einem Klecks, ein spiegelsymmetrisches Gebilde dadurch gewonnen, daß wir den Klecks gespiegelt und das Resultat der Spiegelung zu ihm selbst hinzugefügt haben. Dieselbe Methode wurde bei der Konstruktion der drehsymmetrischen Abbildungen 19 verwendet. Die Drehungen der jeweiligen Symmetriegruppe wurden nacheinander auf eine geometrische Figur, einen Haken, angewendet. Die Resultate dieser Operationen wurden zu dem jeweiligen Original hinzugefügt. Dadurch muß, wie man unschwer erkennt, ein Muster mit den Symmetrien der Symmetriegruppe entstehen.

Die Abbildungen 49 A sind durch Anwendung der Bewegungen der jeweiligen Symmetriegruppe auf einen der Haken in Abbildung 49 (Aa) entstanden. Er wurde den Bewegungen der Symmetriegruppe entsprechend gedreht, gespiegelt und verschoben. Die Methode ist allgemein anwendbar. Aus einem beliebigen Motiv entsteht stets ein Gebilde mit einer vorgegebenen Symmetriegruppe, wenn man es deren Bewegungen unterwirft und die Resultate zu dem Motiv hinzufügt.

Das Verfahren ist so genau definiert, daß es programmiert werden kann. Die Vorlagen zu vielen symmetrischen Mustern dieses Buches wurden in der Tat durch ein Computerprogramm, SYMMETRIE genannt, gewonnen. Dem Programm wird zunächst eine Symmetriegruppe der Ebene eingegeben. Dann fragt das Programm nach deren Parametern – bei Bändern ist der einzige wählbare Parameter die kleinste Distanz mit Verschiebungssymmetrie. Sobald die Parameter und ein beliebiges geometrisches Motiv eingegeben sind, liefert das Programm auf Knopfdruck eine aus dem Motiv entwickelte symmetrische Darstellung. Zu diesem Zweck unterwirft es das Motiv des Benutzers den Spiegelungen, Drehungen und Verschiebungen der gewünschten Symmetriegruppe und fügt die Resultate zu dem Motiv hinzu. Schließlich fragt das Programm, ob der Benutzer eine Darstellung der Symmetrien seines Musters wünscht. Wird das bejaht, zeigt es diese Symmetrien in der Form der Abbildungen 49 B (oder, bei ebenen Kristallen, Abb. 52 c).

Auch ebene Kristalle lassen sich so aus beliebigen Motiven konstruieren. Nach Eingabe der Symmetriegruppe und des Motivs zeichnet SYMMETRIE in zwei Schritten das beiden entsprechende symmetrische Muster und zeigt auf Wunsch dessen Symmetrien. Das demonstriert Abbildung 51.

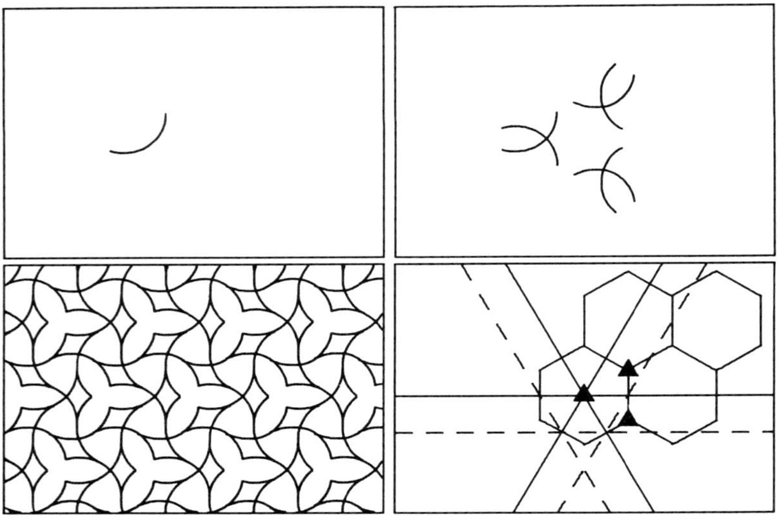

Abbildung 51
Der ebene Kristall links unten wurde aus dem Kreisbogen links oben von dem Computerprogramm SYMMETRIE konstruiert; die Abbildung rechts unten zeigt seine Symmetrien.

Die siebzehn Symmetriegruppen ebener Kristalle

Insgesamt gibt es siebzehn wesentlich verschiedene Symmetriegruppen ebener Muster, die in mindestens zwei Richtungen und deren Gegenrichtungen ohne Änderung verschoben werden können. Jedes der siebzehn Muster in den Abbildungen 52 hat eine andere dieser siebzehn Gruppen als seine Symmetriegruppe. Auch diese Abbildungen wurden mit Hilfe des Programms SYMMETRIE gezeichnet. Abbildung 52a – 1 zeigt das allen Abbildungen 52 gemeinsame eingegebene Motiv. Auf dieses werden zunächst die Drehungen, Spiegelungen und/oder Drehspiegelungen der jeweiligen Symmetriegruppe angewendet. Die Resultate – die anderen Abbildungen 52a – werden dann, wie es die Symmetriegruppe will, verschoben. Insgesamt ergibt diese Prozedur die ebenen Kristalle der Abbildungen 52b. Deren Symmetrien zeigen die Abbildungen 52c. Ebene Kristalle, die sich von den dargestellten durch mehr als die kleinsten Distanzen und/oder die Richtungen mit Verschiebungssymmetrie unterscheiden, gibt es nicht.

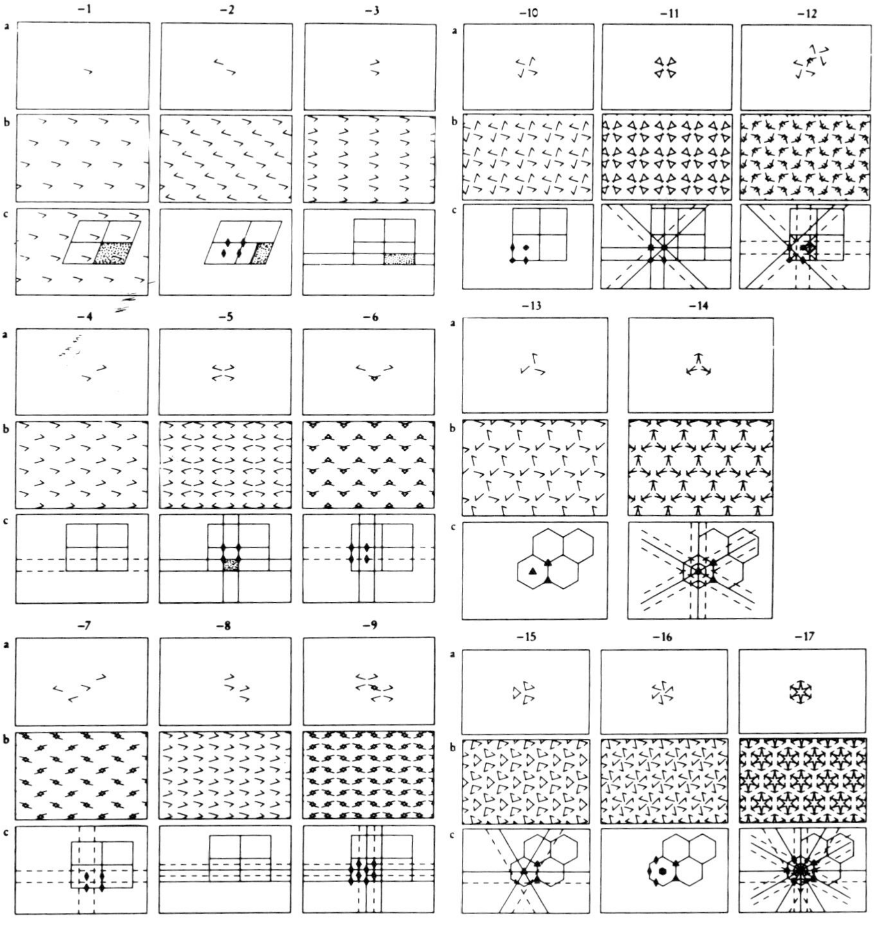

Abbildung 52: *Die Abbildungen b zeigen für jedes der siebzehn ebenen wesentlich verschiedenen doppelt verschiebungssymmetrischen Muster ein Beispiel; die Konstruktion dieser Muster durch das Programm SYMMETRIE aus dem Haken der Abbildung 1 a ist im Text beschrieben. Die Abbildungen c stellen die Symmetrien der Muster symbolisch dar. Spiegellinien, Gleitspiegelungen und Drehpunkte um 180 Grad sind durch dieselben Symbole wie in Abbildung 49 dargestellt; die Bedeutung der Fliesen ist im Text erläutert. Um die Mittelpunkte der Dreiecke (Ouadrate, Sechsecke) kann das jeweilige Muster um 120 (90, 60) Grad ohne Änderung gedreht werden. Die punktierten Gebiete einiger Abbildungen c zeigen jeweils eine mögliche Wahl für die im Text erläuterte asymmetrische Einheit.*

Die einzige Symmetrie der Abbildung 52b (– 1) ist doppelte Verschiebungssymmetrie. Um nachzuprüfen, ob eine der Abbildungen 52b eine der in Abbildungen 52c angedeuteten Symmetrien tatsächlich besitzt, ist es am besten, das Muster auf durchsichtiger Folie nachzuzeichnen und die Folie dann der Abbildung 52c entsprechend zu bewegen. Symmetrie besteht, wenn die Folie – bis auf Randeffekte – auch nach der Bewegung das Muster überdeckt. Spiegelung an einer Gerade bedeutet für die Folie die Drehung um sie als Achse, die Unterseite und Oberseite der Folie vertauscht.

Die Parallelogramme, Rechtecke, Quadrate und Sechsecke der Abbildungen 52c sollen zeigen, wie die jeweilige Abbildung 52b in Fliesen zerlegt werden kann. Die einer Abbildung 52b zugeordneten einzelnen Fliesen zeigen ausnahmslos dasselbe in derselben Orientierung. Es ist also möglich, die Ebene mit diesen Fliesen, ohne sie zu drehen (oder gar zu spiegeln!), lückenlos zu überdecken und dadurch das jeweilige Muster aufzubauen. Keine der Abbildungen 52b erlaubt eine derartige Zerlegung in kleinere Fliesen *mit jeweils derselben Form*. Bei den Abbildungen 52b (– 8 + 9), und nur bei diesen, ist eine Zerlegung in Fliesen mit weniger Flächeninhalt möglich. Die Fliesen dieser Zerlegung sind aber keine Rechtecke. Der Leser kann es amüsant finden, diese Zerlegungen selbst zu entdecken.

Es fällt auf, daß in den Abbildungen 52c nur zweifache, dreifache, vierfache (durch ein Quadrat angedeutet) und sechsfache Drehpunkte vorkommen. Daß es keine fünffachen geben kann, wurde im Zusammenhang mit dem Konstruktionsversuch in Abbildung 37 bereits gesagt. Ich überlasse es dem Leser, sich wie in Abbildung 37 zu überlegen, daß die Ebene nicht lückenlos mit regelmäßigen Figuren mit höherer als sechsfacher Drehsymmetrie überdeckt werden kann. Fünffache und höhere als sechsfache Drehsymmetrie ist mit den Verschiebungssymmetrien von Kristallen unvereinbar.

Fünfzählige Ordnung in Festkörpern

Zur Überraschung der Kristallographen – »The rules of crystallography fall apart«, so die englische Wissenschaftszeitschrift New Scientist am 24. 1. 1985 – wurde vor gut zwei Jahren entdeckt, daß trotz der Unmöglichkeit fünfzähliger Kristallsymmetrien eine Legierung aus Aluminium und Mangan bei Strukturaufnahmen nach dem Vorbild der Abbildung 33 Muster mit fünfzähliger Drehsymmetrie ergibt. Statt wie für Abbildung 33 Röntgenstrahlen wurden zur Aufnahme Elektronenstrahlen verwendet. Daß auch diese bei Kristallen scharfe Beugungsbilder liefern, ist seit langem bekannt. Durch sie wurde zum ersten Mal bewiesen, daß Elektronen Welleneigenschaften besitzen. Elektronenstrahlen lösen besser auf als Röntgenstrahlen und liefern auch bei kleineren Kristallen scharfe Beugungsbilder. Aber der Schluß, daß Aufnahmen wie Abbildung 33b eine langreichweitige Ordnung voraussetzen, gilt auch bei ihnen. Periodizität ist als Ordnungsprinzip wegen der fünfzähligen Symmetrie der Aufnahme jedoch ausgeschlossen.

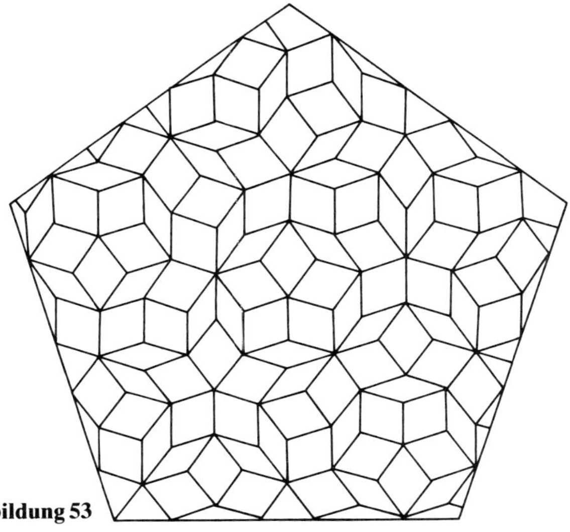

Abbildung 53

Jene Festkörper, die Elektronenstrahlen zu Strahlen mit fünfzähliger Drehsymmetrie auffächern, sind aus Atomen und Molekülen so aufgebaut, daß über große Bereiche dieselbe Ordnung ohne Periodizität besteht. Wie das sein kann, zeigen theoretische Entwicklungen, die wir an einem 1979 von dem Astrophysiker und Mathematiker R. Penrose entwickelten Muster (Abb. 53) erläutern wollen. Das Muster ist aus zwei Sorten von Rhomben gleicher Seitenlänge, dicken und dünnen, aufgebaut. Es überdeckt die Ebene lükkenlos, ohne periodisch zu sein. Dennoch besitzt es überall dieselbe fünfzählige Ordnung: Alle Rhombusseiten stehen senkrecht auf den Seiten eines regelmäßigen Fünfecks. Der hier gezeigte Ausschnitt des Musters wird durch ein solches Fünfeck begrenzt.

Jeder Physikstudent lernt, wie periodische Kristalle zur Auffächerung von Röntgen- oder Elektronenstrahlen führen. Die Bindungen der Quasikristalle nach dem Vorbild der Abbildung 53 sind überall gleich orientiert. Modellrechnungen ergeben, daß auch Quasikristalle Elektronen- und Röntgenstrahlen zu Mustern mit den Symmetrien dieses über große Bereiche wirksamen Ordnungsprinzips auffächern sollten.

Sichtbare Symmetrie und Schönheit

Wir haben unserem Vorhaben genügt, periodische ebene Muster zu klassifizieren. Es gibt überschaubar viele Symmetriegruppen von Bändern und Kristallen in der Ebene. Durch sie lassen sich periodische Ornamente, Bienenwaben, Tapeten, Pflasterungen und Fußböden, amerikanische Quilts, Escher-Bilder und vom Programm SYMMETRIE gezeichnete Muster klassifizieren. Beispiele zeigen die Farbtafeln 1, 4, 5, die Abbildungen 5; 50a,b,d,e; 54 und viele andere Abbildungen dieses Kapitels. Die ihnen eigenen Bewegungssymmetrien bilden jeweils eine der in den Abbildungen 49B und 52c dargestellten Symmetriegruppen. Andere Möglichkeiten gibt es nicht.

Sichtbare Symmetrie bedeutet Schönheit – diesen Anspruch habe ich im Prolog erhoben. Ich denke, daß ich ihn durch die Abbildungen dieses Kapitels und die Farbtafeln belegen kann. Einige dieser Abbildungen heben den Widerspruch zwischen Symmetrie und Vielfalt anscheinend auf. Der Leser muß selbst entscheiden, ob er mir bei der Vermutung, Vielfalt im Verein mit Symmetrie bedeute Schönheit, folgen kann.

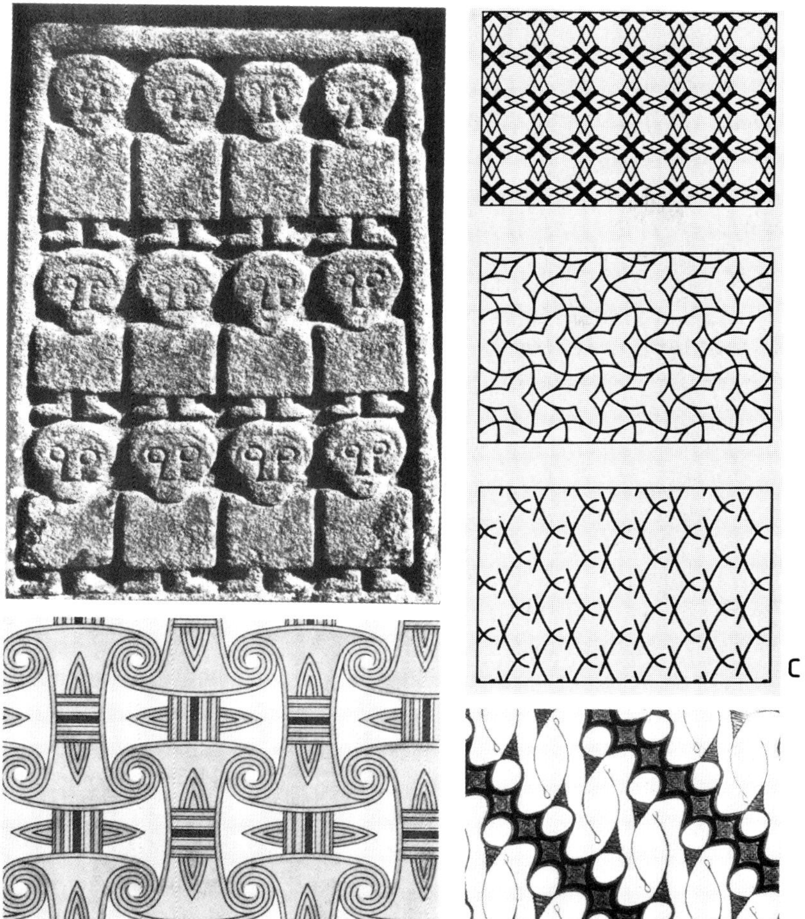

Abbildung 54: *Die Abbildung zeigt doppelt periodische Muster in der Ebene. Es ist leicht zu sehen, daß Abbildung a,* Zwölf Schüler von dem Granitkreuz bei Moone, Kildare, Irland, *dieselben Symmetrien besitzt wie das Muster in Abbildung 52-3 (um 90 Grad gedreht). Die drei Ornamente der Abbildungen c wurden mit Hilfe des Computerprogramms SYMMETRIE konstruiert; Abbildung b zeigt ein ägyptisches Ornament und Abbildung d eine Batik aus Java. Den Leser könnte es amüsieren, herauszufinden, welche der 17 Abbildungen 52 dieselben Symmetrien besitzen wie die einzelnen Abbildungen hier.*

Die symmetrischen Muster der Abbildung 52 sind durch Anwendung der Bewegungen der jeweiligen Symmetriegruppe auf ein und denselben Haken in Abbildung 52a(−1) entstanden. Man kann sich leicht klarmachen, daß es bei beliebig vorgegebener Symmetriegruppe stets ein Gebiet gibt, dessen Bilder unter den Bewegungen der Symmetriegruppe insgesamt die Ebene lückenlos und ohne Überlappung bedecken. Diese »asymmetrische Einheit« wurde in einigen Abbildungen punktiert. Die Symmetriegruppe der Abbildung 52b (−1) besteht nur aus Verschiebungen. Wendet man alle Verschiebungen auf das punktierte Parallelogramm in Abbildung 52c (−1) an, so entsteht ein Fliesenmuster, das die Ebene lückenlos und ohne Überlappung überdeckt. Daher ist eine einzelne ganze Fliese asymmetrische Einheit dieser Symmetriegruppe. Obwohl die Symmetriegruppe der Abbildung 52b (−2) auch andere Bewegungen enthält, sind die Fliesen dort genauso nur durch Verschiebungen definiert. Die asymmetrische Einheit berücksichtigt sämtliche Bewegungen der Symmetriegruppe. Da die der Abbildung 52b (−2) außer Verschiebungen auch Drehungen um 180 Grad enthält, reicht die punktierte Hälfte einer Fliese als asymmetrische Einheit aus. Durch eine Drehung entsteht aus der asymmetrischen Einheit zunächst eine Fliese und aus dieser dann durch Verschiebungen die ganze Ebene. Ganz ähnlich in Abbildung 52 (−3). Die Symmetriegruppe der Abbildung 52b (−3) enthält zusätzlich zu den Verschiebungen Spiegelungen an waagerechten Achsen. Die eingezeichnete asymmetrische Einheit überdeckt, zusammen mit ihrem Spiegelbild, eine Fliese, und aus dieser entsteht durch Verschiebungen die ganze Ebene. Und so weiter. Aus der asymmetrischen Einheit wird zunächst eine Fliese, aus dieser dann durch Verschiebungen die ganze Ebene gewonnen.

Auch die Symmetriegruppen von Molekülen, Bändern und linearen Kristallen besitzen asymmetrische Einheiten. Für das Verständnis des Aufbaus und für die Beschreibung eines symmetrischen Gebildes ist die asymmetrische Einheit das vielleicht wichtigste Hilfsmittel. Das in ihr Dargestellte legt die Darstellung überall fest. Bei gegebener Symmetriegruppe hat jeder, der ein Ornament entwerfen will, nur noch die Freiheit, die Darstellung innerhalb einer

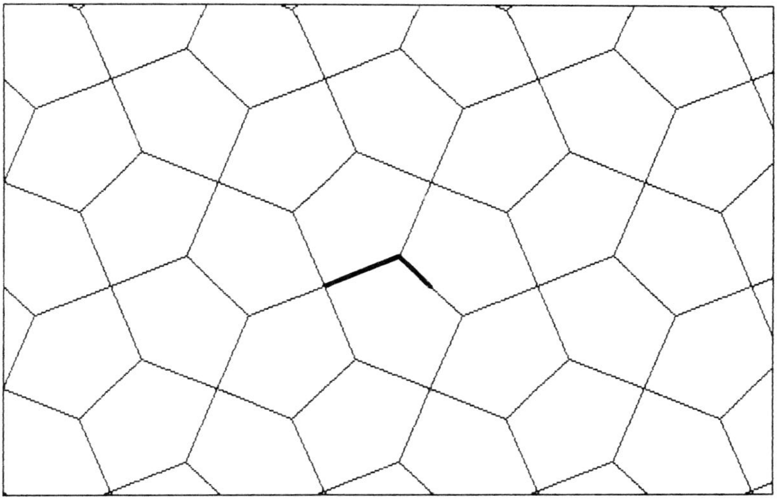

Abbildung 55

asymmetrischen Einheit zu wählen. Alles andere folgt aus der Symmetriegruppe und kann, wie bei dem Programm SYMMETRIE, dem Computer überlassen werden.

Der Widerspruch von Symmetrie und Vielfalt

Vor allem bei den höheren Symmetrien (insbesondere Abb. 52[−17]) ebener Kristalle oder Ornamente ist bemerkenswert, wie gering die Freiheit des Graphikers ist. Verglichen mit einer Fliese ist die asymmetrische Einheit winzig – genau ¹⁄₁₂ oder 8⅓ Prozent ihrer Fläche. Dennoch legt ihr Inhalt die Darstellung überall fest. Dies ist die Wurzel des Widerspruchs von Symmetrie und Vielfalt und auch Bedeutung. Schönheit kann dadurch entstehen, daß er scheinbar aufgehoben wird.

Wir wollen durch zwei Beispiele, sogenannte periodische Tesselationen, zeigen, wie die asymmetrische Einheit zur Beschreibung und Konstruktion symmetrischer Muster verwendet werden kann. Tesselationen sind lückenlose Zerlegungen der Ebene in wenige Typen identischer Figuren. Das Penrose-Muster in Abbildung 53 ist eine Tesselation, allerdings eine ohne Verschiebungssymmetrie.

Abbildung 56: *Eine der ersten systematischen Flächenaufteilungen M. C. Eschers, Oktober 1936: Hockende Männer. Zusätzlich zu den reinen Bewegungssymmetrien der Umrisse (Abb. 57) besitzt die Abbildung Farbsymmetrien.*

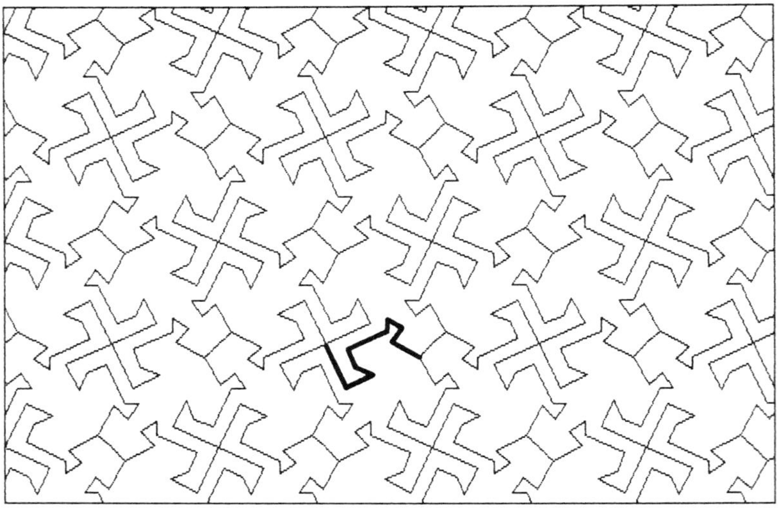

Abbildung 57

Eine andere, verschiebungssymmetrische, ist das Kairo-Pflaster in Abbildung 55. Dies besitzt die Symmetrien der Abbildung 52b (−12) und damit die in Abbildung 52c (−12) dargestellte asymmetrische Einheit. Ihr Inhalt, der in Abbildung 55 dick eingezeichnete Haken, legt die ganze Abbildung fest. Wendet man auf ihn die Bewegungen der Symmetriegruppe an, so entsteht das Kairo-Pflaster. Abbildung 55 wurde durch das Programm SYMMETRIE erstellt.

Unser zweites Beispiel ist eine Zeichnung Eschers (Abb. 56). Deren Geometrie stellt die vom Programm SYMMETRIE gezeichnete Abbildung 57 dar. So gesehen, ist Eschers Zeichnung eine Zerlegung der Ebene in Flächenstücke, eine Tesselation. Sie besitzt dieselben Symmetrien wie das Kairo-Muster. Das ist leicht zu sehen, wenn man die Darstellung um 45 Grad dreht. Wieder wird die ganze Abbildung durch den Inhalt einer asymmetrischen Einheit, den dick eingezeichneten Linienzug, erzeugt. Dieses von Escher geschaffene Muster vollbringt etwas scheinbar Unmögliches: Anschaulich interpretierbare Figuren, die Umrisse hockender Männer, bauen zusammen ein Muster mit hoher Symmetrie auf. Es ökonomischer als durch Angabe der Symmetriegruppe und des Inhalts der asymmetrischen Einheit zu beschreiben, ist wohl nicht möglich.

Farbsymmetrien

Wir sind fast am Ende unseres Ganges durch die Welt der ebenen symmetrischen Muster. Wir haben alle überhaupt möglichen Symmetriegruppen, die aus Bewegungen der Ebene bestehen, beschrieben. Doch viele unserer Beispiele zeigen eine Regelmäßigkeit, die durch Bewegungssymmetrie allein nicht beschrieben werden kann. Keine Bewegungssymmetrie kann die Ordnung beschreiben, in der die Natrium- und Chloratome – die dicken und die dünnen Kreise – in Abbildung 47 einander abwechseln. Das Ying-Yang (Abb. 6) besitzt keine Bewegungssymmetrie und ist doch offenbar symmetrisch. Aber auch die anderen Abbildungen 56, 58 und die Farbtafeln 1–5 besitzen Symmetrien, die keine reinen Bewegungssymmetrien sind. Ihre Beschreibung verlangt, daß wir den Begriff der

Abbildung 58

Die Abbildung zeigt vier Muster mit Farbsymmetrien, speziell schwarz-weiß Symmetrien. Ihnen allen ist gemeinsam, daß sie ungeändert bleiben, wenn zugleich mit einer Bewegung eine Vertauschung von Schwarz und Weiß vorgenommen wird. Zusätzlich zu diesen Symmetrien besitzen alle Abbildungen auch reine Bewegungssymmetrien. Denn wiederholt man eine der aus Bewegung und Farbvertauschung bestehenden Transformationen, entsteht eine von der Identität verschiedene reine Bewegung. Diese läßt selbstverständlich die jeweilige Abbildung ungeändert; bei dem Emblem der Abbildung c beispielsweise ist sie eine Drehung um 180 Grad. Die Abbildungen im einzelnen: Abbildung a ist Michio Kubos Gegenwechselmotiv; das Markenzeichen der Abbildung c ist symmetrisch bei der Farbvertauschung, kombiniert mit einer Drehung um 90 Grad oder einer Spiegelung an der waagerechten (oder senkrechten) Gerade durch den Mittelpunkt. Kombiniert man eine derartige Spiegelung mit der Drehung um 90 Grad, so muß eine Bewegung entstehen, die das Emblem ohne Farbvertauschung in sich überführt. Das ist, wie der Leser leicht überprüfen kann, in der Tat so. Abbildung b zeigt ein Islamisches Motiv und Abbildung d ist ein Ausschnitt aus einer Kopie eines Mosaiks in der Alhambra von M. C. Escher, 1936.

Symmetriegruppe erweitern. Zusätzlich zu Bewegungen wollen wir auch Vertauschungen von Farben als Mitglieder von Symmetriegruppen zulassen.

Kein Gebilde im Raum kann bei einer Farbvertauschung, die von sonst keiner Transformation begleitet wird, unverändert bleiben. Farbsymmetrische Gebilde bleiben unverändert, wenn man eine Farbvertauschung zusammen mit einer Bewegung durchführt. Das wurde schon im Prolog erwähnt. Das Ying-Yang in Abbildung 6 bleibt unverändert, wenn man zugleich mit einer Drehung um 180 Grad die Farben Weiß und Schwarz vertauscht. Beim Kochsalzkristall ist die »Farb«-Transformation die Vertauschung von Natrium- und Chloratomen. Der Leser kann leicht herausfinden, welche Kombinationen von Bewegungen und »Farb«-Vertauschungen den Kochsalzkristall unverändert lassen. Dasselbe gilt für die Abbildungen 58 und die Farbtafeln 3 und 4. Auch hier besteht Symmetrie bei mit Bewegungen kombinierter Vertauschung von zwei Farben – Schwarz und Weiß oder Rot und Grün. Wie die der Abbildungen 16 und 19a sind die Symmetriegruppen der Farbtafeln 3a und 3b zwar nicht gleich, aber isomorph. Die Abbildungen 56 und die der Farbtafeln 1, 2 und 5 gehen bei Vertauschung von mehr als zwei Farben – Graustufen im Fall der Abbildung 56 –, mit Bewegungen kombiniert, in sich über. In Farbtafel 5 kann der Leser beispielsweise waagerechte Linien finden, an denen die Abbildung ohne Änderung gespiegelt werden kann, wenn zudem die Farben Rot und Blau vertauscht werden. Die Mittelpunkte der roten Sechsecke sind Drehpunkte einer sechsfachen Dreh- und Farbsymmetrie. Und so weiter. Auch farbsymmetrische ebene Muster können aufgrund ihrer Symmetriegruppen klassifiziert werden; die Abbildungen 58c und die Farbtafeln 3–5 sind Computerzeichnungen.

4. Erhaltungssätze und die Symmetrien von Raum und Zeit

Physik beschäftigt sich mit reproduzierbaren Ereignissen. Der Experimentator baut seine Apparatur auf, schirmt sie, so gut es geht, gegen äußere Einflüsse ab, versetzt sie in einen möglichst genau bestimmten Anfangszustand und beobachtet, was geschieht. Reproduzierbarkeit bedeutet, daß bei Wiederholung des Experiments der Ablauf derselbe ist wie zuvor.

Daß physikalische Experimente reproduzierbar seien, ist nicht trivial. Es ist – wenn zutreffend – eine tiefliegende Eigenschaft der Naturgesetze. Deren »Zeittranslationssymmetrie« bedeutet, daß stets – jetzt wie unmittelbar nach dem Urknall – dieselben Naturgesetze gelten. Ob das zutrifft, kann man nicht durch reines Denken entscheiden. Es anzunehmen ist eine ungemein erfolgreiche Hypothese. Davon sogleich mehr. Wenn die Naturgesetze zeittranslationssymmetrisch sind, folgt die Reproduzierbarkeit von Experimenten unmittelbar.

Die Naturgesetze sind immer dieselben

Nach unserem Verständnis waren die Naturgesetze, die Sekundenbruchteile nach dem Beginn der Welt die Abläufe bestimmten, dieselben wie heute. Natürlich ist dies für die meisten der gegenwärtig wichtigen abgeleiteten Naturgesetze – beispielsweise die Gesetze der Planetenbewegung – unüberprüfbar, da die Voraussetzungen, unter denen sie gelten – Existenz eines Planetensystems – Sekundenbruchteile nach dem Urknall nirgends erfüllt waren. Das Grundgesetz der Schwerkraft hingegen, auf dem die Gesetze der Planetenbewegung beruhen, beeinflußt seit Anbeginn die Entwicklung des Universums. Denn seit je wirkt die Schwerkraft der Expansion des Weltalls entgegen.

Wie das Gesetz der Schwerkraft besitzen auch andere fundamentale Naturgesetze im Prinzip überprüfbare Konsequenzen für die Entwicklung des Universums von Anfang an. Damals wie heute soll die elektrische Gesamtladung bei allen Abläufen dieselbe geblieben sein. Wenn die fundamentalen Gesetze so sind, daß sich mehr Materie als Antimaterie aus einer Ursuppe mit gleichviel von beidem bilden konnte, muß heute aufgrund derselben Naturgesetze Materie instabil sein, das Proton also zerfallen. Dieselben Elementarteilchen, die wir heute bei Experimenten mit Teilchenstrahlen erzeugen, indem wir kleine Gebiete mit großer Energiedichte schaffen, sollen bei dieser Energiedichte ebenso im frühen Universum aufgetreten und ihre Reaktionen damals wie heute von denselben Gesetzen beherrscht worden sein.

Zeittranslationssymmetrie der Naturgesetze bedeutet, daß diese unverändert bleiben, wenn man sie von einem Zeitpunkt auf einen anderen umschreibt. Die Urknalltheorie setzt Zeittranslationssymmetrie voraus. Folglich deuten ihre Erfolge darauf hin, daß letztere gilt. Wir können daher die Naturgesetze, die von allem Anfang an galten, herausbekommen, indem wir heute experimentieren. Erfolgreiche Theorien zur Bildung von Atomkernen im frühen Universum und – später – zur Entstehung von Sternen und Planeten nehmen in der Tat genau die Gesetze an, die heute für Kernreaktoren, Wasserstoffbomben und die Sonne gelten. Insgesamt gesehen besteht keine Ursache, an der Unveränderlichkeit der Naturgesetze im Laufe der Zeit zu zweifeln.

Energiesatz und Zeittranslationssymmetrie

Wie sich eine Änderung der Naturgesetze bemerkbar machen würde, will ich an einem einfachen Modell veranschaulichen: Das Gesetz der Schwerkraft soll sich von Montag auf Dienstag so ändern, daß die Kraft, mit der die Erde Gewichte anzieht, verdoppelt wird. Am Mittwoch soll die Schwerkraft wieder normal sein. Hängt man also am Montagmorgen ein Gewicht an einer Feder auf, so zeigt diese am Dienstagabend Verdopplung des Gewichtes an. Am Mittwochabend ist die Federspannung wieder normal. Das alles bedeutet, daß wir einem Gewicht, ohne dessen Lage und Ge-

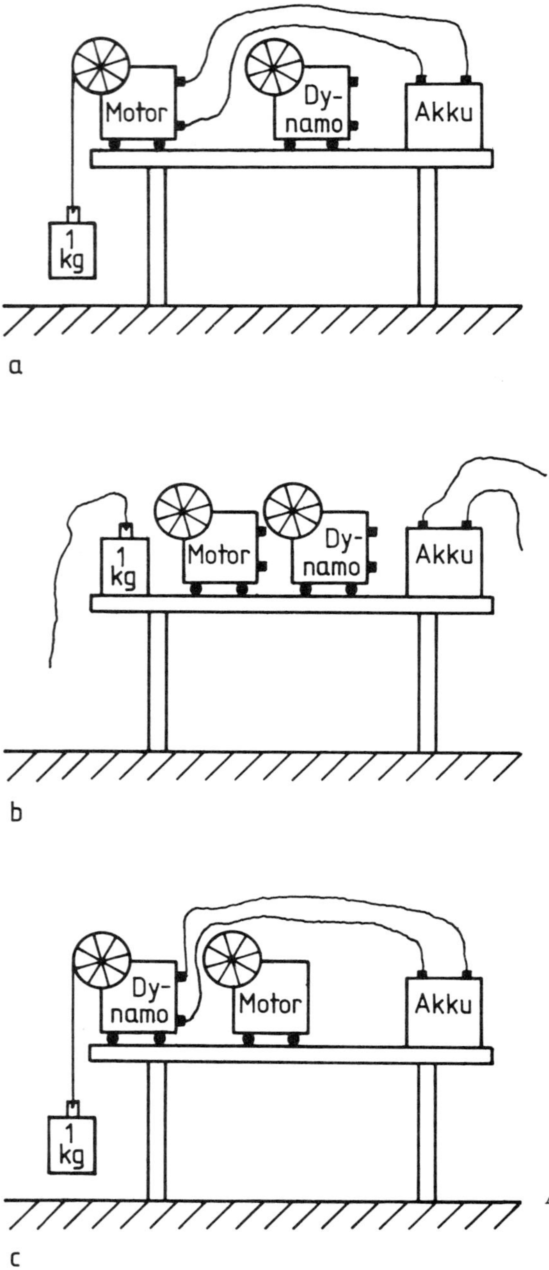

Abbildung 59

schwindigkeit am Ende geändert zu haben, Energie entnehmen können.

Am Montagmorgen befindet sich auf dem Fußboden ein Gewicht, darüber, auf dem Tisch, stehen ein Akkumulator, ein Dynamo und ein Elektromotor (Abb. 59a). Bevor sich die Schwerkraft verdoppelt, entnehmen wir Strom aus dem Akku, um mit Hilfe des Elektromotors das Gewicht langsam vom Boden auf den Tisch zu heben (Abb. 59b). Am Dienstagabend, wenn wir sicher sind, daß die Schwerkraft sich verdoppelt hat, hängen wir unser nun doppelt so schweres Gewicht am Dynamo auf, verbinden diesen mit dem Akku und lassen das Gewicht langsam wieder auf den Boden herunter (Abb. 59c). Die dabei frei werdende elektrische Energie – natürlich das Doppelte der Energie, die wir zum Heben des Gewichtes entnommen haben – speichern wir im Akkumulator.

Am Mittwoch herrscht wieder die normale Schwerkraft. Dann haben wir das mechanische System insgesamt nicht verändert, ihm aber Energie entnommen, die wir im Akku davontragen können. Daß dies – Erzeugung von Energie – in der Wirklichkeit unmöglich zu sein scheint, ist ein Indiz dafür, daß sich die Naturgesetze im Laufe der Zeit nicht ändern.

Aus Symmetrien folgen Erhaltungssätze

Zwischen Symmetrien der Naturgesetze und zeitlich konstanten Größen besteht ein nahezu allgemein gültiger Zusammenhang. Wenn das Gesetz, das das Verhalten eines Systems beherrscht, insgesamt von gewissen Ersetzungen nicht geändert wird, gibt es eine zugehörige Größe, die sich im Laufe der Zeit nicht ändert. Das ist das von der Mathematikerin Emmi Noether 1918 bewiesene Noether-Theorem.

Der Beweis von Emmi Noether, der natürlich nur für die nichtquantenmechanische Physik gelten kann, benötigt einige einschränkende Voraussetzungen. Klassisch kann es also Symmetrien der Naturgesetze geben, denen keine zeitlich konstanten Größen entsprechen. Das ist in der Quantenmechanik anders. Mit Ausnahme der Änderung der Geschwindigkeit, die sowohl klassisch als auch quantenmechanisch eine gut verstandene Sonderrolle spielt, gehört in der Quantenmechanik zu jeder Symmetrie der Naturgesetze ein Erhaltungssatz: Auf Grund der Symmetrie existiert eine Größe, die sich im Laufe der Zeit nicht ändert. Wenn, wie wir heute denken, die Quantenmechanik Grundlage der Wirklichkeit ist, gilt der von Emmi Noether entdeckte Zusammenhang zwischen Symmetrien und Erhaltungssätzen in der wirklichen Welt uneingeschränkt.

Die Erhaltung der Gesamtenergie, der Energiesatz, folgt nach dem Noether-Theorem aus der Zeittranslationssymmetrie der Naturgesetze. Umgekehrt kann auch der Energiesatz nicht allgemein gültig sein, wenn die Naturgesetze nicht zeittranslationssymmetrisch sind. Das hat Abbildung 59 erläutert. Bisher ist kein Prozeß bekannt, bei dem vernünftige Zweifel an der Energieerhaltung bestehen. Daß, nach allem, was wir wissen, der Energiesatz gilt, ist eine starke Stütze für die Zeittranslationssymmetrie der Naturgesetze und die Reproduzierbarkeit von Experimenten. Umgekehrt ist natürlich die beobachtete Zeittranslationssymmetrie und Reproduzierbarkeit ein starkes Argument für die Energieerhaltung. Energiesatz, Zeittranslationssymmetrie und Reproduzierbarkeit stützen und, gegebenenfalls, gefährden sich gegenseitig: Wäre eine der drei Eigenschaften verletzt, hätte das Konsequenzen für die anderen zwei.

Die Naturgesetze sind überall dieselben

Die Naturgesetze sind nach allem, was wir wissen, nicht nur zu allen Zeiten dieselben. Sie sind auch dieselben überall im Raum. Der Experimentator darf seinen gegen äußere Einflüsse abgeschirmten Apparat nicht nur anstellen, wann er will, er darf ihn auch hinstellen, wo er will, ohne damit den Ausgang seines Experiments zu beeinflussen.

Hinge der Ablauf eines Experiments davon ab, wo der Experimentator seinen Apparat aufbaut, wäre die erste Vermutung, daß er nicht hinreichend von der Außenwelt abgeschirmt war. Beispielsweise kann für ein Experiment auf dem Mond, verglichen mit demselben Experiment auf der Erde, die unterschiedliche Schwerkraft wichtig sein. Will man die Ortsunabhängigkeit von Naturgesetzen erproben, muß man natürlich alle für den Ausgang eines Experiments wichtigen Komponenten an beiden Vergleichsorten aufbauen – und das kann manchmal die Erde einschließen.

Die Erde umfliegt die Sonne und nimmt an der Bewegung der Sonne um die Milchstraße teil; die Milchstraße bewegt sich innerhalb ihrer lokalen Gruppe von Galaxien und diese wieder innerhalb ihres Superclusters. Mir kommt es jetzt nicht darauf an, daß die Erde nicht ruht, sondern darauf, daß sie sich bei der Wiederholung eines Experimentes, einige Zeit später, nicht mehr am Ort des ursprünglichen Experiments befindet. Wiederholt man ein Experiment, so findet es – sozusagen – auf einem Nachbau der Erde anderswo statt. Verschiebungssymmetrie der Naturgesetze sagt, daß die Position der Erde im Raum Experimente, die auf der Erde in geschlossenen Räumen stattfinden, nicht beeinflussen kann. Das wird von der Erfahrung bestätigt. Es gibt zum Beispiel keine Variation der Ergebnisse vom Beschleunigerexperimenten zur Elementarteilchenphysik mit der Jahreszeit.

Ein weiteres Beispiel. Nehmen wir an, Astronomen entdecken irgendwo in der Milchstraße einen Fixstern mit Planetensystem. Ortsunabhängigkeit der Naturgesetze besagt, daß die Bewegungen dieser Planeten um ihren Fixstern denselben Gesetzen genügen wie die unserer um die Sonne. Nach einem der sogenannten Keplerschen Gesetze sind die Planetenbahnen Ellipsen; die zwei anderen machen Aussagen über die Geschwindigkeiten der Planeten.

Sollte die Beobachtung des fernen Planetensystems Abweichungen von einem der Keplerschen Gesetze zeigen – beispielsweise seien die Planetenbahnen keine Ellipsen –, wäre der erste Schluß, daß das System Planeten-Fixstern nicht abgeschlossen ist. Es kann sein, daß ein unsichtbarer Fixstern oder Planet die Bewegungen stört. Wenn das so ist, übt er einen berechenbaren Einfluß auf die Planetenbahnen aus, der nur von seiner Masse und seiner Bahn abhängt. In der Praxis verwendet man die Bahnen ferner sichtbarer Himmelskörper, um Anwesenheit und Eigenschaften unsichtbarer zu beweisen. Translationssymmetrie der Naturgesetze wird dabei stets vorausgesetzt. Durch Erfolge solchen Vorgehens wird sie getestet.

Die Raumproben der NASA testen Technologien, die auf der Erde ausgearbeitet wurden, im nahen Weltraum. Das Funktionieren der Radios und Kameras an Bord der Raumsonden zeigt, daß die Gesetze der Elektrodynamik dort wie hier gelten. Die im Sonnenlicht nachweisbaren Spektrallinien genügen den für Lichtquellen auf der Erde geltenden Gesetzen. Das testet die Gültigkeit der »irdischen« Quantenmechanik und Elektrodynamik in einem, kosmisch gesehen, geringen Abstand. Die Möglichkeit, auch die Spektrallinien des Lichts von fernen Galaxien mit den Linien von Atomen auf der Erde zu identifizieren, dehnt diesen Test auf astronomisch große Entfernungen aus. Anzeichen dafür, daß die Verschiebungssymmetrie der Naturgesetze verletzt wäre, gibt es nicht.

Verschiebungssymmetrie impliziert den Impulssatz . . .

Wie der Energiesatz aus der Symmetrie der Naturgesetze bei Zeitverschiebungen folgt, so impliziert auch deren Symmetrie bei Verschiebungen im Raum einen wichtigen Erhaltungssatz, den des Gesamtimpulses. Der Rückstoß beim Abfeuern eines Gewehres ist genauso eine Konsequenz des Impulssatzes wie das Funktionieren von Raketen und Turbinen. Gründe, eine Verletzung des Impulssatzes anzunehmen, gibt es nicht. Wieder stützen sich Erhaltungssatz und Symmetrie der Naturgesetze gegenseitig.

. . . Drehsymmetrie den Drehimpulssatz

Dasselbe gilt für die Symmetrie der Naturgesetze bei Drehungen. Die Erde dreht sich täglich einmal um ihre Achse. Daher ist die Unabhängigkeit der Experimente in geschlossenen Räumen von der Tageszeit ein Test der Drehsymmetrie. Hier wird wohlgemerkt nicht behauptet, die Drehbewegung der Erde sei in geschlossenen Räumen nicht nachweisbar. Das ist sie bereits durch einen einfachen Pendelversuch. (Ein frei schwingendes Pendel behält seine Schwingungsebene bei; sie dreht sich also relativ zur Erdoberfläche.) Nicht nachweisbar ist, daß die Ebene des Ringes, in dem bei DESY in Hamburg Elektronen umlaufen, am Ende der Nachtschicht, verglichen mit ihrem Anfang, um nahezu 180 Grad gedreht ist. Es geht nicht um die Drehgeschwindigkeit mit ihrer leicht nachweisbaren Fliehkraft, sondern um die jeweils erreichte Orientierung im Raum.

Wenn im Raum verschieden orientierte Apparaturen denselben Naturgesetzen gehorchen, folgt aus dem Theorem von Emmy Noether, daß die physikalische Größe Drehimpuls sich im Laufe der Zeit nicht ändert. Der »Drehimpulssatz« bewirkt beispielsweise, daß Eisläufer Pirouetten ausführen können, sich also schneller drehen, wenn sie sich schmal machen. Aus der Drehsymmetrie des Kraftfeldes der Sonne um den Sonnenmittelpunkt (Abb. 22b) folgt, daß der Drehimpuls eines Planeten, der sich in diesem Kraftfeld bewegt, zeitlich konstant ist. Der Drehimpuls ist eine gerichtete Größe; aus der Konstanz der Richtung folgt, daß sich der Planet in einer Ebene bewegt.

Wir wollen annehmen, daß die Sonne so schwer ist, daß sie an der Bewegung nicht merklich teilnimmt. Das Keplersche Gesetz, das die Form der Planetenbahnen festlegt – Ellipsen, in deren einem Brennpunkt die Sonne steht, Abbildung 60b – hat mit Drehsymmetrie nichts zu tun. Drehsymmetrisch ist auch das Kraftfeld, das in Abbildung 28c die Bewegung des Mittelpunkts des kreisförmigen Querschnitts bei den Lissajous-Ellipsen der Abbildung 29g bestimmt. Bei diesen aber fällt, anders als bei den Kepler-Ellipsen, das Zentrum der Drehsymmetrie mit dem Mittelpunkt, nicht einem Brennpunkt, der Ellipse zusammen. Das ist ein wichtiger Unterschied: Bei gleicher Form sind die Beziehungen der Bahnen zum Zentrum der Drehsymmetrie unterschiedlich. Das Drehzentrum Sonne steht in einem Brennpunkt, das Drehzentrum Ruhelage im Mittelpunkt der elliptischen Bahn. Aus der Drehsymmetrie eines Kraftfeldes allein folgt nicht einmal, daß es geschlossene Bahnen von Körpern, die sich in ihm bewegen, gibt. Sie gibt es in der Tat nur in den beiden hier dargebotenen Fällen.

Drehimpulserhaltung und damit Drehsymmetrie sagt hingegen viel darüber aus, wie der Körper seine Bahn durchläuft. Er tut es so, daß die Fläche, die die Verbindungslinie zwischen ihm und dem Zentrum der Drehsymmetrie pro Zeit überstreicht, zeitlich konstant ist. Das veranschaulicht Abbildung 60b für die Kepler-Bewegung, Abbildung 60a für die Lissajous-Bewegung. Die schwarzen Flächen haben denselben Flächeninhalt, die ihnen entsprechenden Bahnstücke werden daher in gleicher Zeit durchlaufen. Wie in Ka-

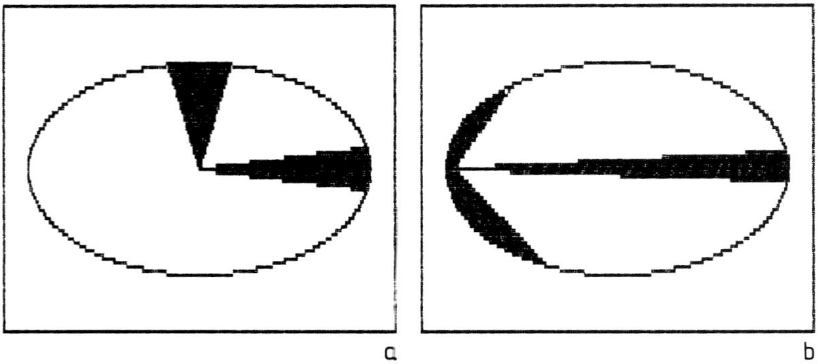

Abbildung 60: *Die beiden schwarz ausgefüllten Flächen der Abbildung 60a berühren sich im Mittelpunkt der Ellipse, dem Zentrum der Drehsymmetrie des Kraftgesetzes der Lissajous-Bewegung und haben denselben Flächeninhalt. Bei der Schwingung werden die ihnen entsprechenden Teile der Bahn daher in gleich langen Zeitspannen durchlaufen; die Bewegung ist schneller in der Nähe des Zentrums der Drehsymmetrie und langsamer weiter außen. Dasselbe gilt für die Kepler-Bewegung, Abbildung 60b. Die beiden schwarz ausgefüllten Flächen berühren sich nun in einem der zwei Brennpunkte der Ellipse; dort, im Zentrum ihres drehsymmetrischen Kraftfeldes (Abbildung 22b) befindet sich die Sonne. Kometen, nicht aber Planeten, besitzen im Sonnensystem Bahnen, die von der Kreisform so sehr abweichen wie die Ellipse der Abbildung. Verglichen mit einem Durchmesser der Ellipse sind sich Mittelpunkt und Brennpunkt bei wirklichen Planetenbahnen viel, viel näher; der Entfernungsunterschied zwischen sonnennächstem und sonnenfernstem Punkt der Bahn ist, wie auch der Geschwindigkeitsunterschied in diesen Punkten, viel geringer. Bewegte sich die Erde auf einer Bahn mit der Exzentrizität der Ellipse der Abbildung, so wäre Leben wegen der Temperaturunterschiede während eines Umlaufs ausgeschlossen. Kometen sind auf ihren Bahnen, die der Ellipse der Abbildung ähneln, großen Temperaturunterschieden ausgesetzt. Im allgemeinen, in den Tiefen des Weltraums, sind sie gefroren; in Sonnennähe verdampfen sie. Wegen des Flächensatzes durchfliegen sie das kurze sonnennahe Stück ihrer Bahn schnell, das lange sonnenferne langsam. Beides zusammen bewirkt, daß der Komet Halley etwa alle 100 Jahre für etwa ein Jahr der Sonne so nahe kommt, daß er verdampft und dadurch sichtbar ist.*

pitel 2 erläutert, gilt Drehsymmetrie und damit Drehimpulserhaltung auch für die Schwingungen von Stäben mit den Querschnitten der Abbildungen 28e und 28f. Bei den Bewegungen der Stäbe mit rechteckigem, nicht quadratischem Querschnitt gilt weder Drehsymmetrie noch Drehimpulserhaltung.

Symmetrieanalyse des Kepler-Problems heißt Ausnutzung der Drehimpulserhaltung. Sie bewirkt, daß die Bahn eben ist und daß sie so durchlaufen wird, wie der Flächensatz sagt. Beides zusammen erlaubt die Lösung des Kepler-Problems ohne aufwendige Rechnungen. Nichtdrehsymmetrische dreidimensionale Probleme zu lösen ist wesentlich schwerer (oder unmöglich). Es hilft, wenn das Problem eine Zylindersymmetrie, das heißt Drehsymmetrie um eine Achse, beinhaltet.

Die Drehsymmetrie der Naturgesetze ist bei nicht drehsymmetrischen Problemen natürlich nur scheinbar verletzt – deshalb, weil man sich entschlossen hat, Teile des Systems so zu behandeln, als gehörten sie nicht zum System. Das Gesetz der Schwerkraft *ist* ein drehsymmetrisches Gesetz. Wenn ich aber die Punkte eines bananenförmigen Himmelskörpers zu einer einzigen Quelle eines Schwerefeldes zusammenfasse und die Bewegung eines Satelliten in diesem Feld untersuche, gilt für die Bewegung des Satelliten weder Drehsymmetrie noch Drehimpulserhaltung. Der Drehimpuls ist zwar insgesamt erhalten, wechselt aber zwischen dem bananenförmigen Himmelskörper und seinem Satelliten hin und her. Der Himmelskörper dreht sich mal schneller, mal langsamer und dementsprechend besitzen Satellit und Himmelskörper auf ihren Bahnen mal weniger, mal mehr Drehimpuls. Anzeichen für eine Verletzung der Drehsymmetrie der Naturgesetze oder der Drehimpulserhaltung gibt es nicht.

Aus Spiegelsymmetrie folgt klassisch kein Erhaltungssatz. Das ist in der Quantenmechanik anders. Da aber in der Natur die Spiegelsymmetrie nicht gilt, ist die der Spiegelsymmetrie zugeordnete zeitlich konstante Größe tatsächlich nicht konstant.

Geschwindigkeitsunabhängigkeit der Naturgesetze

Man kann ein physikalisches System nicht nur drehen oder verschieben, man kann ihm auch eine andere Geschwindigkeit geben, es zum Beispiel in ein Flugzeug setzen. Soweit wir wissen, sind die Naturgesetze für alle konstanten Geschwindigkeiten dieselben. Das ist eine der Grundlagen der klassischen Mechanik Isaac Newtons und der speziellen Relativitätstheorie Albert Einsteins. Daß die Erde, ohne merklichen Einfluß auf Experimente, im Verlauf des Jahres in verschiedene Richtungen zeigende Geschwindigkeiten besitzt, ist bereits ein Hinweis auf die Unabhängigkeit der Naturgesetze von der Geschwindigkeit.

Es ist nicht a priori ausgeschlossen, daß die Naturgesetze von der Geschwindigkeit abhängen. Wir wollen drei Tests unterscheiden. Auf jeden Fall brauchen wir zwei Beobachter, die sich relativ zueinander mit konstanter Geschwindigkeit bewegen – einer zum Beispiel befindet sich auf der Erde, der andere in einem Flugzeug.

Bei dem ersten Test soll jeder seine eigene Kopie desselben physikalischen Systems, Meßinstrumente eingeschlossen, mit sich führen. Zweifel, was »das gleiche« bedeuten soll, können nicht aufkommen, da die Geräte vor dem Start des Flugzeugs nebeneinander gelegt und verglichen werden können. Folglich können beide Beobachter subjektiv die gleichen Experimente machen und ausprobieren, ob ihre Resultate von denselben Naturgesetzen beschrieben werden. Wir wollen in diesem Fall von subjektiver Identität sprechen.

Das wird nicht der Fall sein, wenn es ein ausgezeichnetes, »absolut ruhendes«, Bezugssystem – beispielsweise Äther genannt – gibt. Wenn es in den Naturgesetzen nicht vorkommt, wirkt sich seine Existenz nicht aus. Es ist dann unbemerkbar und kann fortgelassen werden. Wenn es aber bemerkbar ist, hängen die Naturgesetze für ein System von dessen Geschwindigkeit gegenüber dem »Äther« ab.

Das könnte bedeuten, daß ein Beobachter in Sonnennähe, der das Verhalten seiner Planeten berechnen will, ein anderes Naturgesetz verwenden muß als einer in der Nähe des sich – relativ zur Sonne – bewegenden Fixsterns für seine. In den Naturgesetzen könnte die Geschwindigkeit von Stern und Beobachter relativ zum absolut ruhenden Äther vorkommen. Um die Naturgesetze anwenden zu können, müßte der Beobachter seine Geschwindigkeit relativ zum Äther kennen. Für zwei Beobachter mit unterschiedlichen Geschwindigkeiten würden unterschiedliche Naturgesetze gelten, da der Term, in dem die absolute Geschwindigkeit vorkommt, unterschiedlich wäre. Genauso könnten die Naturgesetze von der seit dem Urknall vergangenen Zeit abhängen. Das würde die Zeittranslationssymmetrie verletzen.

Soweit wir wissen, können alle Beobachter, die sich mit konstanter Geschwindigkeit bewegen, subjektiv identische Systeme mit denselben Naturgesetzen beschreiben. Das gehört für jeden Fluggast zur Alltagserfahrung: Der Steward benutzt seine Geräte genauso wie ein Kellner auf der Erde, Flüssigkeiten lassen sich wie auf der Erde einschenken, Mikrowellenherde, Thermometer und Uhren funktionieren dort wie hier. Man könnte in einem ruhig fliegenden Flugzeug auch Tischtennis oder Billard spielen.

Das Geschehen in einem Flugzeug, das seine Geschwindigkeit ändert – beispielsweise, da es in eine Turbulenz gerät –, ist ein Beispiel dafür, wie sich Änderung der für einen Beobachter geltenden Naturgesetze auswirkt. Er sieht beispielsweise, daß sein Aperitif überschwappt. Das kann er nur beschreiben, wenn er Kräfte einführt, die nicht vorhanden sind, solange sich das Flugzeug mit konstanter Geschwindigkeit bewegt. Durch diese Kräfte unterscheiden sich die für ruhende und beschleunigte Beobachter und Systeme geltenden Naturgesetze voneinander.

Zweitens sollen zwei Beobachter, die sich mit unterschiedlichen Geschwindigkeiten bewegen, die Geschwindigkeitsunabhängigkeit der Naturgesetze an ein und demselben System testen. Es soll jetzt also nur einen Versuchsaufbau geben, den beide beobachten. Beispielsweise sehen ein Beobachter auf der Erde und einer im Flugzeug demselben Billardspiel auf der Erde zu.

Die Naturgesetze sind für beide Beobachter dieselben. Das heißt aber nicht, daß sie dieselben Meßwerte in die Gesetze einsetzen und/oder aus den Gesetzen herausbekommen. Bei einem zentralen – das bedeute für beide dasselbe – Stoß zweier Billardkugeln ist es möglich, die Geschwindigkeiten der Kugeln nach dem Stoß aus den Geschwindigkeiten vor dem Stoß auszurechnen. Wir vernachlässigen hier alle Effekte, die mit der Drehung der Kugeln zu tun haben.

Symmetrie und Umrechnungsvorschriften

Die von den beiden Beobachtern gemessenen Geschwindigkeiten unterscheiden sich um die Geschwindigkeit des Flugzeugs. Genaugenommen stimmt das allerdings nicht; der Fehler wird jedoch erst bemerkbar bei Geschwindigkeiten, die mit der Lichtgeschwindigkeit vergleichbar sind. Davon sogleich. Jede Alltagserfahrung mit Läufern und sich begegnenden oder einander überholenden Autos sagt, daß die vom Flugzeug aus gemessene Geschwindigkeit einer Billardkugel sich um die Geschwindigkeit des Flugzeugs von der unterscheidet, die ein Beobachter auf der Erde mißt.

In das beiden gemeinsame Naturgesetz setzen die Beobachter unterschiedliche Geschwindigkeiten – Geschwindigkeiten vor dem Stoß – ein. Sie bekommen natürlich auch unterschiedliche Geschwindigkeiten – Geschwindigkeiten nach dem Stoß – heraus. Jeder sieht einen Vorgang, der seiner Berechnung entspricht. Beide haben dieselbe Formel – dasselbe Naturgesetz – verwendet, aber unterschiedliche Zahlenwerte eingesetzt und herausbekommen. Nicht mehr und nicht weniger. Beide können so den einen Ablauf gleich gut beschreiben.

Es ist nicht möglich, die Umrechnungsvorschrift von Geschwindigkeiten abzuändern, ohne die Unabhängigkeit der Naturgesetze von der Geschwindigkeit zu gefährden. Wir nutzen eine mathematische Eigenschaft der Naturgesetze aus: Wenn sie nach dieser und dieser Formel umgeschrieben werden, ändern sie sich nicht. So gesehen, kommt erst danach, daß diese und diese Formel anschaulich interpretiert werden kann. Beispielsweise als Umrechnung von Geschwindigkeiten unter geeigneten Voraussetzungen. Oder, mit einer anderen Formel, als Umrechnung von Lagen im Raum.

Naturgesetze und Umrechnungsvorschriften, die die Naturgesetze ungeändert lassen, gehören zusammen. Beide sind auch einzeln experimentell überprüfbar. Die Naturgesetze durch subjektiv identische Experimente von verschiedenen Beobachtern, die Umrechnungsvorschriften durch Vergleich von Meßwerten verschiedener Beobachter für objektiv dieselbe Größe. Die Geschwindigkeit einer Billardkugel, die ein Beobachter mißt, hängt von der Geschwindigkeit des Beobachters ab. Wie sie das tut, ist durch Messungen überprüfbar.

Symmetrietests

Symmetrie der Naturgesetze gegenüber einer beliebigen Transformation physikalischer Größen bedeutet dreierlei zugleich. Erstens gelten die Naturgesetze, denen ein System gehorcht, auch für den zusammen mit seinem System transformierten Beobachter. Das ist die subjektive Identität der Billardexperimente auf der Erde und im Flugzeug für jeden Beobachter neben »seinem« Experiment. Zweitens ändern sich die transformierten Größen auch in der Wirklichkeit so, wie es das Transformationsgesetz verlangt. Ist die Transformation die Subtraktion der Flugzeuggeschwindigkeit von der Geschwindigkeit der Billardkugel, sollen sich die von den beiden Beobachtern gemessenen Geschwindigkeiten wirklich um die Flugzeuggeschwindigkeit unterscheiden. Drittens schließlich sollen die beiden Beobachter objektiv dasselbe System – den einen Billardtisch – beschreiben können, indem sie in dieselben Naturgesetze ihre unterschiedlichen Meßgrößen eintragen, die, das wissen wir bereits, durch die Transformation auseinander hervorgehen.

Es ist eine mathematische Frage, ob ein Gesetz und eine Umrechnungsvorschrift physikalischer Größen in dem Sinn zueinander passen, daß für die umgerechneten Größen dasselbe Gesetz gilt wie für die ursprünglichen. Wenn das so ist, ist das Gesetz symmetrisch: Es bleibt bei der und der Umrechnung unverändert. Eine ganz andere, eine experimentelle Frage ist natürlich, ob die Natur etwas von dem symmetrischen Gesetz weiß – es befolgt oder nicht.

Man kann Beobachter drehen, verschieben und in Flugzeuge setzen, ihnen also eine andere Geschwindigkeit geben. Dasselbe läßt sich auch mit physikalischen Systemen machen. Daher können alle drei Symmetrietests bei diesen Bewegungen zumindest im Prinzip wirklich durchgeführt werden. Das ist bei Spiegelungen und vielen anderen, vermeintlichen und wirklichen, Symmetrietransformationen nicht so. Bei diesen kann keiner unserer drei Symmetrietests wirklich ausgeführt werden. Überprüfbar sind nur Konsequenzen dieser Tests. Will man wissen, wie sich Systeme verhalten, die mit ihrem Spiegelbild nicht übereinstimmen, ist man auf Nachbauten angewiesen.

Billard und Spiegelsymmetrie

Die Naturgesetze gestatten es, den künftigen Zustand eines Systems aus dem gegenwärtigen zu berechnen – die Geschwindigkeiten der Billardkugeln nach dem Stoß aus ihren Geschwindigkeiten zuvor. Der Nachbau des Spiegelbildes eines Billardtisches mit seinen Kugeln in einem senkrecht stehenden Spiegel ist derselbe Billardtisch, etwas verschoben und mit Kugeln, die sich an den gespiegelten Stellen befinden und deren Geschwindigkeiten ebenfalls gespiegelt sind. Das Naturgesetz, das die Geschwindigkeiten nach dem Stoß aus denen vor dem Stoß zu berechnen gestattet, ist spiegelsymmetrisch. Wenn also Lage und Geschwindigkeit der wirklichen Kugeln, im Spiegel betrachtet, mit Lage und Geschwindigkeit der Kugeln des Nachbaus des Spiegelbildes in einem Augenblick übereinstimmen, dann bleibt das für alle Zeiten so.

Bei einem besonders einfach zu interpretierenden Experiment zur Spiegelsymmetrie in der Physik der Elementarteilchen (Kap. 9) entwickelt sich aus einem Zustand, der mit seinem Spiegelbild übereinstimmt, im Laufe der Zeit ein anderer, der das nicht tut. Daher sind die Naturgesetze nicht spiegelsymmetrisch. Zugleich ist der quantenmechanische Erhaltungssatz, der nach dem Theorem von Emmy Noether aus der Spiegelsymmetrie folgt, verletzt.

Tests der speziellen Relativitätstheorie

Die anschaulichen Umrechnungsvorschriften für Geschwindigkeiten von einem ruhenden auf einen bewegten Beobachter stimmen nur bei kleinen Geschwindigkeiten – klein, verglichen mit der Lichtgeschwindigkeit – mit der Erfahrung überein. Bei beliebigen Geschwindigkeiten gelten die Vorschriften der speziellen Relativitätstheorie Albert Einsteins aus dem Jahr 1905. Bemerkbar werden die Unterschiede erst bei Geschwindigkeiten, die im Alltagsleben niemals erreicht werden. Sie sind mit der Lichtgeschwindigkeit vergleichbar – dreihunderttausend Kilometer pro Sekunde. Die höchste in Meyers Großem Universallexikon, erschienen 1985, verzeichnete Geschwindigkeit eines Überschallflugzeuges ist etwa zwei Kilometer pro Sekunde. Die Anschauung versagt bei Geschwindigkeiten, die mit der Lichtgeschwindigkeit vergleichbar sind. Unanschaulichkeit ist kein Argument gegen die Relativitätstheorie.

Die Geschwindigkeit des Lichtes – der, gemäß der Relativitätstheorie, größten Geschwindigkeit überhaupt – hängt nach Einstein von der Geschwindigkeit dessen, der sie mißt, nicht ab. Sie ist auch davon unabhängig, wie sich die Lichtquelle bewegt – ob mit dem Beobachter oder nicht.

Dieses Resultat widerspricht der Anschauung ganz und gar. Für die Lichtgeschwindigkeit liefert die Anschauung dasselbe wie für alle anderen Geschwindigkeiten: Geschwindigkeiten addieren sich genauso wie die von Autos und Flugzeugen. Experimentell wurde die relativistische Umrechnungsvorschrift – genauerhin: die Unabhängigkeit der Lichtgeschwindigkeit davon, ob sie in oder senkrecht zur Bewegungsrichtung der Erde gemessen wird – mit einer Genauigkeit von $10^{-13}\%$ bestätigt. Dies ist natürlich zugleich eine Widerlegung der anschaulich erwarteten Zusammensetzungsvorschrift von Geschwindigkeiten. Die Verletzung ist riesig, wenn eine der Geschwindigkeiten mit der Lichtgeschwindigkeit vergleichbar ist. Es lohnt sich nicht, die prozentuale Verletzung zu berechnen. Die Verletzung ist total, jenseits aller Meßfehler.

Insgesamt spricht eine überwältigende Menge an Erfahrungsmaterial für Einsteins spezielle Relativitätstheorie und ihre Symmetrien. Das gilt auch für die Umrechnungsvorschrift für die Dauer von Zeitintervallen. Eine bewegte Uhr zeigt ein längeres Zeitintervall zwischen zwei Ereignissen – zwei Lichtblitzen – an als eine ruhende. Aus dieser Umrechnungsvorschrift der Zeitdauer von einem Bewegungszustand zum anderen folgt das berühmte, trotz seiner Benennung nicht paradoxe Zwillingsparadox. Die Zeitdehnung ist ein sehr gut getestetes Naturgesetz. Kurzlebige Elementarteilchen leben im Fluge um genau den Faktor länger, den die Relativitätstheorie vorhersagt. Ein Experiment hat 1985 gezeigt, daß bei der Schwingungsfrequenz von Licht, das aus bewegten Lichtquellen stammt, die Abweichung von der Vorhersage, wenn es eine geben sollte, kleiner sein muß als $4 \cdot 10^{-3}\%$.

Das berühmte $E = mc^2$ wird in zahlreichen Experimenten der Elementarteilchen- und der Kernphysik getestet, leider auch mit sogenannten Atombomben, die eigentlich Kernbomben sind. Die vierte spektakuläre Vorhersage der Relativitätstheorie, die Längenzusammenziehung, wurde noch nicht direkt bestätigt.

Wenn die Naturgesetze vorgegeben sind, ist die Frage nach ihren Symmetrien ein wichtiger Gegenstand der Forschung. Symmetrie eines Naturgesetzes bedeutet, daß es eine Umrechnung für in ihm vorkommende Größen gibt, die durchzuführen das Naturgesetz nicht ändert. Wir können wissen, daß ein Gesetz symmetrisch ist, und zugleich nicht wissen, was die Symmetrie bedeutet. Das war lange Zeit der Fall bei den Maxwellschen Gleichungen, den Grundgleichungen der Elektrodynamik.

Maxwell hat seine Gleichungen um 1860 formuliert. Sie fassen elektrische und magnetische Erscheinungen in einer einheitlichen Theorie zusammen und gelten, soweit wir wissen, unbeschränkt. Sie sind die Grundlage der heutigen Technik – von der Stromversorgung über den Mikrowellenherd bis hin zu Computern, Radio und Fernsehen. Ihre quantenmechanische Version, die Quantenelektrodynamik, ist Vorbild für die Grundgleichungen der Mikrophysik (Kap. 8).

Die Maxwellschen Gleichungen bleiben, wie man bald nach ihrer Entdeckung wußte, unverändert, wenn man Raum und Zeit den heute als »relativistisch« bekannten Umschreibungen unterwirft. Diejenigen Umschreibungen hingegen, die klassisch-anschaulich als Änderungen der Geschwindigkeit zu interpretieren sind, ändern die Maxwellschen Gleichungen ab. Nach Auskunft der Maxwellschen Gleichungen gelten also anscheinend für bewegte Körper andere Naturgesetze als für ruhende; für seltsam verformte – klassisch gesehen für andere – Körper gelten aber dieselben. Zugleich bleibt die klassische Mechanik, die unerhört erfolgreiche Theorie Newtons, bei den klassisch-anschaulichen Geschwindigkeitsänderungen unverändert; von den »relativistischen« weiß sie nichts.

Wenn man darauf beharrt, daß Änderungen der Geschwindigkeit so beschrieben werden müssen, wie es die Anschauung fordert, kann man weder den Mangel an Symmetrie bei den klassischen noch die dann überflüssige Symmetrie bei den relativistischen Umschreibungen der Maxwellschen Gleichungen verstehen. Dementsprechend sind nach 1860 zahlreiche Arbeiten zum Thema »Die Elektrodynamik bewegter Körper« erschienen. Einstein in seiner Arbeit mit diesem Titel im Jahr 1905 nimmt an, daß die Umschreibungen von Raum und Zeit, die die Maxwellschen Gleichungen unverändert lassen, als Geschwindigkeitsänderungen zu interpretieren sind.

Die Behauptung, daß die relativistischen Umschreibungen von Raum und Zeit Geschwindigkeitsänderungen korrekt beschreiben, bedeutet unabweisbar zugleich, daß die klassische Mechanik bei großen Geschwindigkeiten falsch ist. Denn, wie bereits gesagt, ihre Gleichungen werden durch die relativistischen Umschreibungen verändert. Die Situation ist sozusagen auf den Kopf gestellt: Die Gleichungen der Elektrodynamik gelten nun gleichermaßen für bewegte wie ruhende Körper, nicht aber so die der klassischen Mechanik.

Die klassische Mechanik ist die wissenschaftliche Verankerung unserer anschaulichen Erwartung, wie Geschwindigkeitsänderungen zu beschreiben sind. Einstein gelang es, neue Grundgleichungen für das Verhalten mechanischer Körper anzugeben, die bei kleinen Geschwindigkeiten mit denen der Newtonschen Mechanik übereinstimmen und doch bei relativistischen Geschwindigkeitsänderungen symmetrisch sind. Das Resultat ist die relativistische Mechanik. Elektrodynamik und Mechanik besitzen in der Formulierung Einsteins dieselben raum-zeitlichen Symmetrien, jene der speziellen Relativitätstheorie.

Symmetrie-Aspekte der allgemeinen Relativitätstheorie

Die spezielle Relativitätstheorie behandelt die Schwerkraft wie jede andere Kraft. Anders aber als jede andere Kraft läßt sich die Schwerkraft nicht abschirmen. Sie wirkt auf alles und jedes, alle Körper reagieren auf sie gleich. Die Gleichheit von »träger und schwerer Masse«, die dies bewirkt, ist eine der Grundlagen der allgemeinen Relativitätstheorie.

Sie handelt von Raum, Zeit und Schwerkraft. Ihre Grundgleichungen sind nahezu unabhängig davon, wie Orte und Zeiten beschrieben werden. »Koordinaten«, so drückt dies E. P. Wigner 1957 aus, »sind nur Hilfsgrößen, denen man für jedes Ereignis beliebige Werte geben kann.« Und weiter: »Offensichtlich sind die üblichen Aussagen über künftige Orte von Teilchen, wenn sie durch Koordinaten festgelegt werden, in der allgemeinen Relativitätstheorie keine sinnvollen Aussagen.« Der hohen Symmetrie der allgemeinen Relativitätstheorie entsprechen nur wenige anschaulich interpretierbare Transformationen, mit denen der Physiker sie darstellen kann. Dazu gehören natürlich Drehungen und Verschiebungen. Die Skalentransformationen aus Kapitel 5 bilden ein weiteres Beispiel. Wenn jemand beginnt, über »wann« und »wo« zu sprechen, hat er die Symmetrie der allgemeinen Relativitätstheorie gegenüber »allgemeinen Koordinatentransformationen« bereits gebrochen. Um dies zu vermeiden, verwenden Physiker heutzutage auch koordinatenfreie Methoden der abstrakten Mathematik. Noch einmal E. P. Wigner, 1957: »Wenn man eine Beziehung zwischen allgemeiner Relativität und Quantenmechanik herstellen will, ist es zuerst erforderlich, die Aussagen der allgemeinen Relativitätstheorie in solch eine Form zu bringen, daß sie mit den grundlegenden Prinzipien eben dieser allgemeinen Relativitätstheorie übereinstimmen.«

In der allgemeinen Relativitätstheorie sind alle »frei fallenden« Bezugssysteme gleichberechtigt. Ein kleiner, praktisch punktförmiger Körper – ein Staubteilchen – mit geringer Masse fällt frei, wenn auf ihn keine andere Kraft als die Schwerkraft einwirkt. Bei allen derartigen Körpern heben sich die Wirkungen von Schwerkraft und Beschleunigung genau auf. Daher ist nach Hermann Bondi, Theoretiker in Cambridge, eine konstante, überall und zu allen Zeiten gleiche Schwerkraft unbeobachtbar: Alles fällt mit derselben Beschleunigung, effektiv kräftefrei und mit konstanter Relativgeschwindigkeit. Die Schwierigkeit, die Schwerkraft zu beobachten, vergleicht Hermann Bondi mit der, ein Flüssigkeitsthermometer in einer Welt zu bauen, in der sich bei Temperaturerhöhungen alles gleichermaßen ausdehnt.

Beobachtbar sind Variationen der Schwerkraft. Das Schwerefeld der Sonne zum Beispiel ändert seine Richtung von Punkt zu Punkt und nimmt nach außen ab; daher ist es beobachtbar. Jeder Planet definiert, wenn wir seine Ausdehnung vernachlässigen, ein anderes frei fallendes Bezugssystem. Beobachtbar ist das Schwerefeld der Sonne dadurch, daß sich die Relativgeschwindigkeiten der Planeten im Laufe der Zeit ändern. In der (großen) Kapsel eines Satelliten auf seiner Bahn um die Erde frei fliegende Staubpartikel werden relativ zueinander beschleunigt. Sie fliegen genaugenommen auf verschiedenen Bahnen um die Erde. Bei gleicher Geschwindigkeit ist weiter außen die Fliehkraft größer als die Schwerkraft; weiter innen ist es umgekehrt. Genau dieser Effekt, nun von Mond und Sonne, verursacht, wie der Leser vielleicht weiß, auf der Erde die Gezeiten: Das Meer bildet unter dem Einfluß von Sonne und Mond je zwei Wülste, unter denen sich die Erde dreht. Für unser Thema ist wichtig, daß Unterschiede der Schwerkraft durch relative Beschleunigungen beobachtbar sind. Es ist möglich, so Hermann Bondi, daraus und aus der Unbeobachtbarkeit einer konstanten Schwerkraft die allgemeine Relativitätstheorie herzuleiten.

5. Dehnungssymmetrien und Fraktale

Bei einer Dehnungs- oder, wie wir sagen werden, Skalentransformation werden alle Abmessungen um denselben Faktor vergrößert oder verkleinert. Die Stadthalle ist eine Vergrößerung ihres Modells, die Karikatur in der Zeitung eine Verkleinerung der Vorlage des Karikaturisten, und auf der Leinwand sehen wir eine Vergrößerung des Dias. Und so weiter: Skalensymmetrie der Naturgesetze soll bedeuten, daß diese ungeändert bleiben bei der Multiplikation aller Abmessungen mit derselben Zahl. Der Kinderherd bäckt dasselbe Brot wie der große, nur weniger. Die Qualität des Roastbeefs hängt von der Größe des Stückes nicht ab. Natürlich, man muß ein größeres Stück bei gleicher Temperatur länger braten.

Das alles ist aber offensichtlich falsch. Dabei findet es jeder erstaunlich, daß ein Floh, gemessen in Körpergröße, hundertmal so hoch springt wie Ulrike Meyfarth. An King Kongs Taten sollen wir glauben, weil er größer ist als wir. Jeder staunt darüber, daß Ameisen im Gegensatz zum Menschen ein Vielfaches ihres Körpergewichtes tragen können.

Ein System einer Skalentransformation wirklich zu unterwerfen, es sozusagen nach allen Seiten gleichmäßig aufzublähen ist ausgeschlossen. Um auszuprobieren, wie sich die vergrößerte oder verkleinerte Apparatur verhält, ist man auf vergrößerte oder verkleinerte Nachbauten angewiesen. Die Apparatur muß nach dem veränderten Bauplan neu gebaut werden.

Atome kann man nicht vergrößern

Das aber ist eigentlich auch ausgeschlossen. Denn zum genauen Nachbau der doppelt so großen Apparatur braucht man doppelt so große Atome – und die gibt es nicht. Wenn für das Funktionieren einer Apparatur der atomare Aufbau der Materie wichtig ist, wird sich ihr doppelt so großer Nachbau anders verhalten als sie selbst, durch ein Vergrößerungsglas betrachtet.

Der unveränderbare Radius von Wasserstoffatomen legt eine Längeneinheit fest. Ausgeschlossen ist, daß sich zwei Systeme um nichts als ihre Abmessungen unterscheiden. Verschieden ist stets auch das Verhältnis der Abmessungen der Systeme zu dem ihrer – der – Atome.

Ein Naturgesetz ist skalensymmetrisch, wenn es durch Multiplikation aller Abmessungen mit demselben Faktor nicht geändert wird. Das legt die zugehörige Transformation nicht eindeutig fest. Frei wählbar ist beispielsweise noch, welche Geschwindigkeiten einander entsprechen sollen. Man kann bei einer Skalentransformation auch Massen und Energien verändern; schließlich bedeutet Geschwindigkeitsänderung Änderung der Bewegungsenergie. Unabhängig von alledem zeigt aber bereits die Nichtexistenz von doppelt so großen Wasserstoffatomen, daß Naturgesetze, die den Atombau oder den Bau von Materie aus Atomen erklären sollen, nicht skalensymmetrisch sein können.

Wenn für ein makroskopisches Experiment das Verhältnis der Abmessungen des Apparates zu dem seiner Atome wichtig ist, kann Skalensymmetrie nicht gelten. Macht man einen Apparat klein genug, so ist das immer der Fall. Einen Hochofen mit dem Durchmesser eines Eisenatoms kann es nicht geben. Skalensymmetrie, wenn sie überhaupt irgendwo gilt, kann höchstens für gewisse Größenbereiche richtig sein. Der Physiker Victor Weisskopf beschreibt in seinem Buch *Knowledge and Wonder* ein altbekanntes makroskopisches Experiment mit Wasser und Öl, das den Aufbau der Materie aus Molekülen direkt zeigt und daher nicht skalensymmetrisch sein kann.

Doppelt so große makroskopische Systeme enthalten stets achtmal so viele Moleküle und Atome. Achtmal, da bei Verdoppelung von Höhe, Breite und Länge das Volumen verachtfacht wird. Verdoppelt man den Durchmesser eines Apfels, so verachtfacht man sein Volumen. Also auch sein Gewicht und die Zahl der Moleküle, die er enthält. Flächen werden bei Verdoppelung von Abständen viermal so groß. Eine Pizza für vier hat zwanzig Zentimeter Radius, wenn eine mit zehn Zentimetern für einen richtig ist.

Das altbekannte Experiment besteht darin, daß etwas Öl – ein

Tropfen – auf eine Wasseroberfläche gebracht wird. Er breitet sich dort aus und überdeckt schließlich eine Fläche von einigen, höchstens drei, Quadratmetern mit einer Schicht, die einen Moleküldurchmesser dick ist. Die Ölmoleküle liegen nebeneinander und berühren sich gegenseitig. Man kann aus all dem Durchmesser und Anzahl der Moleküle im Tropfen berechnen.

Nun verwende ich einen Öltropfen mit dem doppelten Durchmesser. Er enthält achtmal so viele Moleküle. Sie überdecken die achtfache Fläche und nicht, wie es bei Skalensymmetrie sein müßte, die vierfache. Das Experiment verletzt also die Skalensymmetrie. Experimente mit makroskopischen Apparaten, die atomare Abmessungen ins Spiel bringen, können nicht skalensymmetrisch sein.

Sprunghöhe und Körpergröße

Die Vermutung, daß Skalensymmetrie zumindest in gewissen Bereichen der Physik gelte, hat historisch immer wieder eine große Rolle gespielt und ist auch heute wichtig. Mein Eindruck ist, daß die meisten, die darüber nicht nachgedacht haben, bei Alltagsphänomenen Skalensymmetrie erwarten. Erwartet wird, daß nicht absolute Abmessungen, sondern nur deren Verhältnisse wichtig sind. So ist es aber nicht.

Wenn ein Lebewesen springt, setzt es Energie frei. Die ist in einem Bruchteil des Körpervolumens gespeichert. Verdoppelt man seine Abmessungen, so verachtfacht man sein Volumen. Damit wächst sein Gewicht und auch die Energie, die zum Sprung zur Verfügung steht, auf das Achtfache an. Freigesetzte Energie und Gewicht bestimmen gemeinsam die Sprunghöhe. Beim Absprung wird die gespeicherte chemische Energie zunächst in Bewegungsenergie umgewandelt. Wir wollen annehmen, daß das Lebewesen senkrecht in die Höhe springt. Während des Sprunges nimmt seine Geschwindigkeit ab, bis es – genauer: sein Schwerpunkt – im höchsten Punkt für einen Augenblick zur Ruhe kommt. Unter Sprunghöhe verstehen wir die Länge der Strecke, die der Schwerpunkt des Springers zwischen Absprung und Umkehr zurücklegt. Sie ist von der speziellen Technik, die er nach dem Absprung anwendet, unabhängig.

Für die Berechnung der Sprunghöhe ist nur wichtig, daß im höchsten Punkt der Bahn die Geschwindigkeit Null ist – ein Augenblick zwischen Aufstieg und Absturz. Dort gibt es keine Bewegungsenergie. Abgesehen von Reibungsverlusten durch den Luftwiderstand, ist in diesem Augenblick die gesamte, durch den Sprung umgesetzte, ehedem gespeicherte chemische Energie in Lageenergie umgewandelt. Im höchsten Punkt ist sie daher für das Lebewesen mit verdoppelten Abmessungen achtmal so groß. Das aber bedeutet, daß die Sprunghöhe durch Verdoppelung der Abmessungen nicht geändert werden kann. Denn nur bei gleicher Sprunghöhe besitzt das achtfache Gewicht tatsächlich die erforderliche achtfache Lageenergie. Die zwei Berechnungen der Lageenergie im höchsten Punkt – über die achtfache gespeicherte Energie und über das achtfache Gewicht – ergeben nur dann dasselbe Resultat, wenn die Sprunghöhe *von der Körpergröße unabhängig* ist.

In der Tat ist die Sprunghöhe von 2,02 m, mit der Ulrike Meyfarth Olympiasiegerin wurde, ungefähr dieselbe wie die von Antilopen, Leoparden und Katzen. Sie alle liegen zwischen zwei und zweieinhalb Meter. Skalensymmetrie besteht jedenfalls nicht. Sie würde bedeuten, daß sich mit den Abmessungen auch die Sprunghöhe vervielfacht. Ein Leopard müßte dann etwa fünfmal so hoch springen wie eine Katze. Das ist aber nicht so. Verblüffend ist also nicht, daß ein Floh – gemessen in Körpergröße – so viel höher springt als größere Lebewesen, sondern daß er die übliche, größenunabhängige Sprunghöhe nicht erreicht. Er springt statt einige Meter nur einige Dezimeter hoch.

Das hat zwei Gründe. Erstens spielt für den kleinen Floh der Luftwiderstand eine größere Rolle als für Antilopen, Menschen und Katzen. Zweitens ist die für eine bestimmte Sprunghöhe erforderliche Abhebegeschwindigkeit von der Größe des Springers unabhängig. Das zeigt eine kleine Abwandlung unserer Überlegungen zur Sprunghöhe. Die Strecke, die zum Erreichen der Endgeschwindigkeit zur Verfügung steht, wird mit den Abmessungen des Lebewesens halbiert. Beim Menschen ist sie ganz grob der Größenunterschied zwischen Hocken und Stehen. Vermutet wird, daß die Verankerung der Organe des Flohs die Beschleunigung nicht aushalten würde, die bei ihm zum Erreichen der Standardsprunghöhe von einigen Metern erforderlich wäre.

Wir brauchen uns nicht zu wundern, daß unsere Abschätzungen

nicht exakt gelten. Nicht berücksichtigt wurden Details, die manche Lebewesen zum Hochsprung geeigneter machen als andere. Solch ein Detail ist die Länge der Beine, verglichen mit der des übrigen Körpers. Wir wollten nur zeigen, daß Skalensymmetrie nicht erwartet werden kann. Da ist es nicht wichtig, daß die Analyse ihrer Verletzung keine allgemein gültigen Resultate erbringt. Bemerkenswert ist, aus wie allgemeinen Überlegungen die Existenz einer universellen maximalen Sprunghöhe hergeleitet werden kann.

Nachteile und Vorteile von Größe

Dem Lebewesen bringt Körpergröße Nachteile und Vorteile. Wir wollen uns mit Galilei in seinem *Dialog über zwei neue Wissenschaften* fragen, wie der Bruchteil seines Körpergewichtes, den ein Lebewesen tragen kann, von dessen Größe abhängt. Skalensymmetrie würde bedeuten, daß er davon unabhängig ist. Sie ist offenbar verletzt. Denn verdoppelt man die Abmessungen, so vervierfacht man die Flächen und verachtfacht das Gewicht. Die Körperkräfte dürften sich ungefähr so verhalten wie die Querschnittsflächen der Muskeln, sich also beim Verdoppeln der Abmessungen vervierfachen. Die pro Kilogramm Körpergewicht zur Verfügung stehende Kraft wird dann beim Verdoppeln der Abmessungen halbiert.

Ich habe gelesen, der Weltmeister im Gewichtheben sei der Nashornkäfer. Es gibt zwischen zwei und sechzehn Zentimeter große Mitglieder dieser Unterfamilie. Manche von ihnen können das Achthundertundfünfzigfache ihres Körpergewichtes tragen. Menschliche Gewichtheber bringen es bei drei Versuchen – Drükken, Reißen und Stoßen – insgesamt höchstens auf das Sechsfache. Skalensymmetrie würde bedeuten, daß ich achthundertundfünfzigmal mein Körpergewicht tragen kann. Das sind 62 475 Kilogramm. Skalensymmetrie ist offenbar grob verletzt.

Das mit der Größe rapide wachsende Mißverhältnis von Kraft und Gewicht gilt für beliebige Strukturen. Lebewesen werden durch die Querschnitte ihrer Knochen getragen. Wenn man alle Abmessungen – Höhe, Länge, Breite – gleichermaßen vergrößert und sonst nichts ändert, müssen sie schließlich alle unter ihrem eigenen Gewicht zusammenbrechen – wie gestrandete Wale etwa.

Gebäude unterliegen derselben Gesetzmäßigkeit. Vergrößert man etwa die Längenausmaße eines standfesten Baus um einen Faktor 10, so wächst sein Gewicht um einen Faktor 1000, die Unterstützungsflächen aber wachsen nur um einen Faktor 100 – mit möglicherweise fatalen Folgen für die Statik.

Man kann gegen unsere – eigentlich Galileis – Überlegungen zur Skalensymmetrie der Gesetze des Hochsprungs und der Statik einwenden, keins der betrachteten Systeme sei abgeschlossen. Jedes unterliegt in der Tat der Schwerkraft der Erde, und das kann im Prinzip Ursache der Ungültigkeit der Skalensymmetrie sein, die dann nur scheinbar verletzt wäre. Nach diesem Einwand müßten die vergrößerten Nachbauten von Flöhen, Nashornkäfern und Gebäuden nur auf einen vergrößerten Nachbau der Erde – einen größeren Planeten – gestellt werden, um wie die Originale zu funktionieren. Da hierdurch jedoch alle Gewichte abermals wachsen würden, ist der Einwand der Nichtabgeschlossenheit zwar berechtigt, verstärkt aber nur die Folgerung, daß die Gesetze des Hochsprungs und der Statik nicht skalensymmetrisch sind.

Skalensymmetrie der Gravitation

Laplace, von Felix Hausdorff alias Paul Mongré zitiert, schreibt in der zweiten Ausgabe seiner *Exposition du système du monde*, livre 4, chap. 15 über das Newtonsche Gesetz der Schwerkraft:

Eine bemerkenswerte Eigenschaft dieses Naturgesetzes ist es, daß, wenn man die Abmessungen aller Körper des Universums, ihre Entfernungen voneinander und ihre Geschwindigkeiten um denselben Faktor vergrößert oder verkleinert, die neuen Bahnen den alten völlig ähnlich und die Abläufe dieselben sein werden. (...) Gleichzeitig sieht man, daß dies eine Eigenschaft des Naturgesetzes selbst sein muß. Bewegungen im Universum sind unabhängig von den absoluten Abmessungen des Universums und von seiner möglichen absoluten Bewegung. Wir können nur Verhältnisse beobachten oder erkennen.

Pierre Simon Marquis de Laplace (1749–1827), der große französische Astronom und Mathematiker, hat bewundernd bemerkt, daß die Newtonschen Gesetze der Gravitation skalensymmetrisch sind (vgl. Kasten): Werden alle Abstände, Abmessungen und Geschwindigkeiten von Himmelskörpern mit derselben Zahl multipliziert, entstehen aus den tatsächlichen mögliche Bahnen der modifizierten – vergrößerten oder verkleinerten – Himmelskörper. Als selbstverständlich setzt Laplace voraus, daß die Masse eines Himmelskörpers bei Verdoppelung seiner Abmessungen verachtfacht wird. Das ist wie bei der Ersetzung eines Apfels durch einen doppelt so großen. Für das Volumen eines Sterns gilt dieser geometrische Effekt natürlich genauso – aber die Sonne mit achtfachem Gewicht wäre sicher nicht dieselbe Sonne, nur eben doppelt so groß. An Sternen besonders interessierte Leser werden wissen, daß bei Verdoppelung des Radius eines schwarzen Loches dessen Masse nur um einen Faktor zwei zunimmt – nicht um acht wie das Volumen. Die Radien weißer Zwerge nehmen mit steigender Masse sogar ab – bis, über Neutronensterne, schwarze Löcher erreicht sind.

Laplace wußte natürlich, daß bei Verdoppelung aller Längen und Geschwindigkeiten nur dann aus wirklichen Bahnen mögliche werden, wenn zugleich alle Massen verachtfacht würden. Vielleicht hielt er für selbstverständlich, daß das so ist. Bei Sternen ist es aber falsch, und das bedeutet, daß die Annahme der geometrischen Relation von Radius und Masse eine starke und recht willkürliche Einschränkung darstellt – so sehr, daß die Skaleninvarianz der Newtonschen Gleichungen nicht die tiefe Bedeutung besitzt, die Laplace ihr zuschreibt. Sie betrifft die mathematische Struktur einer wichtigen Gleichung, sagt über die Physik insgesamt aber nichts aus.

Wirkliche Systeme kann man nicht wirklich so vergrößern, wie man sie beispielsweise drehen kann. Daher bleibt bei dem Nachbau des vergrößerten Systems stets die Freiheit und der Zwang, festzulegen, wie sich andere Größen – Dichte beispielsweise, Rauhigkeit der Oberfläche und Geschwindigkeit – verhalten sollen.

Skalensymmetrie würde bedeuten, daß es eine Festlegung gibt, die aus beliebigen wirklichen Abläufen mögliche entstehen läßt. Wir werden noch sehen, daß es eine solche Festlegung nicht gibt. Die von Laplace vorgeschlagene simultane Neuskalierung von Abmessungen, Geschwindigkeiten und Massen läßt eine wichtige physikalische Grundgröße – die Newtonsche Gravitationskonstante G – ungeändert. Genauso wichtig ist aber, daß andere Grundgrößen – die Lichtgeschwindigkeit c und das Plancksche Wirkungsquantum h – dabei nicht denselben Zahlenwert behalten.

Genau das ist der Grund für das nichtgeometrische Verhalten von Sternen und schwarzen Löchern bei der Laplaceschen Neuskalierung. Für deren Verhalten sind Relativitätstheorie und Quantenmechanik wichtig, und daher gehen c und h in die Relation von Radius und Masse von Sternen ein.

Licht besitzt im leeren Raum immer dieselbe Geschwindigkeit, nimmt also an der von Laplace angenommenen Änderung aller Geschwindigkeiten nicht teil. Daher ist die Laplacesche Neuskalierung keine Symmetrietransformation der Relativitätstheorie. Zwischen der wirklichen Milchstraße und ihrem nach Laplace vergrößerten Nachbau können wir durch eine Messung der Zeit unterscheiden, die Licht zum nächsten Fixstern Proxima Centauri, etwa vier Lichtjahre, oder ein Radiosignal zum Mond und zurück braucht.

Da Abstände und Geschwindigkeiten im Laplaceschen Modell um denselben Faktor geändert werden, braucht die Modellerde zu einem Umlauf um die Modellsonne dieselbe Zeit wie die wirkliche Erde zum Umlauf um die wirkliche Sonne. Während vier Umläufen der Erde um die Sonne legt das Licht in der Wirklichkeit und im Modell dieselbe Entfernung zurück. Es ist in der Wirklichkeit dann von der Erde bei Proxima Centauri fast angekommen, im doppelt so großen Modell hat es weniger als den halben Weg zurückgelegt. Skalensymmetrie à la Laplace gilt also nicht.

Der bedeutende deutsche Mathematiker Felix Hausdorff, als Schriftsteller unter dem Pseudonym Paul Mongré (1868–1942, Selbstmord wegen rassischer Verfolgung), zitiert Laplace in seinem höchst merkwürdigen Buch *Das Chaos in kosmischer Auslese*, 1898 erschienen, und merkt an, daß dieser nicht nur die geometrische Relation von Abmessung und Masse voraussetzt, sondern zusätzlich annimmt, daß die Gravitationskonstante von der Neuskalierung nicht abhängt. Ihm kommt es, anders als uns, nicht darauf an, daß das bei der Laplaceschen Vorschrift zur Änderung von Abmessungen, Massen und Geschwindigkeiten tatsächlich so ist. Er stellt sich nicht vor, das Universum werde bei gleichen Naturgesetzen vergrößert nachgebaut, sondern der Raum selbst werde sozusagen vergrößert, also eine neue Wirklichkeit geschaffen. Das gibt ihm die Freiheit, alles und jedes, auch Naturkonstanten, beliebig zu ändern. Physikalisch, von Paul Mongrés metaphysischem Chaos entkleidet, bedeutet das für die Gravitationskonstante allerdings nur die Trivialität, daß die Maßeinheiten physikalischer Größen beliebig gewählt werden können.

Die von Laplace bemerkte Skalensymmetrie der Newtonschen Gesetze bedeutet unendlich viel mehr. Zunächst wählen wir ein für allemal unsere Maßeinheiten – Meter, Kilogramm, Sekunde. Dann schneiden wir zwei Kugeln mit dem Radius ein Meter aus einem bestimmten Material heraus, hängen sie in einem Abstand von drei Meter auf und messen die Kraft, mit der sie einander anziehen. Auf die Meßgrößen Radius, Abstand, Dichte und Kraft wenden wir eine einfache mathematische Vorschrift, die nicht weiter interessiert, an und erhalten eine Zahl, die Gravitationskonstante, in den gewählten Einheiten. Dann blähen wir das System nach Laplace – das ist wichtig! – um den Faktor zwei auf, schneiden jetzt also aus demselben Material Kugeln mit zwei Metern Durchmesser heraus, hängen sie im Abstand von sechs Metern auf, messen die Kraft, wenden auf die neuen Meßgrößen die alte Rechenvorschrift an und – bekommen dieselbe Zahl. Die von Laplace erkannte Skalensymmetrie der Newtonschen Gesetze hat genau diesen physikalischen Inhalt, die freie Wählbarkeit der Einheiten hat keinen.

Dimensionsanalyse und Skalensymmetrie

Wenn wir wissen, daß eine Strecke und ein Volumen durch ein Gesetz miteinander verknüpft sind, in dem außer diesen zwei Größen höchstens noch reine Zahlen wie $4/3$ oder die Kreiszahl π vorkommen, so können wir schließen, daß sich das Volumen bei Verdoppelung der Strecke verachtfacht. Das ist unabhängig davon, welches Gesetz Volumen und Strecke verbindet – wichtig ist nur, *daß* ein solches Gesetz besteht. Das Volumen eines Würfels beispielsweise hängt von der Seitenlänge über eine andere Formel ab als das einer Kugel vom Radius – dennoch, für beide gilt die geometrische Relation der Vergrößerungsfaktoren von Strecke und Volumen. Genauso: Wenn bekannt ist, *daß* zwischen einer Fläche und einer Strecke eine Relation besteht, die ansonsten nur noch reine Zahlen enthält, vervierfacht sich die Fläche bei Verdoppelung der Strecke. Das ist offensichtlich für Kreis und Quadrat, gilt aber auch für Rechtecke. Denn damit die Voraussetzung, daß nur eine Länge in die Relation eingeht, erfüllt ist, muß das Verhältnis der Seitenlänge ein für allemal festgelegt sein – beim Fernsehschirm beispielsweise als $4/3$. Wird statt dessen die Länge der zweiten Seite des Rechtecks in Metern angegeben, so kommt sie als weitere Größe, die keine reine Zahl ist, in der Formel für die Fläche vor – im Gegensatz zur Voraussetzung.

Daß ein Volumen, das mit einer Strecke durch eine Formel verknüpft ist, in der sonst nur noch reine Zahlen stehen, bei Verdoppelung der Strecke verachtfacht wird, ist selbstverständlich, wenn man bedenkt, daß die Strecke in Metern, das Volumen in Kubikmetern gemessen werden können. Käme im Volumen die Strecke nicht dreimal als Faktor vor, könnte aus ihrer Einheit – Meter – nicht die Einheit des Volumens – Meter hoch drei – entstehen. Denn nach der Voraussetzung stehen ansonsten in der Relation nur noch reine Zahlen wie Verhältnisse, Prozente oder π. Mit Strecke und Fläche ist es genauso – nur daß hier Meter und Meter hoch zwei zu vergleichen sind. Und so weiter: Sind eine Strecke – Meter –, eine Zeit – Sekunde – und eine Geschwindigkeit – Meter pro Sekunde – durch eine Relation mit sonst nur reinen Zahlen verknüpft, so ist es selbstverständlich, daß sich die Zeit bei Verdoppelung der Geschwindigkeit und fester Strecke halbiert. Die Strecke wird bei konstanter Geschwindigkeit stets mit der Zeit verdoppelt – wenn man doppelt so lange spazierengeht, so auch doppelt so weit.

Es ist wichtig einzusehen, daß diese Zusammenhänge nicht auf den Weg beschränkt sind, der in der und der Zeit mit der und der Geschwindigkeit durchlaufen wird. Wenn das so ist, ist die Geschwindigkeit einfach *der Weg*, geteilt durch *die Zeit*, und wir wissen nicht nur, *daß* es eine Relation gibt, sondern auch, *welche*. Das Verfahren der Dimensionsanalyse, das ich hier schildere, ist um gerade dies Stück allgemeiner: Man muß nur wissen, *daß* es eine Relation des geschilderten Typs gibt. Beispielsweise kann die Geschwindigkeit die eines Radfahrers sein, der im Kreis fährt, die Strecke der Radius des Kreises und die Zeit diejenige, die er zu 23 Runden braucht – immer noch wird die Zeit bei Verdoppelung der Strecke verdoppelt und bei Verdoppelung der Geschwindigkeit halbiert.

Ich eile, einen möglichen Irrtum auszuschließen. Der Leser könnte denken, daß Verdoppelung einer Geschwindigkeit, die sich überhaupt auf eine Zeit auswirkt, die Zeit stets halbiert – unabhängig davon, ob der dritte im Bunde eine Strecke oder etwas anderes ist. Das ist falsch. Nehmen wir an, Geschwindigkeit und Zeit sind durch eine Formel verknüpft, die statt einer Strecke eine Beschleunigung und sonst – also außer Zeit, Beschleunigung und Geschwindigkeit – nur reine Zahlen enthält. Das ist der Fall, wenn man nach der Zeit fragt, in der ein bestimmtes Auto eine bestimmte Geschwindigkeit erreicht. Diese Zeit *wächst* mit der verlangten Geschwindigkeit. Es ist also wichtig, ob die dritte Größe in der Relation eine Strecke oder eine Beschleunigung ist.

Dimensionsanalyse nützt aus, daß bei physikalischen Gesetzen die Einheiten insgesamt stimmen müssen. Mit Skalensymmetrie hat das nichts zu tun. Wenn in einem Naturgesetz nur Naturkonstante vorkommen, so entspricht der Möglichkeit, diese durch Wahl der Einheiten zu ändern, keine physikalische Skalensymmetrie. Beispielsweise ist das Verhältnis der Masse des Protons zu der des Elektrons unwandelbar 1836. Das ist ein – unverstandenes – Naturgesetz. Der Möglichkeit, den Massen von Proton und Elektron durch Neuwahl der Maßeinheiten einen neuen Zahlenwert zu geben, entspricht sicher keine Skalensymmetrie – und natürlich auch nicht der Trivialität, daß das Verhältnis beider dadurch nicht geändert wird. Ähnlich ist es mit der sogenannten Feinstrukturkonstanten, einer festen reinen Zahl – Wert: $1/_{137,03604}$ –, die aus der Ladung des Elektrons, der Lichtgeschwindigkeit und dem Planckschen Wirkungsquantum berechnet werden kann.

Ein Naturgesetz ist skalensymmetrisch, wenn die Multiplikation von Größen, die in ihm vorkommen und nicht durch die Naturgesetze festgelegt sind, mit geeignet gewählten Zahlen das Gesetz nicht ändert. Daß die Naturgesetze insgesamt nicht skalensymmetrisch sind, bedeutet, daß keine Transformation gefunden werden kann, die für alle Gesetze zugleich gilt. Der formalen Möglichkeit, alles und jedes durch Neuwahl der Einheiten zu ändern, entspricht keine Skalensymmetrie.

Buckinghams Theorem ist ein Theorem zur Dimensionsanalyse. Es stellt fest, wie viele Relationen zwischen einer Anzahl gegebener physikalischer Größen *höchstens* bestehen können. Verlangt wird wieder, daß in den Relationen sonst nur reine Zahlen vorkommen. Das Theorem sagt nichts darüber, *ob* so viele Relationen, wie bestehen können, wirklich bestehen. Wenn das aber der Fall ist, kann Dimensionsanalyse betrieben werden. Das Buch *Form und Leben* von McMahon und Bonner enthält wunderbare Beispiele.

Dimensionsanalyse ist, in den Händen von Kennern, eine Kunst. Sie setzt tiefgehendes Verständnis dafür voraus, welches die jeweils relevanten Größen sind. Hat man sie beisammen und bestehen zwischen ihnen wirklich so viele unabhängige Relationen wie nach Buckingham überhaupt möglich, kann Dimensionsanalyse betrieben werden. Die Relationen selbst braucht man nicht zu kennen. Gerade dann natürlich, wenn diese unbekannt sind, ist es ein Problem, zu wissen und andere davon zu überzeugen, daß die Voraussetzungen erfüllt sind.

Physiker verwenden Dimensionsanalyse fast nur, um zu überprüfen, ob bei einer Relation, die sie hergeleitet haben, die Maßeinheiten insgesamt stimmen, die Relation also richtig sein kann. Eine kleine private Umfrage bei theoretischen Physikern hat ergeben, daß keiner Buckinghams Theorem kannte. Dimensionsanalyse ist auch nützlich, wenn man sich erinnert, *daß* eine Relation zwischen Größen besteht, aber nicht weiß, welche. Man arrangiert die Größen dann so, daß die Maßeinheiten insgesamt stimmen. Wenn das, bis auf eine reine Zahl, die Relation festlegt, weiß man durch Dimensionsanalyse bereits sehr viel über sie. Die entscheidende Frage aber, ob eine Relation besteht, muß *vor* Beginn der Dimensionsanalyse beantwortet sein.

Skalentransformationen der Geschwindigkeit

Skalensymmetrie ist etwas ganz anderes als die Freiheit, die Längeneinheit zu wählen. Wählt man die Längeneinheit neu – Zentimeter neu, Kilometer alt – und läßt die Einheit der Zeitmessung ungeändert Sekunde sein, so entsteht aus der Einheit der Geschwindigkeit km/sec die neue Einheit cm/sec. Daher ist auch die Maßzahl einer jeden Geschwindigkeit in den neuen Einheiten um den Faktor 100000 größer, um den die Maßzahl eines jeden Abstands beim Wechsel der Einheiten vergrößert wurde. Diesem Wechsel der Einheiten entspricht die Skalentransformation, die die betrachteten Systeme um einen Faktor 100000 verkleinert und zugleich die Geschwindigkeiten aller Abläufe um denselben Faktor herabsetzt. Wenn man sich zudem vorstellt, daß die Masse pro Volumen nicht geändert wird, ist das noch einmal die Laplacesche Vorschrift.

Baut man das Originalsystem, derart verkleinert, in der Wirklichkeit nach, so entsteht ein Modell, bei dem Abmessungen und Geschwindigkeiten in den neuen Einheiten dieselben Maßzahlen besitzen wie Abmessungen und Geschwindigkeiten des Originals in den alten. Skalensymmetrie würde bedeuten, daß für den Nachbau dieselben Naturgesetze gelten wie für das System selbst. Aus dem Streckennetz der Bundesbahn entsteht das einer etwa 100 Quadratmeter großen Modelleisenbahn, deren millimeterlange Züge nach demselben Fahrplan fahren können wie die der Bundesbahn: Der Fahrplan, aufgefaßt als Naturgesetz, ist skalensymmetrisch.

Physikalisch gesehen hat man jedoch nur eine Skalentransformation durchgeführt, der keine Skalensymmetrie entspricht. Galileis Bemerkungen zur Statik gelten wie zuvor. Zu den bei der Beschleunigung des Zuges auftretenden Spannungen lassen sich ähnliche Überlegungen anstellen. Und der Aufbau der Materie aus Molekülen beginnt sich bei der verkleinerten Lokomotive bemerkbar zu machen: Sie ist aufgebaut aus Blechen, die nur wenige hundert Atomdurchmesser dick sind. Damit der winzige Zug nicht vom leisesten Hauch fortgeweht wird, müssen wir auch die Windgeschwindigkeit bei unserer Modelleisenbahn herabsetzen. Allerdings – die Schallgeschwindigkeit können wir nicht ändern, wenn wir nicht das Medium Luft durch ein anderes ersetzen. Und so weiter. Es ist schwer, das Verhalten eines Systems, an dessen Funktionieren die Gültigkeit vieler Naturgesetze beteiligt ist, mit Skalensymmetrie in Einklang zu bringen. Wir haben wohlweislich davon abgesehen, die Geschwindigkeit der Moleküle der Luft um denselben Faktor herabzusetzen wie die der Eisenbahnzüge. Sonst führe die Modelleisenbahn nicht. Die Lufttemperatur wäre dann kleiner als die tiefste bisher im Labor erreichte Temperatur.

Die Schwierigkeiten folgen daraus, daß die fundamentalen Naturgesetze nicht skalensymmetrisch sind. Auf Skalensymmetrie und Elementarteilchenphysik gehen wir noch ein. Gegen Symmetrie gegenüber einer Transformation, die Längen und Geschwindigkeiten um denselben Faktor ändert, spricht unabhängig von allem anderen die Konstanz der Lichtgeschwindigkeit.

Die Lichtgeschwindigkeit ist überall dieselbe, auch dort also, wo die Modelleisenbahn steht. Von München nach Hamburg braucht das Licht 100000mal so lange wie vom Nachbau der einen Stadt zum Nachbau der anderen im kleinen; unvermeidlich ist der Nachbau der Wirklichkeit in der Wirklichkeit angesiedelt und genügt damit den wirklichen Gesetzen. In diesen kommt die Lichtgeschwindigkeit als Naturkonstante vor. Dem verkleinerten Nachbau der Wirklichkeit kann sie nicht angepaßt werden. Ihre Maßzahl hängt nur von den verwendeten Einheiten ab und nicht von der Größe des Modellsystems. Daher ist das Verhältnis der Geschwindigkeiten der Züge zu der des Lichts in der Wirklichkeit unwandelbar anders als im Modell; die Naturgesetze bleiben, anders als der Fahrplan, nicht ungeändert bei einer Multiplikation aller Abmessungen und Geschwindigkeiten mit derselben Zahl.

Die Newtonschen Gesetze der Schwerkraft bleiben nicht unverändert, wenn die Geschwindigkeiten um einen anderen Faktor geändert werden als die Abmessungen und Entfernungen der Himmelskörper. Anders als die Laplacesche Ersetzung würde ein Nachbau des Planetensystems nicht funktionieren, bei dem zwar die Abmessungen und Entfernungen geändert, die Geschwindigkeiten aber konstant gehalten würden. Das ist bei unserer Modelleisenbahn anders. Zusätzlich zu und gleichzeitig mit der Änderung der Längeneinheit wollen wir die Einheit der Zeitmessung so ändern, daß die Maßzahlen von Geschwindigkeiten unverändert bleiben. Dem entspricht eine Skalentransformation, bei der zwar die Abmessungen aller Objekte, nicht aber die Geschwindigkeiten von Abläufen geändert werden: Die Züge der Modelleisenbahn fahren mit den Geschwindigkeiten wirklicher Züge. Von Modell-München nach Modell-Hamburg brauchen sie nun um einen Faktor 100000 weniger Zeit – egal, mit welchem Maßstab gemessen. Die Lichtgeschwindigkeit ist immer dieselbe. Folglich ist nun das Verhältnis der Geschwindigkeiten der wirklichen Züge zur Lichtgeschwindigkeit dasselbe wie im Modell. Einwände gegen die Symmetrie der Naturgesetze bei simultanen Skalentransformationen von Raum und Zeit können aus dieser Messung nicht hergeleitet werden.

Insgesamt verhalten sich die verkleinerten Abbilder wirklicher

Objekte aber auch jetzt anders als die Objekte selbst. Die Einwände gegen das Funktionieren des Modells mit den langsamen Zügen gelten verstärkt; man denke nur an die Windgeschwindigkeiten. Sieht man von all dem ab, so ist man doch gezwungen, dem Tageslicht im Modell eine Wellenlänge zu geben, die um den Faktor 100000 kleiner ist als die des wirklichen Lichts. Das sichtbare Licht ist im Modell also durch Röntgenstrahlen ersetzt – mit schlimmen Folgen zumindest für die nur $1/100$ Millimeter großen Passagiere. Diese werden übrigens beim Anfahren einer Beschleunigung ausgesetzt, die gegenüber der Wirklichkeit um einen Faktor 100000 vergrößert ist. Ich möchte nicht darüber spekulieren, wie sich das auf sie auswirken würde.

Skalensymmetrische Systeme

Die zahlreichen Ungereimtheiten, die sich aus der Annahme vollkommener Skalensymmetrie der Naturgesetze ergeben, lassen die Frage offen, ob es eingeschränkte Bereiche der Wirklichkeit gibt, für die Skalensymmetrie näherungsweise gilt. Verkleinerungsfaktoren, die die molekulare Struktur makroskopischer Objekte ins Spiel bringen, sind dabei natürlich auszuschließen. Die Umrechnungsvorschriften für andere Größen als Entfernungen – Geschwindigkeiten zum Beispiel oder Massen – werden vom betrachteten System abhängen. Die einzige Einschränkung an diese Vorschriften ist eben die, daß die Gesetze, die das Verhalten des Systems beschreiben, insgesamt ungeändert bleiben. Wenn die Lichtgeschwindigkeit für das betrachtete System eine Rolle spielt, müssen alle Geschwindigkeiten konstant gehalten werden. Die Laplacesche Ersetzung ist ein Beispiel für eine andere Umschreibung – eine, bei der die Newtonschen Gesetze ungeändert bleiben.

Das Verhalten einer Masse im Schwerefeld hängt nicht davon ab, wie groß sie ist. Dies nutzt der praktische Brunnenforscher (Kap. 1) aus, und es gilt auch für eine als Pendel aufgehängte Masse. Die Skalentransformation, gegenüber der nun Symmetrie besteht, ist die Multiplikation der Pendelmasse mit einer Zahl. Wollen wir gleiches Verhalten bei der Multiplikation aller Massen, auch der Erdmasse, mit einer Zahl erreichen, müssen wir bei konstantem Erdradius die Pendellänge mit derselben Zahl multiplizieren. Das Pendel ist, wenn wir seine Länge mitändern, auch symmetrisch bei Skalentransformationen nach der Vorschrift von Laplace.

Ein Unterseeboot und sein Modell verhalten sich gleich bei Fahrtgeschwindigkeiten, bei denen die sogenannte Reynoldszahl in der Wirklichkeit und im Modell denselben Zahlenwert besitzt. Die Reynoldszahl verdoppelt sich, wenn entweder bei festen Abmessungen die Geschwindigkeit oder bei fester Geschwindigkeit die Abmessungen verdoppelt werden. Das Unterseeboot und sein Modell verhalten sich daher gleich, wenn die Geschwindigkeit des Modells um den Faktor *größer* ist, um den das Boot selbst *verkleinert* wurde. Die »Skalentransformation« der Strömungslehre, die alle Abmessungen um einen Faktor zwei verkleinert, vergrößert also zugleich alle Geschwindigkeiten um denselben Faktor – und zwar gemessen in den ursprünglichen Einheiten. Ausgedrückt durch die Abmessungen in der Wirklichkeit und im verkleinerten Modell vervierfacht diese Skalentransformation die Geschwindigkeiten. Um auszuprobieren, wie sich ein geplantes Unterseeboot verhalten wird, muß man daher sein kleineres Modell schneller, als es selber fahren soll, durchs Wasser ziehen. Die Reynoldszahl hängt natürlich auch von den Eigenschaften der Flüssigkeit ab, durch die das Boot bewegt wird. Verwendet man im Modellversuch eine Substanz, die zäher ist als Wasser, Öl beispielsweise, muß man, um gleiches Verhalten zu erzielen, die Geschwindigkeit abermals *erhöhen* – bei Rizinusöl um einen Faktor 1000. Dieses der Intuition widersprechende Ergebnis folgt, da für das Verhalten von Strömungen vor allem die Ausbildung von Wirbeln wichtig ist. Je zäher die Flüssigkeit, desto größer die Geschwindigkeit, bei der die Wirbelbildung einsetzt – daher das Resultat. Umgekehrt kommt man bei Flüssigkeiten mit *geringerer* Zähigkeit mit *kleineren* Geschwindigkeiten aus. Das halb so große Unterseeboot verhielte sich bei gleicher Geschwindigkeit in Azeton fast genau so wie das wirkliche in Wasser.

Von nicht nur akademischem Interesse ist die Skalensymmetrie der Strömungslehre. Sie erlaubt es, aus dem Verhalten von Schiffsmodellen auf das Verhalten wirklicher Schiffe zu schließen. Die Gesetze der Strömungslehre gelten unverändert, wenn zusammen mit den Abmessungen umströmter Objekte die Strömungsgeschwindigkeiten und/oder andere Parameter so geändert werden, daß insgesamt eine Funktion dieser Größen, die Reynoldszahl, ungeändert bleibt. Ändert man nur Abmessungen und Geschwindigkeiten, so sagt die Vorschrift, daß die Geschwindigkeiten im verkleinerten Modell größer gewählt werden müssen. Wenn man weiß, daß die für Strömungsprobleme entscheidenden Größen eine Länge, eine Geschwindigkeit sowie Dichte und Zähigkeit des strömenden Stoffes sind, kann man durch Dimensionsanalyse sehr einfach herleiten, daß und wie diese Größen zusammenhängen. Dimensionsanalyse ist der leichte Teil. Der schwere ist, zu wissen, daß diese und nur diese Größen wichtig sind.

Will man die Idee der Skalensymmetrie für Elementarteilchen formulieren, so muß man beachten, daß für deren Physik die Lichtgeschwindigkeit c und das Plancksche Wirkungsquantum h wesentliche Rollen spielen. Denn die Theorie der Elementarteilchen muß sowohl die spezielle Relativitätstheorie als auch die Quantenmechanik berücksichtigen. Die Relativitätstheorie, da die Geschwindigkeit von Elementarteilchen in Teilchenbeschleunigern der Lichtgeschwindigkeit sehr, sehr nahe kommt. Die Quantenmechanik ist zu berücksichtigen, da Elementarteilchen wie Elektronen oder Protonen kleiner als Atome sind, so daß auch auf sie die quantenmechanischen Gesetze der Mikrowelt angewendet werden müssen. Für Lichtteilchen, die Photonen, gilt die Plancksche Formel $E=h \cdot \nu$, die es gestattet, Energie E und Frequenz ν von Photonen ineinander umzurechnen. Der Umrechnungsfaktor ist das Plancksche Wirkungsquantum.

Die Naturgesetze, die das Verhalten der Elementarteilchen regeln, enthalten beide Naturkonstanten, c und h. Skalensymmetrie für Elementarteilchen kann höchstens dann gelten, wenn die zugehörige Transformation die Zahlenwerte von c und h nicht ändert. Der Leser möge sich an die Messung der Lichtgeschwindigkeit im Bundesbahnmodell erinnern. Um die Lichtgeschwindigkeit gleichzulassen, schließt die Skalentransformation der Elementarteilchenphysik eine Drehung der Zeitskala um jenen Faktor ein, um den die Längenskala vergrößert wird. Die Maßeinheit für das Plancksche Wirkungsquantum (Energie · Zeit, erg · sec) zeigt dann – genau wie die Formel $E = h \cdot v$ –, daß bei dieser Änderung der Zahlenwert von h nur dann unverändert bleibt, wenn zugleich alle Energien durch den Vergrößerungsfaktor der Abmessungen geteilt werden. Aus Einsteins $E = m \cdot c^2$ folgt weiter, daß auch alle Massen durch diesen Faktor geteilt werden müssen. Nach dieser Vorschrift werden, anders als nach der von Laplace, Massen beim Vergrößern des Systems verkleinert.

Die Naturgesetze sind nicht skalensymmetrisch

Die Notwendigkeit, die Skalensymmetrie so zu formulieren, daß zugleich mit Abmessungen die Massen von Elementarteilchen geändert werden, zeigt noch einmal, daß Skalensymmetrie in der Natur nicht verwirklicht ist: Elektronen mit ihrer Masse von $9 \cdot 10^{-31}$ kg gibt es, und es gibt keine Elektronen, die das Doppelte wiegen. Skalentransformationen können daher nicht so formuliert werden, daß die Gesetze der Elementarteilchenphysik skalensymmetrisch sind. Der Radius des Wasserstoffatoms, der Bohr-Radius, kann aus c, h, der Elektronenladung und der Elektronenmasse berechnet werden. Die Verletzung der Skalensymmetrie in der Physik der Elementarteilchen ist also letztlich die Ursache für deren Verletzung in unserem Öltropfenexperiment.

Unabhängig von den Massen der Elementarteilchen ist ausgeschlossen, daß die Gesetze der Schwerkraft zusammen mit Relativitätstheorie und Quantenmechanik skalensymmetrisch sind. Die Anziehung zweier Massen hängt von der Gravitationskonstante G mit der Dimension Länge^3/(Masse · Zeit^2) ab. Ändert man die Grundeinheiten cm, kg und sec so, daß c und h ungeändert bleiben, so erhält G einen neuen Zahlenwert. Daher können Gleichungen, die sowohl c als auch h und G enthalten, zusammen nicht skalensymmetrisch sein.

Gegeben sei ein Apparat, der c, h und G zu messen gestattet. Er werde nach den Vorschriften, die c und h ungeändert lassen, vergrößert nachgebaut: Die Abmessungen werden verdoppelt, die Geschwindigkeiten gleichgelassen und die Massen und Energien halbiert. Wir wollen annehmen, das sei zumindest in einem Zeitpunkt – am Anfang des Experiments – erreichbar. Nun warten wir einen Augenblick. Es stellt sich heraus daß sich der vergrößerte Nachbau anders verhält als das Original. Als »Apparat« zur Messung von G können wir zum Beispiel unser Planetensystem verkleinert verwenden. Das verhält sich, mit seinen verdoppelten Entfernungen, halbierten Massen und ungeänderten Geschwindigkeiten, ganz anders als das Original: Planeten, die bisher die schwere Sonne umkreisten, fliegen in den Weltraum davon. Das ist noch einmal Laplace, nun aber an Relativität und Quantenmechanik angepaßt.

Möglicherweise erinnert sich der Leser aus der Schule daran, daß alle Maßeinheiten aus nur drei Unabhängigen – üblicherweise Länge, Masse, Zeit – aufgebaut werden können. Die Einheiten von c, h und G sind voneinander unabhängig, und daher kann man Potenzen dieser Größen so miteinander multiplizieren, daß wahlweise eine Länge, Masse oder Zeit entsteht. In deren Definitionen gehen nur die drei unveränderbaren Naturkonstante c, h und G ein. Sie sind daher selber Naturkonstante.

Benannt sind sie nach Max Planck als die Plancksche Länge, Masse und Zeit. Ihre Zahlenwerte sind extrem: Die Planckzeit ist 10^{-43} Sekunden, die Plancklänge $3 \cdot 10^{-33}$ Zentimeter, und die Planckmasse entspricht 10^{19} Protonenmassen. Verglichen mit der Masse makroskopischer Materiestücke ist die Planckmasse natürlich winzig; aber hier geht es um Elementarteilchen, und wir müssen uns vorstellen, daß die Planckmasse in einem Volumen mit den Abmessungen der Plancklänge konzentriert ist. Derartige Massenkonzentrationen gab es im Universum nur einmal, unmittelbar nach dem Urknall, für die Dauer der Planckzeit. Die Naturgesetze, die wir heute kennen, reichen bestenfalls gerade an diesen Bereich heran. Bei der Planckmasse selbst sind sie nicht selbstkonsistent und müssen modifiziert werden. Es ist unbekannt, wie.

Skalensymmetrie kann für die Physik der Elementarteilchen höchstens dann näherungsweise gelten, wenn Teilchenmassen für den betrachteten Prozeß keine wesentliche Rolle spielen. Das kann nur der Fall sein, wenn alle relevanten Energievariablen, umgerechnet in Massen nach $E = m \cdot c^2$, groß sind, verglichen mit den Massen aller beteiligten Teilchen. Dann beobachtet man bei manchen Prozessen in der Tat näherungsweise Gültigkeit der Skalensymmetrie. Ein Beispiel ist das »Bjoerken-Scaling« bei der »tiefinelastischen Elektron-Proton-Streuung«.

Elementarteilchen und Skalensymmetrie

Schießt man Elektronen auf Protonen, so werden die Elektronen im allgemeinen abgelenkt. Wie oft eine bestimmte Ablenkung vorkommt, wird durch zwei Energievariable festgelegt. Wählt man diese geschickt (Abb. 61), so bedeutet Skalensymmetrie, daß, wenn beide groß sind, bereits deren Verhältnis die Häufigkeit der zugehörigen Ablenkung bestimmt. Das wird in der Tat näherungsweise beobachtet. Sieht man genau hin, bemerkt man aber systematische Abweichungen. Sie beweisen die Existenz eines nicht skalensymmetrischen Beitrags zur »tiefinelastischen Elektron-Proton-Streuung«.

Skalensymmetrie soll Prozesse erklären, bei denen Teilchenmassen klein sind, verglichen mit anderen auftretenden Energien. Im Experiment können wir die Massen von Teilchen nicht verändern, nur deren Energien. Um also im Experiment eine näherungsweise skalensymmetrische Situation herzustellen, sind wir auf Beschleuniger angewiesen, die Geschoßteilchen wesentlich mehr Bewegungsenergie geben, als die beteiligten Teilchen Masse besitzen. Und so weiter – schließlich beziehen wir in die Analyse nur Teilchenstöße ein, bei denen die relevanten Energien groß waren, verglichen mit den Massen aller beteiligten Teilchen, auch der im Prozeß neu erzeugten.

Das sogenannte Standardmodell der Wechselwirkungen von Quarks – und damit Protonen –, Elektronen und anderen Teilchen enthält die Massen der Quarks und Elektronen als adjustierbare Parameter. Theoretisch sind wir also in der Lage, Teilchenmassen zu ändern, sie beispielsweise verschwinden zu lassen. Wollen wir überprüfen, ob die Theorie Experimente bei großen Energien richtig beschreibt, können wir mit masselosen Quarks und Elektronen rechnen. Und wir können uns fragen, ob die Theorie mit masselosen Teilchen Skalensymmetrie von Experimenten vorhersagt. Wenn das so ist, wird die Vorhersage für alle Energien skalensymmetrisch sein – jede beliebige Energie ist ja groß, verglichen mit der Energie Null. Die wirklichen Massen der Teilchen legen in dem Fall nur fest, von welchen Energien an wir den Vorhersagen unserer Theorie mit masselosen Teilchen in der Wirklichkeit trauen dürfen.

Die Quantenchromodynamik (QCD) mit masselosen Quarks – die Theorie der Wechselwirkung masseloser Quarks mit sowieso masselosen Gluonen – kann erklären, daß Experimente wie das in Abbildung 61 fast, aber nicht genau skalensymmetrisch sind.

Abbildung 61: *Schießt man ein Elektron (e) mit großer Energie auf ein ruhendes Proton (p), so wird das Elektron gestreut; ohne seine Identität zu verlieren, verläßt es nach dem Prozeß mit veränderter Energie und Flugrichtung das Wechselwirkungsgebiet (Abb. a). Die Energie, die es an das Proton abgibt, führt im allgemeinen zur Produktion weiterer Teilchen nach Einsteins $E = m \cdot c^2$. Der Mechanismus, durch den dies geschieht, ist bekannt: Das Elektron emittiert ein Photon (γ), das anschließend vom Proton absorbiert und dessen Energie zur Produktion der weiteren Teilchen verwendet wird (Abb. b). Eine interessante Größe ist die Häufigkeit, mit der zwei Energievariable, die sich auf das Photon und auf den aus Photon und Proton entstandenen Endzustand beziehen, bei verschiedenen Ereignissen Werte in bestimmten Intervallen besitzen. Die Werte dieser Variablen – sie werden üblicherweise Q^2 und s genannt – können aus Energie, Energieabgabe und Änderung der Flugrichtung des Elektrons berechnet werden. Die Formel für die Häufigkeit von Ablenkungen mit bestimmten Q^2 und s enthält den Ausdruck für die Reaktionswahrscheinlichkeit von Photon und Proton als einzige Unbekannte (Abb. c). Mißt man also die Häufigkeit bestimmter Ablenkungen von Elektronen, so kann man diesen Ausdruck – üblicherweise F_2 genannt – berechnen. Skaleninvarianz bedeutet, daß die Masse des Protons bei (verglichen mit dem Quadrat der Protonenmasse) großen Werten von Q^2 und s für den Ablauf keine Rolle mehr spielen kann. Wenn das Proton keine weitere Energieskala definiert, muß F_2 ungeändert bleiben, wenn Q^2 und s bei großen Werten beider mit derselben Zahl multipliziert werden. Das heißt, daß F_2 nur von dem Verhältnis von Q^2 und s, nicht aber davon abhängen kann, welches der Zahlenwert von Q^2 bei festem Verhältnis ist. Als Maßzahl für dieses Verhältnis verwendet man eine Variable x, die Zahlenwerte zwischen 0 und 1 annehmen kann. Abb. d zeigt das experimentell ermittelte F_2 (allerdings nicht das vom Proton, sondern die Summe der F_2 für Proton und Neutron; für deren Differenz gibt es ähnliche Kurven). Die Kurven zeigen, daß die Hypothese der Skaleninvarianz für kleine Werte von x (bis etwa 0.6) zutrifft, während für größere Werte systematische Abweichungen beobachtet werden. Die Werte von Q^2 variieren bei $0.5 \langle x \langle 0.6$ zwischen 3 und 30 Protonenmassen-Quadrat. Wir kennen heute sowohl die Ursache der Skalensymmetrie bei kleinen x als auch die der Abweichungen davon bei größeren. Abb. e zeigt den skaleninvarianten Prozeß, der bei kleinen x dominiert: Eins der drei Quarks q_1, q_2 und q_3 im Proton streut elastisch an dem Elektron; durch die Wechselwirkung des energiereichen Quarks mit den anderen Quarks des Protons im Endzustand wird das Proton zerstört. Bei größeren x wird ein anderer Prozeß wichtig (Abb. f): das gestreute Quark emittiert ein Gluon G. Dieser QCD-Prozeß (siehe Kapitel 5, 7 und 8) ist wegen der veränderlichen Kopplungskonstante, die über einen Energieparameter von Q^2 abhängt, nicht skalensymmetrisch.*

Der Leser kann es erstaunlich finden, daß wir bei unserer Erörterung der Skalensymmetrie von Elementarteilchenprozessen nicht auf die Ausdehnung der Teilchen eingegangen sind. Denn wenn es ein Teilchen mit einem gewissen Radius gibt, nicht aber das Teilchen mit dem doppelten Radius, kann Skalensymmetrie nur bestehen, wenn – gemessen an für das Experiment relevanten Längen – der Teilchenradius sehr klein (oder sehr groß) ist. Da nach der Unschärferelation große Energien kleine Abstände bedeuten, befinden wir uns in einer Zwickmühle: Die Energie muß so groß sein, daß alle Massen vergleichsweise klein sind, und doch nicht so groß, daß die Teilchenradien spürbar werden.

Im Gegensatz zur Masse eines Teilchens ist sein Radius keine sehr fundamentale Größe. Er kann nur über Wechselwirkungen definiert werden, und es ist kaum möglich, deren Reichweite vom Teilchenradius zu unterscheiden. Das ist nur für Punktteilchen anders. Bei den großen Energien des Experiments von Abbildung 61 werden die Elektronen eigentlich nicht von den (nun praktisch unend-

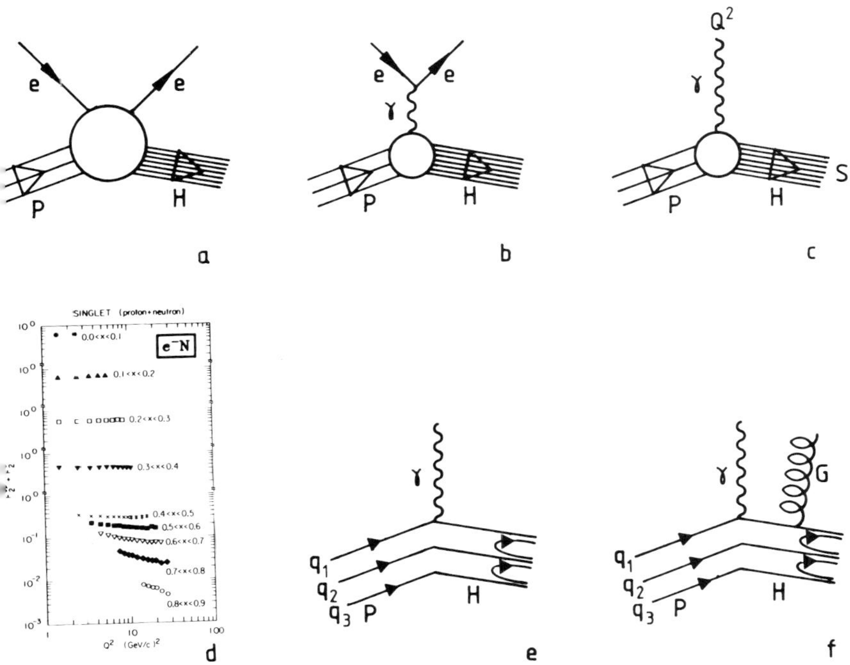

lich ausgedehnten) Protonen, sondern von den Quarks abgelenkt, aus denen das Proton aufgebaut ist. Die Kräfte, die die Quarks im Proton zusammenhalten, sind irrelevant gegenüber denen, die das mit großer Energie auf das Proton aufprallende Elektron auf die Quarks ausübt. Man sagt, daß bei großen Energien die »Samenkörner« (sprich Quarks) in der »Marmelade« (dem Proton) sichtbar werden. Quarks aber sind bei heutigen Energien punktförmige Teilchen. Dasselbe gilt von Elektronen.

Experimentell bedeutet das, daß auch sehr energiereiche Elektronen gelegentlich um große Winkel – bei den Energien des Experiments sind schon vier Grad ein großer Winkel – abgelenkt werden. Es ist, als ob ein blinder Schütze auf einen Zaun aus Stahlstangen feuert. Zumeist wird sein Schuß keine der Stangen treffen und geradeaus weiterfliegen. Wenn er aber eine trifft, wird die Kugel um einen großen Winkel abgelenkt. Das zeigt, daß der Zaun Streuzentren – die Stahlstangen – enthält. Genauso zeigt die Streuung von Elektronen an Protonen, daß diese kleinere Teilchen – die Quarks – enthalten, an denen die Streuung erfolgt. Mit im wesentlichen derselben Methode – durch Streuung von Heliumkernen an einer Goldfolie – hat Lord Ernest Rutherford, Chemienobelpreisträger von 1908, im Jahr 1910 den Atomkern im Atom entdeckt. Das Ergebnis seines Experiments hat er so beschrieben: »Es war fast genauso unglaublich, wie wenn ein 15-Zoll-Geschoß, auf ein Stück Seidenpapier geschossen, zurückgekommen wäre und den Schützen getroffen hätte.«

Die Wechselwirkung des Photons von Abbildung 61e mit dem effektiv freien Quark ist, wie jede Wechselwirkung des Photons, eine elektromagnetische Wechselwirkung. Sie wird durch die Ladung des Quarks, gemessen in Elektronenladungen, vermittelt. Die Ladung legt als reine Zahl keine Längenskala fest. Da sich das Quark bei der Streuung zudem wie ein freies Punktteilchen verhält, wird auch insgesamt durch den Prozeß von Abbildung 61e keine Länge vor der anderen ausgezeichnet – die Streuung ist skalensymmetrisch.

Nun die vergleichsweise kleinen Abweichungen von der Skalensymmetrie. Für sie (Abb. 61f) ist die Emission eines Gluons durch das vom Photon getroffene Quark verantwortlich. Das ist ein Prozeß, der durch die starke Wechselwirkung der Quarks und Gluonen bestimmt wird. Wir müssen uns daher fragen, ob die QCD die Skalensymmetrie verletzt. Da alle Energien sowieso groß sind, verglichen mit den Massen der Quarks, können wir für unsere Überlegungen annehmen, Quarks hätten die Masse Null. Dann ist zumindest die Quarkmasse keine mögliche Ursache für die beobachtete Verletzung der Skalensymmetrie. Was also dann?

Die QCD mit masselosen Quarks hängt von einem einzigen experimentell zu bestimmenden Parameter ab. Das scheint auf den ersten Blick eine Größe zu sein, die keine Längeneinheit festlegt: die Kopplungstärke von Quarks und Gluonen. Sie ist genauso eine reine Zahl wie die Quarkladung. Wäre sie mit dem experimentell zu bestimmenden Parameter der QCD identisch, wäre die Theorie notwendig skalensymmetrisch.

Die Situation ist auf den ersten und zweiten Blick paradox: Wir brauchen genau einen freien Parameter. Zugleich stellt uns die Theorie bereits einen Parameter zur Verfügung – warum sollen wir dann die beiden nicht identifizieren mit dem Resultat, daß die QCD skalensymmetrisch sei? Der Haken ist, daß wir zusätzlich sagen müssen, bei welchen Energien der theoretische Parameter mit dem experimentell bestimmten verglichen werden soll. Wir können das nahezu machen, wie wir wollen, bei beliebigen Energien, ohne irgendwelche experimentell nachprüfbaren Ergebnisse zu beeinflussen. »Nahezu« – das schließt vor allem die Wahl Null für alle Energien der beteiligten Quarks und Gluonen aus. Genau das aber macht, daß wir eine Wahl treffen müssen, die bei einer Skalentransformation – einer Multiplikation aller Energien mit einer Zahl – in eine andere Wahl übergeht. Bei Null können wir nicht vergleichen, da dort die Berechnung des experimentellen Parameters aus dem theoretischen schlicht unendlich ergibt. Derartige »infrarote Divergenzen« treten bei allen Theorien mit masselosen Teilchen auf und sind nicht unser Thema.

Nun sehen wir, wie ein zweiter, nicht skalensymmetrischer Parameter in der Theorie erscheint: Er charakterisiert den Anknüpfungspunkt von Theorie und Experiment. Natürlich – durch eine Skalentransformation entsteht aus einem zulässigen Punkt ein zulässiger, aber eben ein anderer. Wir müssen uns fragen, was passiert, wenn der Anknüpfungspunkt geändert wird. Wird er geändert, und hängt von ihm Beobachtbares ab, so kann Symmetrie nur bestehen, wenn zudem die Kopplungsstärke von Quarks und Gluonen geeignet geändert wird. Sonst würde die Änderung eines willkürlichen Parameters einen beobachtbaren Unterschied bewirken. Anknüpfungspunkt und Stärke der Kopplung müssen immer zugleich geändert werden, und zwar so, daß beobachtbare Größen sich bei der gleichzeitigen Änderung beider nicht ändern. Wie, um Symmetrie zu erreichen, die eine Änderung von der anderen abhängen muß, sagen die Renormierungsgruppengleichungen der QCD. Wir werden ihnen weiter unten in diesem Kapitel noch einmal begegnen – bei einem anschaulichen Beispiel.

Die QCD ist schlußendlich doch nicht skalensymmetrisch. Der Grund ist das Auftreten von unendlichen Größen bei dem Versuch, physikalische Ergebnisse zu ermitteln. Als experimentell zu bestimmenden Parameter der QCD wählt man im allgemeinen den Lambda-Parameter, eine Größe mit der Dimension einer Energie. Diese hängt von den gleichzeitigen Änderungen des Anknüpfungspunkts und der Kopplungsstärke von Quarks und Gluonen nicht ab, ist eine Beobachtungsgröße, gegenwärtig zu ungefähr zwanzig Prozent jener Energie bestimmt, die der Masse des Protons entspricht.

Selbstähnlichkeit

Die Systeme, die wir bisher betrachtet haben, wurden ausnahmslos durch Vergrößern oder Verkleinern geändert. Eine doppelt so große Ulrike Meyfarth würde sich von der wirklichen Frau Meyfarth unterscheiden, und auch das Modell der Stadthalle ist mit der wirklichen Halle nicht identisch. Die Renormierungsgruppe, die in der QCD eine so wichtige und erfolgreiche Rolle spielt, hat eine besonders anschauliche Bedeutung bei Systemen, die genauso aussehen wie ihre eigene Vergrößerung oder Verkleinerung.

Solche Systeme sind leicht zu konstruieren. Ein Beispiel ist eine Serie konzentrischer Kreise – Kreise um ein und denselben Mittelpunkt – mit den Radien (Einheiten in Zentimetern) 1, 2, ½, 4, ¼, 8, ⅛, 16, 1/16 und so weiter. Abwechselnd wird der größte erreichte Kreis um den Faktor 2 vergrößert, der kleinste um denselben Faktor verkleinert. Die Kreise in Abbildung 62 a wurden nach dieser Vorschrift mit einem anderen Vergrößerungsfaktor – 1,29 – konstruiert.

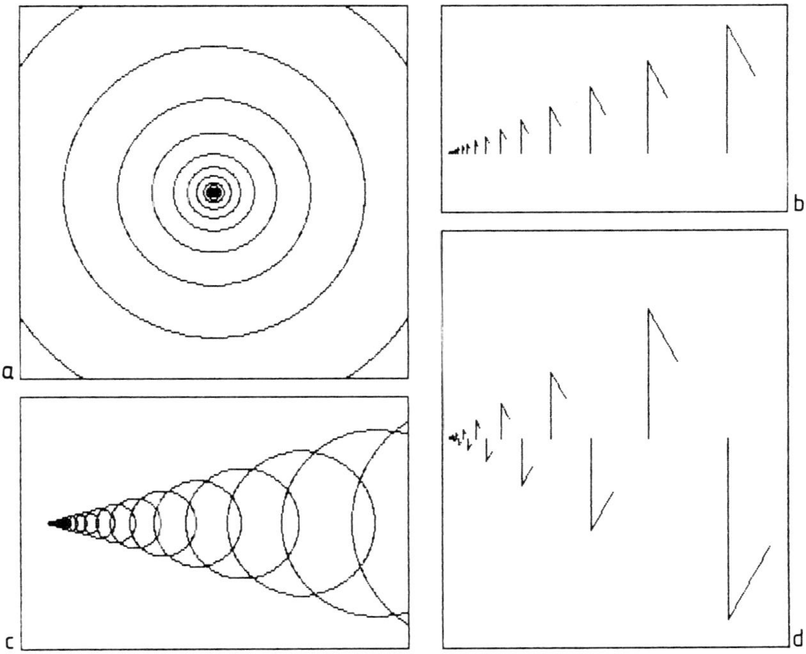

Abbildung 62

Wichtig ist, daß diese Prozedur niemals beendet wird. Aus praktischen Gründen kann man bei vorgegebener normaler Bleistiftdicke und DIN-Papiergröße nach vielleicht fünf oder gewiß zehn Wechselschritten Vergrößern-Verkleinern aufhören, aber laut Konstruktionsvorschrift sind die zahllosen größeren und kleineren Kreise sehr wohl vorhanden – wenn auch nicht sichtbar. Das ist genauso wie bei linearen Kristallen: Für deren Verschiebungssymmetrie ist entscheidend, daß sie unendlich ausgedehnt sind – eine Eigenschaft, die auf endlichem Papier nicht darstellbar ist.

Unsere doppelt unendliche Serie konzentrischer Kreise ist, wie man sagt, selbstähnlich. Ähnlich heißen zwei Figuren, wenn eine aus der anderen dadurch entsteht, daß man alle Längen der anderen mit demselben Faktor multipliziert. So sind alle gleichseitigen Dreiecke einander ähnlich und genauso alle Quadrate und alle Kreise. Ähnlich zu sein bedeutet für zwei Figuren, daß eine Skalentransformation die eine in die andere überführt. Eine Figur ist selbstähnlich, wenn eine Skalentransformation sie in sich selbst überführt. Selbstähnliche Figuren sind daher skalensymmetrisch.

Es ist leicht zu sehen, daß nach dem Vorbild der Abbildung 62a konstruierte Serien konzentrischer Kreise in der Tat selbstähnliche – skalensymmetrische – Figuren bilden. Denn – ich diskutiere den Vergrößerungsfaktor 2 – alle Abmessungen eines Kreises werden halbiert, wenn man seinen Radius halbiert. Dadurch entsteht aus dem Kreis mit Radius 2 der mit Radius 1, aus dem mit ½ der mit ¼ und so weiter. Und der mit dem Radius 2 entsteht aus dem mit Radius 4, dieser aus dem mit Radius 8 und abermals und so weiter. Wir gewinnen aus den Kreisen der Serie durch Multiplikation der Radien mit ½ wieder genau die Kreise der Serie – sie ist, als direkte Konsequenz ihrer Konstruktionsvorschrift, selbstähnlich.

Nach dem Vorbild der selbstähnlichen Serie von Kreisen in Abbildung 62a ist es leicht, weitere selbstähnliche Figuren zu konstruieren. Man beginne mit einem beliebigen ebenen Gebilde – beispielsweise einem der Kreise in Abbildung 62c. Man wähle außerdem einen Punkt der Ebene – in Abbildung 62c den Punkt, dem die Kreise zu entstammen scheinen. Schließlich wähle man eine beliebige positive Zahl – hier 1,29, wie in der Abbildung 62a. Multipliziert man nun die Abstände eines jeden Punktes der Ebene von dem gewählten Punkt mit der gewählten Zahl, so entsteht aus dem Kreis, mit dem wir begonnen haben, ein zweiter – größerer – Kreis der Abbildung. Er besitzt den 1,29fachen Radius und zugleich den 1,29fachen Abstand vom gewählten Punkt.

Es ist offensichtlich, wie die Prozedur weiterzuführen ist. Den mittlerweile zwei Kreisen der Abbildung 62c werden die Bilder des Ausgangskreises bei den Umformungen mit 0,775 = $1/_{1,29}$, 1,66, 0,601, 2,15, 0,466, 2,77, 0,361 und so weiter hinzugefügt. Das erzeugt die ganze Abbildung 62c. Die Abbildung ist selbstähnlich, skalensymmetrisch: Multiplikation des Abstands der Punkte der Ebene von dem zuvor gewählten Punkt mit 1,29 ergibt dieselbe Abbildung. Die größeren Kreise wandern aus der Abbildung heraus, ins unendliche sozusagen. Ihren Platz nehmen andere, kleinere, in Abbildung 62c bereits identifizierbare ein. Deren Plätze wiederum werden von Kreisen besetzt, die sozusagen aus dem unendlich kleinen, dem unaufgelösten Punkt von Abbildung 62c, auftauchen und als individuelle Kreise sichtbar werden.

Abb. 63a

Was die Abbildungen 62a und 62c zeigen, ist nach derselben einfachen Vorschrift entstanden, angewendet auf unterschiedliche Ausgangsdarstellungen – Motive, wie in Kapitel 2. Noch einmal die Vorschrift, gültig für alle Motive: Wähle einen Punkt der Ebene beliebig aus. Füge dann zu dem Motiv die Darstellung hinzu, die aus ihm entsteht, wenn man den Abstand jedes Punktes von dem gewählten Punkt mit einem Faktor, der größer als eins gewählt werden kann, multipliziert. Die Motive der Abbildungen 62a und 62c sind, obwohl Kreise mit nahezu demselben Radius, unterschiedlich, da ihre Relationen zu dem »gewählten Punkt« unterschiedlich sind: Das Motiv von Abbildung 62a ist ein Kreis um diesen Punkt als Mittelpunkt; in Abbildung 62c beträgt der Abstand des Kreismittelpunktes vom gewählten Punkt 1,8 Radien. Wenn die Punkte des Motivs im vergrößerten Abstand zu ihm selbst hinzugefügt sind, wende man die Vorschrift »Abstand der Motivpunkte vom gewählten Punkt mit einer Zahl multiplizieren und das Resultat zum Motiv hinzufügen« auf das Motiv abermals an – nun mit dem Kehrwert des Multiplikators. Und so weiter, wie oben beschrieben, mit dem Quadrat des Multiplikators, dem Quadrat des Kehrwertes, ... – bis weiteres Zeichnen durch Blattgröße und Bleistiftdicke sinnlos wird.

Diese Vorschrift ist so einfach, daß man ihre Durchführung einem Computer übertragen kann. In der Tat wurden die Abbildungen 62 durch ein Computerprogramm gezeichnet. Die Abbildungen 62a und 62c besitzen weitere, nicht durch die Konstruktionsvorschrift erzwungene Symmetrien: Abbildung 62a bleibt bei beliebigen Drehungen um den gemeinsamen Mittelpunkt der Kreise und bei Spiegelungen an beliebigen Achsen durch diesen Punkt unverändert; Abbildung 62c kann man ohne Änderung an der Geraden spiegeln, auf der die Mittelpunkte der Kreise liegen. Wie die durch dasselbe Programm mit einem Haken als Motiv gezeichnete, nicht weiter symmetrische Abbildung 62b zeigt, erzeugen die Symmetrien des Motivs »Kreis« der Abbildungen 62a und 62c deren zusätzliche Symmetrien. Die Symmetriegruppen sind größer, da das Motiv selbst spezielle Eigenschaften besitzt. Natürlich wäre es leicht, ein Programm zu schreiben, das aus einem beliebigen Motiv

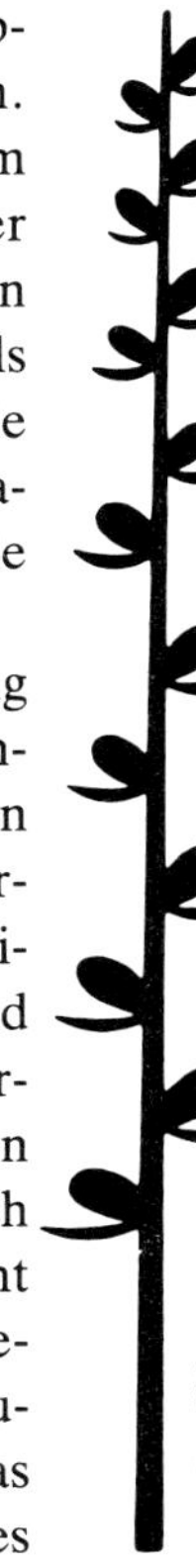
Abb. 63b

ein Muster mit zum Beispiel den Symmetrien der Abbildung 62c erzeugt. Für die Bewegungssymmetrien der Ebene haben wir die analoge Aufgabe in Kapitel 2 vollständig gelöst.

Eine skalensymmetrische Verallgemeinerung der Gleitspiegelungssymmetrie (Abb. 46) – zeigt Abbildung 62d. Die Blütenstände einer Ähre in der Abbildung 63b besitzen andeutungsweise diese Symmetrie. Unser vom Computer gezeichnetes Muster in Abbildung 62c besitzt dieselben Spiegel- und Dehnungssymmetrien wie das dem Buch von Wolf und Wolff von 1956 entnommene Ornament in der Abbildung 63a. Erstaunlich ist, daß die unterste Münze des »Streckstreifens« so dargestellt ist, als folge weiter unten keine mehr.

Abb. 64 *Muschel »Turitella duplicata«*

Man kann auch Transformationen betrachten, bei denen die Längen in senkrechter Richtung um einen anderen Faktor wachsen als in waagerechter. Abbildung 65a ist ein vom Computer gezeichnetes Beispiel. Die Computerzeichnung in Abbildung 65b und die Spiralen in der Abbildung 11 zeigen, daß Dehnungen auch mit Drehungen gekoppelt werden können. Ein weiteres Beispiel, nun im Raum, ist die Schale von »Turitella duplicata«, einer Muschelart (Abb. 64). Diese wird durch eine Operation nicht geändert, die aus einer Drehung um die Schalenachse zusammen mit einer räumlichen Dehnung besteht – alle Abstände von der Schalenspitze werden mit derselben Zahl multipliziert. Drehungen, kombiniert mit Verschiebungen oder Dehnungen, sind auch die Symmetrien von Schraubenlinien und manchen Blütenständen.

Die Symmetrien eines Lebewesens spiegeln natürlich wider, wie es gewachsen ist. Ich habe – bei MacMahon und Bonner – gelesen,

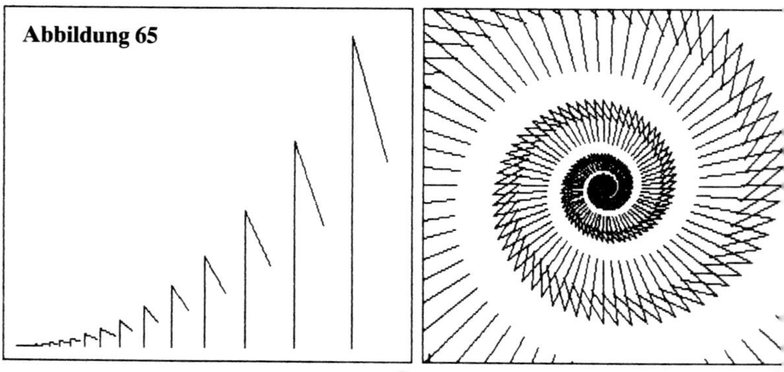

Abbildung 65

a b

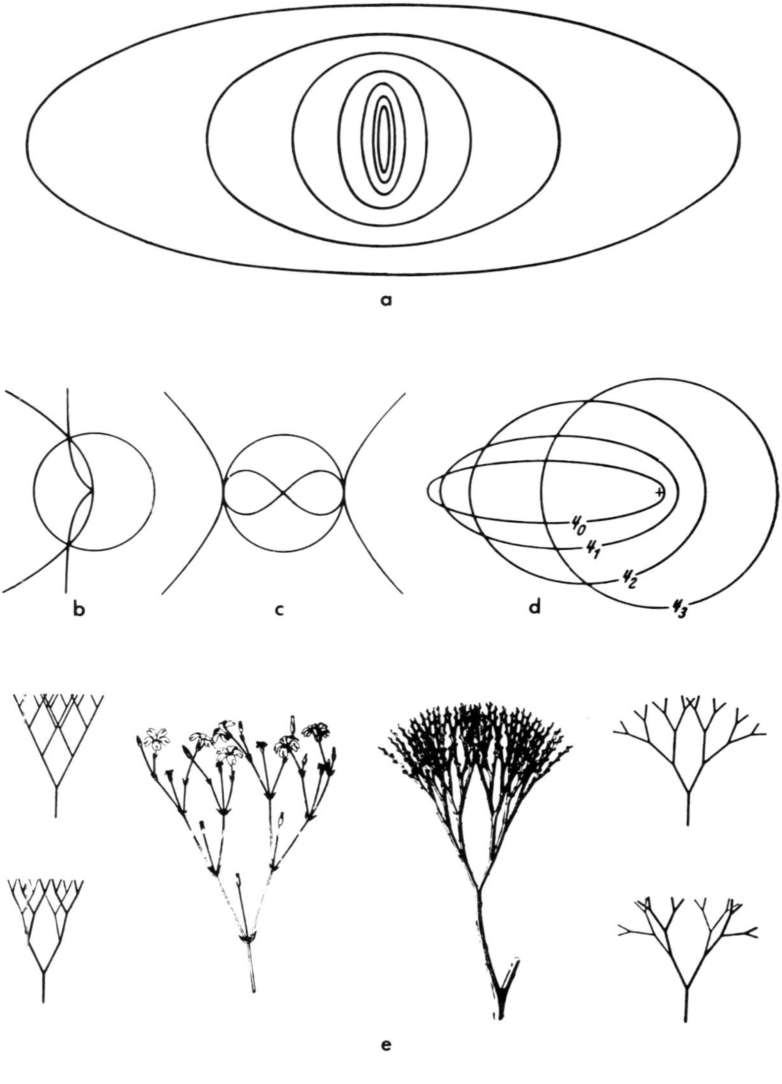

Abbildung 66: *NIEDERE SYMMETRIEN nach Wolf und Wolff*

daß wegen der spiralsymmetrischen Gestalt seiner Schale ein Perlboot in »größere Tiefen« hinabtauchen kann, ohne zu zerbrechen. Wenn das so ist, bietet eine andeutungsweise skalensymmetrische Gestalt dem Perlboot einen evolutionären Vorteil. Aber derartige Fragen sind nicht unser Thema. Es gibt übrigens eine Unmenge von nahezu mystischer Literatur zu dem Thema »Gestalt und Symmetrie«. Zum Beispiel W. Troll, 1935, Nachdruck 1984(!): »Die Wiedergeburt der Morphologie aus dem Geiste deutscher Wissenschaft«. Und es gibt das wunderbare Buch von McMahon und Bonner »Form und Leben«.

Fraktale

Die Abbildung 66 entstammt dem bereits erwähnten Buch *Symmetrie* von Wolf und Wolff aus dem Jahr 1956, einer Fundgrube symmetrischer Formen in Kunst und Natur. Im Jahr 1977 ist *The Fractal Geometry of Nature* von Benoit B. Mandelbrot erschienen; aus diesem Buch habe ich die – eigentlich etwas ältere – Abbildung 67 entnommen: ein vom Computer gezeichnetes Bild. Zwischen den Abbildungen 66e und 67 liegen wenige Jahrzehnte Entwicklung – Computerentwicklung natürlich, aber auch Jahrzehnte des Nachdenkens über Regeln, denen potentiell unendliche Gebilde genügen, die sich durch notwendig endliche Computerprogramme erzeugen lassen.

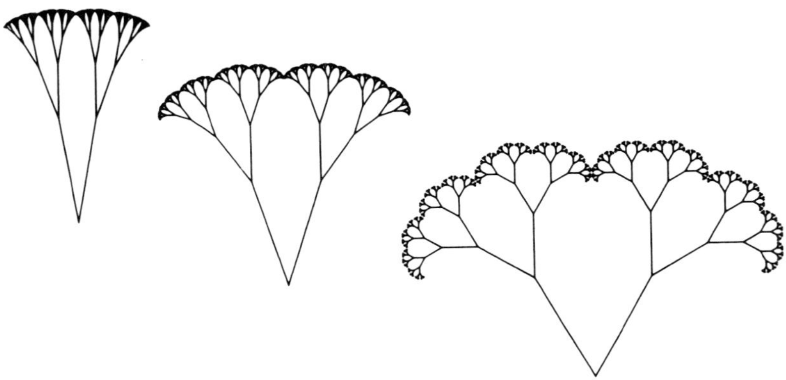

Abbildung 67: *Benoit B. Mandelbrots computererzeugte Bäume besitzen fraktale Astspitzen.*

Mit Hilfe des Computers ist es leicht, auf eine geometrische Figur dieselbe Prozedur wieder und wieder anzuwenden. Ist dies eine Verschiebung um einen gewissen Abstand nach rechts, so entsteht ein potentiell unendliches Gebilde – die rechte Hälfte sozusagen eines linearen Kristalls. Genauso erzeugt die Wiederholung der Vergrößerung einer Figur um einen Faktor ein potentiell unendlich großes Gebilde – wartet man lange genug, so wird jede vorgegebene Vergrößerung erreicht. Die Verkleinerung um einen Faktor hingegen, wieder und wieder angewendet, läßt jede Figur zum Punkt schrumpfen. Auch das ist ein Prozeß ohne Ende.

Die Gebilde, die durch wiederholtes Vergrößern und Verkleinern aus endlichen Figuren entstehen, sind leicht vorstellbar. Mit wenigen Programmzeilen können aber auch Vorschriften formuliert werden, die, wieder und wieder angewendet, aus einfachen Figuren schwer vorstellbare Gebilde erzeugen.

Der Titel »Niedere Symmetrie«, den Wolf und Wolff der Abbildung 66 gegeben haben, besagt, daß die Symmetrien des Dargestellten nicht in das Klassifikationsschema der Autoren für symmetrische Gebilde hineinpassen. Als Symmetrietransformationen erkennen Wolf und Wolff nur Drehungen, Spiegelungen, Verschiebungen und – in unserer Sprechweise – Skalentransformationen an, nicht aber andere Umformungen wie beispielsweise Skalentransformationen mit in waagerechter und senkrechter Richtung unterschiedlichen Skalenfaktoren (Abb. 66a und Abb. 65a) oder »Spiegelungen am Kreis« (Abb. 66b + c).

Daß der »mathematischen Behandlung im Hinblick auf Symmetrie« weitere Fragen harren, zeigt – so Wolf und Wolff 1956 – das für das »Verständnis der Wuchsformen von Pflanzen und Tieren wichtige Phänomen der dichotomen Verzweigung« (Abb. 66e) – ein Phänomen, »dessen gruppentheoretische Behandlung neue Methoden und Verfahren erfordern dürfte«. Gebilde, die durch Prozesse wie »dichotome Verzweigung« entstehen, heißen heute Fraktale – nach Benoit B. Mandelbrot, der den Ausdruck geprägt und uns eine neue Art zu sehen und zu verstehen gelehrt hat. Seine Arbeiten und wunderbar illustrierten Bücher haben eine Sturzflut anderer Arbeiten ausgelöst und eine wissenschaftliche Mode begründet.

Moleküle und Kristalle sind, wie Wolf und Wolff schreiben, *more geometrico* konstruiert. Derartigen geometrischen Gebilden, die er mit dem Namen »Euklid« belegt, stellt Mandelbrot seine Fraktale gegenüber. Auch diese können durch einfache Wiederholungsregeln erzeugt und beschrieben werden. Was sie von Molekülen, Kristallen und auch selbstähnlichen Muschelschalen unterscheidet, werde ich durch Beispiele erläutern. Viele Naturformen, Berge zum Beispiel oder Wolken, die sich einer Beschreibung »nach Euklid« entziehen, können als Fraktale aufgefaßt werden. In Simulationen dienen als deren Darsteller daher vom Computer berechnete Fraktale. Viele Begriffsbildungen der modernen Physik und Mathematik führen ebenfalls auf fraktale geometrische Gebilde.

Ihren Einzug in das öffentliche wissenschaftliche Bewußtsein hielten Fraktale mit der Frage »Wie lang ist die Küste von Großbritannien?« im Titel einer Arbeit von Mandelbrot 1967. Das Wort »Fraktale« wurde dort allerdings noch nicht verwendet. So trivial die Frage zu sein scheint, so schwer ist sie zu beantworten, und die endgültige Antwort muß wohl heißen: unendlich – zumindest gemessen an demjenigen Umfang, den wir erhalten, wenn wir die Küste Englands auf der Landkarte mit dem Zentimetermaß ausmessen und das Resultat mit dem Maßstab der Karte multiplizieren.

Die Karten Großbritanniens in den Abbildungen 68 a + b besitzen denselben Maßstab. Jede der Abbildungen stellt den Umriß der Insel durch Strecken mit bestimmter Länge dar. Die in Abbildung 68 b verwendeten Strecken sind um einen Faktor 2 kürzer als die der Abbildung 68 a. Die Länge der Küste ist in beiden Fällen die Summe der Längen der Strecken, die den Umriß aufbauen. Nach Abbildung 68 b besitzt England eine um einen Faktor 1,2 längere Küste als nach Abbildung 68 a. Wie lang ist also die Küste von England? Das hängt offenbar von der Länge der Meßlatte ab. Eine mit kürzerer Meßlatte aufgenommene Küste zeigt mehr Details, Ausbuchtungen und Einbuchtungen, ist also länger. Je genauer man nachsieht, um so länger wird die Küste – bis es spätestens bei atomaren Abständen sinnlos wird, von einer Küste und deren Länge zu sprechen.

Richardson – von Mandelbrot zitiert – hat die Abhängigkeit der Küstenlänge von der Länge der Meßlatte untersucht. Er verwendet ungefähr einen Kilometer als Länge des kürzesten Maßstabs für die Westküste Englands und etwa 1000 Kilometer als die des längsten.

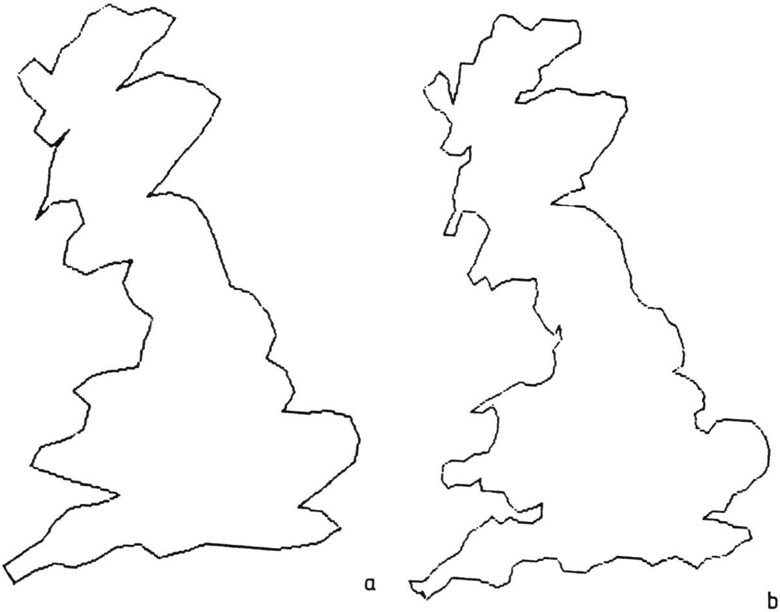

Abbildung 68: *Die Umrisse Großbritanniens hat ein Interpolationsprogramm von M. Schweizer gezeichnet.*

Mit dem kürzesten Maßstab gemessen, ist die Westküste dreimal so lang wie mit dem längsten. Nach Richardsons empirischem Gesetz für das Wachstum der Küstenlänge mit Verkürzung des Maßstabs ist die Küste Englands unendlich lang. Derartige Kurven nennt Mandelbrot Fraktale. Statt von der Länge eines Fraktals spricht man allerdings besser von seiner »fraktalen Dimension«.

Selbstähnliche Fraktale

Fraktale Selbstähnlichkeit ist eine wichtige Eigenschaft gewisser Fraktale. Das bedeutet bei unendlich ausgedehnten Fraktalen dasselbe wie unsere bisherige Selbstähnlichkeit: Verkürzt man alle Entfernungen der Punkte des Fraktals von einem geeignet gewählten um einen gewissen Faktor, so bleibt das Fraktal unverändert. Natürlich – kein Gebilde, das ganz im endlichen liegt, kann in diesem Sinn selbstähnlich sein. Es besäße ja einen von dem gewählten am weitesten entfernten Punkt, und der kann aus keinem Punkt des Fraktals durch Abstandsverkürzung entstehen. Ganz im endlichen liegende Fraktale sollen selbstähnlich heißen, wenn sie aus Teilen aufgebaut sind, die einander nicht überlappen und die ausnahmslos durch Verkleinern des ganzen Fraktals entstehen. Ein endliches selbstähnliches Fraktal ist, mit anderen Worten, aus Teilen aufgebaut, die von seiner eigenen Verkleinerung nicht unterschieden werden können.

Diese letzte Formulierung läßt als selbstähnlich auch Fraktale zu, deren Teile nur im Mittel, in einem statistischen Sinn, Verkleinerungen des Ganzen sind. Das ist die Gleichheit des weiß rauschenden Fernsehbildschirms eine Sekunde nach Sendeschluß und desselben Bildschirms abermals eine Sekunde später: Er sieht im Detail anders aus, aber zwei Aufnahmen des Bildschirms zu verschiedenen Zeitpunkten wäre nicht anzusehen, welche zuerst gemacht wurde. In demselben Sinn gleicht jeder Teller Spaghetti dem anderen. Natürlich vorkommende Fraktale sind in diesem Sinne selbstähnlich, nicht in dem strengen Sinn, in dem berechnete Modelle selbstähnlich sind.

Abbildung 69 a b

Die Abbildung 69 soll illustrieren, daß die Silhouette eines Felsmassivs selbstähnlich sein kann. Sie zeigt die Aufnahme eines Bergmassivs zusammen mit einer Ausschnittvergrößerung. Die in der Vergrößerung sichtbaren, im Original kaum aufgelösten Details ähneln denen des Originals so sehr, daß man erst dann sicher entscheiden kann, daß das Original Abbildung b ist, wenn man in ihr den Ausschnitt gefunden hat, den Abbildung a darstellt: Im Mittel

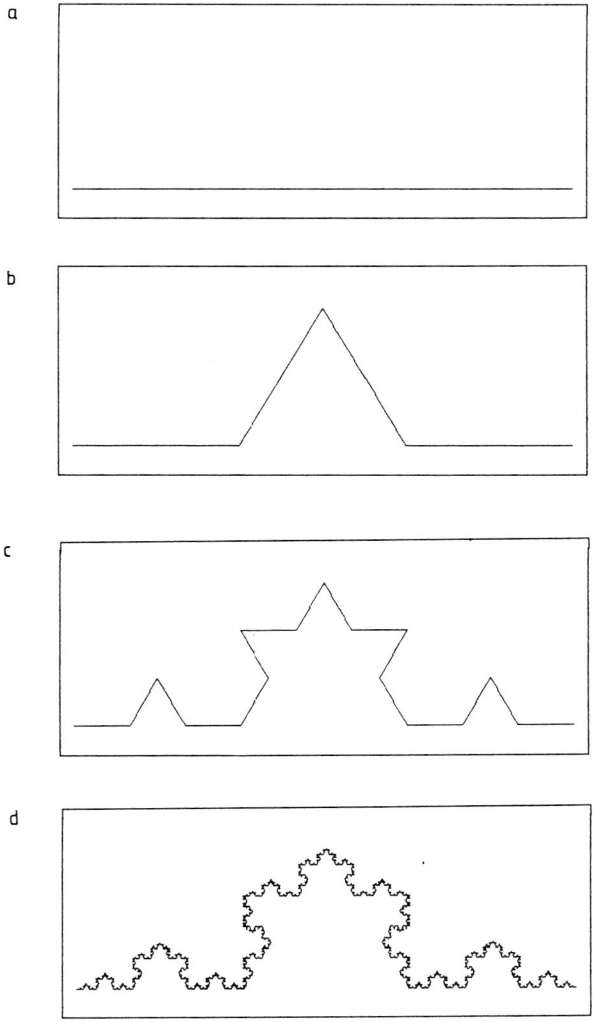

Abbildung 70

ist die Silhouette mit ihrer eigenen Ausschnittvergrößerung identisch. Es ist sogar möglich, diesen Prozeß des Vergrößerns ohne Sichtbarwerden von Unterschieden fortzusetzen – bei Annäherung an ein Felsmassiv sieht man im Mittel über weite Längenskalen immer dasselbe. Die Silhouette der Abbildung ist selbstähnlich, da sie aus Ausschnitten zusammengesetzt werden kann, deren Vergrößerungen von der Silhouette selbst nicht unterschieden werden können.

Abbildung 70 zeigt, wie ein exakt selbstähnliches Fraktal, eine sogenannte Koch-Kurve, konstruiert werden kann. Man beginne mit einer beliebigen Strecke – Abbildung 70a – und unterteile sie in drei gleiche Strecken. Auf der mittleren Teilstrecke errichte man ein gleichseitiges Dreieck; die untere Seite hat ihren Dienst getan und wird ausradiert. So entsteht Abbildung 70b. Als nächsten Konstruktionsschritt wende man dieselbe Prozedur auf die vier Strekken in dieser Abbildung an; es entsteht Abbildung 70c. Und so weiter. Aus Vergnügen an der dadurch entstehenden Gestalt wurde in den Abbildungen 70 die Konstruktion der Koch-Kurve um drei Schritte weiter getrieben – natürlich als Computerzeichnung. Die Koch-Kurve ist das monströse Gebilde, das nach unendlich vielen Konstruktionsschritten entsteht. Mandelbrot verspottet in seinem Buch von 1982 jeden, der sich das Resultat nicht vorstellen kann. Ich wage zu sagen: Ich kann es nicht. Jeder Schritt ist mir klar und ebenso, was ich sehe, wenn ich eine Lupe, ein Mikroskop nehme. Aber das Ganze auf einmal kann ich mir nicht vorstellen. Ich kann es natürlich beschreiben.

Die schließlich – schließlich?, bei dem unendlichen Konstruktionsprozeß gibt es kein »schließlich«! – entstehende Koch-Kurve hat vor allem drei interessante Eigenschaften. Erstens: Sie ist gemäß ihrer Konstruktion fraktal selbstähnlich. Denn die vier Teilkurven, die aus den in Abbildung 70b entstandenen Strecken entstehen, sind miteinander – erstens – identisch, sie bauen – zweitens – zusammen ohne Überlappung die ganze Koch-Kurve auf, und jede ist – drittens – eine Verkleinerung dieser Kurve um einen Faktor. Das zusammen bewirkt die erste interessante Eigenschaft der gesamten Koch-Kurve: Selbstähnlichkeit. Zweitens ist die Kurve unendlich lang. Denn bei jedem Konstruktionsschritt entstehen aus jeder Strecke vier Strecken, deren jede um einen Faktor 3 kürzer ist. Das zeigt der Übergang von Abbildung 70a zu Abbildung 70b. Bei jedem Schritt wächst die Länge der Kurve also um den Faktor $\frac{4}{3}$. Da dieser Faktor größer ist als eins, wird die Länge der Kurve über alle Grenzen wachsen. Andererseits – das ist ihre dritte wichtige Eigenschaft – bleibt sie eine Kurve, wird nicht zur Fläche.

Die Koch-Kurve ist ein Computermodell für ein Stück der englischen Küste und den Rand eines Kleckses, das mit diesen drei wichtige Eigenschaften teilt. Sie ist, denke ich mit Mandelbrot, daher ein besseres Modell für diese natürlichen Gebilde, als es eine Annäherung durch endlich viele Strecken je sein kann. Natürlich – das Modell ist viel zu regelmäßig. Aber es ist leicht, Modellkurven zu konstruieren, die auch die statistischen Fluktuationen des Verlaufs natürlicher Trennungslinien simulieren.

Nach unserer Definition der Symmetrie sind fraktal selbstähnliche Gebilde nicht notwendig symmetrisch. Ich denke jedoch, wir sollten den Symmetriebegriff so erweitern, daß er fraktale Selbstähnlichkeit umfaßt. Genauso interpretiere ich die Forderung von Wolf und Wolff nach neuen Methoden und Verfahren, um die dichotome Verzweigung behandeln zu können. Durch Verkleinern entsteht aus einem endlichen, fraktal selbstähnlichen Gebilde nicht wieder dasselbe Gebilde, sondern ein Teil: Fertigt man von der Koch-Kurve eine um den Faktor 3 verkleinerte Kopie an, so erhält man ein Viertel der Kurve – eine der vier identischen Teilkurven, die aus den vier Strecken der Abbildung 70b entstanden sind. Um die ganze Kurve zu erzeugen, muß ich also vier Kopien der verkleinerten Kurve aneinander legen – dann erst habe ich die Kurve in sich überführt. Aber diese Prozedur ist nicht unter den bei der Symmetriedefinition zugelassenen Transformationen, und daher ist die Koch-Kurve nicht symmetrisch.

Fraktale Dimension

Fraktale sind Gebilde, bei denen zwei Kennzahlen, die »Hausdorff-Dimension« sowie die »topologische Dimension«, nicht übereinstimmen. Die topologische Dimension ist 0 für isolierte Punkte, 1 für Kurven, 2 für Flächen, 3 für Volumina und so weiter. In der Schule haben wir gelernt, daß 0 die Dimension eines Punktes, 1 die einer Geraden, 2 die einer Fläche und 3 die des Raumes ist; nach Einstein, so steht immer wieder in der Zeitung, leben wir in den vier Dimensionen von Raum und Zeit. Die Schuldimension stimmt für Punkt, Gerade, Ebene, Raum und Raum-Zeit mit deren topologischer Dimension überein. Die topologische Dimension ist also eigentlich eine altvertraute Kennzahl von Gebilden.

Wie die jeder anderen Kurve, einer Strecke zum Beispiel, so ist die topologische Dimension der Koch-Kurve 1. Für die Anschauung ist die Koch-Kurve aber fast schon eine Fläche; sie ist zumindest einer Fläche viel näher als eine Strecke. Es ist problemlos möglich, eine Strecke in eine ebene Wurst mit beliebig kleiner Fläche einzupacken. Dazu reicht ein beliebig schmales Rechteck, das die Strecke enthält, aus. Stellen Sie sich aber vor, Sie wollten die Koch-Kurve einpacken. Je dünner die Wurst, desto genauer muß sie den Windungen folgen, damit keine Zacken herausstehen. Das aber heißt: Wenn der Durchmesser der die Koch-Kurve einhüllenden Wurst abnimmt, wächst ihre Länge. Die Fläche der Wurst nimmt mit der Breite ab und mit der Länge zu – eine viel kompliziertere Situation als bei der Strecke. Die Koch-Kurve ist, was immer das genaue Ergebnis für die Fläche der sie einhüllenden Wurst bei kleiner werdendem Durchmesser sein mag, offenbar einer Fläche näher als eine Strecke.

Die Hausdorff-Dimension, benannt nach dem Mathematiker Felix Hausdorff, alias Paul Mongré, von dem bereits die Rede war, mißt bei einer Menge von isolierten Punkten, wie nah sie einer Strecke, einer Fläche oder gar einem Volumen kommen. Sie kann bei isolierten Punkten jeden Wert zwischen 0 und 3, die Grenzen eingeschlossen, annehmen. Ähnlich ist es mit einer Kurve im dreidimensionalen Raum: Ihre topologische Dimension ist 1, ihre Hausdorff-Dimension liegt zwischen 1 und 3. Weiter für ein Gebilde mit topologischer Dimension 2, das heißt eine Fläche: Ihre Hausdorff-Dimension liegt zwischen 2 und 3. Die Liste kann mühelos auf Räume mit insgesamt mehr als drei Dimensionen ausgedehnt werden, zum Beispiel auf Einsteins vierdimensionale Raum-Zeit.

Fraktale sind Gebilde, deren Hausdorff-Dimension und topologische Dimension nicht übereinstimmen. Die Hausdorff-Dimension oder auch fraktale Dimension der Koch-Kurve ist 1,262, also mehr als die einer Strecke und weniger als die einer Fläche. Besitzer eines wissenschaftlichen Taschenrechners können die fraktale Dimension aus Vervielfachungs- und Verkleinerungsfaktor leicht ausrechnen: Tippen Sie den Vervielfachungsfaktor – 4 bei der Koch-Kurve – ein und berechnen Sie seinen Logarithmus (die Taste »log« oder »ln«; Sie erhalten 0,602 oder 1,386). Dann berechnen Sie den

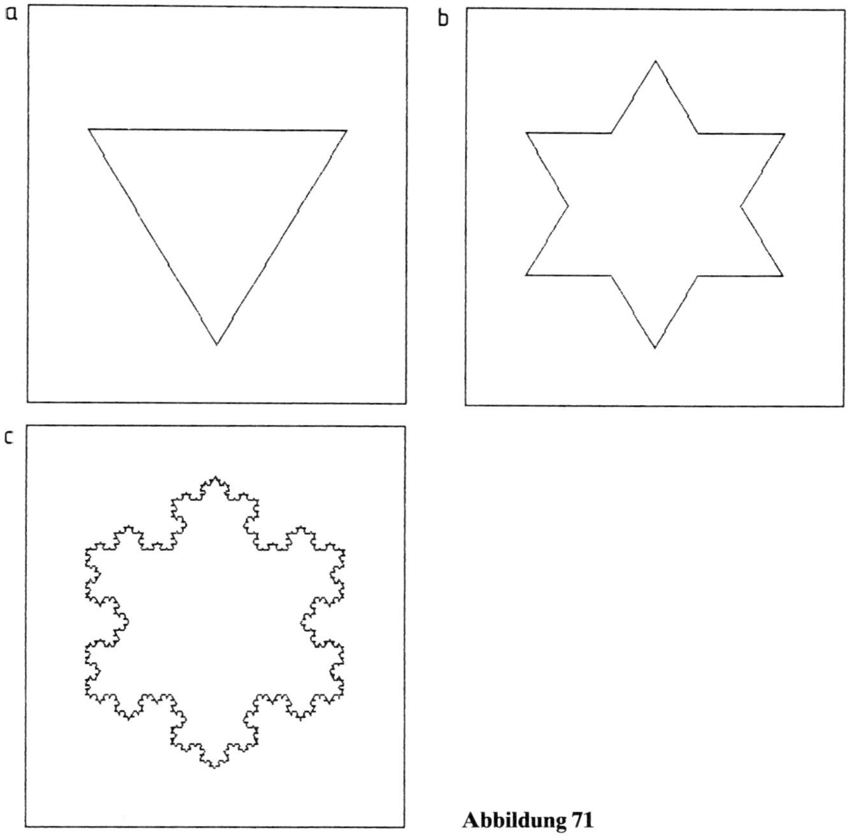

Abbildung 71

Logarithmus des Verkleinerungsfaktors – 3 bei der Koch-Kurve (Resultat 0,477 oder 1,099). Dann teilen Sie beide durch einander. Das Resultat – 1,262, die fraktale Dimension der Koch-Kurve – ist unabhängig davon, ob der dekadische (log) oder der natürliche (ln) Logarithmus verwendet wurde.

Von der Hausdorff-Dimension einer Kurve kann abgelesen werden, wie ihre scheinbare Länge bei Annäherung wächst. Ich möchte das am Beispiel der Koch-Kurve erläutern. Bei einer Wanderung taucht in der Ferne ein Hochplateau auf, das wie Abbildung 70a aussieht. Wir brauchen nicht genau zu sagen, was die »scheinbare Länge« einer Strecke sein soll; sie meint jemand, der sagt, daß Häuser vom Gipfel her »wie Puppenhäuser« aussehen. Für uns ist nur

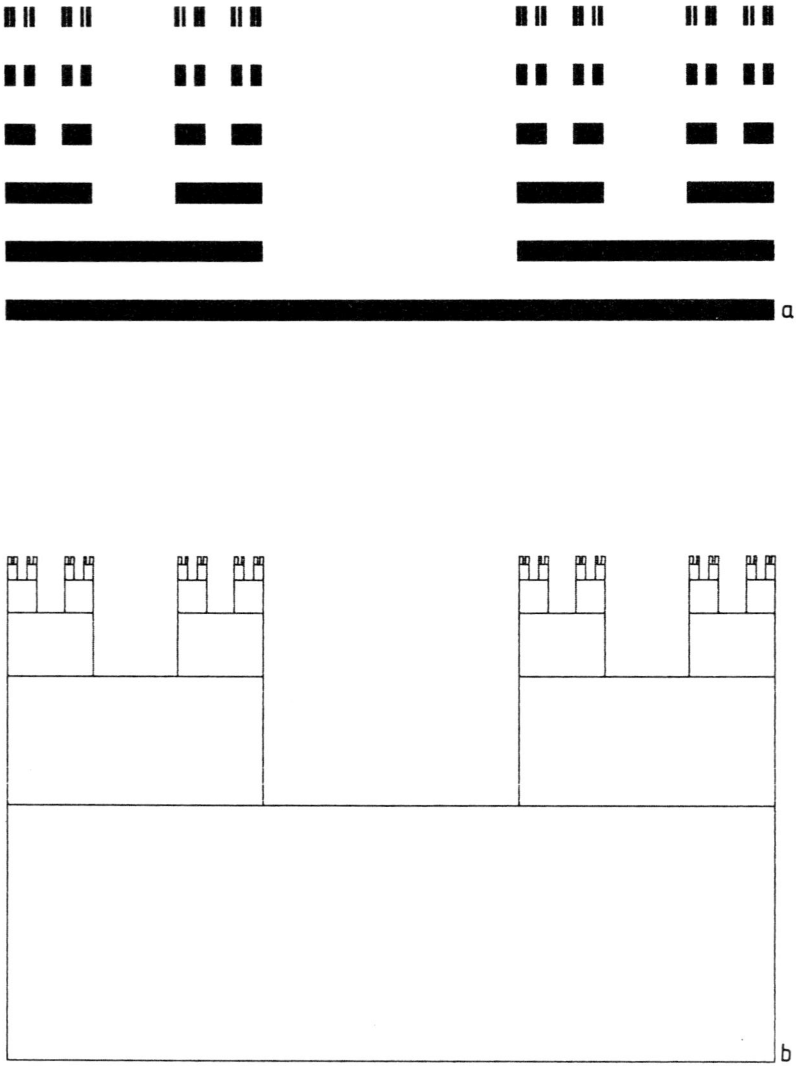

Abbildung 72

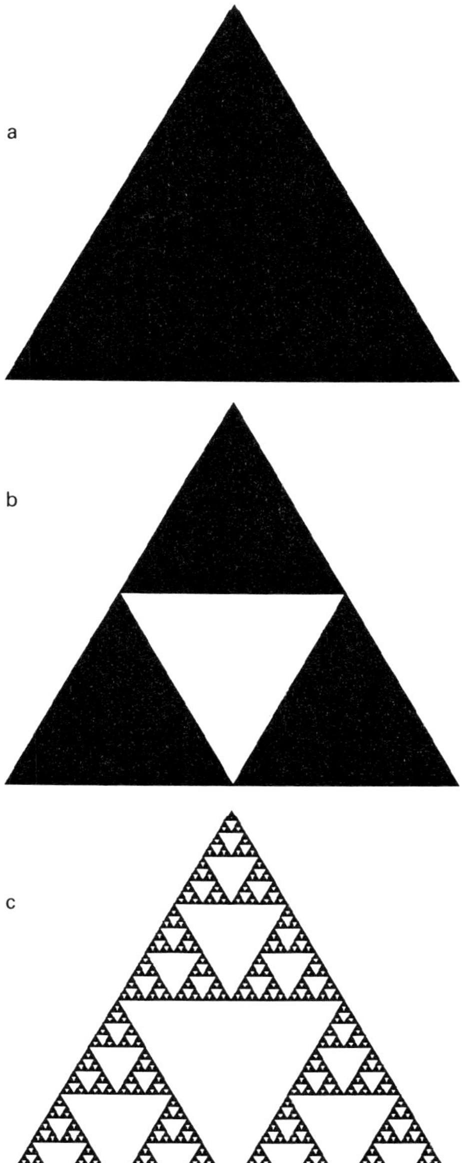

Abbildung 73

wichtig, daß die »scheinbare Länge« einer Strecke beim Halbieren des Abstands verdoppelt wird.

Die scheinbare Länge der Koch-Kurve wächst nach einem anderen Gesetz. Wenn wir ihr näher sind, können wir mehr Details erkennen; sagen wir, bei der halben Entfernung sieht sie aus wie Abbildung 70b: ein Berg, flankiert von zwei Plateaus. Ihre scheinbare Länge ist um den Faktor $2 \cdot 4/3 = 8/3$ gewachsen – aus drei Teilstrecken sind vier geworden, jede scheinbar doppelt so lang. Und so weiter: Die Länge der Koch-Kurve wächst bei Annäherung stärker als die einer Strecke. Wie stark sie wächst, bestimmt ihre Hausdorff-Dimension.

Es ist leicht, weitere Fraktale zu konstruieren. Abbildung 71 zeigt die Konstruktion eines Koch-Sterns. Er ist nicht selbstähnlich, besteht aber aus selbstähnlichen Teilen. Die Entstehung von Cantor-Staub zeigt Abbildung 72a: Eine Strecke – hier, um sie besser sichtbar zu machen, als Balken dargestellt – wird, wie die Koch-Kurve, zunächst in drei gleich lange Strecken unterteilt. Die mittlere Strecke wird dann ersatzlos gestrichen. Ihre Endpunkte werden aber nicht fortgenommen. Dasselbe geschieht mit den zwei verbliebenen äußeren Strecken: Sie werden dreigeteilt, die Mittelstrecke wird ohne Endpunkte fortgenommen. Und so weiter. Was schließlich bleibt von der Strecke, mit der wir begonnen haben, ist der Cantor-Staub, eine Menge isolierter Punkte, topologische Dimension 0. Nach Konstruktion bleiben alle Endpunkte der in der Abbildung eingezeichneten Strecken – natürlich auf einer Geraden vereint. Es bleiben auch Punkte, die sich als Folgen solcher Punkte darstellen lassen – der Cantor-Staub ist so vertrackt, daß auch Mandelbrot denjenigen nicht schilt, der ihn sich nicht vorstellen kann. Er ist fraktal selbstähnlich mit einem Verkleinerungsfaktor 3. Der Wiederholungsfaktor ist 2, die Hausdorff-Dimension 0,631.

Der Bauplan des Sierpinski-Dreiecks kann von den Abbildungen 73 abgelesen werden; das Dreieck selbst ist das Gebilde aus schwarzer Farbe, das durch unendlich viele Konstruktionsschritte entsteht. Natürlich ist es unsichtbar; schwarz gefärbte Flächen gibt es nach den unendlich vielen Ausdünnungen nicht mehr, und vereinzelte Punkte sind, genauso wie unendlich dünne Linien, unsichtbar.

Die fraktale Dimension des Sierpinski-Dreiecks kann leicht be-

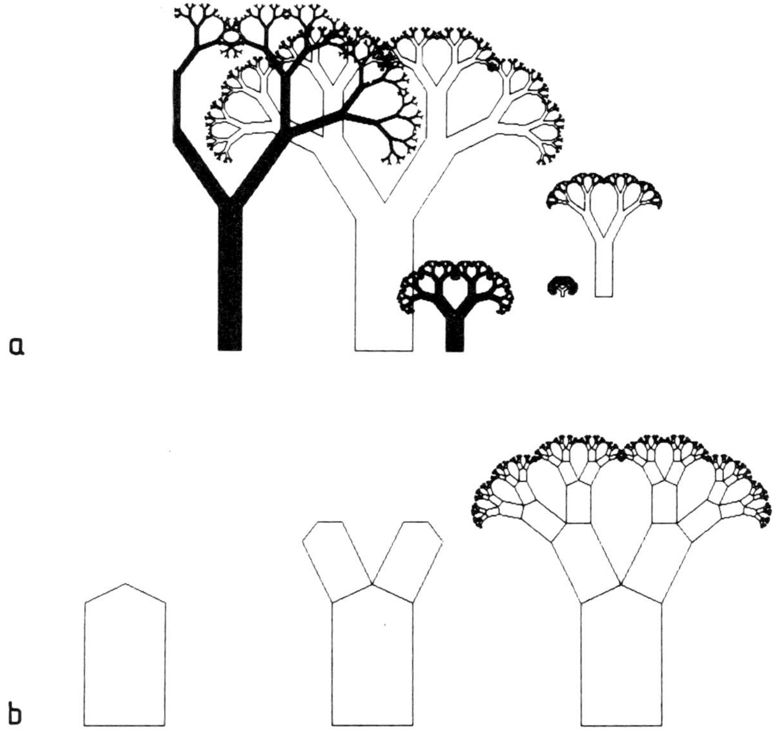

Abbildung 74

rechnet werden. Denn wenn ich die Längenausmaße des großen Dreiecks links unten um einen Faktor 2 vergrößere, erhalte ich das ganze Dreieck. Es enthält die dreifache Menge schwarzer Farbe. Daraus folgt 1,85 als fraktale Dimension des Sierpinski-Dreiecks.

Nach dem Bauprinzip des Cantor-Staubs ist der Fraktalbau der Abbildung 72b entstanden; der Leser kann, wenn er will, fraktale Fensterrosetten einzeichnen. Wie die Bäume des fraktalen Wäldchens in Abbildung 74a gewachsen sind, zeigt Abbildung 74b. Und so weiter. Der Grundriß der Sprossen und Blüten in Abbildung 75 (rechts), besonders deutlich in II, läßt sich als Bauplan für selbst-

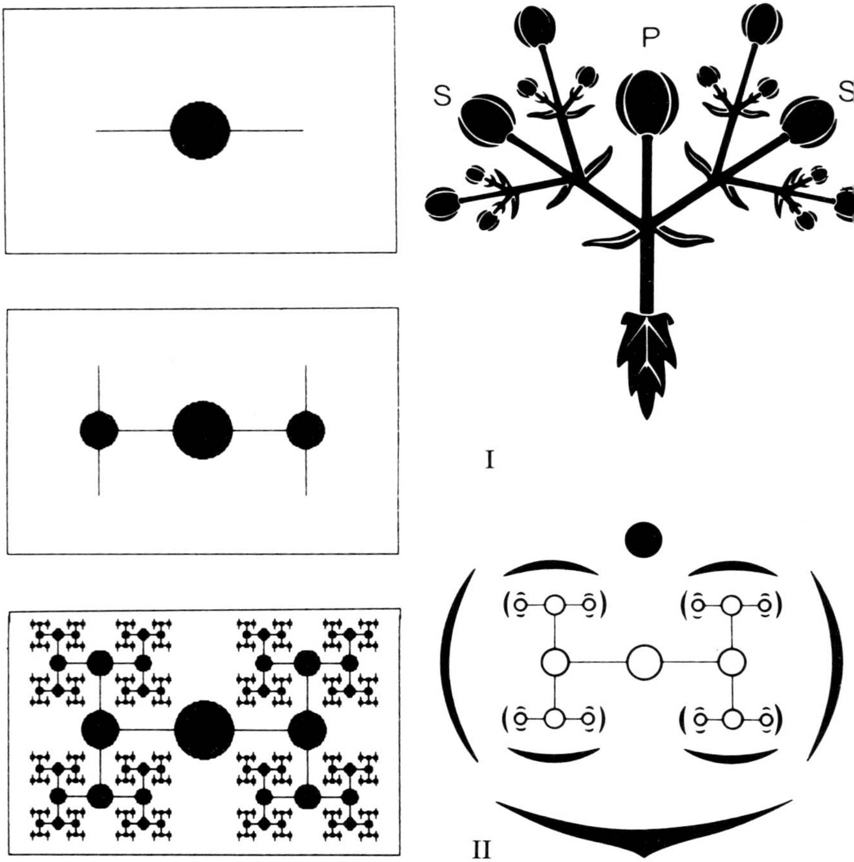

Abbildung 75
»Cymöse Verzweigung« von Blütenständen im »Aufrißschema« (I), im »Diagramm« (II) und (Abbildung links) in einer Computersimulation.

ähnliche Fraktale interpretieren (Abb. 75 links). Auch Entladungen (Abb. 76 a) hinterlassen ein Gewirr von statistisch – im Mittel – fraktal selbstähnlichen Spuren. Abbildung 76 b entstand als Computersimulation.

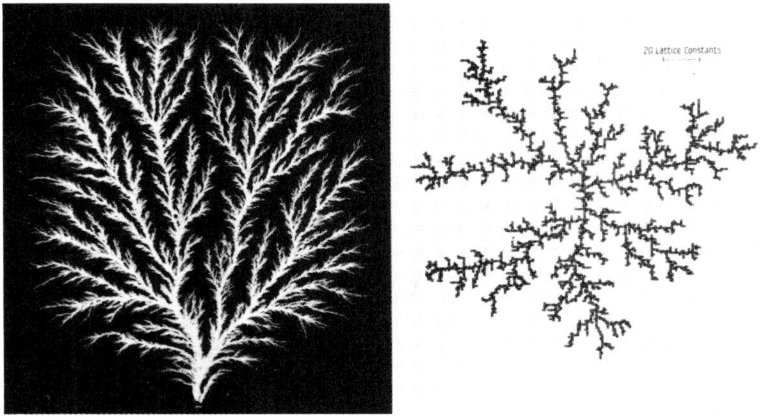

Abbildung 76 a b

Brownsche Bewegung erzeugt Fraktale

Mikroskopisch kleine Körper, in Wasser aufgeschwemmt, bleiben nicht ruhig liegen. Wenn man in Abständen von – sagen wir – einer Sekunde aufzeichnet, wo sich ein Körper gerade befindet, und die Orte durch Gerade verbindet, ergibt sich nach 28 Sekunden Beobachtungszeit beispielsweise Abbildung 77a, Ergebnis einer Computersimulation. Man kann nun fragen, auf welchem Weg der Körper von dem ersten seiner Bahnpunkte in dem Kasten oben rechts in Abbildung 77a zu dem zweiten gekommen ist – nahezu sicher nicht auf der Geraden, die beide Punkte verbindet.

Nehmen wir an, der Experimentator hätte die Bewegung des Körpers in einem Film mit 28 Bildern pro Sekunde festgehalten. Wenn wir uns 29 dieser Bilder nacheinander ansehen und die Orte des Körpers durch Gerade verbinden, ergibt sich als Vergrößerung des Kastens in Abbildung 77a zum Beispiel Abbildung 77b, ebenfalls aus einer Computersimulation. Und so weiter – uns kommt es darauf an, daß diese nach ihrem Entdecker, dem Botaniker R. Brown (1773–1853), benannte Bewegung bei jeder Längenskala im wesentlichen dasselbe Bild zeigt. Ein Film, der in abermals 29 Einzelbildern den Weg des Beobachtungskörpers von einem Punkt der Abbildung 77b zum nächsten zeigte, ergäbe, entsprechend vergrö-

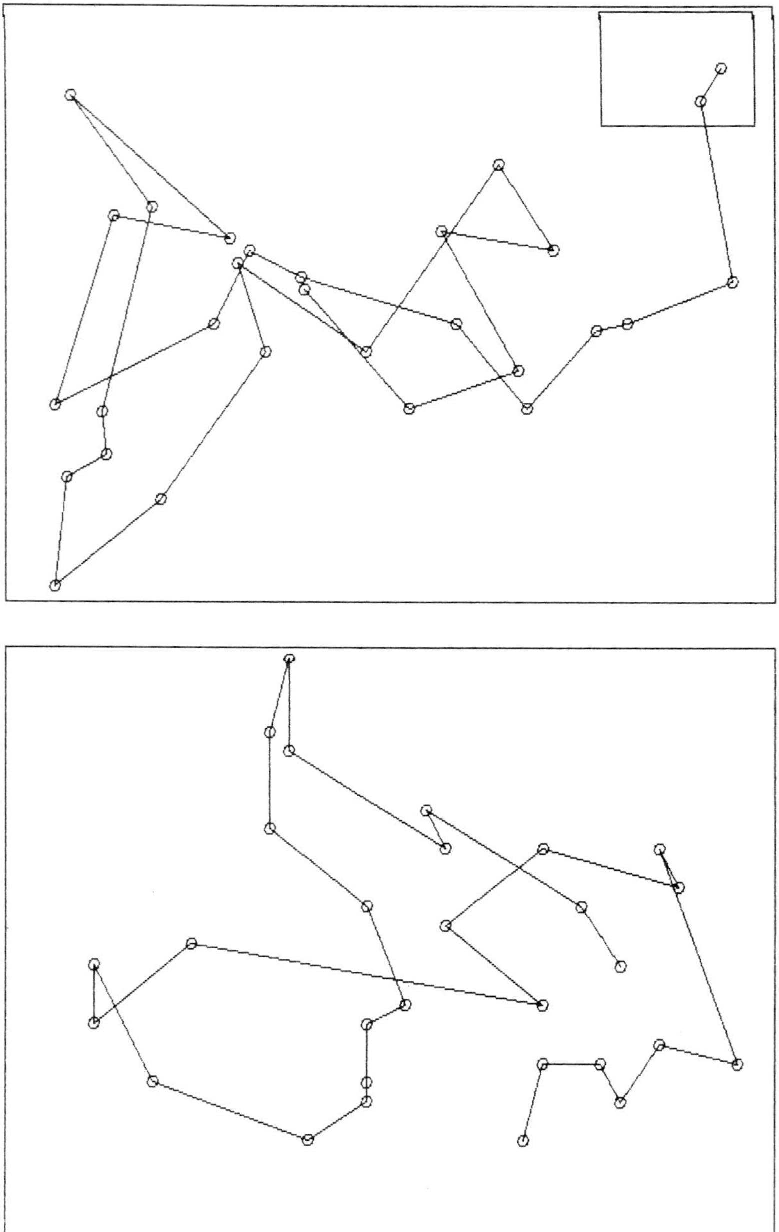

Abbildung 77

ßert, ein Netz von Teilstrecken, das den beiden Abbildungen 77 im Mittel wiederum so gliche, wie ein Teller Spaghetti dem anderen gleicht.

Nachzutragen bleibt die Physik der Brownschen Bewegung. Die sich ungeordnet bewegenden mikroskopisch kleinen Körper sind riesengroß, verglichen mit den Molekülen des Wassers, in dem sie aufgeschwemmt sind. Die Wassermoleküle selbst sind wie die Moleküle aller Substanzen in ständiger ungeordneter Bewegung. Diese Wärmebewegung ist um so schneller, je höher die Temperatur ist. Die beobachtete Bewegung von Abbildung 77a oder b wird dadurch verursacht, daß Wassermoleküle die aufgeschwemmten Körper anstoßen. In dem Zeitintervall zwischen zwei Beobachtungen finden zahlreiche – ich bin versucht zu sagen, zahllose! – Zusammenstöße statt. Die Bewegung des Körpers von einem markierten Punkt in Abbildung 77a oder b zum nächsten zeigt die Bilanz der Stöße, die den Körper in der Zwischenzeit getroffen haben. Sie spiegelt die statistischen Regeln, die die Bewegung der Moleküle beherrschen. Diese legen die Vergrößerung fest, die im Mittel zu einer Verkürzung des Zeitintervalls gehört, und bewirken Selbstähnlichkeit der Brownschen Bewegung – für Zeitintervalle jedenfalls, die groß genug sind, um die Regeln der Statistik auf die Zahl der Stöße in ihnen anwenden zu können. Bei höherer Auflösung gibt es keine Selbstähnlichkeit mehr. Doch die idealisierte Brownsche Bewegung der Computersimulation mit einer fraktalen Kurve der Hausdorff-Dimension 2 – sie überdeckt eine Fläche! –, die bei jeder Erhöhung der Auflösung mehr Zacken aufweist, ist über weite Strecken ein gutes Modell der wirklichen Brownschen Bewegung.

Naturgesetze und fraktale Formen

Der Mechanismus, der die fraktale Form der Spur der Brownschen Bewegung entstehen läßt, ist genau bekannt. Das ist für Fraktale aber nicht typisch. Sie sind, wie Mandelbrot schreibt, Ausstellungsstücke in einem Museum der Wissenschaft, ähnlich den Platonischen Körpern und durchgeschnittenen Kegeln in den Gängen älterer Schulen – nach Mandelbrot nun, nicht nach Euklid. Was fehlt und dringend benötigt wird, ist Verständnis dafür, welche physikalischen Mechanismen welche fraktale Formen im Laufe der Zeit entstehen lassen – die Bewegungsgleichung, nicht nur die Konstruktionsvorschrift.

Den Unterschied möchte ich an einem Beispiel nach Euklid erläutern. Die Konstruktionsvorschrift einer Ellipse ist einfach: Sie ist der »geometrische Ort« aller Punkte, die dieselbe Abstandssumme von zwei gegebenen Punkten haben. Es gibt also eine einfache Konstruktionsvorschrift für Ellipsen. Genauso gibt es eine einfache Konstruktionsvorschrift für den Koch-Stern; sie kann von Abbildung 71 abgelesen werden. Daß sich die Planeten auf Ellipsenbahnen um die Sonne bewegen, ist Folge der Naturgesetze, der Bewegungsgleichungen für kleine Massen in der Nachbarschaft großer. Daher ist die Ellipse eine geometrische Form, deren Entstehung als Planetenbahn wir auf die Naturgesetze zurückführen können. Kein physikalisches Gesetz ist hingegen bekannt, durch das im Laufe der Zeit ein Koch-Stern entstünde. Gäbe es Koch-Sterne in der Natur wie Sand am Meer, könnten wir sie durch ihre Konstruktionsvorschrift zwar beschreiben, verstünden sie deshalb aber nicht.

Wir beginnen zu verstehen, welche physikalischen Mechanismen die regelmäßige Form von Schneekristallen erzeugen. Demgegenüber sind die meisten Fraktale reine Geometrie. Sie bilden, wie der amerikanische Physiker Leo P. Kadanoff unter der Überschrift »Fraktale: Wo bleibt die Physik?« schreibt, einen »Zoo interessanter Exemplare«. Ich habe von Mandelbrot eine neue Geometrie gelernt, eine neue Art, Naturformen zu sehen, Wolkenränder zum Beispiel oder die Verteilung von Gold oder Öl in der Erde. Aber, um noch einmal Kadanoff zu zitieren, »solange es kein besseres theoretisches Verständnis dafür gibt, wie fraktale Formen von den Mechanismen, die sie produzieren, abzuleiten sind, (...) so lange scheint von den Arbeiten über Fraktale vieles oberflächlich oder sogar ohne rechten Sinn (pointless) zu sein«. Das ist, wohlgemerkt, der Standpunkt eines bedeutenden Physikers.

Kadanoff denkt, die Renormierungsgruppe, von der bereits gesprochen wurde und auf die ich jetzt zurückkomme, könnte die Grundlagen für die Ableitung fraktaler Formen aus physikalischen Gesetzen liefern. Wenn das so ist, wird es universelle fraktale Formen geben, die von den Details des betrachteten Systems nicht abhängen. Der amerikanische Physiknobelpreisträger (1982) Kenneth G. Wilson hat gezeigt, daß die bei »kritischen Phänomenen« beobachtete Universalität durch die Renormierungsgruppe verstanden werden kann.

Universalität bedeutet für Fraktale, daß zwei verschiedene physikalische Abläufe dieselbe fraktale Form produzieren können. Diese hängt dann von Details der Wechselwirkung nicht ab. Abbildung 76b ist Ergebnis der Computersimulation eines schrittweisen Wachstumsprozesses, »diffusionsbegrenzte Anlagerung« genannt. Abbildung 76a zeigt einen elektrischen Durchbruch: Elektronen, die in ein Plastikmaterial eingesperrt sind, können plötzlich entweichen. Wenn auf irgend etwas, dann ist die Ähnlichkeit der Abbildungen ein Hinweis auf Universalität fraktaler Formen.

Phasenübergänge

Systeme, bei denen alles von allem abhängt, haben sich dem naturwissenschaftlichen Verständnis lange entzogen. Die Physik großer Systeme hängt im allgemeinen von deren mikroskopischer Zusammensetzung über nur wenige Parameter – Materialkonstante – ab. Für die Wasserwellen, die ein Schwimmer erzeugt, ist es unwichtig, ob sie innerhalb einer großen Welle von einem Kilometer Länge oder in noch ruhigerem Wasser entstehen. Wenn aber für ein Phänomen Großes und Kleines gleich wichtig ist, versagt die Methode, bei kleinen Systemen die für kleine geltenden Gesetze anzuwenden und bei großen die für große und ansonsten zu vergessen, daß weder das Große noch das Kleine für sich allein die ganze Wirklichkeit ist. Dieser für »Phasenübergänge« typischen Situation ist die Methode der Renormierungsgruppe angepaßt.

Es gibt Gesetze, die über viele Größenordnungen unverändert gelten. Das Coulombsche Gesetz für die Kraft zwischen zwei Ladungen ist ein Beispiel, ein anderes ist das Gesetz der Schwerkraft. Zwischen Elektron und Kern im Wasserstoffatom wirkt die Coulomb-Kraft genauso wie zwischen geladenen Metallkugeln im Labor. Das Coulombsche Gesetz gilt daher mindestens in einem Bereich von 10^{-10} Meter bis zu einigen Metern. Indirekte Evidenz dehnt den Gültigkeitsbereich des Gesetzes in beide Richtungen um weitere Größenordnungen aus. Von der Schwerkraft wissen wir, wenn auch nicht mit der wünschenswerten und technisch erreichbaren Genauigkeit, daß sie zwischen der Erde und einem Stein genauso wirkt wie zwischen einem Satelliten und der Sonne oder zwischen zwei Galaxien. Die Theorie der Renormierungsgruppe soll sowohl für Phänomene bei atomaren als auch bei makroskopischen Abständen gelten. Sie beschreibt sie durch Vorgänge, die sich zugleich im ganzen Größenbereich ihrer Gültigkeit abspielen.

Wenn ich aus einem Magneten ein Stück herausschneide, erhalte ich einen neuen kleinen Magneten, dessen Magnetisierung in dieselbe Richtung zeigt wie die des alten. Und so weiter: Magnete bestehen aus kleinen Magneten, schließlich aus einzelnen Atomen mit ihren Elementarmagneten, den Elektronen. Die Magnetisierungsrichtung des Eisens zeichnet aus, daß in sie eine größere Zahl von Elementarmagneten zeigt als in jede andere Richtung.

Dieser Überschuß, und damit die Magnetisierung, nimmt mit sinkender Temperatur zu. Am absoluten Temperaturnullpunkt – eine Idealisierung! – zeigen schließlich alle Elementarmagnete in dieselbe Richtung.

Wir wollen ebene Magnete betrachten und annehmen, daß die Elementarmagnete ein quadratisches Gitter bilden – wie in festem Abstand voneinander drehbar aufgestellte Kompaßnadeln. Anders als Kompaßnadeln sollen unsere idealisierten Elementarmagnete aber nur in zwei Richtungen zeigen können. Diese wollen wir als »oben« und »unten« bezeichnen. Abbildung 79 links oben ist ein Ausschnitt aus einem insgesamt nicht magnetischen Gitter von Elementarmagneten. Nach »oben« zeigende sind schwarz, nach »unten« zeigende weiß dargestellt.

Verglichen mit dem Abstand zweier Elementarmagnete, der Gitterkonstante, ist jeder makroskopische Magnet praktisch unendlich groß. Daher bedeutet Magnetismus langreichweitige Ordnung. Wenn nicht in *beliebig großen* Gebieten mehr in die eine Magnetisierungsrichtung des ganzen Magneten als in jede andere Richtung zeigende Elementarmagnete angetroffen werden, kann es bei unendlich großen Magneten insgesamt keinen Überschuß der einen Einstellung über die andere geben.

Benachbarte Elementarmagnete eines großen Systems wechselwirken miteinander über eine Kraft, die versucht, sie parallel zu stellen. Der daraus resultierenden Tendenz aller Elementarmagnete, in dieselbe Richtung zu zeigen, wirkt die Wärmebewegung entgegen – um so stärker, je höher die Temperatur ist. Erhitzt man also einen Magneten über eine gewisse Temperatur – bei Eisen 763 Grad Celsius – hinaus, so wird er unmagnetisch. Die langreichweitige magnetische Ordnung wird dann von der ungeordneten Wärmebewegung so sehr gestört, daß sie zusammenbricht.

Doch auch oberhalb dieser zu Ehren des französischen Physikers Pierre Curie (1858–1906) Curie-Temperatur genannten Temperatur sind die Elementarmagnete des Eisens nicht völlig unabhängig voneinander. Das werden sie erst bei der Temperatur unendlich. Bei endlicher Temperatur sind sie, wie man sagt, korreliert: Wenn ein bestimmter Elementarmagnet nach »oben« zeigt, zeigen in seiner Umgebung zumeist mehr Elementarmagnete nach »oben« als nach »unten«. Dieser Überschuß nimmt mit der Entfernung ab; wie sehr, sagt die »Korrelationslänge«: In einer Entfernung von einigen Korrelationslängen sind beide Einstellungen im Mittel gleich häufig geworden.

Auch unterhalb der Curie-Temperatur, bei magnetischem Eisen, kann die Korrelationslänge definiert werden. Wir werden sie nur oberhalb der Curie-Temperatur verwenden.

Weit oberhalb der Curie-Temperatur sind die Elementarmagnete fast unabhängig voneinander, die Korrelationslänge ist nahezu Null. Wenn die Temperatur sinkt, treten Gebiete auf, in denen die Elementarmagnete korreliert sind, das heißt bevorzugt in dieselbe Richtung zeigen. Gebiete mit der einen Vorzugsrichtung sind genauso häufig und groß wie Gebiete mit der anderen. Sinkt die Temperatur weiter, so treten größere und größere Gebiete, geradezu »Meere« paralleler Elementarmagneten auf mit »Inseln« anders orientierter darin. Die Inseln enthalten, wie es Kenneth G. Wilson ausdrückt, wiederum Seen und die wieder Inseln mit jeweils anders orientierten Elementarmagneten. Große und kleine Gebiete mit unterschiedlichen Vorzugsrichtungen bestehen ineinander und nebeneinander, und alle versuchen, allen Elementarmagneten ihre individuelle Richtung aufzuzwingen. Insgesamt ist dabei natürlich die Korrelationslänge größer geworden. Nähert man sich der Curie-Temperatur von oben, so wächst die Korrelationslänge.

Der Phasenübergang vom nichtmagnetischen zum magnetischen

Eisen hängt sowohl von den vielen kleinen Gebieten mit parallel stehenden Elementarmagneten als auch von den wenigen großen ab. Er betrifft alle Entfernungen und wird von der Orientierung von Elementarmagneten relativ zueinander mitbestimmt, die beliebig weit voneinander entfernt sind. Es kommt also darauf an, alle Entfernungen zugleich zu verstehen; Bündelung der Probleme nach Maßgabe der Größe der Gebiete, die betroffen sind, kann nichts bringen.

Erfolgreich war eine andere Idee, jene nämlich, wonach das System aus Elementarmagneten bei der Curie-Temperatur selbstähnlich sei: Seine Physik ist unabhängig davon, wie große Gebiete man betrachtet, ob direkt, Elementarmagnet für Elementarmagnet, oder durch ein umgekehrtes Fernrohr.

Bei endlichen Temperaturen oberhalb der Curie-Temperatur ist die Korrelationslänge endlich. Sie zeichnet eine Längenskala physikalisch aus und bricht dadurch Skalensymmetrie und Selbstähnlichkeit. Unterhalb der Curie-Temperatur und oberhalb der Temperatur Null gibt es falsch magnetisierte Gebiete endlicher Ausdehnung. Wie die Korrelationslänge oberhalb, so bricht die mittlere Größe dieser Gebiete unterhalb der Curie-Temperatur die Skalensymmetrie. Bei den Temperaturen unendlich und Null ist das System aus Elementarmagneten hingegen skalensymmetrisch. Denn bei der Temperatur unendlich herrscht vollkommene Unordnung, die Korrelationslänge ist Null. Bei Temperatur Null ist das System vollkommen durchmagnetisiert, es gibt keine Gebiete mit der falschen Magnetisierung, ihre mittlere Größe ist – mit anderen Worten – Null.

Die Theorie der Renormierungsgruppe nimmt, gestützt auf zahlreiche Experimente, an, daß die Korrelationslänge bei der Curie-Temperatur unendlich wird. Nähert man sich der Curie-Temperatur von oben, so soll die Größe der Gebiete mit parallel ausgerichteten Elementarmagneten über alle Grenzen wachsen. Das ist, wie bereits erörtert, plausibel. Nähert man sich der Curie-Temperatur von unten, gilt ein ähnliches Plausibilitätsargument. Die Renormierungsgruppe nimmt jedenfalls mit überragendem Erfolg an, daß die Korrelationslänge bei der Curie-Temperatur unendlich wird und daß dieses Unendlichwerden das Verhalten des Systems in der Nähe der Curie-Temperatur bestimmt. Bei unendlicher Korrelationslänge zeichnet das System wie bei der Korrelationslänge Null keine Entfernung vor der anderen aus, es ist selbstähnlich oder skalensymmetrisch. Man spricht von Skalensymmetrie am kritischen Punkt.

Die Blockspintransformation faßt Elementarmagnete zusammen

Die Skalentransformation der Gitter von Elementarmagneten heißt Blockspintransformation. Sie ist das umgekehrte Fernrohr, wodurch das System betrachtet wird. Bei einer Skalentransformation des Gitters kommt es darauf an, Entfernungen von – beispielsweise – 90 Gitterkonstanten in solche von 30 Gitterkonstanten umzuwandeln. Genau das leistet die Blockspintransformation.

Der Ausdruck »spin« kommt in »Blockspintransformation« vor, da die Eigenschaft des Elektrons, einen Spin zu haben (Kap. 6), für den Magnetismus von Eisen verantwortlich ist. Teilchen mit Spin sind, bildlich gesprochen, rotierende Kugeln. Elektronen sind elektrisch geladen, und daher sind sie rotierende Ladungskugeln. Sie

Abbildung 78

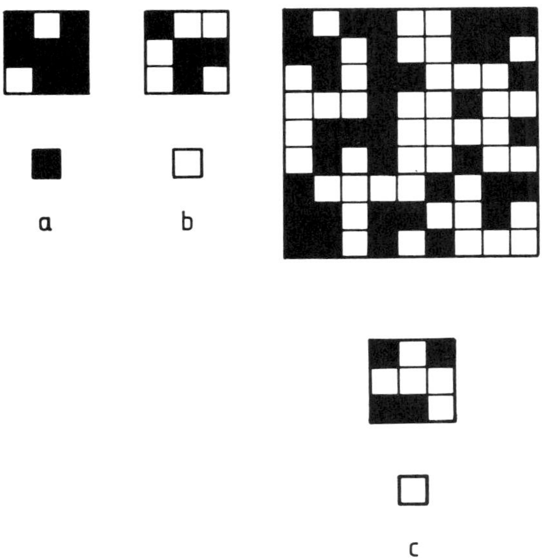

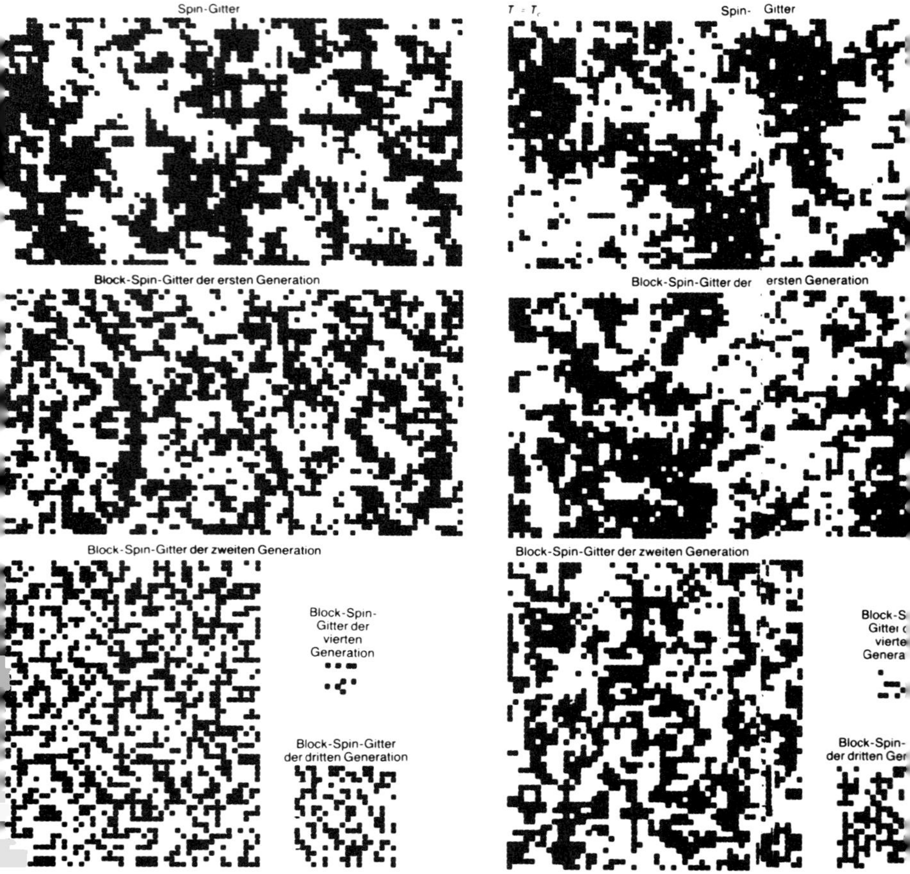

sind daher auch, und nur das ist hier wichtig, kleine Magnete, unsere Elementarmagnete.

Abbildung 78 erläutert die Blockspintransformation. Jeweils $3 \cdot 3 = 9$ Spins beziehungsweise Elementarmagnete werden zu einem Blockspin zusammengefaßt. Wie die Spins besitzen die Blockspins zwei Einstellmöglichkeiten, etwa schwarz oder weiß. Über die Einstellung des einzelnen Blockspins wird demokratisch entschieden: Seine Einstellung richtet sich nach der Einstellung der Mehrzahl seiner Konstituenten. Sind fünf oder mehr der neun Spins, die er repräsentiert, schwarz, ist er es auch; andernfalls weiß.

Abbildung 79

Die Abbildungen 78a + b zeigen die Entstehung jeweils eines Blockspins aus $3 \cdot 3 = 9$ Spins. Die Wirkung der Blockspintransformation auf ein Gitter aus $9 \cdot 9 = 81$ Spins zeigen die beiden oberen Abbildungen 78c. Das Resultat ist ein Gitter aus $3 \cdot 3 = 9$ Blockspins. Wendet man auf dies die Blockspintransformation abermals an, bleibt wie in den Abbildungen 78a + b ein einzelner Blockspin über.

Die Blockspintransformation ist eine Methode, Eigenschaften kleiner Bereiche zugunsten jener von großen zu eliminieren. Ihre Wirkung zeigen die Abbildungen 79. Sie sind (mit einer kleinen

Korrektur) aus dem Artikel von Kenneth G. Wilson in *Spektrum der Wissenschaft,* 1979, entnommen. Die drei Abbildungen in der oberen Reihe von Abbildung 79 zeigen etwa 4000 von jeweils $486 \cdot 486 = 236\,196$ Spins bei den angegebenen Temperaturen oberhalb, bei und unterhalb der Curie-Temperatur T_c. Wie in Abbildung 78 werden Blocks von $3 \cdot 3 = 9$ Spins zu einem Blockspin zusammengefaßt. Das ergibt Gitter aus $162 \cdot 162 = 26\,244$ Blockspins. Die Abbildungen 79 zeigen Ausschnitte. Dieselbe Prozedur wird nun auf die Blockspins angewendet und ergibt die Gitter der Abbildungen aus $54 \cdot 54 = 2916$ »Blockspins der zweiten Generation«. Abermals und abermals wiederholt, ergibt die Blockspintransformation nacheinander die Gitter aus $18 \cdot 18 = 324$ und $6 \cdot 6 = 36$ Blockspins der dritten und vierten Generation in den Abbildungen 79.

Wir beginnen unsere Beschreibung der Wirkung von Blockspintransformationen bei verschiedenen Temperaturen mit der rechten Spalte von Abbildung 79. Hier, unterhalb der Curie-Temperatur, ist das System notwendig magnetisch. Nicht vorhersagbar ist die Richtung der Magnetisierung. Die erste Abbildung der Spalte suggeriert, daß sie nach oben gerichtet ist, da deutlich mehr Spins in diese Richtung zeigen. Aber das könnte bei dem System aus 236 196 Spins, von denen nur etwa 4000, also weniger als zwei Prozent, dargestellt sind, auch falsch sein. Schließlich wissen wir, daß es für die Magnetisierung auf die Eigenschaften großer Bereiche ankommt. Möglich wäre, daß Abbildung 79 rechts oben für das Gesamtsystem untypisch ist, also nur eine vergleichsweise kleine Fluktuation zeigt. Die Blockspintransformation ergibt aber, daß die Magnetisierung tatsächlich nach oben gerichtet ist. Sie eliminiert die kleinen Fluktuationen – erst jene, die nur $3 \cdot 3$ Spins umfassen, dann die mit $9 \cdot 9$, $27 \cdot 27$ und so weiter. Übrig bleiben in der Abbildung 79 rechts unten nur die größten Fluktuationen. Das System insgesamt ist offenbar nach »oben« magnetisiert.

Oberhalb der Curie-Temperatur überwiegt in dem links oben gezeigten Ausschnitt aus dem Spingitter keine Einstellung deutlich die andere. Es gibt offensichtlich Korrelationen von Spins bis zu Entfernungen von vielleicht 50 Gitterkonstanten. Die Blockspintransformation, wiederholt angewendet, zeigt, daß die Gebiete mit derselben Spinrichtung nicht viel mehr als etwa $50 \cdot 50$ Spins umfassen können. Durch die Transformation wird die Verteilung einer statistischen Verteilung ähnlicher und ähnlicher – einer Verteilung, wie sie typischerweise durch Auswürfeln der Farbe einzelner unabhängiger Gitterplätze entstehen würde.

Am interessantesten ist die Blockspintransformation bei der Curie-Temperatur in der mittleren Spalte. Nun ist das System selbstähnlich, die Eigenschaften der wirklichen kleinen Bereiche ergeben sich auch als Resultat einer Verkleinerung – Blockspintransformation – der Eigenschaften der wirklichen großen. Die Wirklichkeit und die Resultate der Blockspintransformationen ähneln einander; Blockspintransformationen würden ein unendlich großes System im Mittel unverändert erscheinen lassen.

Physik der Blockspinsysteme

Bei endlicher Temperatur würde ein wirkliches Gitter aus Elementarmagneten als Folge der Wärmebewegung fortwährend verschiedene Zustände mit unterschiedlichen Einstellungen der einzelnen Magnete durchlaufen. Die möglichen Zustände und ihre Wahrscheinlichkeiten bestimmen die physikalischen Eigenschaften des Gitters. Zu jedem Zustand des Gitters gehört jene Konfiguration von Blockspins, die sich aus ihm durch Blockspintransformation ergibt. Die Blockspins durchlaufen, fortwährend so ermittelt, mit dem wirklichen Gitter eine Folge von Konfigurationen. Deren Wahrscheinlichkeiten lassen sich aus den Wahrscheinlichkeiten der wirklichen Konfigurationen berechnen.

Daraus ergibt sich eine interessante Frage: Ist die Folge von Blockspinzuständen eine mögliche Folge von Zuständen eines wirklichen Systems von Elementarmagneten? Und wenn ja, welchen Systems, und was hat es möglicherweise mit dem ursprünglichen System zu tun?

Das sind Fragen, die die Theorie der Renormierungsgruppe zu beantworten sucht. Ich verwende einen einfachen, etwas unphysikalischen Fall, um zu erläutern, was geschieht. Es kann sein, daß das durch die Blockspintransformation erzeugte System sich so verhält wie das ursprüngliche bei geänderter Temperatur. Bei wirklichen physikalischen Systemen müssen zusätzlich zur Temperatur andere Parameter geändert werden, um ein System von Spins zu erhalten, das sich wie jenes aus Blockspins verhält. Aber das ist für uns nicht wichtig.

Um zu sehen, wie sich die »geblockten« Systeme verhalten, reicht es bei unserem Spinsystem aus, die der Blockspintransformation entsprechende Temperaturänderung vorzunehmen. Offenbar muß diese Temperaturänderung oberhalb der Curie-Temperatur von dieser fortführen. Denn die Stellung eines Blockspins gibt an, in welche Richtung die Mehrzahl der Spins zeigt, die er vertritt. Korrelation von Blockspins bedeutet, daß die Spins der Gebiete, die sie vertreten, korreliert sind. Wenn die Gebiete, die ein Spin vertritt, größer geworden sind als die Korrelationslänge des ursprünglichen Spinsystems, kann es keine Korrelation der Blockspins mehr geben. Das ist aber bei endlicher Korrelationslänge nach hinreichend vielen Blockspintransformationen immer der Fall.

Blockspintransformationen vermindern also oberhalb der Curie-Temperatur die Korrelationslänge. Aus einem System mit endlicher Korrelationslänge entstehen Blockspinsysteme mit kleinerer Korrelationslänge, schließlich mit der Korrelationslänge Null. Das ist so, weil oberhalb der Curie-Temperatur keine Korrelationen mit unendlicher Reichweite existieren.

Dasselbe leistet Temperaturerhöhung oberhalb der Curie-Temperatur. Die Korrelationslänge wird kleiner – bis es bei der Temperatur unendlich keine Korrelationen mehr gibt. Wendet man die Blockspintransformation oberhalb der Curie-Temperatur wieder und wieder an, so entstehen Blockspinsysteme, die dem Spinsystem bei immer höheren Temperaturen entsprechen – schließlich bei der Temperatur unendlich.

Eine analoge Überlegung, angewendet auf das magnetische System unterhalb der Curie-Temperatur, zeigt, daß Blockspintransformationen nun Blockspinsysteme ergeben, die dem Spinsystem selbst bei niedrigerer Temperatur entsprechen: Die Gebiete mit der falschen Magnetisierung verschwinden, die magnetische Ordnung wächst.

Wir können, da Blockspintransformationen immer Systeme ergeben, die sich wie das System selbst bei geänderter Temperatur verhalten – ihm entsprechen –, Blockspintransformationen Temperaturänderungen des Systems zuordnen.

Die Curie-Temperatur trennt zwei Temperaturgebiete voneinander, in denen Blockspintransformationen die Temperatur des Systems von der Curie-Temperatur entfernen. Daher wird vermutlich sie selbst durch Blockspintransformationen nicht geändert.

Das ist in der Tat der Fall. Bei der Curie-Temperatur ist das Spinsystem selbstähnlich, die Korrelationslänge ist unendlich, und durch Blockspintransformationen entsteht im Mittel immer wieder dasselbe Bild, die mittlere Spalte von Abbildung 79. Das aber heißt, daß das Spinsystem bei der Curie-Temperatur mit seinem Blockspinsystem übereinstimmt. Spinsystem und Blockspinsystem besitzen dieselbe Temperatur. Man sagt, die Curie-Temperatur sei ein Fixpunkt der Renormierungsgruppentransformation oder Blockspintransformation. Auch die Temperaturen Null – vollkommene Ordnung – und unendlich – vollständige Unordnung – sind Fixpunkte.

Wichtig ist, daß die Curie-Temperatur einen »abstoßenden« Fixpunkt bildet. Das bedeutet, daß die Renormierungsgruppentransformation, angewendet auf ein System mit einer anderen Temperatur als die Fixpunkttemperatur, von diesem fortführt – hin zu einem der anderen Fixpunkte, den Temperaturen Null beziehungsweise unendlich unterhalb beziehungsweise oberhalb der Fixpunkttemperatur. Wir wissen, daß das der Fall ist. Die zwei Fixpunkte Null und unendlich nennt man anziehend.

Die Renormierungsgruppe erklärt die universellen Eigenschaften von Phasenübergängen

Die Renormierungsgruppe erlaubt es, die beobachtete Universalität des Verhaltens von Materialkonstanten bei den unterschiedlichsten Phasenübergängen zu verstehen – sie treten bei Legierungen und Flüssigkeiten genauso auf wie bei Magneten. Kadanoff in seinem schon zitierten Artikel erwartet, daß die Universalität fraktaler Formen durch die Methode der Renormierungsgruppe verstanden werden kann. Ein Hinweis, daß dem so sei, ist die Tatsache, daß sich Größen unter Renormierung anders verhalten, als man es auf Grund einfacher Dimensionsargumente erwartet. Bei Verkleinerungen und Vergrößerungen werden sie mit einem anderen Faktor multipliziert, als es ihrer Dimension eigentlich entspricht. Sie besitzen, wie man sagt, eine »anomale Dimension« – wie die Koch-Kurve, deren scheinbare Länge sich anders verhält, als auf Grund ihrer topologischen Dimension zu erwarten wäre.

Abstrakte Symmetrien konkreter Formen

Unsere Erörterung physikalischer Skalensymmetrien hat uns weit von den einfachen geometrischen Figuren entfernt, die bei Multiplikation aller Abmessungen mit demselben Faktor ungeändert bleiben. Ich möchte dieses Kapitel mit geometrischen Formen beenden, die von abstrakt-mathematisch definierten Transformationen nicht geändert werden. Zunächst die »konformen Abbildungen«. Sie lassen sich auf ebene Figuren anwenden. Wählt man diese klein genug, so reduzieren sich die konformen Abbildungen auf uns schon bekannte Transformationen: Verschiebungen, Drehungen und Dehnungen. Um wieviel aber ein kleines Gebilde verschoben, gedreht und gedehnt wird, hängt davon ab, wo es sich befindet. Konforme Transformationen sind aus Verschiebungen, Drehungen und Dehnungen mit *von Ort zu Ort variierenden Parameterwerten* zusammengesetzt.

Ich beschränke mich auf eine konforme Abbildung, die bei Wiederholung die Identität ergibt: die »Spiegelung am Kreis«. Sie transportiert das Innere des Kreises, an dem gespiegelt wird, nach

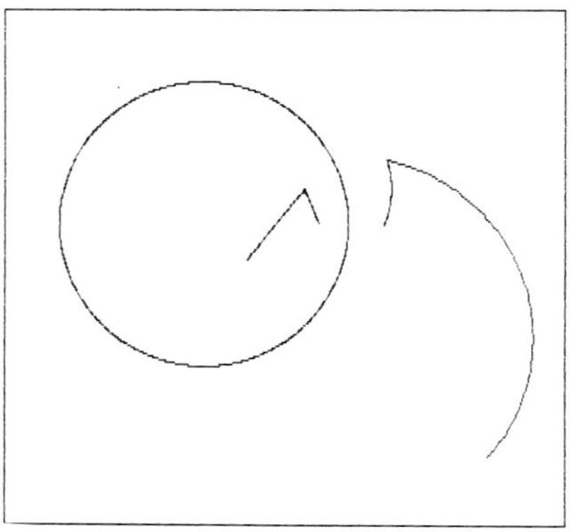

Abbildung 80

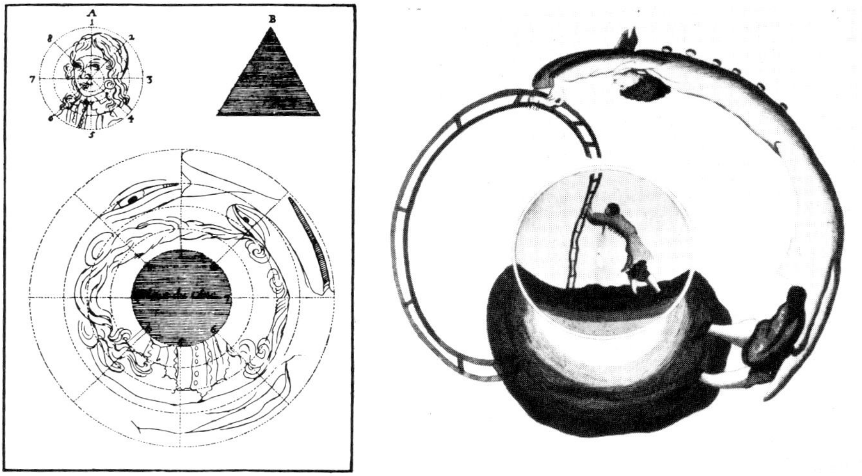

a b

Abbildung 81
Anamorphosen nennt man gesetzmäßig verzerrte Darstellungen, die man so betrachten kann, daß sie wie das Dargestellte selbst erscheinen. Beispiele sind auf ebene Kirchendecken gezeichnete Kuppeln, die wie wirkliche Kuppeln aussehen, oder Bilder, in denen das Dargestellte so verzerrt gezeichnet ist, daß man es nur erkennt, wenn man das Bild durch ein Loch im Rahmen ansieht. Das Buch Anamorphosen *enthält zahlreiche eindrucksvolle Beispiele. Von dort habe ich die zwei* Kegelanamorphosen *der Abbildung übernommen. Abbildung a erläutert ihre Konstruktion. Die anamorphotische Darstellung des Gesichtes A außerhalb des schwarz ausgefüllten Kreises entsteht aus dem Gesicht durch eine Transformation, die ich am besten durch ihre Wirkung auf die anamorphotische Darstellung beschreibe: Stellt man den in B dargestellten* spiegelnden Kegel *auf den schwarz ausgefüllten Kreis und betrachtet den Kegel von oben, so sieht man in ihm das Gesicht A. Da eine Spiegelung, auch eine am Kegel, durch sich selber rückgängig gemacht wird, ergibt, auf A angewendet, dieselbe Transformation die anamorphotische Darstellung. Das Gesicht, wie es im Kegelspiegel erscheint und seine anamorphotische Darstellung sind daher zusammen genommen symmetrisch bei der Spiegelung am Kegel. Abbildung b ist ein anderes Beispiel für eine Kegelanamorphose. Ihre Verwandtschaft mit der Spiegelung am Kreis in Abbildung 80 ist offensichtlich.*

a

b

außen und das Äußere nach innen; der Kreis geht in sich selbst über. Sie wird beschrieben durch eine einfache Formel, und dementsprechend kurz ist das Computerprogramm, das zu einer Figur ihr Spiegelbild am Kreis hinzufügt. Abbildung 80 zeigt den Kreis, an dem gespiegelt wird, zusammen mit einem Haken und seinem aus zwei Kreissegmenten zusammengesetzten Spiegelbild. Spiegelt man dieses, so muß wieder der Haken entstehen, da – wie gesagt – die Spiegelung am Kreis, zweimal ausgeführt, die Identität ergibt. Die Abbildung wird durch eine Spiegelung am Kreis also nicht geändert. Auch die von Wolf und Wolff übernommenen Abbildungen 66b + c bleiben bei Spiegelung an dem eingezeichneten Kreis unverändert. Die anamorphotischen Darstellungen der Abbildung 81 beruhen auf der mit der Spiegelung am Kreis eng verwandten Spiegelung am Kegel.

Abbildung 82 schließlich ist ein Fraktal, zusammen mit einer Ausschnittsvergrößerung. Diese ähnelt in vielem der Ausgangsdarstellung. Das deutet auf Selbstähnlichkeit hin, die aber genaugenommen nicht besteht. Abbildung 82a ist, wie Mandelbrot sagt, ein selbstquadrierter Drache. »Drache« muß nicht erläutert werden.

Abbildung 82
Die Abbildung soll das Aussehen einer Punktmenge veranschaulichen, die durch eine einfache mathematische Operation – komplexes Ouadrieren und Addieren einer bestimmten komplexen Zahl – nicht geändert wird. Wendet man die Operation erst auf einen Punkt, dann auf das Bild des Punktes, das sie erzeugt hat, dann auf das Bild des Bildes und so weiter an, so werden alle Punkte, die nicht zu der Menge gehören, ins Unendliche befördert. Die Abbildung zeigt diejenigen Punkte des Rasters des Computerbildschirms, deren Bilder sich nach 90 Iterationen der Abbildung noch im Inneren eines Kreises befanden. Dieser Kreis – der Kreis mit Radius 2 – ist so beschaffen, daß jeder Punkt außerhalb seiner bei den geschilderten Iterationen mit Sicherheit ins Unendliche fortwandert. Daß das Bild eines Punktes sich nach 90 Iterationen noch in diesem Kreis befindet, bedeutet nicht, daß es ihn auch bei nachfolgenden nicht verlassen würde – im Gegenteil; in manchen Gebieten liegen die Punkte der Menge so dünn, daß man praktisch keine Chance hat, einen zu finden. In einem gewissen Sinn liegen die Punkte, die den Einheitskreis nach 90 oder mehr Iterationen verlassen, »näher« an einem Punkt der Menge als die, die bereits nach 10, 20, …, 70 oder 80 Iterationen aus ihm herauswandern. Die Farbtafeln 6 stellen den so definierten Abstand von einem Punkt der Menge durch Farben dar. Zur Darstellung verwendet wurde zweimal dieselbe Farbfolge. Die Punktmenge von Mandelbrots selbstquadriertem Drachen in Abbildung a und Farbtafel a ist sehr kompliziert. Die Abbildung b und die Farbtafel b zeigen eine Vergrößerung des in Abbildung a eingezeichneten Ausschnittes.

»Selbstquadriert« bedeutet, daß die Menge der schwarz gezeichneten Punkte bei einer mathematischen Operation, die aus komplexem Quadrieren und Addieren einer komplexen Zahl besteht, in sich übergeht. Aber auch das ist genaugenommen nicht richtig – die Punkte dieser Menge liegen in manchen Gebieten so dünn, daß man keine Chance hat, einen zu erwischen, wenn man Punkte auswählt und probiert, ob sie zu der Menge gehören. Man muß damit zufrieden sein, daß in der Nähe der gezeichneten Punkte Punkte der gemeinten Menge liegen. Fragt man, wie rasch Punkte der Ebene bei wiederholter Anwendung der mathematischen Operation des Quadrierens und Addierens der komplexen Konstante ins unendliche fortwandern, und ordnet Geschwindigkeiten Farben zu, so entstehen die Farbtafeln 6. Diese zeigen dieselben Gebiete wie die Abbildungen 82.

6. Symmetrie und Quantenmechanik

Alltagsobjekte besitzen stets eine bestimmte, manchmal unbekannte Lage. Das Kind, das zwischen einem versteckten Apfel und einer versteckten Birne wählt, kann sicher sein, daß sich die Birne objektiv und wirklich in der einen, der Apfel in der anderen Hand befindet – es weiß nur nicht, in welcher.

Vertauscht man Apfel und Birne, so hat sich die Situation, in der das Kind wählen soll, objektiv und wirklich geändert. Unmöglich ist es, Apfel und Birne zu vertauschen, ohne irgend etwas zu ändern. Das ist, so erstaunlich es klingt, anders bei den »Äpfeln und Birnen« der Quantenmechanik. Quantenmechanisch kann man »Apfel und Birne« so über zwei Hände verteilen – das werden wir noch genauer sagen müssen! –, daß beide, ohne die Situation objektiv und wirklich zu ändern, vertauscht werden können.

Klassische und quantenmechanische Systeme

Die Quantenmechanik kennt zusammengesetzte Objekte, die ungeändert bleiben, wenn man verschiedene Bestandteile vertauscht. Alltagsobjekte können bei Vertauschungen nur dann ungeändert bleiben, wenn die vertauschten Bestandteile identisch sind. Die sogenannten Farbsymmetrien des Ying-Yang (Abb. 6), der Abbildungen 58 und der Farbtafeln 1–5 bestehen aus »inneren« Transformationen – Farbänderungen –, kombiniert mit Bewegungen. Ersetzt man beim Ying-Yang Weiß und Schwarz durch einander, so hat man eine reine Farbtransformation durchgeführt. Sie vertauscht die weißen und schwarzen Flächen; das Ying-Yang wird dadurch genauso geändert wie durch eine Drehung um 180 Grad. Erst wenn man es zusätzlich um diesen Winkel dreht, hat man es insgesamt nicht geändert. Hingegen werden manche Atomkerne und Elementarteilchen durch Transformationen, die weiter nichts tun, als verschiedene Bausteine zu vertauschen, nicht geändert.

Die typischen quantenmechanischen Effekte treten merkbar nur bei mikroskopischen Systemen auf. Zur Erläuterung wollen wir annehmen, das sei nicht so. Dann könnten Sie Ihrem Kind gegenübertreten und mit derselben Wahrscheinlichkeit – nicht nur nach Ihrer Kenntnis, sondern objektiv – den Apfel rechts, die Birne links und den Apfel links, die Birne rechts verbergen. Sie könnten es sogar so einrichten, daß dieses »quantenmechanische System« aus Apfel und Birne sich nicht ändert, wenn Sie Apfel und Birne vertauschen. Die Quantenmechanik erlaubt – anders als die klassische Mechanik – Objekte, die bei nur innere Eigenschaften betreffenden Transformationen ungeändert bleiben.

»Apfel links und Birne rechts versus Birne links und Apfel rechts« ist unser Beispiel für ein Lehrbuchproblem der Quantenmechanik, das »Zweizustandsproblem«. Klassisch bedeutet Symmetrie gegenüber der Vertauschung von Apfel und Birne, daß die eine Verteilung genauso möglich ist wie die andere. Mit Kopf und Zahl einer Münze kann ausgewürfelt werden, welche genommen werden soll. Diese steht danach unabhängig davon fest, ob sie jemand zur Kenntnis nimmt. Stets ist es möglich, die Verteilung zu überprüfen, ohne sie zu ändern. Andere Zustände als diese zwei gibt es nicht.

Quantenmechanisch kann das System aus Apfel und Birne Zustände annehmen, in denen mit beliebig vorgebbarer Wahrscheinlichkeit der Apfel links, die Birne rechts und mit der Restwahrscheinlichkeit die Birne links, der Apfel rechts angetroffen werden. Ohne diese Wahrscheinlichkeit zu ändern, kann der Zustand des Systems durch Zusatzannahmen eindeutig festgelegt werden. Das System befindet sich dann in einem bestimmten quantenmechanischen Zustand. In ihm steht der Ausgang von Experimenten, die feststellen sollen, ob das eine oder das andere der Fall ist, objektiv und wirklich nicht fest. Statt der klassischen Konfigurationen sind nur die Wahrscheinlichkeiten – die relativen Häufigkeiten – angebbar, mit denen sie bei Experimenten auftreten werden.

Unter den quantenmechanischen Zuständen des Apfel-Birne-Systems befinden sich zwei, in denen die Wahrscheinlichkeit für Apfel links, Birne rechts genauso groß ist wie die für Birne links, Apfel rechts. Diese, und nur diese Zustände gehen bei Vertauschung von

Apfel und Birne in sich selbst über. Wenn Sie mit Apfel und Birne in einem dieser Zustände Ihrem Kind gegenübertreten könnten, bestünde objektiv und wirklich dieselbe Wahrscheinlichkeit für Apfel links, Birne rechts wie umgekehrt.

Das quantenmechanische Apfel-Birne-System besitzt ein Kontinuum von Zuständen, die zwischen den zwei Zuständen interpolieren, in denen der Ausgang eines Experimentes zur Verteilung von Apfel und Birne eindeutig feststeht. Das Konstruktionsverfahren zur Gewinnung dieser Zustände heißt Überlagerung. Zumindest in der Theorie kann ich zwei beliebige quantenmechanische Zustände überlagern und dadurch ein Kontinuum von Zuständen gewinnen, die zwischen ihnen interpolieren. Daraus folgt, daß Symmetrieprinzipien in der Quantenmechanik eine viel größere Rolle spielen als in der klassischen Physik.

Isospinsymmetrie klassisch und quantenmechanisch

Das möchte ich am Beispiel der Isospinsymmetrie erläutern. Sie ist eine Symmetrie der starken Wechselwirkung von Protonen und Neutronen im Atomkern. Proton und Neutron sind einander sehr ähnlich. Ihre Masse stimmt bis auf 0,14 Prozent überein. Der einzige große offensichtliche Unterschied von Proton und Neutron betrifft ihre elektrische Ladung: Das Proton ist elektrisch positiv geladen, das Neutron ist neutral.

Die starke Wechselwirkung ist von der Ladung unabhängig. Es könnte also sein, daß die starken Wechselwirkungen nicht zwischen Proton und Neutron unterscheiden, daß mit anderen Worten die starken Wechselwirkungen von Protonen und Neutronen übereinstimmen. Das ist die Hypothese der Isospinsymmetrie.

Klassisch kann Isospinsymmetrie für Protonen und Neutronen nur bedeuten, daß Symmetrie der Naturgesetze gegenüber Vertauschung von Protonen und Neutronen besteht. Isospinsymmetrie ist eine quantenmechanische, keine klassische Symmetrie. Es ist daher nicht offensichtlich, wie klassische Isospinsymmetrie zu definieren wäre. Sicher als Vertauschungssymmetrie von Protonen und Neutronen: Aus stabilen Atomkernen müssen bei Isospinsymmetrie durch Vertauschen von Protonen und Neutronen stabile Atomkerne werden. Aber darf ich eine beliebige Anzahl von Protonen durch Neutronen und Neutronen durch Protonen ersetzen, oder sind nur Transformationen erlaubt, die alle Protonen durch Neutronen und zugleich alle Neutronen durch Protonen ersetzen?

Der Unterschied ist nicht unwichtig. Der Atomkern Deuteron besteht aus einem Proton und einem Neutron. »Links« und »rechts« stehe für alle Eigenschaften außer jener, ein Proton oder Neutron zu sein. Sagen wir, das klassische Deuteron sei der Kern mit Proton links, Neutron rechts. Dann besteht Symmetrie gegenüber der Vertauschung von Proton und Neutron, wenn auch Neutron links, Proton rechts ein stabiler Kern ist. Symmetrie bei der Ersetzung des Neutrons durch ein Proton würde hingegen bedeuten, daß auch zwei Protonen einen stabilen Kern bilden. Experimentell ist das nicht der Fall. Klassisch verstandene Isospinsymmetrie müßte auch sagen, welche der zwei Proton-Neutron-Konfigurationen das Deuteron ist. Die quantenmechanische Antwort auf diese Frage ist einfach: eine der zwei symmetrischen Kombinationen mit derselben Wahrscheinlichkeit für Proton und Neutron. Welche? Es gibt eine, zu der kein Partnerkern mit zwei Protonen gehört. Diese natürlich.

Wie auch immer klassische Isospinsymmetrie aussehen würde, sie wäre eine Ersetzungssymmetrie von Protonen und Neutronen, und damit eine Symmetrie gegenüber endlich vielen Transformationen. Quantenmechanische Isospinsymmetrie ist Symmetrie gegenüber unendlich vielen Transformationen.

Proton und Neutron – zwei Zustände desselben Teilchens

Wir beginnen mit dem Zustand eines Protons und dem eines Neutrons. Quantenmechanisch gibt es dann die unendlich vielen Zustände, die zwischen ihnen interpolieren. Heisenberg hat vorgeschlagen, Proton und Neutron als zwei Zustände eines Teilchens, des Nukleons, aufzufassen – genauso wie »waagerecht« und »senkrecht« zwei Zustände eines Pfeils sind. Das Nukleon kann man sich als Teilchen mit einem Drehschalter vorstellen. Steht er waagerecht, befindet sich das Nukleon im Zustand Proton, steht er senkrecht, im Zustand Neutron. Bei jeder anderen Stellung ist der Zu-

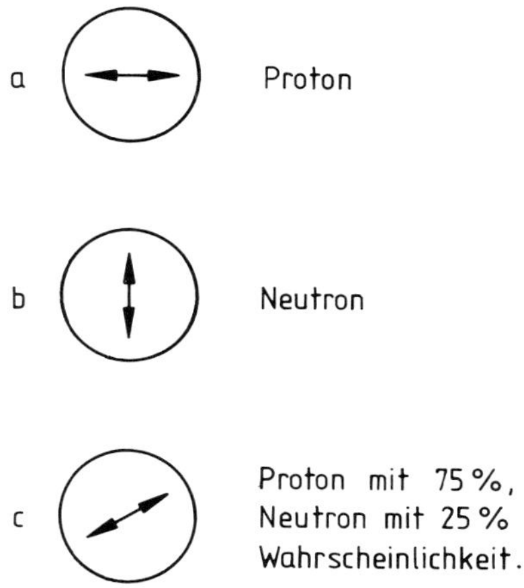

Abbildung 83

stand des Nukleons einer der unendlich vielen Zustände zwischen Proton und Neutron (Abb. 83).

Jeder Isospintransformation ist eine bestimmte Drehung des Schalters zugeordnet. Drehung um 90 Grad überführt das Nukleon aus dem Zustand Proton in den Zustand Neutron und umgekehrt; aus jedem Zustand zwischen Proton und Neutron entsteht durch die Drehung – die Isospintransformation – ein anderer derartiger Zustand. Isospinsymmetrie bedeutet, daß die Naturgesetze unverändert bestehen, wenn man auf jedes Nukleon dieselbe Isospintransformation anwendet.

Schalterdrehungen und Isospintransformationen sind einander zugeordnet. Wichtig ist die Präzisierung, daß auf alle Nukleonen dieselbe quantenmechanische Transformation anzuwenden ist, um aus einem Zustand vieler Nukleonen einen gleichberechtigten Zustand zu erzeugen. Die Drehung um 90 Grad vertauscht Protonen und Neutronen. Also gehört die Proton-Neutron-Vertauschung zur quantenmechanischen Isospinsymmetrie. Besonders wichtig ist, daß es unendlich viele Schalterdrehungen, sprich Isospintransformationen, gibt. Quantenmechanische Isospinsymmetrie bedeutet, daß die Naturgesetze bei unendlich, nicht nur bei endlich vielen Transformationen unverändert bleiben.

Die Forderung nach quantenmechanischer Isospinsymmetrie ist, da sie unendlich viele Transformationen von Zuständen ins Spiel bringt, stärker als die nach klassischer Ersetzungssymmetrie. Sie besitzt aus eben diesem Grund mehr überprüfbare Folgerungen, als klassisch zu erwarten. Dazu gehört ein recht kompliziertes Muster von Ersetzungssymmetrien von Protonen und Neutronen in Kernen und bei Kernreaktionen durch einander. Es läßt sich, ohne die quantenmechanischen Details zu besprechen, nicht einfach sagen, bei welchen »klassischen« Ersetzungen Symmetrie bestehen soll und bei welchen nicht.

E. P. Wigner spricht von »greater effectiveness« und »increased importance« von Invarianzprinzipien – unseren Symmetrieprinzipien – in der Quantenmechanik, verglichen mit der klassischen Physik. Diese Erhöhung von Wirksamkeit und Bedeutung folgt aus der Möglichkeit, quantenmechanische Zustände durch Überlagerung zu Zuständen zu kombinieren.

Ein Proton läßt sich natürlich nicht wirklich in ein Neutron verwandeln. Klassisch klafft zwischen beiden eine Lücke wie zwischen einer rechten Hand und einer linken. Quantenmechanisch gibt es zwar Zustände, die zwischen Proton und Neutron interpolieren. Es ist dennoch nicht möglich, den Zustand eines wirklichen Protons so zu ändern, daß er der Isospindrehung folgt – so also, daß über das Kontinuum von Zwischenzuständen aus dem Proton ein Neutron wird. Ausgeschlossen ist nicht nur, das Proton in einen Zustand zwischen Proton und Neutron zu versetzen, sondern keiner dieser Zustände ist realisierbar, gleichgültig durch welche Methode.

Die Konsequenzen der Isospinsymmetrie *für die Naturgesetze* hängen nicht davon ab, ob die Isospintransformationen wirklich durchgeführt werden können. Daß man reale Objekte drehen und verschieben, aber nicht spiegeln kann, ist für mich ein Grund, an Dreh- und Verschiebungssymmetrie in einer Welt zu glauben, in der die Spiegelsymmetrie gebrochen ist. Was es jedoch für die Naturgesetze bedeutet, daß eine gewisse Umschreibung sie nicht ändert, kann nicht davon abhängen, ob der Umschreibung eine durchführbare Operation entspricht. Mit der Möglichkeit, die Konsequenzen von Symmetrieprinzipien experimentell zu überprüfen, ist es anders.

Wenn man ein System nicht in den Zustand versetzen kann, über den die Symmetrien der Naturgesetze Aussagen machen, kann man sich mit Nachbauten helfen. Wenn Nachbauten nicht angefertigt werden können, ist die Überprüfbarkeit der Vorhersagen der Symmetrieforderung eingeschränkt. Beispielsweise ist es leicht möglich, Protonen hoher Energie auf Protonen zu schießen und deren Verhalten zu beobachten. Unmöglich ist es 1987 jedoch, dieselben Experimente mit Neutronen durchzuführen. Das ist eine praktische Unmöglichkeit ohne tiefere Bedeutung, die dennoch die Überprüfbarkeit der Konsequenzen der Isospinsymmetrie einschränkt. Andere Vorhersagen der Symmetrie bleiben überprüfbar. Beispielsweise, daß Protonen und Neutronen dieselbe Masse besitzen.

Interessanter ist die Unmöglichkeit, eine Symmetrietransformation von Naturgesetzen wirklich durchzuführen, wenn dem Asymmetrien anderer Naturgesetze entgegenstehen. Isospinsymmetrie ist eine Symmetrie der starken Kernwechselwirkung. Die elektromagnetische Wechselwirkung bricht sie; denn Proton und Neutron tragen nicht dieselbe elektrische Ladung. Im allgemeinen dominiert die starke Wechselwirkung im Atomkern über die elektromagnetische. Es gibt aber Situationen, in denen das nicht so ist.

Die elektromagnetische Wechselwirkung wächst mit der Gesamtladung an. In schweren Kernen mit vielen Protonen kann sie stärker sein als die starke. Sie kann verhindern, daß ein Kern existiert, dessen Existenz die Isospinsymmtrie der starken Wechselwirkung fordert. Ein extremes Beispiel: Bei Isospinsymmetrie muß es einen Kern aus 115 Protonen und 82 Neutronen geben, da der Bleikern aus 82 Protonen und 115 Neutronen existiert. Tatsächlich gibt es diesen Kern wegen der elektrischen Abstoßung der 115 Protonen aber nicht. Für große Kerne mit mehr Protonen als Neutronen wäre die abstoßende elektrische Wechselwirkung, wofür die Isospinsymmetrie nicht gilt, wichtiger als die starke Kernwechselwirkung. Ein noch extremeres Beispiel verdanke ich meinem Karlsruher Kollegen Hartmut M. Pilkuhn: Es gibt Neutronensterne, aber keine Protonensterne.

Die Verletzung der Isospinsymmetrie durch die elektrische Wechselwirkung verbietet den Nachbau eines Neutronensterns aus

Protonen statt der Neutronen. Eine Isospintransformation, angewendet auf ein reales System, ergibt also eine Konfiguration, die nicht gebaut werden kann. Vom Standpunkt der starken Wechselwirkung aus gesehen, ist diese Symmetrieverletzung durch die Ladung des Protons überflüssig und gleichgültig – ein Zufall. Was ein Proton und was ein Neutron sein soll, ist innerhalb der isospinsymmetrischen starken Wechselwirkung nur durch Konvention festzulegen.

Überauswahlregeln

Doch bereits die Annahme, einer der Zustände zwischen Proton und Neutron sei realisierbar, führt uns weit in physikalisches Utopia – viel weiter jedenfalls als jene, die isospinbrechenden Wechselwirkungen seien vernachlässigbar klein, verglichen mit den isospinsymmetrischen.

Überauswahlregeln sagen, es sei unmöglich, gewisse Zustände zu realisieren, darunter all jene, in denen die elektrische Ladung nicht eindeutig festgelegt ist. Jeder Isospinzustand zwischen Proton und Neutron ist solch ein Zustand: In ihm verschwindet weder die Wahrscheinlichkeit, daß die elektrische Ladung Null ist, noch die, daß sie eins ist.

Zu jeder Überauswahlregel – Superauswahlregel bedeutet dasselbe – gehört eine Symmetrie, die sie definiert. In Meyers Großem Universallexikon, Band 13, erschienen 1985, steht »Superauswahlregel« unter dem Stichwort »Supersymmetrie«. Wäre Supersymmetrie heute nicht anders vergeben, als es im Lexikon steht (Kap. 8), würde ich mich der Bezeichnung »Supersymmetrie« für Symmetrien, die Superauswahlregeln definieren, gern anschließen. Denn die zugehörigen Symmetrietransformationen lassen, zusätzlich zu den Naturgesetzen, alle überhaupt realisierbaren Zustände unverändert. Unsere Welt ist, diese Transformationen betreffend, also mehr als symmetrisch: Nicht nur ihre Gesetze bleiben dieselben, sondern zudem jeder Zustand in ihr. Ich werde – diese Bezeichnung ist noch nicht vergeben – von Übersymmetrien sprechen.

Übersymmetrien sind sehr theoretische Symmetrien. Angewendet auf einen realisierbaren Zustand, ergeben ihre Transformationen denselben Zustand. Sie ändern im allgemeinen allerdings den mathematischen Ausdruck, der den Zustand beschreibt. Betrachtet man nur die realisierbaren Zustände, nicht ihre Beschreibung, so bewirken Übersymmetrien dasselbe wie die Identität: die Transformation, die gar nichts verändert. Im Rahmen der Quantenmechanik sind aber aus realisierbaren Zuständen Zustände konstruierbar, die nicht realisiert werden können. Diese führt die Übersymmetrie in andere Zustände mit derselben Eigenschaft über. Wenn man per Dekret die Konstruktion derjenigen Zustände verbietet, die nicht realisierbar sind, verschwindet die Übersymmetrie der Zustände. Es bleiben die Überauswahlregeln. Sie bilden das Dekret.

Die Gesamtladung ändert sich nicht im Laufe der Zeit. Das allein schließt nicht aus, daß Zustände, die mit einer gewissen Wahrscheinlichkeit eine positive Ladung und mit der Restwahrscheinlichkeit die Ladung Null tragen, realisiert werden können. Denn beispielsweise gibt es Zustände, in denen unterschiedliche Energiewerte mit nicht verschwindenden Wahrscheinlichkeiten angetroffen werden. Das ist so, obwohl die Energie, genau wie die elektrische Ladung, zeitlich konstant ist. Die Energie besitzt in derartigen Zuständen keinen bestimmten Wert, und daher kann die Energieerhaltung in diesen Zuständen nicht genau überprüft werden. Mit der Ladung könnte es genauso sein.

Übersymmetrie verbietet die Realisierung von Zuständen, in denen die Ladung nicht genau festgelegt ist. Nach T. D. Lee bedeutet Symmetrie Unbeobachtbarkeit. Spiegelsymmetrie: Der Unterschied zwischen rechts und links ist unbeobachtbar. Verschiebungssymmetrie: Der absolute Ort ist unbeobachtbar. Isospinsymmetrie: Welcher Zustand zwischen Proton und Neutron vorliegt, ist unbeobachtbar. Und so weiter. Um Überauswahlregeln zu verstehen, müssen wir zwei Formen der Unbeobachtbarkeit unterscheiden: vor und nach Festlegung der Konventionen.

Zur Erläuterung nehmen wir an, die Spiegelung definiere eine Übersymmetrie. Wir wissen aus dem Prolog, daß es bei Spiegelsymmetrie unmöglich ist, einem Kollegen jenseits der Sterne unsere Konvention mitzuteilen, was rechts und was links sei. Er setzt seinem Modellmenschen das Herz probeweise auf einer Seite ein. Erst wenn es gelingt, Mensch und Nachbau zusammenzubringen, kann festgestellt werden, ob die Wahl des Kollegen mit unserer Wahl übereinstimmt. Einen absoluten Unterschied zwischen rechts und links, den man den Naturgesetzen entnehmen könnte, gibt es bei Spiegelsymmetrie nicht.

Soviel zur gewöhnlichen Symmetrie. Wir wollen sie als Unbeobachtbarkeit des Unterschiedes zwischen rechts und links *vor* Festlegung der Konventionen bezeichnen. Bei Übersymmetrie wird gefordert, daß der Unterschied auch *nach* Festlegung der Konventionen unbeobachtbar bleibe – bei Spiegelsymmetrie als Übersymmetrie also der Unterschied zwischen Bild und Spiegelbild. Das bedeutet natürlich, daß es nur spiegelsymmetrische Meßapparate geben kann; mit der Realisierbarkeit von Zuständen hat es zunächst nichts zu tun. Übersymmetrie basiert auf der Forderung oder Feststellung, daß kein Apparat Bild und Spiegelbild unterscheiden kann.

Wenn es aber beides, Bild und Spiegelbild, gibt, kann ich die linke Hand dadurch von der rechten unterscheiden, daß sie ihr nicht gleicht. Unbeobachtbarkeit des Unterschieds zwischen rechts und links kann nicht bestehen, wenn Gebilde existieren, die Spiegelbilder voneinander, aber nicht spiegelsymmetrisch sind. Bereits einfache Spiegelsymmetrie sagt natürlich, daß es mit jedem Gebilde auch dessen Spiegelbild geben kann. Gleichzeitig mit allen nicht spiegelsymmetrischen Apparaten muß Spiegelsymmetrie als Übersymmetrie also auch die Realisierbarkeit nichtspiegelsymmetrischer Zustände verbieten. Ein großer Schritt und, im Fall der Spiegelsymmetrie, ein total unphysikalischer.

In der Quantenmechanik gibt es zwei Typen spiegelsymmetrischer Zustände. Aus diesen lassen sich alle, auch die nichtsymmetrischen, aufbauen. Wäre Spiegelsymmetrie eine Übersymmetrie, würde sie alle Zustände außer den spiegelsymmetrischen als nicht realisierbar verbieten. Das sind diejenigen, die mit einer gewissen Wahrscheinlichkeit dem einen und mit einer nicht verschwindenden Restwahrscheinlichkeit dem anderen Typ angehören – ganz wie die Zustände zwischen Proton und Neutron.

Zurück zur Realität. Die Übersymmetrie, die zur Überauswahlregel der elektrischen Ladung gehört, bewirkt zugleich nach dem Theorem von Emmy Noether die zeitliche Konstanz der Gesamtladung. Ihre Transformationen ändern die »relative Phase« quantenmechanischer Zustände mit unterschiedlicher Ladung. Um die relative Phase einzuführen, nehmen wir an, die elektrische Ladung definiere keine Überauswahlregel. Dann gibt es Zustände, in denen das eine vorhandene Teilchen mit einer gewissen Wahrscheinlichkeit ein Proton und mit der Restwahrscheinlichkeit – eins minus die Wahrscheinlichkeit, Proton zu sein – ein Neutron ist. Experimentell kann die Wahrscheinlichkeit, Proton zu sein, als die Wahrscheinlichkeit definiert werden, das Ergebnis »geladen« bei einer Ladungsmessung an einem Teilchen in diesem Zustand zu finden. Diese Wahrscheinlichkeit allein legt den quantenmechanischen Zustand des Teilchens nicht eindeutig fest. Von der relativen Phase brauchen wir nur zu wissen, daß sie bei festgelegter Wahrscheinlichkeit für das Meßergebnis »Proton« den quantenmechanischen Zustand eindeutig macht.

Die relative Phase von Zuständen unterschiedlicher Ladung ist die unbeobachtbare Größe, die zur Übersymmetrie der Ladung gehört; die Transformation der Übersymmetrie ändert sie. Dem Unterschied der relativen Phase entspricht bei Spiegelsymmetrie als Übersymmetrie der Unterschied zwischen rechter und linker Hand. Die Zustände mit bestimmter Ladung ändert die zugehörige Symmetrietransformation nicht, nur ihre theoretische Beschreibung. Ihnen entsprechen die zwei analogen spiegelsymmetrischen Zustände der Quantenmechanik. Die Beschreibungen von Zuständen mit verschiedenen Ladungen werden unterschiedlich geändert, und das führt dazu, daß Zustände, in denen die elektrische Ladung keinen bestimmten Wert besitzt, in andere Zustände überführt werden. Sie unterscheiden sich durch unterschiedliche relative Phasen. Dieser Unterschied ist bei Symmetrie und mehr noch bei Übersymmetrie unbeobachtbar.

Bei Symmetrie können wir einen Standardzustand mit einer gewissen relativen Phase beliebig wählen. Auf ihn wollen wir alle Aussagen über Zustände mit anderen relativen Phasen beziehen. Unsere Beschreibung beliebiger Abläufe hängt dann davon nicht ab, welchen Zustand wir als Standardzustand gewählt haben. Wieder können wir den Kollegen jenseits der Sterne auf keine Weise mitteilen, welcher Zustand unser Standardzustand sei. Übersymmetrie verlangt, daß auch bei Kenntnis dieser Wahl nicht ermittelt werden kann, ob ein Zustand mit dem Standardzustand übereinstimmt. Dazu darf es keine Apparatur geben, die zwischen verschiedenen relativen Phasen unterscheidet. Es bleibt aber, wie bei Spiegelsymmetrie als Übersymmetrie, die Möglichkeit, durch direkten Vergleich festzustellen, ob zwei Zustände gleich sind – wenn es sie gibt. Wieder wird Übersymmetrie durch das Dekret »Überauswahlregel« erreicht: Es sollen nur Zustände realisierbar sein, die Änderungen der relativen Phasen unverändert überstehen. Das sind genau die Zustände mit eindeutig bestimmter Ladung.

Soweit ich sehe, besitzt Übersymmetrie im allgemeinen keinen tieferen physikalischen Grund als den, daß es nicht gelungen ist, quantenmechanische Zustände herzustellen, in denen die Größe, für die die Überauswahlregel gelten soll, keinen bestimmten Wert besitzt. Ob eine bestimmte Symmetrie eine Übersymmetrie definiert, ist hauptsächlich eine experimentelle Frage. Unser Verständnis der Naturgesetze hängt davon nicht ab.

Wenn eine Überauswahlregel fällt, fällt nicht unbedingt etwas anderes mit ihr. Lange Zeit wurde angenommen, daß die Anzahl der Kernteilchen Protonen plus Neutronen genau wie die elektrische Ladung eine Überauswahlregel definiert. Seit etwa 1975 gibt es Gründe für die Annahme, das Proton lebe nicht ewig. Wenn das so ist, gehört zu der Gesamtzahl der Protonen und Neutronen nicht einmal eine Symmetrie, geschweige denn eine Übersymmetrie. Der mögliche Fall der Symmetrie wurde heftig diskutiert, der der Übersymmetrie kaum zur Kenntnis genommen. Die Symmetrie, die bewirkt, daß die elektrische Ladung erhalten ist, gehört zu den Grundlagen unseres Naturverständnisses. Ob hingegen die elektrische Ladung eine Überauswahlregel definiert, ist vergleichsweise gleichgültig.

Bosonen und Fermionen

Ich habe gesagt, daß Übersymmetrie im allgemeinen keinen tieferen physikalischen Grund besitzt. Es gibt eine wichtige Ausnahme: die Übersymmetrie bei Drehungen um 360 Grad.

Jedes physikalische System wird durch eine Drehung um 360 Grad in sich selbst – dasselbe System in demselben Zustand – überführt. Ich erwähne diese Selbstverständlichkeit, da die Quantenmechanik Zustände durch Ausdrücke beschreibt, die bei dieser Drehung nicht ausnahmslos in sich übergehen. Wenn ich ein System

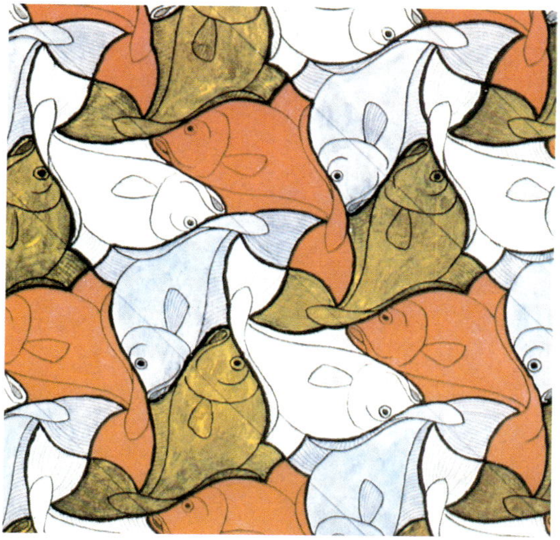

1

2

Die Muster der Tafeln 1 bis 5 sind farbsymmetrisch. M.C. Eschers Fischmuster in Tafel 1 geht bei Verschiebungen und bei mit Farbvertauschungen kombinierten Drehungen in sich über, R.P. Lohses abstraktes Muster in Tafel 2 ist nur symmetrisch bei mit Farbvertauschungen kombinierten Drehungen.

3a

3b

4

5

6b

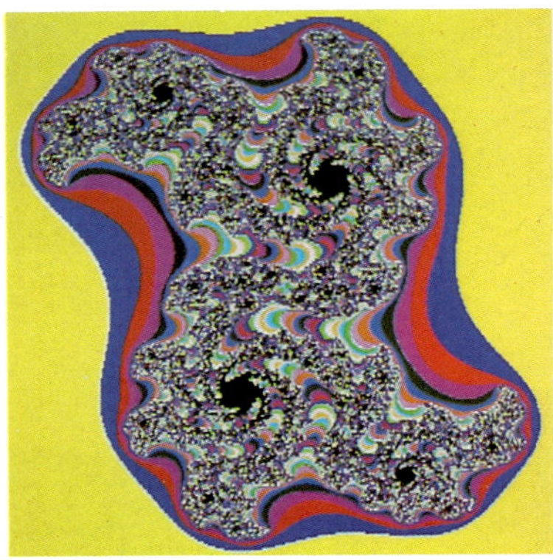

6a

Die farbsymmetrischen Tafeln 3 bis 5 und der »selbstquadrierte Drache« nach Benoit B. Mandelbrot in Tafel 6 sind Computerzeichnungen des Autors, Tafel 6 zusammen mit M. Malvetti. Die Farbtafeln werden auf Seite 449 noch ausführlich erläutert.

zweimal um 180 Grad um dieselbe Achse drehe, habe ich es insgesamt um 360 Grad gedreht, seinen Zustand also nicht geändert. Durch Drehung um 180 Grad wird der Zustand des Systems im allgemeinen natürlich geändert. Diese Änderung, zweimal hintereinander ausgeführt, ändert bei manchen Systemen zwar nicht den Zustand, wohl aber die Zustandsbeschreibung.

Physikalische Systeme lassen sich in zwei Klassen einteilen: solche, deren Zustandsbeschreibungen bei Drehungen um 360 Grad unverändert bleiben, und solche, deren Zustandsbeschreibungen auf eine bestimmte Weise geändert werden – das Vorzeichen des mathematischen Ausdrucks, der den Zustand beschreibt, wird umgekehrt. Für den Zustand selbst spielt das Vorzeichen keine Rolle. Die Beschreibung der Zustände quantenmechanischer Systeme durch Ausdrücke mit Vorzeichen kann ich hier nicht schildern. Systeme, deren Zustandsbeschreibungen bei Drehungen um 360 Grad ungeändert bleiben, heißen bosonische Systeme, die anderen fermionische.

Kein Zustand, der durch Überlagerung eines fermionischen und eines bosonischen Zustands entsteht, ist realisierbar. Er selbst, nicht nur seine Beschreibung, würde durch Drehungen um 360 Grad geändert. Das Theorem, wonach sich physikalische Zustände ausnahmslos wie fermionische oder wie bosonische Zustände verhalten, besteht aus zwei Teilen. Erstens einem Beweis, daß alle Zustände, die überhaupt nach den Mischungsregeln der Quantenmechanik, ohne Berücksichtigung von Überauswahlregeln, konstruiert werden können, Mischungen bosonischer und fermionischer Zustände sind. Hinzu kommt wieder ein Dekret, eine Überauswahlregel. Sie stellt fest, daß Zustände nicht realisierbar sind, die durch Mischung bosonischer und fermionischer Zustände entstehen. Diese Überauswahlregel steht, denke ich, auf festen physikalischen Füßen.

Bei Drehungen um 360 Grad verhalten sich alle Zustandsbeschreibungen *desselben Systems* gleich, entweder bosonisch oder fermionisch. Das ist selbstverständlich, da es stets möglich ist, unterschiedliche Zustände desselben Systems zu überlagern. Elementarteilchen mit bosonischem Verhalten heißen Bosonen, mit fermionischem Fermionen. Systeme, die aus einer geraden Anzahl von Fermionen bestehen, haben als Ganzes bosonische Eigenschaften. Um zu sehen, wie sich ein System aus mehreren Teilchen verhält, muß man nur alle Vorzeichenänderungen der Teilchen des Systems bei Drehungen um 360 Grad miteinander multiplizieren. Kommt dabei »plus« heraus, handelt es sich insgesamt um ein bosonisches, sonst um ein fermionisches System.

Drehimpuls und Spin

Das Verhalten der Zustandsbeschreibungen eines Teilchens bei Drehung legt fest, ob es ein Boson oder Fermion ist. Da ist es nicht verwunderlich, daß diese Eigenschaft vom Spin des Teilchens abgelesen werden kann. Spin ist ein anderer Name für inneren Drehimpuls. Wir müssen zwischen dem inneren Gesamtdrehimpuls und seiner Einstellung in eine bestimmte Richtung unterscheiden. Der innere Gesamtdrehimpuls ist eine Eigenschaft des Teilchens, seine Einstellung eine des Zustands, in dem es sich befindet. Wir stellen uns, trotz grundsätzlicher Bedenken, Elementarteilchen als kleine Kugeln, die sich drehen, vor. Der innere Gesamtdrehimpuls – der Spin – eines Teilchens kann nicht beliebige Werte annehmen. In geeigneten, makroskopisch gesehen sehr kleinen Einheiten ist er nur der Werte $(1+0)\cdot 0$, $(1+½)\cdot ½$, $(1+1)\cdot 1$, $(1+3/2)\cdot 3/2$, $(1+2)\cdot 2$ und so weiter fähig. Ich habe die Ausdrücke statt der Resultate 0, ¾, 2, 15/4, 6 und so weiter angegeben, um die Zahlen 0, ½, 1, 3/2, 2 und so weiter einzuführen, durch die der Spin üblicherweise gekennzeichnet wird. Diese Zahl meint man, wenn man vom Spin eines Elementarteilchens spricht.

Alle überhaupt möglichen Gesamtdrehimpulse physikalischer Systeme können durch halbganze und ganze Zahlen gekennzeichnet werden. Die verbindliche Elementarteilchentabelle mit ihren einigen hundert Eintragungen nennt genau zwei Teilchen mit Spin 11/2, drei mit 9/2 und zwei mit 4. Alle anderen Elementarteilchen haben kleinere Spins. Das π-Meson hat den Spin Null, Protonen, Elektronen und Neutronen haben Spin ½, und das Photon hat Spin 1. Ein rotierender Kinderkreisel besitzt einen Spin von der Größenordnung 10^{30}. Die möglichen Einstellungen des Spins in eine Richtung variieren bei Teilchen mit Masse in ganzen Schritten zwischen dem Spin mit negativem Vorzeichen und dem Spin selbst. Elektronen haben daher wie alle Teilchen mit Spin ½ zwei Spineinstellungen, $-\frac{1}{2}$ und $\frac{1}{2}$. Der Spin eines masselosen Teilchens wie des Photons besitzt unabhängig davon, wie groß er ist, immer genau zwei Einstellungen (oder, natürlich, keine bei keinem Spin, soll heißen bei Spin Null). Das Spin des Kinderkreisels besitzt praktisch ein Kontinuum von Einstellungen zwischen -10^{30} und 10^{30}.

Wir wissen, daß die Erhaltung des Drehimpulses nach dem Theorem von Emmy Noether auf die Symmetrie der Naturgesetze bei Drehungen zurückzuführen ist. Das ist der erste und wichtigste Hinweis darauf, daß der Spin eines Teilchens mit seinem Verhalten bei Drehungen zu tun hat. E. P. Wigner hat dasselbe in dem größeren Zusammenhang des Verhaltens von Elementarteilchen bei den Transformationen der Relativitätstheorie gefunden. Es gilt in der Tat allgemein. Drehungen ordnen jedem Zustand eines Systems einen anderen Zustand – den des Systems nach der Drehung – zu. Von diesen Zuordnungen können der Spin des Systems und die Spineinstellung im jeweiligen Zustand abgelesen werden.

Akzeptiert man diesen Zusammenhang, so besteht offensichtlich eine Beziehung zwischen dem Verhalten eines Systems bei Drehungen um 360 Grad und seinem Spin. Der Zusammenhang ist bemerkenswert einfach: Teilchen mit halbzahligem Spin sind Fermionen, mit ganzzahligem Spin Bosonen. Dasselbe gilt für den Gesamtdrehimpuls eines beliebigen Systems. Ist dieser halbzahlig, so verhält sich das System als Ganzes wie ein Fermion, sonst wie ein Boson.

Zahlreiche qualitative und quantitative Eigenschaften unterscheiden Bosonen von Fermionen. Physikalisch ist kaum ein größerer Unterschied zwischen Teilchen als der zwischen Bosonen und Fermionen denkbar. Benannt sind Bosonen nach dem indischen Physiker Satyendra Nath Bose (1894–1974) und Fermionen nach Enrico Fermi, dem italienischen Physiker (1901–1954), der 1938 den Physiknobelpreis erhielt und 1939 in die USA emigrierte.

Beobachtungsgrößen und Symmetrietransformationen

Symmetrietransformationen sind Transformationen der Zustände eines Systems. Sie ordnen Zuständen Zustände zu. Man spricht von Darstellungen der Symmetrie im Zustandsraum des Systems. Jedem Darsteller einer Symmetrietransformation entspricht eine Beobachtungsgröße. Drehungen, das haben wir gesehen, entspricht der Drehimpuls; vom Verhalten der Zustände eines Elementarteilchens bei Drehungen ist sein Spin ablesbar.

Wie dieser Zusammenhang zwischen Symmetrien und Beobachtungsgrößen genau aussieht, ist tief im Formalismus verborgen. Zur Erläuterung verwende ich ein einfaches Beispiel. Der Abstand der Sprossen einer unendlich langen Leiter kann vom Verhalten der Leiter bei Verschiebungen abgelesen werden – er ist nämlich die kürzeste Strecke, um die ich sie so verschieben kann, daß sie mit sich selbst zur Deckung kommt.

Es wäre schade, wenn die Trivialität des Beispiels die Brillanz der Idee verdecken würde, Observable durch die Wirkung von Symmetrietransformationen zu definieren. Das Verfahren besitzt im Rahmen der Quantenmechanik bemerkenswerte Konsequenzen. Es macht Symmetrien zum Ausgangspunkt und zur Grundlage der Elementarteilchenphysik. E. P. Wigner hat es 1939 verwendet, um Elementarteilchen und ihre möglichen Zustände auf Grund der Symmetrien von Einsteins spezieller Relativitätstheorie zu klassifizieren.

Die Transformationen der speziellen Relativitätstheorie heißen nach dem französischen Mathematiker Henri Poincaré (1854–1912) Poincaré-Transformationen; berücksichtigt man Verschiebungen nicht, heißen sie Lorentz-Transformationen nach Hendrik Antoon Lorentz, dem niederländischen Physiker, der nachgewiesen hat, daß diese Transformationen die Grundgleichungen der Elektrodynamik nicht ändern.

Wir können das Noether-Theorem als Leitfaden dafür nehmen, welche Symmetrietransformationen welche Beobachtungsgrößen definieren. Daß Drehimpuls und Drehsymmetrien zusammengehören, wissen wir schon. Zeitverschiebung definiert die Energie, räumliche Verschiebungen definieren den Impuls. Änderungen der Geschwindigkeit – kurz Boosts genannt – spielen eine Sonderrolle, da sie die Abläufen zugeordneten Zeitetiketten wesentlich ändern. Hier ins Detail zu gehen wäre mühsam und würde nichts bringen. Nur so viel: Anders als die anderen Transformationen – Drehungen und raum-zeitliche Verschiebungen – ändern Boosts die Energie, da sie die Bewegungsenergie ändern.

Das Noether-Theorem folgt, wie schon beschrieben: Ob eine

Symmetrietransformation am Ende oder am Anfang eines Ablaufs durchgeführt wird, spielt für das Ergebnis keine Rolle. Es hängt mit anderen Worten von der Reihenfolge, in der die zwei Operationen »zeitliche Entwicklung« und »Symmetrietransformation« auf den Anfangszustand angewendet werden, nicht ab. Man sagt analog zu Abbildung 20, daß die Operationen miteinander vertauschbar sind oder miteinander vertauschen. Folglich bedeutet die Symmetrietransformation zu allen Zeiten dasselbe – die zugehörige Beobachtungsgröße ist zeitlich konstant. Auch der Spiegelsymmetrie kann so ein Erhaltungssatz zugeordnet werden. Bei Spiegelsymmetrie hängt das Ergebnis nicht davon ab, ob ich erst spiegele und dann warte oder umgekehrt. Spiegelung und zeitliche Entwicklung sind bei Spiegelsymmetrie vertauschbare Operationen.

Zeitverschiebung bedeutet für ein physikalisches System dasselbe wie ungestörte zeitliche Entwicklung auf Grund der Naturgesetze. Sie ist die Transformation, der das System dauernd unterliegt, die es – sozusagen – an sich selber durchführt. Das ist eine Tatsache von allergrößter Tragweite, die eigentlich zentrale Aussage. Der Leser möge innehalten und überlegen, was sie für unsere Symmetrieüberlegungen bedeutet. Zunächst der Energiesatz. Wir können ihn so aussprechen: Die Energie ist erhalten, da die Operation der zeitlichen Entwicklung mit sich selber vertauschbar ist. Vorausgesetzt wurde, daß die Energie die der zeitlichen Entwicklung zugeordnete Beobachtungsgröße ist. Ist das akzeptiert, reduziert sich der Energiesatz in der Tat auf die Trivialität, daß bei der zweimaligen Anwendung derselben Operation nichts davon abhängen kann, welche der zwei identischen Operationen zuerst angewendet wird. Es gibt eine einfache mathematische Formel, die diesen Sachverhalt ausdrückt. Wenn die Energie nicht die der zeitlichen Entwicklung zugeordnete Beobachtungsgröße ist, dann kommt der Zeitparameter – die Zeit seit dem Urknall – in der Gleichung für die zeitliche Entwicklung vor und verletzt die Symmetrie gegenüber Verschiebung der Zeit.

Durch Drehungen wird die Energie eines physikalischen Systems offensichtlich nicht geändert. Es geht hier – noch einmal – nicht um ein *sich drehendes*, sondern um ein *gedrehtes* System, ein System nach einer Drehung, verglichen mit demselben System vor der Drehung. Auch Verschiebungen ändern die Energie eines physikalischen Systems nicht. Ein gedreht-verschobenes Sonnensystem, Molekül oder Atom im ansonsten leeren Raum hat dieselbe Energie wie das nicht gedrehte und nicht verschobene. Daß Drehungen und Verschiebungen die Energie nicht ändern, bedeutet umgekehrt genauso, daß die der Energie zugeordnete Transformation jene Transformationen nicht ändert, die Drehungen und Verschiebungen zugeordnet sind. Bedenkt man wieder, daß Energie und zeitliche Verschiebung durch dieselbe Operation beschrieben werden, erhält man ein bemerkenswertes Ergebnis: Drehimpuls- und Impulssatz folgen daraus, daß Drehungen und Verschiebungen die Energie nicht ändern.

Der Zusammenhang zwischen Erhaltungssätzen und Transformationen, die die Energie unverändert lassen, ist nicht auf Drehungen und Verschiebungen beschränkt. Gegeben sei irgendeine Transformation, die die Energie nicht ändert, beispielsweise eine Isospintransformation. Dann gilt für die ihr zugeordnete Beobachtungsgröße ein Erhaltungssatz. Um das zu sehen, brauchen wir nur die bei Drehungen und Verschiebungen verwendeten Argumente zu wiederholen. Davon, wie die Transformationen zu interpretieren waren, hing nichts ab, außer, natürlich, der Interpretation der erhaltenen Größen als Drehimpuls und Impuls. Jede Transformation, die die Energie nicht ändert, definiert eine Größe, für die ein Erhaltungssatz gilt. Daraus, daß Isospintransformationen die Energie nicht ändern, folgt für Nukleonen, die Differenz der Anzahl von Protonen und Neutronen sei zeitlich konstant. Das ist nicht sonderlich interessant – wäre es nicht so, wäre auch die Ladungserhaltung verletzt.

Geometrische Bedeutung von Erhaltungssätzen

Bisher hing nichts davon ab, daß die betrachteten Transformationen eine Gruppe bilden. Das aber ist einer der wichtigsten Aspekte quantenmechanischer Symmetrien. Die Gruppenregel sagt, in welchem Zusammenhang die einzelnen Transformationen zueinander stehen. Drehungen lassen die Energie unverändert. Der Energie entspricht die Operation der Zeitverschiebung. Bereits die Zusammensetzungsregel von Drehungen und Verschiebungen der Zeit legt fest, in welchem Verhältnis beide zueinander stehen: Es ist eine einfache geometrische Tatsache, daß die Operationen miteinander vertauschbar sind. Wenn ich zuerst im Raum drehe und dann die Zeit verschiebe, erhalte ich dieselbe Transformation, wie wenn ich dieselben Operationen in umgekehrter Reihenfolge durchführe. Genau das ist aber, noch einmal, der Drehimpulssatz: Die Drehungen zugeordneten Operationen sind vertauschbar mit der Operation, die der Zeitverschiebung zugeordnet ist. In diesem Sinn ist Drehimpulserhaltung eine geometrische Eigenschaft, die bereits aus der Struktur von Raum und Zeit folgt. Analoges gilt für Verschiebungen. Die raum-zeitlichen Erhaltungssätze sind eine Konsequenz der Gruppenregel der Transformationen der Relativitätstheorie.

Raum-zeitliche Bedeutung, Erhaltung und physikalische Interpretation sind bei raum-zeitlichen Transformationen eng miteinander verwoben. Wäre der Impulssatz verletzt, würden Verschiebungen im Raum nicht mit der Verschiebung der Zeit vertauschbar sein – im Gegensatz zur raum-zeitlichen Bedeutung dieser Operationen. Erst im Raum, dann in der Zeit zu verschieben ergibt aus Gründen raum-zeitlicher Geometrie dasselbe wie das Umgekehrte. Die Theorie würde in dem Fall keine Operationen enthalten, die die raum-zeitlichen Eigenschaften dieser Transformationen wiedergeben, sie darstellen. Es wäre nicht möglich, die Theorie raum-zeitlich zu interpretieren.

Genau das ist, strenggenommen, die physikalische Situation bei Spiegelungen. Die Spiegelsymmetrie ist verletzt, und das bedeutet, daß es keine Operation gibt, die sie darstellt. Denn Vertauschbarkeit von Spiegelung und Zeitverschiebung ist eine der Gruppenregeln der um die Raumspiegelung erweiterten Symmetriegruppe der Relativitätstheorie.

Zustände von Elementarteilchen

Ein Elementarteilchen ist nach Wigner durch die Menge von Zuständen charakterisiert, die aus einem seiner Zustände durch die Transformationen der Relativitätstheorie mit Ausnahme von Spiegelungen entsteht. Alle Zustände dieser Menge sind zweifelsohne

Zustände desselben Teilchens, denn in sie alle läßt sich das Teilchen durch Drehungen, Verschiebungen und Boosts überführen. (Da wir Quantenmechanik betreiben, kommen immer noch jene Zustände hinzu, die durch Überlagern entstehen.) Es ist möglich, nicht nur die Zustände, sondern die ganze Menge – den Teilchentyp also – durch Operationen der Gruppe zu kennzeichnen. Ein solches Kennzeichen ist der innere Drehimpuls des Teilchens, der, wie wir wissen, durch Drehungen gekennzeichnet werden kann. Ein anderes ist die Masse. Sie kann aus Energie und Impuls eines beliebigen Zustands nach immer derselben Formel berechnet werden.

Zerfälle und Erhaltungssätze

Erhaltungssätze sagen, daß gewisse Observable – die erhaltenen Größen – ihren Zahlenwert im Laufe der Zeit nicht ändern. Sie haben interessante Konsequenzen für Zerfälle physikalischer Systeme. Jeden Teilchenzerfall kann man als Übergang von einem Zustand mit einem Teilchen zu einem mit mehreren beschreiben. Anfangs haben wir ein Teilchen und sonst nichts auf der Welt, am Ende zwei oder mehr. Beim Zerfall eines Teilchens namens μ^- gibt es anfangs nur das μ^- und am Ende ein Elektron und zwei Neutrinos. Total falsch wäre es, anzunehmen, daß die Zerfallsprodukte in dem μ^- vor dem Zerfall enthalten waren. Das stimmt nicht – Zerfallsprodukte entstehen beim Zerfall.

Für den Zerfall sind verschiedene Erhaltungssätze wichtig. Ich erwähne drei. Erstens muß die Energie des μ^- vor dem Zerfall mit der Summe der Energien der drei Zerfallsprodukte übereinstimmen. Dasselbe gilt, zweitens, für den Impuls. Drittens folgen auch aus der Drehimpulserhaltung Erhaltungssätze. Die Zerfallsprodukte müssen insgesamt denselben Drehimpuls wie das μ^- besitzen. Drehimpulse zusammenzusetzen bedeutet im allgemeinen mehr als die einfache Addition von Zahlen. Für uns ist nur wichtig, daß auch die Drehimpulserhaltung die möglichen Zerfälle einschränkt.

Drehimpulserhaltung ist besonders wichtig für den »Zerfall« eines Atoms in einem angeregten Zustand in ein Atom im Grundzustand und ein Lichtteilchen. Das Wasserstoffatom besteht aus einem Kern und einem Elektron. Das Elektron ist verschiedener Zustände mit unterschiedlichen Energien fähig. Im Grundzustand besitzt es die geringste überhaupt mögliche Energie; ist es irgendwie angeregt worden, geht es anschließend unter Aussendung von Licht wieder in den Grundzustand über.

Wir können die Emission von Licht durch das Atom als Zerfall auffassen. Nun ist offensichtlich, daß das Zerfallsprodukt Licht – Photon – in dem angeregten Atom vor dem Zerfall in keinem Sinn enthalten war. Es entsteht beim Zerfall. Für ihn gelten wieder die Erhaltungssätze von Energie, Impuls und Drehimpuls. Wir wollen uns auf Zerfälle angeregter Zustände in den Grundzustand und ein Photon beschränken. Der Energiesatz legt einfach die Energie des emittierten Photons als die Energiedifferenz zwischen angeregtem Zustand und Grundzustand fest; der Impulssatz sagt, daß das Atom vom Photon einen Rückstoß erfährt. Die Konsequenzen der Drehimpulserhaltung sind interessanter.

Die Zustände, deren das Elektron im Atom fähig ist, kann man danach einteilen, welche Drehimpulse das Elektron in ihnen besitzt. Wenn ein angeregter Zustand zerfällt, muß der dadurch entstehende, aus Lichtteilchen und Atom im Grundzustand zusammengesetzte Zustand insgesamt denselben Drehimpuls besitzen. Das ist nicht immer möglich. Es gibt Zustände eines Elektrons im Wasserstoffatom, deren Drehimpuls ein aus Photon und Atom im niedrigsten Energiezustand zusammengesetztes System nicht besitzen kann. Aus der Drehimpulserhaltung folgen daher Auswahlregeln, die Übergänge in erlaubte und verbotene Übergänge einteilen. Weitere Auswahlregeln folgen, wenn man berücksichtigt, daß die hier einzig relevante Wechselwirkung, die elektromagnetische, spiegelsymmetrisch ist. Diese Auswahlregeln sind experimentell bestens bestätigt. Wären sie verletzt, würde Drehsymmetrie und/oder Spiegelsymmetrie für die elektromagnetischen Wechselwirkungen nicht gelten.

Auswahlregeln können auch für den Zerfall von Atomkernen in

radioaktive Strahlen und – im allgemeinen – andere Atomkerne hergeleitet werden. Bei Zerfällen von Elementarteilchen gelten sie auch. Tests von Auswahlregeln gehören zu den wichtigsten Tests von Symmetrien der Naturgesetze überhaupt.

Identische Teilchen

Ob zwei Teilchen der klassischen Physik identisch sind, ist für ihr Verhalten nicht wichtig. Denn ich kann an jedem klassischen Teilchen eine Markierung anbringen, ohne sein Verhalten merklich zu ändern. Nichts hindert mich, den Weg klassischer Teilchen wie den von Billardkugeln im Raum zu verfolgen und dadurch identische Teilchen für immer auseinanderzuhalten. Für Teilchen der Quantenmechanik ist beides nicht möglich. Jede Beobachtung der Wege der Teilchen stört ihr Verhalten unkontrollierbar. Markierungen an Teilchen anzubringen, deren Verhalten der Quantenmechanik genügt, ist praktisch natürlich ausgeschlossen. Es ist aber auch prinzipiell unmöglich. Denn zur Definition eines Teilchens gehören alle Eigenschaften, die es haben kann. Ein Teilchen mit – sozusagen – Platz für eine Markierung wäre ein anderes Teilchen als ein sonst gleiches Teilchen ohne diesen Platz. Es wäre ein Teilchen mit verschiedenen Zuständen, die den möglichen Markierungen entsprechen. Zu jedem Wert der Markierung kann natürlich auch ein anderes Teilchen gehören. Auf jeden Fall ist es sinnlos, ein »rotes« Proton von einem »grünen« zu unterscheiden. Diese hypothetischen Farbmarkierungen haben mit den Farbsymmetrien von Kapitel 7 natürlich nichts zu tun.

Wie sich zwei oder mehr Teilchen der Quantenmechanik gemeinsam verhalten, hängt davon ab, ob sie identisch sind oder nicht. Sind sie identisch, hängt ihr Verhalten weiter davon ab, ob sie Fermionen sind oder Bosonen.

Wir haben physikalische Systeme in zwei Klassen eingeteilt danach, ob ihr Gesamtdrehimpuls ganzzahlig oder halbzahlig ist, und gesagt, kaum ein größerer Unterschied zwischen Teilchen sei denkbar als der, daß sie verschiedenen Klassen angehören. Der Unterschied betrifft das Verhalten der Teilchen, wenn zwei oder mehr vorhanden sind. »Teilchen« steht jetzt auch für Systeme wie Atom-

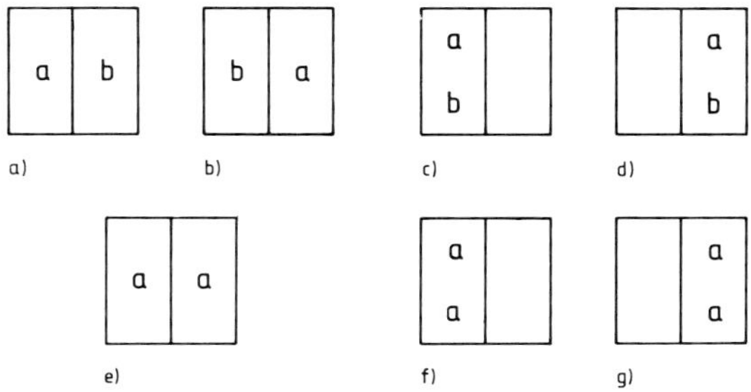

Abbildung 84

kerne, Atome und Moleküle. Der Unterschied zwischen Fermionen und Bosonen ist für alle Systeme wichtig, die durch quantenmechanische Gesetze beschrieben werden müssen.

Es geht um die Zahl der Möglichkeiten, Teilchen auf Zustände zu verteilen. Gegeben seien zwei verschiedene Zustände, dargestellt durch die zwei Hälften des Kastens in Abbildung 84. Die Abbildungen 84a–d zeigen die vier Möglichkeiten, die es gibt, zwei Teilchen a und b über die zwei Zustände zu verteilen. Bei klassischen Teilchen a und b gibt es diese vier Möglichkeiten unabhängig davon, ob die Teilchen identisch sind oder nicht. Den Zustand in Abbildung 84a kann ich auch bei a = b für klassische Teilchen von dem in Abbildung 84b dadurch unterscheiden, daß ich in Gedanken Markierungen an den Teilchen anbringe. Für Teilchen der Quantenmechanik ist das unmöglich. Sind sie identisch, so gibt es statt der zwei Zustände der Abbildungen 84a + b nur den einen Zustand der Abbildung 84e. Für zwei identische Teilchen gibt es höchstens die drei Zustände der Abbildungen 84e–g.

Für Bosonen gibt es sie wirklich, nicht aber für Fermionen. Für Fermionen gilt das Pauli-Prinzip, wonach zwei identische Fermionen nicht denselben Zustand besetzen können. Das bedeutet, daß für Fermionen auch die Zustände der Abbildung 84f–g ausfallen. Sie können nur den Zustand in Abbildung 84e annehmen.

Es ist unmöglich, das Pauli-Prinzip durch klassische Beispiele zu erläutern. Klassisch gibt es weder fermionische noch bosonische Systeme. Das Pauli-Prinzip ist zugleich fest in den Grundlagen der Theorien verankert, mit denen wir quantenmechanische Systeme beschreiben. Es gilt für Fermionen und sagt, daß zwei identische Fermionen (Teilchen mit halbzahligem Spin) nicht zugleich densel-

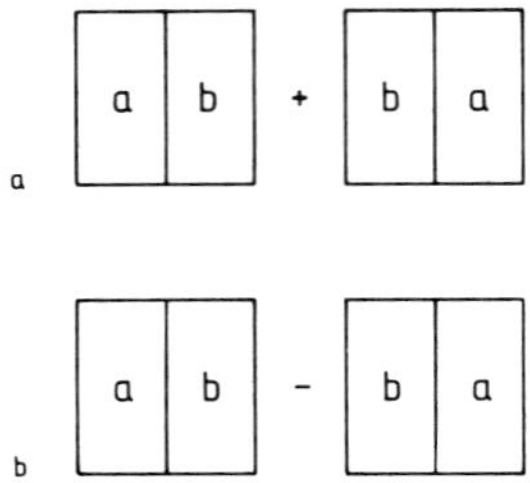

Abbildung 85

ben quantenmechanischen Zustand annehmen – besetzen – können. Wenn ein Fermion sich in einem Zustand befindet, ist für ein identisches zweites in dem Zustand kein Platz mehr. Über Bosonen (Teilchen mit ganzzahligem Spin) macht das Pauli-Prinzip keine Aussage. Die Einteilung der Teilchen danach, ob ihr Spin halbzahlig oder ganzzahlig ist, stimmt also mit der danach überein, ob zwei identische Teilchen denselben Zustand besetzen können oder nicht.

Das ist der Inhalt des Theorems von »Spin und Statistik«. Statistik kommt herein, da die Eigenschaften eines Ensembles von Teilchen im Mittel davon abhängen, welche Zustände die einzelnen Teilchen annehmen können. Darauf komme ich im Zusammenhang mit Abbildung 86 zurück. Wenn es erlaubt ist, physikalische Theoreme durch Sterne auszuzeichnen, so bekommt in meiner persönlichen Wertung das Theorem von Spin und Statistik die Höchstzahl der zu vergebenden Sterne – zusammen mit nur einem weiteren Theorem, dem CPT-Theorem (Kap. 9).

Am Kapitelanfang haben wir die Möglichkeiten erörtert, Apfel und Birne nach den Regeln der Quantenmechanik so auf zwei Hände zu verteilen, daß sich in jeder ein Apfel oder eine Birne befindet. Die Abbildungen 84 a + b zeigen die zwei klassisch möglichen Verteilungen. Quantenmechanisch gibt es überdies die unendlich vielen Zustände, die zwischen denen der Abbildung interpolieren und aus ihnen durch Überlagerung entstehen. Unter ihnen sind genau zwei, in denen die Wahrscheinlichkeit für Apfel links, Birne rechts genauso groß ist wie die für Birne links, Apfel rechts. Die Abbildungen 85 a + b stellen sie symbolisch dar. Aus ihnen kann ich dieselben Zustände wie aus den Abbildungen 84 a + b durch Überlagerung aufbauen. Das Vorzeichen, durch das sich die

Abbildungen 85a + b unterscheiden, ist in dem mathematischen Ausdruck enthalten, der die Zustände beschreibt. Seine Bedeutung kann ich hier nicht schildern. Nur so viel: Es deutet richtig an, daß bei a = b eine der zwei Möglichkeiten ausfällt. Ich komme auf die Abbildung 85 im nächsten Kapitel bei der Erörterung der möglichen Zustände eines Systems aus zwei Nukleonen zurück.

Wolfgang Pauli führte sein Prinzip 1924 als empirische Regel ein, die den Aufbau der Elektronenhülle von Atomen erklärte. Erst viel später, um 1939, haben es Pauli und, unabhängig, M. Fierz unter stark einschränkenden Annahmen bewiesen. Allgemein bewiesen wurde es 1958 als Theorem über Spin und Statistik. Für das Pauli-Prinzip und, allgemeiner, für das Theorem von Spin und Statistik spricht heute ein überwältigendes Erfahrungsmaterial aus allen Bereichen der Quantenphysik. Ich beschließe das Kapitel mit einigen Beispielen.

Quanteneffekte bei tiefen Temperaturen

Die Bausteine makroskopischer Systeme können Zustände mit verschiedenen Energien annehmen. Davon, wie sie das tun, hängen Eigenschaften der Systeme wesentlich ab. Man wird also erwarten, daß sich aus Bosonen aufgebaute Systeme durch charakteristische Eigenschaften von aus Fermionen aufgebauten unterscheiden. Das ist in der Tat der Fall.

Die zwei Teilchen der Abbildung 84 verwenden wir als unser Modellsystem. Sie können die zwei Zustände wie dargestellt besetzen. Wir wollen annehmen, daß sich die Zustände durch ihre Energien unterscheiden. Jedes Teilchen, das sich in der linken Kastenhälfte befindet, besitzt die Energie 0, in der rechten die Energie 1 in gewissen Einheiten. Dann kann das System aus zwei klassischen oder verschiedenen quantenmechanischen Teilchen die Energien 1, 1, 0 und 2 (Abb. 84a–d) annehmen, während die möglichen Energien für identische Bosonen (Abb. 84e–g) 1, 0 und 2 sind. Zwei identische Fermionen können nur den Zustand der Abbildung 84e mit der Energie 1 annehmen.

Diese Unterschiede wirken sich nicht aus, wenn es viel mehr den Teilchen zugängliche Zustände als Teilchen gibt. Können

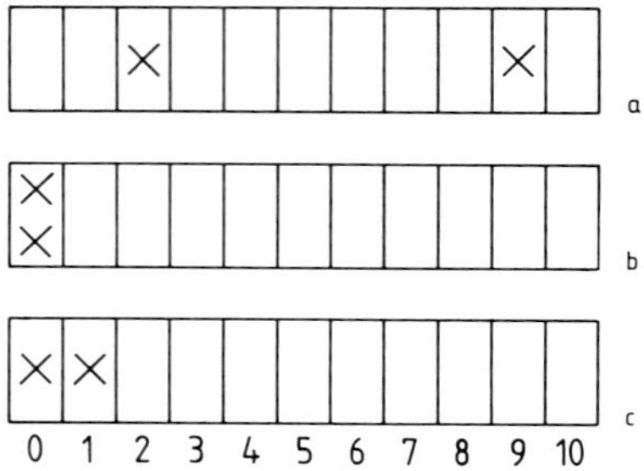

Abbildung 86

(Abb. 86a) viel mehr Zustände als Teilchen (zwei) besetzt werden, so ist es sowieso sehr unwahrscheinlich, daß sich zwei Teilchen in demselben Zustand befinden, unabhängig davon, ob sie identisch sind oder nicht. Dann ist die klassische Statistik, die alle Teilchen als unterscheidbar behandelt, eine gute Näherung. Die Zahlen 0–10 der Abbildung 86 geben die Energien der elf Zustände mit niedrigster Energie eines Systems mit unendlich vielen Zuständen an.

Von Abbildung 86a lesen wir ab, daß bei mittleren oder großen Energien pro Teilchen, das heißt mittleren oder hohen Temperaturen, den Teilchen des Systems zahlreiche Zustände zugänglich sind. Dann ist es gleichgültig, ob die Teilchen identisch sind oder nicht. Bei tiefen Temperaturen sind nur wenige Zustände zugänglich, schließlich nur die, in denen die Energie so niedrig wie möglich ist. Die dazugehörenden Besetzungen der Zustände durch zwei Teilchen zeigt Abbildung 86b für Bosonen, Abbildung 86c für Fermionen. Bosonen versammeln sich bei niedrigen Temperaturen in demselben Zustand, Fermionen besetzen alle Zustände bis hin zu einer gewissen Höchstenergie, der »Fermi-Energie«.

Es ist also zu erwarten, daß sich bei tiefen Temperaturen aus Fermionen aufgebaute Systeme anders als aus Bosonen aufgebaute verhalten. Bei Bosonen kommt ein Bose-Kondensation genannter Effekt hinzu. Der eine Zustand aa der Abbildung 84e steht für zwei Zustände verschiedener Teilchen, nämlich die Zustände ab und ba (Abb. 84a + b). Bei drei Teilchen und drei Zuständen steht der eine Zustand identischer Teilchen aaa bereits für sechs Zustände unterscheidbarer Teilchen, nämlich die Zustände abc, acb, bac, bca, cab und cba. Die Zahl der Zustände, die ein Zustand identischer Teilchen vertritt, wächst mit der Teilchenzahl rasch an. Das begründet eine »Tendenz« von Bosonen, sich in demselben Zustand zu versammeln. Natürlich – Teilchen können keine Vorlieben besitzen. Tendenz soll eine vergrößerte Wahrscheinlichkeit umschreiben, alle Bosonen in demselben Zustand anzutreffen.

Bei tiefen Temperaturen sollten daher Quanteneffekte an makroskopischen Systemen direkt beobachtbar sein – ein sensationeller Befund. Hierher gehört sowohl so Spektakuläres wie die Supraleitung als auch so Unscheinbares wie die Abhängigkeit der spezifischen Wärme von der Temperatur. Max Planck hat Mitte Oktober 1900 seine Konstante h und damit die Quantentheorie eingeführt, um die Temperaturabhängigkeit des Energieinhalts eines Hohlraums voll elektromagnetischer Strahlen zu verstehen – ein Quantensystem aus Photonen, identischen Bosonen, wie wir heute wissen.

Ohne das Pauli-Prinzip gäbe es keine Moleküle

Das Pauli-Prinzip ist direkt verantwortlich für die Vielfalt der Materie, die uns umgibt und aus der wir bestehen. Diese Vielfalt basiert darauf, daß es Atome mit unterschiedlichen Eigenschaften gibt, die sich zu Molekülen zusammenschließen können. Ohne das Pauli-Prinzip gäbe es beides nicht. Natürlich – jedes Was-wäre-wenn, das ein Naturgesetz aufhebt, ist problematisch; aber nehmen wir einmal an, alles sei, wie es ist, nur das Pauli-Prinzip gelte nicht.

Von außen gesehen, für andere Atome, sind Atome Verteilungen von Elektronen im Raum. Elektronen sind Fermionen; für sie gilt das Pauli-Prinzip in der Wirklichkeit, nicht aber in unserer hypothetischen Welt. Das Wasserstoffatom bleibt davon unberührt; es enthält gerade ein Elektron, also keine identischen Teilchen. Mit oder ohne Pauli-Prinzip befindet sich dieses im allgemeinen im Zustand niedrigster Energie, dem Grundzustand des Wasserstoffatoms.

Der Heliumkern enthält zwei Protonen, die Elektronenhülle seines Atoms besteht also aus zwei Elektronen. Man kann nach den Zuständen fragen, die ein Elektron, das an den Heliumkern gebunden ist, annehmen kann. Solch einen gebundenen Zustand gibt es wirklich; er heißt positiv geladenes Helium-Ion. Die Zustände des

Elektrons im Helium-Ion sind im wesentlichen noch einmal die Zustände des Wasserstoffatoms; der einzige Unterschied zwischen beiden ist ja, daß der Kern des Heliums die doppelte Ladung besitzt. In diesen Zustand können die zwei Elektronen des Heliumatoms unabhängig davon hineingepackt werden, ob das Pauli-Prinzip gilt. Denn Elektronen besitzen zwei Einstellungen des Spins. Zwei Elektronen, die sich durch diese Einstellung unterscheiden, sind nicht in demselben Zustand.

Der Lithiumkern enthält drei Protonen, die Hülle des neutralen Atoms also drei Elektronen. Wieder fragen wir zuerst nach den Zuständen eines an den Kern gebundenen Elektrons, finden im wesentlichen dieselben wie beim Wasserstoff und packen in den Zustand mit der niedrigsten Energie zwei Elektronen hinein. Das dritte können wir in dem Zustand nicht mehr unterbringen – das verbietet das Pauli-Prinzip: Alle Zustände mit der niedrigsten Energie sind bereits durch die zwei Elektronen besetzt. Also besetzt dieses Elektron den nächsthöheren Zustand mit größerer Energie. Er sitzt weiter außen, das Elektron ist weniger stark gebunden; außerdem wird die anziehende Kernladung durch die zwei auf dem tieferen Zustand sitzenden Elektronen abgeschirmt.

In unserer hypothetischen Welt ohne Pauli-Prinzip besetzt das dritte Elektron denselben niedrigen Zustand wie die ersten zwei; das Lithiumatom sieht von außen nahezu aus wie das Wasserstoffatom. Es gibt insbesondere kein Elektron, das schwächer als die anderen an das Atom gebunden wäre. Anders als in der Wirklichkeit gibt es keins, das relativ leicht abzutrennen wäre oder mit den Elektronen anderer Atome reagieren könnte.

So geht es weiter. Die Schale, die wir beim Lithiumatom zu besetzen beginnen, besteht aus vier verschiedenen Zuständen derselben Energie, kann also in der Realität acht Elektronen aufnehmen – vier mit jeder Spineinstellung. Die Schale ist voll bei Neon mit insgesamt zehn Elektronen. Wieder ist ein stabiler Zustand erreicht. Neon ist in der Tat, wie schon Helium, ein chemisch nicht (oder kaum) reagierendes Edelgas. Zwischen Helium und Neon gibt es Elemente, die chemische Verbindungen eingehen: Lithium, Beryllium, Bor, Kohlenstoff, Stickstoff, Sauerstoff und Fluor.

Beim Natrium mit elf Elektronen wird ein Elektron in die nächsthöhere Schale gepackt und bestimmt als Außenelektron das chemische und physikalische Verhalten des Atoms. Lithium und Natrium sind daher einander sehr ähnlich: Ihr Verhalten wird durch ein einzelnes Elektron bestimmt. Auch Beryllium und – mit ebenfalls zwei Außenelektronen, zwölf insgesamt – Magnesium verhalten sich ähnlich. Und so weiter. Wir verstehen auf Grund des Pauli-Prinzips die Periodizität der chemischen Eigenschaften in Abhängigkeit von der Protonenzahl und dem Gewicht der Elemente. Daß es eine solche Periodizität gibt, haben 1869 D. I. Mendelejew und J. L. Meyer unabhängig voneinander als empirische Regel entdeckt. Heute verstehen wir das damals aufgestellte Periodische System mit Hilfe des Pauli-Prinzips.

In unserer hypothetischen Welt gilt es nicht. In ihr wäre jedes Atom im wesentlichen derselbe Klumpen von Elektronen in der Nähe des Atomkerns. Es gäbe keine chemischen Reaktionen, keine Moleküle und kein Leben. Es gäbe dann auch keinen elektrischen Strom. Denn Elektrizitätsleitung setzt voraus, daß Elektronen leicht von Atomen getrennt werden können. Wenn das Elektron ganzzahligen Spin besäße, wäre das alles genauso.

Fermionen – Sterne

Aus dem Pauli-Prinzip folgt, daß identische Fermionen dem Versuch, sie zusammenzupressen, Druck entgegensetzen. Das ist verständlich: Wegen des Pauli-Prinzips können sich zwei identische Fermionen nicht an demselben Ort befinden. Der Raum, den eins einnimmt, steht keinem anderen zur Verfügung. Vermindert man also das Volumen einer Substanz aus identischen Fermionen, so wird dadurch der Ort eines jeden genauer festgelegt. (Bei aller Anschaulichkeit – das ist strikt eine Konsequenz des Pauli-Prinzips. Für Bosonen gilt es nicht.) Die Heisenbergsche Unschärferelation sagt dann, daß die Fermionen bei kleiner werdendem Volumen mehr Impuls und damit Energie besitzen. Diese Energie muß beim Zusammenpressen aufgebracht werden; daher der Druck, den Substanzen aus identischen Fermionen dem Zusammenpressen entgegensetzen.

Nur der Druck, den identische Fermionen der Schwerkraft eines Sterns entgegensetzen, verhindert bei schweren, aber nicht allzu schweren Sternen am Ende ihrer Laufbahn, daß sie weiter zusammenbrechen und sich zum Schwarzen Loch entwickeln. Das Resultat sieht bei Neutronensternen spektakulär aus: Ein Neutronenstern wird durch den Druck, den identische Fermionen – Neutronen – der Schwerkraft des Sterns entgegensetzen, stabilisiert. Er bricht nicht weiter zusammen, wird nicht zum Schwarzen Loch. Das Resultat ist ein Neutronenstern, den nur der Gegendruck der identischen Fermionen daran hindert, weiter zusammenzubrechen. Seine Masse ist beispielsweise eine Sonnenmasse, sein Radius der einer Stadt: zehn Kilometer. Denkbar sind auch abermals wesentlich dichter gepackte Quark-Sterne. Denn auch Quarks sind Fermionen.

7. Innere Symmetrien

Die Naturgesetze, die für Elementarteilchen gelten, sind für verschiedene Teilchen verschieden. Die Wechselwirkungen des Elektrons unterscheiden sich von denen des Protons, des Lichtes oder eines Neutrinos. Elementarteilchen wechselwirken über die Schwerkraft, die elektroschwache und die starke Kraft miteinander. Bei heute im Labor erreichbaren Energien unterscheiden sich diese Wechselwirkungen durch ihre Stärke: Die stärkste ist die zu Recht so genannte starke Wechselwirkung; die elektroschwache und schließlich die Wechselwirkung durch die Schwerkraft folgen. Ebenfalls heutige Energien vorausgesetzt, können wir die elektroschwache Wechselwirkung in die stärkere elektromagnetische und die schwächere schwache Wechselwirkung einteilen.

Die Energieabhängigkeit der Stärke von Wechselwirkungen wird uns noch beschäftigen. Daß die drei Wechselwirkungen bei heutigen Energien verschieden sind, bedeutet auch, daß die Natur nicht so symmetrisch ist, wie sie sein könnte. Wären alle Wechselwirkungen gleich, herrschte höhere Symmetrie.

Es wird oft gesagt, die elektroschwache Wechselwirkung sei symmetrischer als die elektromagnetische oder die schwache allein. Das ist so nicht richtig. Was diese spezielle Vereinigung zweier Kräfte bedeutet, wird weiter unten beschrieben. Wir denken heute, daß bei sehr, sehr großen Energien höchstmögliche Symmetrie herrscht – alle Wechselwirkungen sind gleich. Solche Energien – oder besser: Energiedichten – hat es im Universum bisher nur einmal, unmittelbar nach dem Urknall, gegeben.

Wir können die Elementarteilchen danach einteilen, welche Wechselwirkungen sie besitzen. Alle Teilchen unterliegen der Schwerkraft. Geladene Teilchen spüren die elektromagnetische Wechselwirkung. Und so weiter. Wir wollen zunächst von den Teilchen sprechen, die an der starken Wechselwirkung teilnehmen.

Die starke Wechselwirkung hält Protonen und Neutronen im Kern zusammen. Protonen und Neutronen unterliegen ihr also. Sie sorgt auch dafür, daß Quarks stabile Verbindungen eingehen, also Protonen, Neutronen und andere Teilchen bilden.

Teilchen mit starker Wechselwirkung heißen Hadronen. Quarks (Abb. 87) sind Hadronen. Elektronen und Neutrinos unterliegen außer der Schwerkraft nur der elektroschwachen Kraft, sind also keine Hadronen. Die starke Wechselwirkung von Protonen und

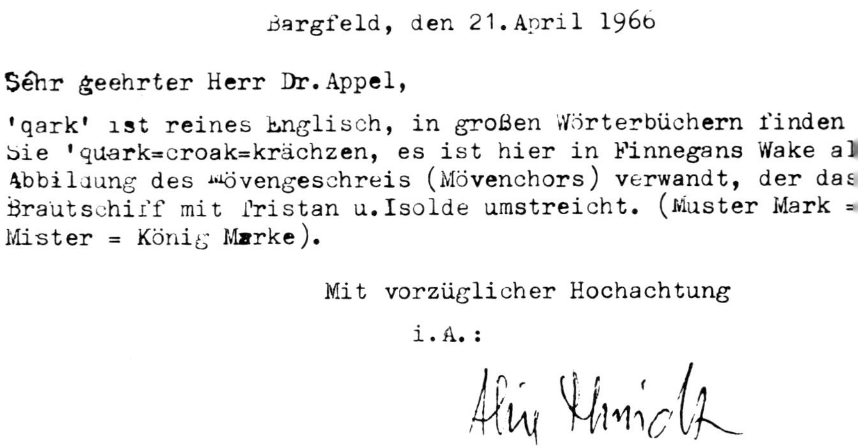

Bargfeld, den 21. April 1966

Sehr geehrter Herr Dr. Appel,

'qark' ist reines Englisch, in großen Wörterbüchern finden Sie 'quark=croak=krächzen, es ist hier in Finnegans Wake al Abbildung des Mövengeschreis (Mövenchors) verwandt, der das Brautschiff mit Tristan u. Isolde umstreicht. (Muster Mark = Mister = König Marke).

Mit vorzüglicher Hochachtung

i. A.:

Alice Schmidt

Abbildung 87: *Manche Leser werden wissen, daß Murray Gell-Mann, Physiknobelpreisträger von 1969, die Bezeichnung Quarks aus Finnegans Wake von James Joyce übernommen hat. Er hat 1964 (gleichzeitig mit und unabhängig von G. Zweig) darauf hingewiesen, daß die inneren Symmetrien der Teilchen mit starker Wechselwirkung verstanden werden können, wenn diese aus elementareren Teilchen, eben den Quarks, zusammengesetzt sind. Für Arno Schmidt, der damals begonnen hatte, Finnegans Wake ins Deutsche zu übersetzen, teilt Frau Alice Schmidt dem Physiker Helmut Appel in Karlsruhe am 21. April 1966 per Postkarte die Bedeutung dieser Bezeichnung mit.*

Neutronen beruht auf der Wechselwirkung ihrer Bestandteile, der Quarks. Sie ist allerdings nur ein schwacher Abglanz der Kraft, die die Quarks in Protonen und Neutronen aufeinander ausüben.

Aufbau und Wechselwirkung

Die Kraft zwischen Atomen ist genauso ein schwacher Abglanz der elektromagnetischen Kraft zwischen Elektronen und Atomkernen. Freie Elektronen stoßen einander wegen ihrer gleichen elektrischen Ladung vehement ab. Dasselbe gilt für Atomkerne. Kerne und Elektronen ziehen einander stark an. Das führt dazu, daß Elektronen und Kerne stabile Verbände eingehen – eben die Atome bilden.

Die neutralen Atome beeinflussen einander nur wenig. Von der elektromagnetischen Anziehung und Abstoßung ihrer Bestandteile sickert – sozusagen – nur ein winziger Rest nach außen. Könnten wir Atome nicht ionisieren, das Wasserstoffatom nicht in ein Elektron und ein Proton zerlegen, wir könnten kaum wissen, wie stark die Kräfte zwischen Ladungen sind.

Quarks wechselwirken stark miteinander. Das ist die eigentliche starke Kraft. Auch sie greift an Ladungen, sogenannten Farbladungen, an. Im Proton oder Neutron kompensieren die Farbladungen der Quarks einander, so daß zwischen Protonen und Neutronen nur wenig von der starken Kraft zu spüren ist.

Protonen und Neutronen können wir nicht in ihre Bestandteile, die Quarks, zerlegen. Wir haben daher erst vor einigen Jahren gelernt, daß die starke Wechselwirkung zwischen Nukleonen auf einer noch stärkeren Wechselwirkung zwischen Quarks basiert. Das Verhältnis zwischen ursprünglicher und abgeleiteter Kraft ist aus demselben Grund bei der starken Wechselwirkung nicht dasselbe wie bei der elektromagnetischen. Die starke Kraft zwischen Nukleonen wird durch Austausch zusammengesetzter Teilchen, der π-Mesonen, vermittelt. Die effektive Kraft zwischen Atomen besitzt kein eigenes Austauschteilchen.

Wir werden fragen, welches die Symmetrien der einzelnen Wechselwirkungen sind. Mit einer Ausnahme – den Gluonen, von ihnen später – unterliegen alle Hadronen auch der elektroschwachen Wechselwirkung. Deren Effekte auf Hadronen sind im allgemeinen winzig, verglichen mit denen der starken Wechselwirkung, der sie auch unterliegen.

Die Schwerkraft ist gegenüber allen anderen Kräften, die auf Elementarteilchen wirken, vernachlässigbar. Das Verhalten von Hadronen wird fast ausschließlich von der starken Kraft bestimmt. Deren Symmetrien gelten für Eigenschaften und Verhalten von Hadronen unmittelbar und nahezu unbeeinflußt davon, welche Wechselwirkungen sie überdies besitzen. Andere Wechselwirkungen können die Konsequenzen der Symmetrien der starken Wechselwirkung für Hadronen nur wenig beeinträchtigen.

Symmetrie einer Wechselwirkung bedeutet, daß in einer Welt, in der es nur diese eine Wechselwirkung gibt, für unterschiedliche Teilchen dieselben Naturgesetze gelten. Symmetrie besteht dann gegenüber Ersetzungen von Teilchen durch andere. Was das für Teilchen bedeutet, die der Quantenmechanik genügen, wurde bereits beschrieben.

Eigenschaften von Elementarteilchen, die den Teilchentyp – Proton oder Neutron – festlegen, heißen »innere« Eigenschaften. Unser Thema in diesem Kapitel sind innere Symmetrien der Naturgesetze und der stabilen Gebilde, die sie ermöglichen. Das sind Symmetrien gegenüber inneren Transformationen. Sie operieren in dem abstrakten »inneren Raum« der Teilcheneigenschaften.

Symmetrie teilt Teilchen in Familien ein, deren Mitglieder verwandte Eigenschaften besitzen. Die Naturgesetze bleiben bei quantenmechanischen Ersetzungen von Teilchen durch andere Teilchen derselben Familie unverändert. Was dies für Systeme bedeutet, die aus Teilchen aufgebaut sind, die einer Familie mit mehreren Mitgliedern angehören, will ich am Beispiel der Isospinsymmetrie erläutern.

Zur Erinnerung: Isospinsymmetrie ist eine Symmetrie der starken Wechselwirkungen. Proton und Neutron bilden zusammen bei Isospinsymmetrie eine Teilchenfamilie, das Nukleon. Sie sind gleichzeitig die Bausteine der Atomkerne. Ersetzungen von Protonen und Neutronen durch einander sollten also aus stabilen Atomkernen stabile Atomkerne entstehen lassen. So aus einander entstehende Atomkerne sollten derselben Teilchenfamilie angehören und verwandte Eigenschaften besitzen. Berücksichtigt man Modifikationen, die daraus folgen, daß die Isospinsymmetrie eine quantenmechanische Symmetrie ist, trifft dies alles in der Tat zu.

Der einfachste zusammengesetzte Atomkern ist das Deuteron, der Atomkern des Deuteriums, auch bekannt als schwerer Wasserstoff. Das Deuteron besteht aus einem Proton und einem Neutron. Es gibt keinen stabilen Atomkern, der aus zwei Protonen besteht und auch keinen aus zwei Neutronen.

Daraus scheint zu folgen, daß Symmetrie nur besteht, wenn alle Protonen eines Kerns durch Neutronen und alle Neutronen durch Protonen ersetzt werden. Dem steht entgegen, daß es auch Familien von Kernen mit drei Mitgliedern gibt. Beispielsweise bildet ein Kohlenstoffkern (6 Protonen, 8 Neutronen) mit einem Stickstoffkern (7, 7) und einem Sauerstoffkern (8, 6) eine Familie. Bei dieser Kernfamilie besteht Symmetrie nicht nur dann, wenn Protonen und Neutronen vertauscht werden.

Nukleonen stellen wir uns als Teilchen mit einem Schalter (Abb. 83) vor, der irgendwo zwischen Proton und Neutron stehen kann. Isospinsymmetrie bedeutet quantenmechanisch, daß die Gesetze der starken Wechselwirkung unverändert bleiben, wenn alle Schalter an allen Nukleonen der Welt um denselben Winkel gedreht werden. Die Proton-Neutron-Ersetzungssymmetrien, die daraus folgen, unterscheiden sich bei zwei Nukleonen von klassischen Ersetzungssymmetrien vor allem dadurch, daß sie das Pauli-Prinzip respektieren.

Wir wollen die Teilchen a und b in Abbildung 85 als Proton und Neutron interpretieren. Die zwei Kombinationen von Proton und Neutron mit Neutron und Proton der Abbildung sind die Kandidaten der Quantenmechanik für aus Proton und Neutron zusammengesetzte stabile Systeme. Ich habe bisher nicht gesagt, wodurch sich die zwei Zustände – die Kastenhälften –, die Proton und Neutron besetzen, unterscheiden sollen; das wird bald nachgeholt. Es ist nützlich, sich vorzustellen, die Kombination mit dem Pluszeichen sei nicht durch Besetzen verschiedener Zustände, sondern ein und desselben Zustands entstanden. Die Kombination mit dem Minuszeichen soll weiterhin der Besetzung von zwei verschiedenen Zuständen entsprechen. Diese Darstellung enthält viel von der quantenmechanischen Wirklichkeit. Kombiniert man mit einem Plus, eliminiert man – sozusagen – die Unterschiede der Zustände, die Proton und Neutron besetzen; kombiniert man mit Minus, eliminiert man die Gemeinsamkeiten. Effektiv gibt es nun genau einen Zustand von Proton und Neutron zusammen, der einer Besetzung gleicher, und einen, der einer Besetzung verschiedener Zustände durch die einzelnen Teilchen entspricht.

Akzeptiert man dies, ist leicht zu sehen, daß Proton-Neutron-Ersetzungssymmetrie und das Pauli-Prinzip vereint die Existenz eines stabilen Kerns aus Proton und Neutron ohne Partnerkern erlauben. Wir stellen uns die Pluskombination in Abbildung 85a vor wie das System in Abbildung 84c oder d: Proton a und Neutron b besetzen denselben Zustand. Ersetzt man probeweise das Neutron durch ein Proton, so entsteht das System in Abbildung 84f oder g. Nun besetzen zwei Protonen ein und denselben Zustand. Das ist für Protonen als Fermionen aber nicht möglich. Ein stabiler Kern, der der Abbildung 85a entspricht, besitzt wegen des Pauli-Prinzips keinen Partnerkern. In die quantenmechanische Formulierung ist das Prinzip eingebaut. Wenn wir also das Deuteron mit der Pluskombination identifizieren, besitzt es auch bei Isospinsymmetrie keinen Partnerkern. Hingegen gehört die Minuskombination bei Isospinsymmetrie zu den Kombinationen, in denen die Teilchen beide Zustände besetzen. Die drei zusammengehörenden Zustände zeigt Abbildung 88a.

Es ist eine dynamische Frage, ob dem Kern der Abbildung 85a oder dem der Abbildung 85b (oder keinem von beiden oder beiden) ein stabiler Kern entspricht. Darüber kann Isospinsymmetrie keine Aussage machen. *Wenn* aber der Kern der Abbildung 85a stabil ist, gibt es zu ihm keinen Partnerkern. Genauso: *Wenn* der Kern der

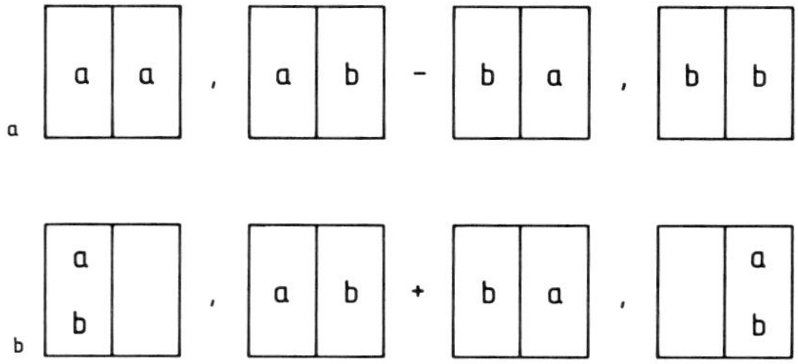

Abbildung 88

Abbildung 85b stabil ist, dann besitzt er, wie in Abbildung 88a dargestellt, zwei Partnerkerne. In der Wirklichkeit gibt es genau einen stabilen Kern aus zwei Nukleonen, das Deuteron. Er entspricht Abbildung 85a.

Nachzutragen bleibt, wodurch sich die zwei Zustände – die Kastenhälften – physikalisch unterscheiden. Bei Protonen und Neutronen können wir ein Unterscheidungsmerkmal sofort angeben: die Einstellung des Spins. Sagen wir, der linke Kasten bedeute »Spin nach oben«, der rechte »Spin nach unten«. Wir wollen kein anderes Unterscheidungsmerkmal berücksichtigen. Dann gibt es natürlich auch Systeme von zwei Nukleonen mit gleichen Spineinstellungen – beide nach oben oder beide nach unten. Zusammen zeigen die Abbildungen 88 die sechs bei Berücksichtigung des Pauli-Prinzips möglichen Verteilungen eines Protons und eines Neutrons über die zwei Spineinstellungen. Die drei Zustände in Abbildung 88b sind aus verschiedenen Nukleonen aufgebaut; die beteiligten Spineinstellungen stimmen in jedem Einzelfall überein. Das genau ist die Bedeutung der Aussage, daß die Pluskombination die Unterschiede eliminiert. Gemeint sind hier Unterschiede der Einstellungen der Spins – die Spineinstellungen sind jeweils dieselben, die sie tragenden Teilchen verschieden. Die drei Zustände der Abbildung 88b sind als Isospinzustände identisch, unterscheiden sich aber durch die Spineinstellungen, die in ihnen vorkommen.

Isospinsymmetrie gehört zu den Grundlagen der Kernphysik. Sie ordnet Kerne zu Familien und erlaubt es, Beziehungen zwischen verschiedenen Nukleonenreaktionen und Kernreaktionen herzustellen. Aus ihr folgen Auswahlregeln für Kernzerfälle. Auf Details gehe ich nicht ein. Konsensus darüber, ob sich die Hypothese der

Isospinsymmetrie in allen Fällen bestätigt, besteht nicht. Da die elektromagnetische Wechselwirkung die Symmetrie bricht, ist nicht von vornherein klar, wie große Verletzungen wo zu erwarten sind.

Isospinsymmetrie für Quarks

Ausgangspunkt unserer Überlegungen zur Isospinsymmetrie war, daß Neutron und Proton einander sehr ähnlich sind. Folglich sollte Isospinsymmetrie nicht nur für die Kräfte gelten, die Neutronen und Protonen aufeinander ausüben, sondern auch für diejenigen, die den Aufbau dieser Teilchen bestimmen; und dies ist der Fall. Protonen und Neutronen sind aus Quarks und Gluonen aufgebaut, Teilchen, deren Symmetrien bemerkenswerte Konsequenzen besitzen. Isospinsymmetrie ist eine dieser Symmetrien. Sie ist allerdings nur näherungsweise gültig. Zur Brechung dieser Symmetrie durch die elektromagnetische Wechselwirkung tritt eine, ebenfalls kleine, Brechung durch andere Wechselwirkungen hinzu. Von ihr wissen wir seit langem, da das Neutron schwerer ist als das Proton. Da die Konzentration von Ladung Energie erfordert, sollten geladene Teilchen schwerer sein als neutrale. Die Brechung der Isospinsymmetrie durch die Ladung des Protons kann daher das Vorzeichen des Massenunterschiedes von Proton und Neutron nicht erklären. Eine andere Symmetriebrechung muß hinzukommen. Das ist in der Tat der Fall: Die Quarks, die Proton und Neutron aufbauen, besitzen verschiedene Massen. Daher sind auch die starken Wechselwirkungen dieser Quarks nicht genau dieselben; auch die starke Wechselwirkung ist nicht exakt isospinsymmetrisch.

Die Idee von den Bestandteilen

Trotz denkbarer Alternativen hat sich die Idee des Aufbaus der Materie aus Bestandteilen – Konstituenten – beim Fortschreiten von makroskopischen zu immer kleineren Abständen bisher stets bewährt. Alltagsmaterie ist aus Molekülen und Atomen aufgebaut, Moleküle bestehen aus Atomen, diese aus Elektronen und Kern, der Kern aus Protonen und Neutronen, und auch diese sind wieder zusammengesetzt. Abbildung 89 zeigt diese Hierarchie und setzt sie über die Konstituenten von Protonen und Neutronen, die Quarks und Gluonen, bis zu deren hypothetischen Bestandteilen, den Subquarks oder Preonen, fort. Die Konstituenten von Protonen und Neutronen, die Quarks und Gluonen, unterscheiden sich von allen anderen bekannten Materiebestandteilen: Sie kommen nicht einzeln vor.

Es ist leicht, ein Elektron aus einem Atom herauszulösen, das Atom also zu ionisieren, und auch die Kernbestandteile Neutron und Proton treten einzeln auf. Als Folge der Kräfte zwischen diesen Teilchen bilden nur gewisse Zusammenstellungen von ihnen Moleküle, Atome oder Kerne. Genauso bewirken die Kräfte zwischen Quarks und Gluonen, daß als Elementarteilchen nur gewisse Quark-Gluon-Komplexe auftreten können. Sie bewirken aber zudem, daß es ausgeschlossen ist, Quarks und Gluonen aus ihren stabilen oder fast stabilen Verbänden herauszulösen und zu vereinzeln. Das ist eine Konsequenz der »SU(3)-Farb-Symmetrie« der Quark-Gluon-Wechselwirkung.

Eigenschaften von Quarks und Gluonen

»Glue« ist das englische Wort für Leim, Gluon bedeutet Leimteilchen, und die Aufgabe der Gluonen ist es in der Tat, die Quarks zu physikalischen Teilchen zusammenzuleimen. Dazu wurden sie eingeführt. Wie sie das tun, wird uns noch beschäftigen.

Quarks unterscheiden sich durch »Geschmack« und »Farbe« voneinander, Gluonen nur durch »Farbe«. »Geschmack« und »Farbe« sind die deutschen Übersetzungen der amerikanischen Phantasienamen »flavor« und »color« für zwei sehr unterschiedliche Eigenschaften der Quarks: Geschmack ist eine »öffentliche«, Farbe eine »private« Eigenschaft.

Die elektrische Ladung eines Quarks gehört zu seinen öffentlichen Eigenschaften. Physikalische, aus Quarks zusammengesetzte Teilchen tragen als ihre elektrische Ladung die Summe der

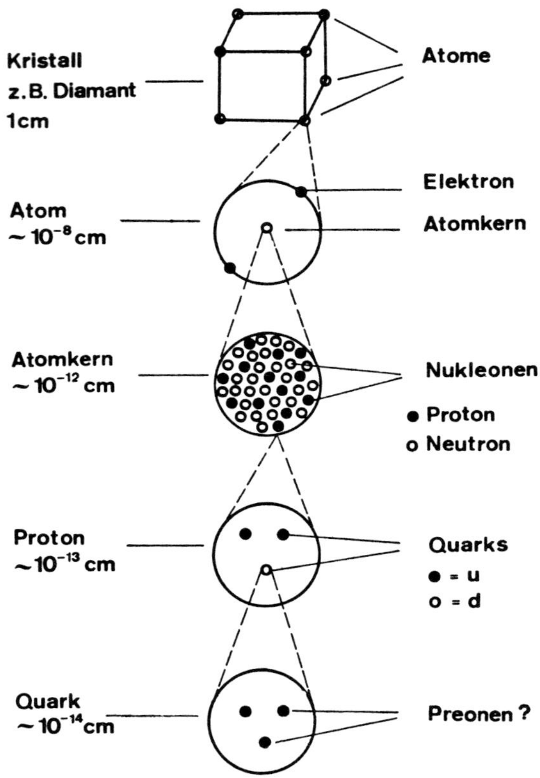

Abbildung 89: *»Teilen« ist kein ganz einfaches Konzept. Es fängt natürlich harmlos an: Wenn ich ein makroskopisches Stück Kreide halbiere, erhalte ich zwei Stücke derselben Kreide, nur kleiner. Jeder Oberklassenschüler kann sich ausrechnen, daß dies Konzept nur etwa 25 aufeinander folgende Halbierungen weit trägt. Dann wird in aller Materie eine körnige Struktur erkennbar, der Aufbau der Materie aus Molekülen und Atomen beginnt sich bemerkbar zu machen. Diese Bausteine der Materie sind »kleinste Einheiten« nicht in dem Sinn, daß sie unteilbar wären (sie sind teilbar), sondern in dem, daß die Bruchstücke dieser Einheiten andere Eigenschaften besitzen als die Ausgangssubstanzen. Die Erkenntnis, daß auch die glattesten Substanzen aus diskreten Einheiten aufgebaut sind, ist zunächst einmal eine Entscheidung für ein philosophisch vorgedachtes Weltbild, die Atomlehre Demokrits. Mit ihr beginnt vor allem aber die Reduktion der Vielfalt an Substanzen und Gesetzen unserer Welt auf wenige. Das zeigt zum Beispiel diese Abbildung, die der* Neuen Züricher Zeitung *(24. 11. 1984) entnommen ist. Jeder chemisch reinen Substanz ist eine Molekülsorte zugeordnet, aus der sie besteht. Weiß man dies, so kann man reine Substanzen von Mischungen unterscheiden. Der nächste Erkenntnisschritt ist folgenreicher: Alle Moleküle bestehen aus nur etwa einhundert verschiedenen Atomen und somit ist jeder der unerhört*

Ladungen der Quarks, aus denen sie bestehen. Alle Gesamtladungen, die als Ladungssumme bei der gegebenen Quarkzahl überhaupt vorkommen können, kommen tatsächlich vor. In diesem Sinne sind die Quarkladungen öffentliche Eigenschaften: Sie lassen sich aus den beobachteten Ladungen durch die Bildung von Differenzen rekonstruieren. Das ist anders bei den privaten Farbladun-

---

zahlreichen Substanzen der Welt eine bestimmte Zusammenstellung von nur einhundert Bausteinen zugeordnet. Die Atome bestehen aus Elektronen und Atomkernen, die Atomkerne aus Protonen und Neutronen und diese aus Quarks; die Abbildung suggeriert, daß es mit Teilchen, die manche Preonen, andere Subquarks nennen, genauso weitergehen wird. Ehe wir dem folgen, wollen wir uns überlegen, daß der Teil des Teils im allgemeinen von anderen Gesetzen beherrscht wird als der Teil selbst. Bis herunter zu den Atomen gilt die Elektrodynamik; allerdings in einer durch die Quantenmechanik modifizierten Form. Die auf der nächsten Stufe, im Kern, auftretenden starken und schwachen Wechselwirkungen wiederum sind ein Abglanz der Wechselwirkung zwischen Quarks. Wichtiger als die Bausteine selbst sind die Gesetze, die für sie gelten; Vereinfachung bedeutet mehr als die Feststellung, was worin enthalten ist. Daß Alltagsmaterie aus Elektronen und zwei Sorten Quarks aufgebaut ist, bedeutet an sich keine Vereinfachung, verglichen damit, daß sie aus Elektronen, Protonen und Neutronen besteht. Erst daß, wie wir denken, die Gesetze, die das Verhalten von Protonen und Neutronen bestimmen, aus denen für Quarks folgen, vereinheitlicht unser Weltbild und stellt Alltagsmaterie in einen größeren Rahmen: Es sind dieselben Gesetze, die das Verhalten von Teilchen bestimmen, die heutzutage an Beschleunigern erzeugt werden können und am Anfang des Universums vorhanden waren. Die Frage nach den Naturgesetzen und ihren Symmetrien ist die Frage, die wir eigentlich durch das Teilen von Teilchen beantworten wollen. Es kann durchaus sein, daß wir bei immer größeren Energien unserer Beschleuniger immer wieder neue Strukturen entdecken werden, daß Fortführungen der in der Abbildung dargestellten Zerlegungen niemals den Teil des Teils, der anfangs alles war, *liefern, weil es ihn nicht gibt, weil statt dessen das Teilen und Neuentdecken von Strukturen immer weiter geht. Das bedeutet aber nicht unbedingt auch, daß wir nicht wissen können,* was die Welt im Innersten zusammenhält. *Ein Denkmodell ist, daß sich die Strukturen gesetzmäßig wiederholen. Es könnte aber auch sein, daß tatsächlich der Prozeß des Neuentdeckens beim Versuch des Teilens einmal zu einem Ende kommen wird. Wir wissen, daß die naive Vorstellung, daß dasjenige, was wir beim Teilen eines Objektes finden, zuvor in ihm enthalten war, durch die Quantenmechanik erheblich modifiziert wird. In einem gewissen Sinn produzieren wir die Strukturen, die wir bei hohen Energien sehen. Das nimmt ihnen aber nichts von ihrer objektiven Existenz und den für sie geltenden Naturgesetzen nichts von ihrer Gültigkeit – es modifiziert eben nur den naiven Begriff des Teilens. Es könnte sein, daß es eine Stufe gibt, ab der bei höheren Energien aus Energie zwar weiter Teilchen erzeugt werden, aber immer dieselben, von immer denselben Gesetzen beherrscht. Unsere historische und gegenwärtige Erfahrung spricht zwar gegen diese Auffassung, die vor einigen Jahrzehnten vorherrschte, aber es könnte so sein.*

gen der Quarks und Gluonen. Hier kommen nicht alle möglichen Summen tatsächlich als Farben physikalischer Teilchen vor. In physikalischen Teilchen sind die Farbladungen der Quarks und Gluonen immer zu der Gesamtfarbe Weiß gemischt.

Tabelle 1

Quark	d	$\bar{d}$	u	$\bar{u}$	s	$\bar{s}$	c	$\bar{c}$
elektrische Ladung	−⅓	⅓	⅔	−⅔	−⅓	⅓	⅔	−⅔
Seltsamkeit	0	0	0	0	−1	1	0	0
Charm	0	0	0	0	0	0	1	−1

Tabelle 2

	Baryonen			Mesonen		
	Proton	Neutron	Ω^-	π^+	Ψ	K^-
Quarkinhalt	uud	udd	sss	$\bar{d}u$	$\bar{c}c$	$\bar{u}s$
elektrische Ladung	1	0	−1	1	0	−1
Seltsamkeit	0	0	−3	0	0	−1
Charm	0	0	0	0	0	0

Tabelle 3

Teilchen-Familie	Mitglied	Quark-zusammensetzung	Masse in Protonenmassen
N	Neutron n	udd	1,00
	Proton p	uud	1
Σ	Σ^-	sdd	1,28
	Σ^0	sdu	1,27
	Σ^+	suu	1,26
Ξ	Ξ^-	ssd	1,41
	Ξ^0	ssu	1,40
Π	Π^-	$\bar{u}d$	0,149
	Π^0	$\bar{u}u$-$\bar{d}d$	0,144
	Π^+	$\bar{d}u$	Wie Π^- (Antiteilchen)
K	K^0	$\bar{s}d$	0,531
	K^+	$\bar{s}u$	0,526

Der Isospin ist eine öffentliche Eigenschaft der Quarks, und zudem sind zwei weitere Eigenschaften mit den Phantasienamen »Seltsamkeit« und »charm« öffentlich (vgl. Tabelle 1). Wir haben uns auf die vier Quarktypen mit den niedrigsten Massen, die sogenannten up-, down-, strange- und charm-Quarks, beschränkt. Experimentell kennen wir heute außerdem das bottom-Quark. Für die Existenz eines weiteren, des top-Quarks, sprechen hervorragende theoretische Gründe. Das c-Quark ist um einen Faktor 1,5 schwerer als das Proton, das b um einen Faktor 5. Wie schwer das t ist, ist unbekannt.

Die öffentlichen Geschmackseigenschaften der Quarks dienen dazu, die aus ihnen aufgebauten Teilchen zu kennzeichnen (Tabelle 2 im Kasten enthält Beispiele). Die Geschmackseigenschaften der Elementarteilchen und die ihnen entsprechenden Symmetrien wurden entdeckt, ehe die Quarks bekannt waren.

Die privaten Farben der Quarks und Gluonen verschmelzen in den physikalischen, einzeln existenzfähigen Teilchen, die sie aufbauen, zu stets derselben Farbe, die wir Weiß genannt haben. Jeden Quarktyp mit seinem bestimmten Geschmack gibt es in drei Ausführungen mit verschiedenen Farben – Blau, Grün und Rot. Gluonen tragen zu den Geschmackseigenschaften der Teilchen nicht bei; sie

Tabelle 1
gibt einige Eigenschaften der vier Quarks mit der niedrigsten Masse – down, up, strange und charm – und ihrer Antiquarks (durch eine Querstrich gekennzeichnet) an.

Tabelle 2
nennt einige einzeln auftretende »physikalische« Teilchen mit deren Aufbau aus Quarks. Baryonen bestehen aus 3 Quarks, Mesomen aus einem Quark und einem Antiquark. Nur die up- und down-Quarks tragen Isopin.

Tabelle 3
ordnet Elementarteilchen, die mindestens ein up und/oder down enthalten, in Isospinfamilien ein. Die Namen der einzelnen Teilchen stehen in Spalte 2; ihre Quark-Zusammensetzung gibt Spalte 3 an. Die Namen der Teilchenfamilien stehen in Spalte 1, und die Zahlen in Spalte 4 sind die Massen der Teilchen in Einheiten der Protonenmasse. Aus Isopinsymmetrie würde folgen, daß alle Teilchen derselben Familie dieselbe Masse besitzen, Spalte 4 zeigt, daß die Abweichungen von der Gleichheit klein sind, die Vorhersage der Isospinsymmetrie also nur wenig verletzt ist.

besitzen keinen Geschmack. Es existiert daher, vom Standpunkt des Geschmacks her gesehen, nur ein Gluonentyp.

Ihn gibt es in acht Ausführungen in verschiedenen Farben, für die wir keine Phantasienamen angeben wollen. Wichtig ist, daß unter den Farben der Gluonen die Farbe Weiß – die der einzeln existenzfähigen Teilchen – nicht vorkommt.

Farbsymmetrie

Die starken Wechselwirkungen sind bei der Ersetzung von Quarks und Gluonen durch Quarks und Gluonen mit anderen Farben symmetrisch. Die Symmetrie heißt Farbsymmetrie, die zugehörige symmetrische Theorie Quantenchromodynamik, kurz QCD. »Ersetzung« bedeutet natürlich quantenmechanische Ersetzung mit all ihren Besonderheiten.

Daß einzeln auftretende Teilchen stets die Gesamtfarbe Weiß tragen, ist eine dynamische Eigenschaft der Wechselwirkungen der Konstituenten dieser Teilchen. So war es eine dynamische Eigenschaft der Wechselwirkung von Protonen und Neutronen, daß das Deuteron aus Proton und Neutron ein stabiler Kern ist und daß es keinen stabilen Kern aus zwei Protonen gibt.

Wie das Deuteron bei der Vertauschung von Proton und Neutron in sich übergeht, gehen Teilchen mit der Gesamtfarbe Weiß bei quantenmechanischen Ersetzungen von Quarks und Gluonen durch Quarks und Gluonen mit anderen Farben in sich über. Wie es zum Deuteron wegen der Isospinsymmetrie und des Aufbaus des Deuterons aus Proton und Neutron keine Partnerkerne mit anderer Zusammensetzung gab, gibt es wegen der Farbsymmetrie und des Aufbaus weißer Teilchen aus Quarks und Gluonen zu den einzeln auftretenden Teilchen keine Partnerteilchen mit anderen Farben. Man sagt, die weißen Teilchen bilden Farbsinglets.

Physikalische Teilchen haben keine Farbpartner

Um zu beschreiben, welche Zusammenstellungen von Quarks und Gluonen als Teilchen auftreten können, genügt es, zu sagen, daß nur Farbsinglets realisierbar sind. Dann gibt es keine einzelnen Quarks – diese haben ja Partner mit anderen Farben –, und genausowenig kann es einzelne Gluonen geben.

Symmetrieüberlegungen zeigen, welche Zusammenstellungen von Quarks und Gluonen realisierbar sind. Die wichtigste Einschränkung betrifft die Zahl der Quarks, Antiquarks und Gluonen. Wir wollen nur diese schildern. Zwei Gluonen können realisierbare Teilchen bilden, außerdem ein Quark zusammen mit einem Antiquark, drei Quarks oder drei Antiquarks. Hinzu kommen Teilchenzahlen, die man aus diesen durch Zusammensetzen erhält – dadurch zum Beispiel, daß man zu drei Quarks ein Quark-Antiquark-Paar hinzufügt. Außerdem erhält man realisierbare Teilchen, indem man die Zahl der Gluonen realisierbarer Teilchen beliebig vergrößert. Der »glue ball« aus drei Gluonen entsteht durch Hinzufügen eines Gluons zu einem aus zwei Gluonen; Quark-Antiquark-Mesonen werden durch Hinzufügen von Gluonen zu Gebilden, für die sich bisher kein Phantasiename – einer lautet »Hermaphroditen« – durchsetzen konnte.

Ob es Glue-Bälle – Leimbälle – und Hermaphroditen – Zwitter – in der Natur wirklich gibt, ist offen. Die Bauanweisungen für durch Farbsymmetrie nicht verbotene Teilchen kann man in dem Prinzip zusammenfassen, daß außer dem einzelnen Gluon alle Zusammenstellungen von Quarks und Gluonen erlaubt sind, bei denen die Differenz der Zahl der Quarks und der Antiquarks ein (positives oder negatives) ganzzahliges Vielfaches von drei oder Null ist.

Dadurch wird garantiert, daß die Gesamtladung physikalischer Teilchen ganzzahlig ist, während die Quarks nach Tabelle 1 (S. 254) drittelzahlige Ladungen besitzen. Gluonen sind als Teilchen ohne Geschmack elektrisch neutral. Der Leser mag es amüsant finden, mit Hilfe der Tabelle 1 zu überprüfen, daß diese Zusammensetzungsregel in der Tat andere als ganzzahlige Ladungen unmöglich macht.

Bisher sicher beobachtet wurden nur Teilchen aus drei Quarks, einem Quark zusammen mit seinem Antiquark und die aus drei Antiquarks aufgebauten Antiteilchen der Teilchen aus drei Quarks. Teilchen aus drei Quarks heißen Baryonen, jene aus Quark und Antiquark Mesonen. Beispiele für Baryonen sind Proton und Neutron, für Mesonen die Austauschteilchen der effektiven starken

Kernwechselwirkung, die π-Mesonen. Die Antiteilchen von Mesonen sind wieder Mesonen. Daß und warum es in der Quantenfeldtheorie Austauschteilchen geben muß, wird weiter unten am Beispiel des Photons erläutert.

Die Farbsymmetrie hat es erlaubt, die Zusammensetzungsregel für physikalische Teilchen als Symmetrieprinzip zu formulieren. Natürlich hängt die Gültigkeit dieses Prinzips von den Wechselwirkungen der Quarks und Gluonen ab. Die Farbsymmetrie allein kann nicht garantieren, daß nur Teilchen ohne Farbpartner – Farbsinglets – einzeln auftreten können. Das zeigt die Analogie zur Isospinsymmetrie, die sowohl Kerne mit Ladungspartnern als auch einzelne Protonen und Neutronen erlaubt. Zu erklären ist zweierlei. Erstens, warum Zusammenstellungen von Quarks und Gluonen, die bei Farbsymmetrie Partnerteilchen haben, keine stabilen Teilchen bilden. Zweitens, warum die Quarks in den einzeln auftretenden Teilchen so fest gebunden sind, daß sie nicht vereinzelt werden können.

Quarks kann man nicht vereinzeln

Beide sind Fragen an die Wechselwirkung von Quarks und Gluonen. Rechnungen, die allerdings nicht ohne Zusatzannahmen auskommen, zeigen, daß Quarks einander nur in jenen Konfigurationen anziehen, die keine Farbpartner besitzen. Daher gibt es keine zusammengesetzten Teilchen mit Farbpartnern.

Diese Anziehung hat einige merkwürdige Eigenschaften, die erst Relativität und Quantenmechanik gemeinsam erklären können. Versucht man, ein Quark von einem Antiquark in einem physikalischen Teilchen zu trennen, beginnen die anziehenden Kräfte, die das Teilchen zusammenhalten, zwischen Quark und Antiquark zu wirken. Anders aber als Kernkräfte oder elektromagnetische Kräfte nimmt die Kraft zwischen Quark und Antiquark mit wachsendem Abstand nicht ab. Um die Entfernung zu vergrößern, muß mehr und mehr Energie aufgewendet, das heißt in das Teilchen hineingesteckt werden.

Relativistisch ist Energie dasselbe wie Masse. Irgendwann ist bei wachsendem Abstand die in das Teilchen hineingesteckte Energie

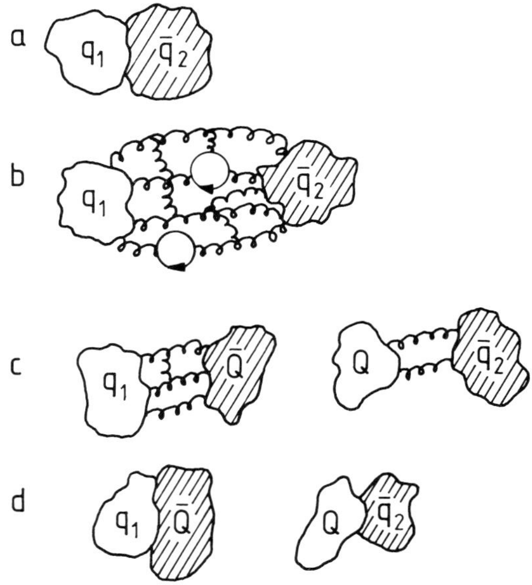

Abbildung 90
Schläuche von »virtuellen« (Kap. 8) Gluonen und Quark-Antiquark-Paaren – sogenannte Farbkraftlinien – verbinden die Quarks und Antiquarks stabiler Elementarteilchen. Versucht man, das Quark eines Mesons von seinem Antiquark zu trennen, so steckt man in den Schlauch Energie hinein. Die Abbildung b zeigt ein Feynman-Diagramm, das zur Ausbildung des Schlauchs beiträgt. Dafür und also auch für die Stabilität des Mesons sind bei großen Quark-Antiquark-Abständen Diagramme mit vielen Vertices (und damit Kopplungsfaktoren) wichtiger als Diagramme mit wenigen. Wenn der Abstand von Quark und Antiquark so groß geworden ist, daß die im Schlauch zwischen ihnen enthaltene Energie nach Einsteins $E = m \cdot c^2$ zur Produktion eines weiteren realen Quark-Antiquark-Paares ausreicht, bilden sich zwei Mesonen, jedes ein Gebilde aus Quark und Antiquark. Der Versuch, die Quark-Bestandteile eines Mesons zu vereinzeln, ist mißlungen.

groß genug, um ein zusätzliches Quark, zusammen mit seinem Antiquark, zu erzeugen. Das genau geschieht, bevor eine makroskopische Entfernung erreicht wird. Zusammen mit dem schon vorhandenen Quark-Antiquark-Paar bildet das neue Paar zwei gewöhnliche Teilchen aus Quark und Antiquark. Der Versuch, ein Quark aus dem Verband mit einem Antiquark herauszulösen, scheitert (Abb. 90).

Physikalische Teilchen, die aus Quark und Antiquark bestehen, sind wie Magnete mit dem Quark als einem, dem Antiquark als anderem Pol. Zerbricht man einen Magnet, so erhält man zwei vollständige Magnete mit je zwei Polen und nicht zwei einzelne Pole.

Confinement – Einschließung – heißt die Tatsache, daß Quarks in physikalischen Teilchen aneinander so gebunden sind, daß es unmöglich ist, sie zu vereinzeln. Confinement ist aber nicht die einzige merkwürdige Eigenschaft der Quark-Gluon-Wechselwirkung. Bei kurzen Abständen verhält sich jedes eingeschlossene Quark so, als seien die anderen Quarks nicht vorhanden. Es ist, wie man sagt, asymptotisch frei. Je weiter voneinander entfernt zwei Quarks in einem Elementarteilchen sind, desto mehr beeinflussen sie einander. Es sei denn, das Band, das sie zusammenhält, ist zerbrochen.

Kurze Abstände werden in Streuexperimenten mit Geschoßteilchen hoher Energie getestet. Dabei wird asymptotische Freiheit in der Tat beobachtet – historisch zuerst bei der tiefinelastischen Elektron-Proton-Streuung (Abb. 61). Skalensymmetrie, die dort näherungsweise gilt, ist eine Eigenschaft freier Quarks im Inneren des Protons, ohne Wechselwirkung miteinander. Heute zeigen zahlreiche Experimente, daß Quarks bei kleinen Abständen einander weniger spüren als bei großen.

Confinement und asymptotische Freiheit machen die Welt der Quarks und Gluonen zu einer verkehrten Welt. Keine andere elementare Wechselwirkung kann als Modell dienen, höchstens aufwendige Konstruktionen wie Gummibänder, die Kugeln zusammenhalten. Wir wollen das nicht ausspinnen, da es für das eigentliche Problem – eine elementare Wechselwirkung, die mit dem Abstand zunimmt – nichts bringt. Wir brauchen ein Prinzip, um uns in der Welt der Quarks und Gluonen orientieren zu können.

Soweit wir heute wissen, sind alle fundamentalen Theorien bei »lokalen Eichtransformationen« symmetrisch. Das Prinzip, mit dessen Hilfe wir uns in der Welt der Elementarteilchen orientieren können, ist ein Symmetrieprinzip. Von ihm handelt Kapitel 8.

Flavorsymmetrien

Auch den Geschmackseigenschaften der Quarks up, down und strange entsprechen Symmetrien, die Geschmackssymmetrien. Wir wollen die aus dem Englischen kommende Bezeichnung »Flavorsymmetrien« verwenden. Flavorsymmetrien sind keine lokalen Eichsymmetrien und dementsprechend wenig fundamental. Aus Quarks zusammengesetzte Teilchen kann man auf Grund der Flavorsymmetrie in Familien einteilen, und es gibt, anders als bei der Farbsymmetrie, Familien stabiler Teilchen mit mehr als einem Mitglied. Isospinsymmetrie ist eine dieser Flavorsymmetrien.

Es ist nicht eindeutig möglich, die Masse eines Teilchens zu definieren, das nicht als Einzelteilchen auftritt. Trotz dieser Willkür ist es aber klar, daß die Massen der up- und down-Quarks, der Bausteine von Proton und Neutron, wesentlich kleiner sind als die des strange-Quarks. Die Idee ist, daß schwere Teilchen schwere Konstituenten enthalten. Jedes Teilchen mit einem strange-Quark statt einem up- oder down-Quark als Konstituenten ist, wenn sonst alles gleich ist, wesentlich schwerer als das ursprüngliche Teilchen. Daher wissen wir, daß strange-Quarks schwerer sind als up oder down.

Die Massen der up und down stimmen, gemessen am Massenunterschied zu dem strange-Quark, fast überein. Flavorsymmetrien der Quark-Gluon-Wechselwirkung sind nur deshalb nicht exakt, weil Quarks mit verschiedenem Geschmack verschiedene Massen besitzen. Gäbe es diese Massenunterschiede nicht, wären die starken Wechselwirkungen symmetrisch gegenüber der Vertauschung von Quarks mit derselben Farbe, aber verschiedenem Geschmack. In der wirklichen Welt gibt es Massenunterschiede, und die einer Ersetzung entsprechende Symmetrie ist um so stärker gebrochen, je größer die Massenunterschiede der ausgetauschten Quarks sind. Die Symmetrie der Quark-Gluon-Wechselwirkung gegenüber Ersetzung der up- und down-Quarks durch einander steht deutlich besser da als die gegenüber Ersetzung eines up oder down durch ein strange-Quark.

Die up-down-Symmetrie ist die Ursache der Isospinsymmetrie der Kernwechselwirkungen. Sie ist gebrochen, da up und down verschiedene Massen besitzen. Protonen bestehen aus zwei up- und einem down-Quark, Neutronen aus zwei down und einem up. Ersetzt man also up und down durch einander, so erhält man aus Protonen Neutronen und umgekehrt. Daher bewirkt diese Quarktransformation dasselbe wie eine Isospintransformation. Die Wechselwirkungen der Protonen und Neutronen miteinander kann man auf Wechselwirkungen ihrer Quarkbestandteile zurückführen. So ist die Isospinsymmetrie der Quark-Gluon-Wechselwirkung Ursache der Isospinsymmetrie der Kernkräfte.

Zugleich dehnen die up- und down-Quarks die Isospinsymmetrie auf alle Teilchen aus, die mindestens eins dieser Quarks enthalten. Nach unserer Zusammensetzungsregel von Quarks sollte es zum Beispiel ein Teilchen geben, das drei up-Quarks enthält. Dieses, das

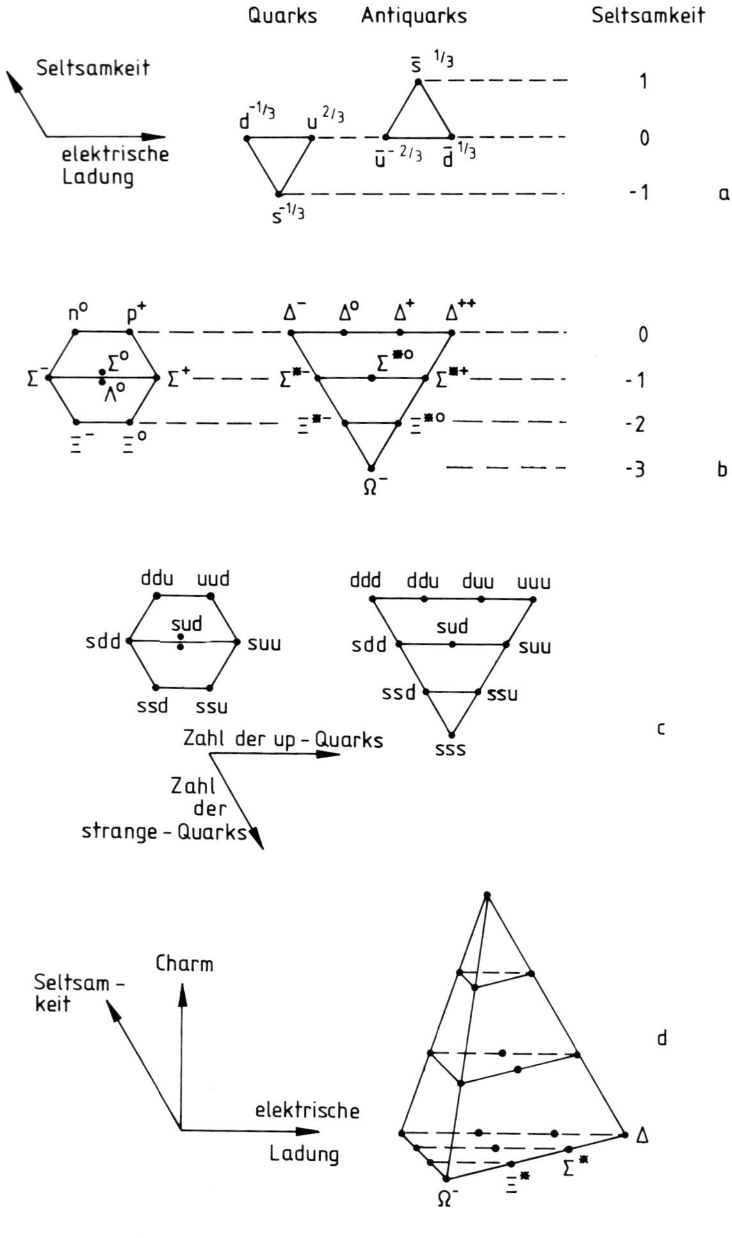
Quarks
Antiquarks
Seltsamkeit
Seltsamkeit
elektrische Ladung
$\bar{s}$ 1/3
$d^{-1/3}$
$u^{2/3}$
$\bar{u}^{-2/3}$
$\bar{d}^{1/3}$
$s^{-1/3}$
1
0
-1
a
n^0
p^+
Δ^-
Δ^0
Δ^+
Δ^{++}
Σ^-
Σ^0
Λ^0
Σ^+
Σ^{*-}
Σ^{*0}
Σ^{*+}
Ξ^-
Ξ^0
Ξ^{*-}
Ξ^{*0}
Ω^-
0
-1
-2
-3
b
ddu
uud
sdd
sud
suu
ssd
ssu
ddd
ddu
duu
uuu
sdd
sud
suu
ssd
ssu
sss
Zahl der up - Quarks
Zahl der strange - Quarks
c
Charm
Seltsam - keit
elektrische Ladung
Δ
Σ^*
Ξ^*
Ω^-
d

Abbildung 91

Die Abbildung zeigt Flavor-Eigenschaften und Aufbau einiger Elementarteilchen; sie soll den Zusammenhang zwischen beiden verdeutlichen. Die hochgestellten Zahlen und Symbole ++ (für +2), + (für +1), − (für −1) und 0 an den Bezeichnungen von Quarks und gewöhnlichen Elementarteilchen stellen hier wie überall im Buch die elektrische Ladung der Teilchen dar; die überstrichene Bezeichnung eines Quarks steht für sein Antiquark. Bei jedem Teildiagramm der Abbildungen a–c kommen jedem Punkt der Ebene zwei Flavor-Eigenschaften zu: Elektrische Ladung und Seltsamkeit. Die den Quarks entsprechenden Punkte dieser Ebene (linkes Teildiagramm der Abbildung a) bilden ein auf der Spitze stehendes gleichseitiges Dreieck, die den Antiquarks entsprechenden ein liegendes. In Abbildung b sind zwei Gruppen von Baryonen dargestellt. Das regelmäßige Sechseck des linken Teildiagramms enthält acht Eintragungen, das große auf der Spitze stehende Dreieck zehn. Kein anderer Punkt der Ebene entspricht einem aus drei Quarks bestehenden Teilchen, einem Baryon. Das zeigt Abbildung c. Sie unterscheidet sich von Abbildung b nur dadurch, daß die Namen der Teilchen durch die ihnen entsprechenden Quarkzusammenstellungen ersetzt sind. Addiert man die Ladungen und Seltsamkeiten der Quarks (Tabelle 1 auf S. 254), so erhält man die der Baryonen, an deren Stelle sie stehen. Beispielsweise entspricht ddu der Ladung $0 = -\frac{1}{3} - \frac{1}{3} + \frac{2}{3}$ des Neutrons, n^0; seine Seltsamkeit ist Null, da u und d beide diese Seltsamkeit besitzen. Das p der Abbildung steht für Proton; außerdem kennen wir das Δ; die anderen Baryonen haben ihre Namen – griechische Buchstaben – aus hier nicht interessierenden historischen Gründen. Einer Position in den Diagrammen – wie zum Beispiel der von n^0 und Δ^0 oder der von Λ^0 und Σ^0 und Σ^{*0} – können bis zu drei verschiedene Teilchen entsprechen; die Position bestimmt hingegen die Quarkzusammensetzung eindeutig. Denn wie (z. B. Abbildung 85) Proton und Neutron zusammen dadurch, daß sie unterschiedlich auf zwei Zustände verteilt wurden, zwei verschiedene Teilchen bilden konnten, führen zwei oder drei gleiche Quarks unter den drei Konstituenten eines Baryons dazu, daß es insgesamt zwei oder drei verschiedene Bayronen mit derselben Quarkzusammensetzung geben kann. Das kann der Leser an den Diagrammen der Abbildungen b und c leicht ausprobieren: Beim Aufbau eines Baryons kommt es auf die Reihenfolge verschiedener Quarks an. Das ist genauso wie in Abbildung 85; hier wie dort sind physikalische Teilchen durch Kombinationen mit plus oder minus darzustellen. Die Abbildung versucht das nicht; die Reihenfolge der Quarks in Abbildung c ist beliebig. Die SU(3)-Flavor-Symmetrie, die der Abbildung b zugrunde liegt, besagt – analog zur Isospinsymmetrie –, daß von den erlaubten Teilchen eines Teildiagramms der Abbildung b entweder alle oder keins als physikalische Teilchen realisiert sind. Darüber, ob die keinem, einem (welchem?) oder beiden Teildiagrammen entsprechenden Teilchen wirklich in der Natur vorkommen, macht SU(3)-Flavor-Symmetrie allein keine bindende Aussage. Tatsächlich stellen beide Teildiagramme – Multipletts – physikalische, wohlbekannte Teilchen dar. Mit Ausnahme des Ω^- galt das bereits beim Vorschlag dieses wegen des linken Teildiagramms in Abbildung b auch als Achtfacher Weg bezeichneten Ordnungsschemas der Elementarteilchen durch M. Gell-Mann und Y. Ne'eman im Jahr 1961. Der der Vorhersage folgende experimentelle Nachweis des Ω^- war ein Triumph der Theorie. Bis heute sind keine Baryonen sicher nachgewiesen, die sich nicht mit den Flavoreigenschaften von drei Quarks identifizieren ließen. Abbildung d dehnt das Schema andeutungsweise auf das charmante Quark c als viertleichtestes Quark aus. Die eingezeichnete untere Flä-

Delta-Doppelplus, gibt es in der Tat. Es gehört einer Teilchenfamilie mit vier Mitgliedern an. Deren Massen sind experimentell nicht sehr genau bekannt, stimmen aber – wie es bei nur wenig gebrochener Isopinsymmetrie sein muß – nahezu überein. Dasselbe zeigt Tabelle 3 auf S. 254 für Isopinfamilien, denen nur Teilchen mit experimentell gut bekannten Massen angehören.

Bezieht man das strange-Quark in die Symmetrieüberlegungen ein, so kommt man zur sogenannten SU(3)-Flavor-Symmetrie. Diese ist wegen der großen Masse des strange-Quarks, verglichen mit denen der up und down, wesentlich stärker gebrochen als die Isospinsymmetrie. Die wichtigste Vorhersage der SU(3)-Flavor-Symmetrie ist, welche Elementarteilchen es überhaupt geben kann. Das wissen wir bereits vom Quarkmodell. Die SU(3)-Flavor-Symmetrie – sie wurde, wie auch die Isospinsymmetrie, bereits vor der Entdeckung der Quarks zur Teilchenklassifikation verwendet – bringt Ordnung in den Zoo der Elementarteilchen. Sie ordnet diese zu Familien verwandter Teilchen mit einem, acht oder zehn Mitgliedern. Abbildung 91 zeigt Beispiele. Zwischen den Massen der Mitglieder derselben Familie sagt sie in Übereinstimmung mit der Erfahrung Relationen voraus. Auch für die Lebensdauern der aus Quarks zusammengesetzten Elementarteilchen besitzt sie zahlreiche durch Erfahrung bestätigte Folgerungen.

Im Quarkmodell ergeben sich weitere Vereinfachungen und Vorhersagen. Für unsere Zwecke war es nicht wichtig, die einzelnen Aussagen zur Flavorsymmetrie nach ihren Ursachen zu ordnen. So faßt das Quarkmodell eine Familie, die nur aus einem Teilchen besteht, mit einer aus acht zu einer Großfamilie aus neun Teilchen zusammen.

Die Massen der seit 1974 neu entdeckten charm-, bottom- und

che enthält das Zehner-Multiplett der Abbildung b; von den drei Quarks der Teilchen der Abbildung ist in dieser Ebene keins das charmante Quark c. Nach oben wächst die Zahl der c-Quarks unter den drei Quarks auf eins, zwei und – schließlich, in der Spitze der Pyramide – auf drei: Dem Teilchen in der Spitze entspricht die Quarkzusammensetzung ccc (analog zu ddd, uuu und sss in Abbildung b). Für Mesonen gibt es analoge Darstellungen der bei SU(3)-Flavor-Symmetrie erlaubten Multipletts. Ich verweise den speziell interessierten Leser auf die populärwissenschaftliche Literatur.

des vorhergesagten top-Quarks unterscheiden sich so sehr voneinander und von denen der up-, down- und strange-Quarks, daß über sie keine quantitativen Symmetrieaussagen gemacht werden können. Nur die Einteilung von Elementarteilchen in Familien bleibt möglich. Bezieht man die neuen Quarks mit ein, so entstehen aus der Abbildung 91 (nicht zeichenbare und nicht vorstellbare) fünfdimensionale Konfigurationen. Hinzunahme nur des charm-Quarks als leichtesten der seit 1974 entdeckten Quarks ergibt die dreidimensional darstellbare Teilchenfamilie in Abbildung 91.

Innere Symmetrie bedeutet nicht allein, daß die elementaren Bausteine in Familien auftreten, sondern auch, daß die Wechselwirkungen, also die Naturgesetze insgesamt, symmetrisch sind. Die starken Wechselwirkungen der Quarks werden durch Gluonen vermittelt. Da die Gluonen geschmacksneutral sind, kann ihr Austausch die Flavorsymmetrie nicht brechen. Ursache der Symmetriebrechung sind allein die Massenunterschiede der Quarks.

Wechselwirkung bedeutet Austausch

Darunter, daß Teilchen Wechselwirkungen vermitteln, ist folgendes zu verstehen. Nehmen wir an, Teilchen in einem Raumbereich beeinflussen Teilchen anderswo. Wir wollen uns ein Bild davon machen, wie das geschieht. Beispielsweise schwingen Elektronen in der Antenne eines Fernsehsenders einen Augenblick lang besonders intensiv hin und her. Jemand ist im Studio emporgehüpft und hat einen Spannungsstoß in einer Fernsehkamera ausgelöst, der, zur Antenne weitergeleitet, die Elektronen antreibt.

Uns geht es darum, daß die schwingenden Elektronen in der Senderantenne Elektronen in einer viele Kilometer entfernten Empfängerantenne dazu veranlassen, ebenfalls zu schwingen. In der Empfängerantenne können sich die Schwingungen der Elektronen der Senderantenne erst dann auswirken, wenn die Information, daß sie zu schwingen begonnen haben, bei der Empfängerantenne angekommen ist. Die Übermittlung dieser Information von der Sender- zur Empfängerantenne braucht Zeit – zumindest so viel Zeit, wie Licht auf geradem Weg vom Sender zu Empfänger brauchen würde.

Dies, zusammen mit dem Satz von der Erhaltung der Energie, reicht aus, um zu sehen, daß Elektronen mit Elektronen durch den Austausch von »etwas« wechselwirken.

Damit die Elektronen in der Empfängerantenne zu schwingen beginnen, brauchen sie Energie. Die stammt von den Elektronen der Senderantenne, die, nachdem der von dem plötzlichen Hüpfen ausgelöste Spannungsstoß vorbei ist, wieder normal zu schwingen beginnen. Daher gibt es eine Zeitspanne, in der die übertragene Energie weder beim Sender noch beim Empfänger anzutreffen ist. Der Energiesatz gilt aber immer, auch in dieser Zeitspanne. Natürlich – die Energie ist unterwegs vom Sender zum Empfänger, sie reist durch den Raum. Die klassische Physik nimmt an, daß die Energie durch eine »Welle« übertragen wird, eben jene elektromagnetische Welle, die von der Senderantenne ausgeht. In der Quantenmechanik können auch Anregungen, die klassisch als Wellen auftreten, als Teilchen interpretiert werden. Elektronen wechselwirken mit Elektronen also dadurch, daß sie Teilchen austauschen. Das ausgetauschte Teilchen ist das Photon, das Lichtteilchen. Von den Lichtteilchen, die uns visuelle Information übermitteln, unterscheidet es sich durch geringere Energie.

Genauer gesagt, senden die Elektronen der Senderantenne unendlich viele Photonen aus, und auch die Elektronen der Empfängerantenne absorbieren unendlich viele. (Das ist möglich, da die Photonen als masselose Teilchen beliebig wenig Energie besitzen können.) Uns geht es nur um den Einzelprozeß: Ein Elektron wechselwirkt mit einem Elektron. Um die Wechselwirkung vollständig zu beschreiben, sind unendlich viele ausgetauschte Photonen zu berücksichtigen. Aber der ganze Prozeß läßt sich nach festen Regeln aus einem Elementarprozeß, der Emission eines einzigen Photons, berechnen.

Der Elementarprozeß ist in Abbildung 92a dargestellt. Absorption ist dasselbe wie Emission, nur in umgekehrter Reihenfolge. Insgesamt (Abb. 92b) wird das Photon von dem Elektron in der Senderantenne emittiert, von jenem in der Empfängerantenne absorbiert. Beides zusammen ist der Austausch des Photons. Zur Beschreibung braucht man die Kopplungsstärke des Photons an das Elektron, die Konstante g_E der Abbildung. Sie kennzeichnet den Vertex – das Dreibein – eines Elektrons und eines Photons, kommt

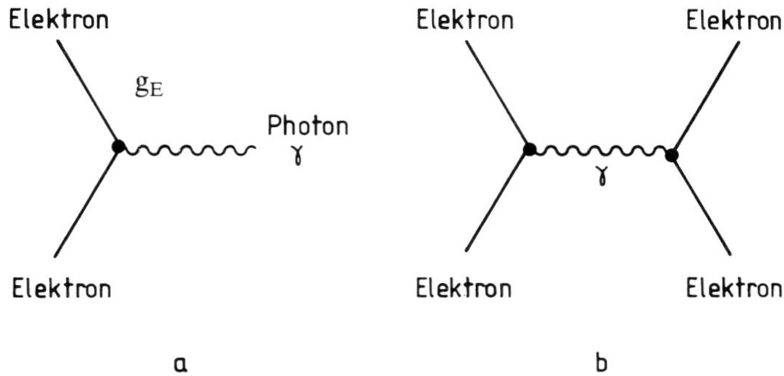

Abbildung 92
Feynman-Diagramme heißen die symbolischen Darstellungen von Elementarteilchen-Prozessen, die zugleich Rechenvorschriften sind. Sie lassen sich aus elementaren Vertices – Dreibeinen oder Vierbeinen – zusammensetzen; die Linien bedeuten Teilchen. Abbildung a zeigt den elementaren Vertex der Quantenelektrodynamik, QED, der – ungemein erfolgreichen – Theorie der Wechselwirkung von Teilchen auf Grund ihrer elektrischen Ladung: Ein geladenes Teilchen, ein Elektron in diesem Beispiel, emittiert ein Photon. In Abbildung b sind zwei Vertices zu einem physikalisch interessanten Prozeß zusammengesetzt: Zwei Elektronen wechselwirken durch Austausch eines Photons. Solch ein Prozeß ist beispielsweise die Streuung eines Elektrons an einem andern. Wird ein Elektron auf ein ruhendes Elektron geschossen, so stößt es das ruhende durch einen Prozeß wie den in Abbildung b dargestellten an; dadurch wird seine eigene Flugrichtung geändert. Wie wahrscheinlich ein zusammengesetzter Prozeß ist, kann aus der Ladung des Elektrons berechnet werden – der Konstante g_E der Abbildung, die dem Vertex zugeordnet ist. Feynman-Diagramme werden unsere ständigen Begleiter in diesen, dem nächsten und dem übernächsten Kapitel sein. Durch sie läßt sich auch die Wechselwirkung von Quarks und Gluonen in der Quantenchromodynamik, QCD, beschreiben (Abbildung 93). Der Vertex a der Abbildung 93 unterscheidet sich vom Vertex a dieser Abbildung nur durch die Bedeutung der Linien und die dem Vertex zugeordnete Konstante. Dasselbe gilt für Abbildung 94b–d sowie Abbildung 97; bis auf die Konstante ist in allen diesen Fällen auch die Rechenvorschrift dieselbe. Das ist anders bei den Abbildungen 93b und c; Abbildung 93b ist zwar dieselbe Abbildung wie die jetzige Abbildung a, nun für drei Gluonen; ihr ist aber eine andere Rechenvorschrift zugeordnet. Hingegen ist der Vertex der Abbildung 93c ein Vierbein, auch Viergluonvertex genannt – im Gegensatz zum Dreigluonvertex der Abbildung 93b.

also bei der Berechnung des Prozesses zweimal vor. Da das Photon an die elektrische Ladung von Teilchen koppelt, ist g_E einfach die Ladung des Elektrons.

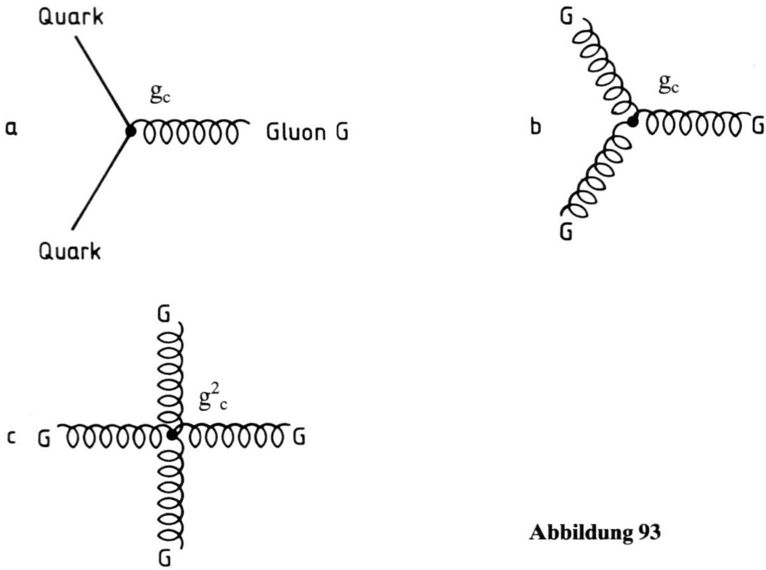

Abbildung 93

Ich komme zum Gluonaustausch zurück. Die elementaren Wechselwirkungen der QCD zeigt Abbildung 93. Neben dem Vertex Quark-Quark-Gluon (Abb. 93a), der dem von Photon und Elektron ähnelt, gibt es die Vertices der Abbildungen 93b + c. Sie koppeln drei beziehungsweise vier Gluonen aneinander. Wie das Photon an die elektrische Ladung, so koppelt das Gluon an die Farbladungen an. An sich selbst muß (und kann!) es koppeln, da es selber Farbe trägt.

Wüßten wir nicht bereits, daß es mehrere Gluonen gibt, könnten wir es von der Abbildung ablesen. Jedes der beiden Quarks in Abbildung 93a – das »einlaufende« und das »auslaufende« – kann unabhängig vom anderen die Farbe Blau, Grün oder Rot besitzen. Das Gluon, dessen Aussendung das rote Quark in ein blaues transformiert, muß sich von dem unterscheiden, das den Übergang von einem roten zu einem grünen bewirkt. Und so weiter. Es sollte also $3 \times 3 = 9$ verschieden gefärbte Gluonen geben. Tatsächlich gibt es nur acht. Unter den neun hypothetischen Gluonen, die den 3×3

Farben der beiden Quarks des Vertex entsprechen sollten, befindet sich ein farbloses. Ein einfacher mathematischer Satz sagt nun, daß man bei Farbsymmetrie dies (und nur dies!) abtrennen kann. Es gibt in der Tat kein farbloses Gluon.

Symmetrie bedeutet bei mehreren Teilchen derselben Familien Relationen zwischen den Kopplungen der Teilchen – hier der Quarks und Gluonen. Bei Symmetrie kann es nur eine einzige unabhängige Kopplung für alle Teilchen der beteiligten Teilchenfamilien geben. Teilchenfamilien werden an Teilchenfamilien gekoppelt, die Kopplungen der Familienmitglieder können nach den Regeln der Symmetrie aus der einen unabhängigen Kopplung der Familien aneinander berechnet werden. Wir können daher von der Quark-Gluon-Kopplung, dem g_c der Abbildung, sprechen. Ist sie bekannt, können wir die Kopplungen individueller Quarks an individuelle Gluonen berechnen – beispielsweise die Kopplung des grünen Quarks an das rote über das diesen Teilchen entsprechende Gluon. Dasselbe g_c bestimmt auch die Kopplungen der Gluonen aneinander (Abb. 93b + c).

Masse und Symmetriebrechung

Exakte Symmetrie verlangt, daß alle Teilchen derselben Familie dieselbe Masse besitzen. Das ist bei Gluonen der Fall: Sie sind allesamt masselos. Alle Quarks mit demselben Flavor und unterschiedlichen Farben besitzen ebenfalls dieselbe Masse; die Farbsymmetrie ist in der Natur nicht gebrochen.

Eine physikalisch besonders interessante Form der Symmetriebrechung führt dazu, daß Austauschteilchen, die bei ungebrochener Symmetrie die Masse Null besitzen, eine nicht verschwindende Masse bekommen. Das wird in dem Kapitel über Symmetriebrechung ausführlich behandelt. Hier will ich erwähnen, daß die Masse eines Austauschteilchens die Reichweite der Wechselwirkung festlegt. Je größer die Masse des Austauschteilchens, desto kürzer die Reichweite der Wechselwirkung, die sein Austausch verursacht.

Austausch von Teilchen der Masse Null führt auf Kräfte mit unendlicher Reichweite. Eichsymmetrien – genauer: lokale Eichsymmetrien – erlauben nur Austauschteilchen der Masse Null. Sind sie dadurch gebrochen, daß das Austauschteilchen eine Masse bekommt, so äußert sich dies durch das Auftreten einer Kraft mit endlicher Reichweite.

Das ist die Situation bei der vereinigten Theorie der elektromagnetischen und schwachen Wechselwirkung, der elektroschwachen Wechselwirkung. Sie betrifft alle bekannten Teilchen mit Ausnahme der Gluonen. Das sind, neben Quarks und Leptonen, vier Austauschteilchen. Eins davon ist das Photon, das Austauschteilchen der elektromagnetischen Wechselwirkung. Die anderen sind zwei elektrisch geladene und ein ungeladenes schwaches Vektorboson W^+, W^- und Z^0. Die Masse des Photons ist Null, die der anderen drei Teilchen sind groß, sogar verglichen mit der Masse des Protons – jede fast 100 Protonenmassen. Die Massen von W^+ und W^- sind exakt gleich auf Grund eines Theorems, des CPT-Theorems, das wir in Kapitel 9 kennenlernen werden; das Z^0 ist um etwa 15 Prozent schwerer als (z. B.) das W^+.

»Lepton« ist der zusammenfassende Name für Teilchen mit Spin ½, die, anders als die Quarks, keine starke Wechselwirkung besitzen. Das sind die Neutrinos, das Elektron, das μ und das 1975 entdeckte »schwere Lepton τ«. Neutrinos sind masselos, das Elektron ist um den Faktor 1800 leichter als das Proton. Das μ ist zweihundertmal so schwer wie das Elektron und wurde 1937 in der kosmischen Strahlung entdeckt. Während ich diesen Absatz schreibe, fliegen zahlreiche Müonen durch mich hindurch. Das τ ist 3500 Elektronenmassen schwer. Jedes geladene Lepton – Elektron, μ und τ – hat sein eigenes Neutrino. μ und τ sind Wiederholungen des Elektrons mit anderer Masse. Keiner versteht, warum es sie gibt. Berühmt ist die empörte Frage des amerikanischen Physikers I. I. Rabi, des Physiknobelpreisträgers von 1944, nach dem μ: »Wer hat das bestellt?« Von Quarks und Leptonen werde ich zusammenfassend als Materieteilchen sprechen.

Die Symmetrien der elektroschwachen Wechselwirkungen

Wie bereits gesagt, nehmen mit Ausnahme der Gluonen alle Teilchen an der elektroschwachen Wechselwirkung teil. Wie sie das tun, ist eine komplizierte Geschichte. Ich kann und will sie hier nicht vollständig erzählen. Wichtig sind zwei Dinge. Erstens ist die Glashow-Salam-Weinberg-Theorie der elektroschwachen Wechselwirkungen experimentell bestens bestätigt, also eine korrekte Beschreibung eines Ausschnitts unserer Wirklichkeit. Die große Theorie der Zukunft, die alles beschreibt und alles erklärt, muß die elektroschwache Theorie daher mitenthalten. Das ist möglich, da die elektroschwache Theorie – zweitens – eine gebrochene lokale Eichtheorie ist, also Teil einer fundamentalen Eichtheorie sein kann. Sie selbst aber ist kompliziert und sicher nicht das letzte Wort.

Die Symmetriegruppe der elektroschwachen Wechselwirkung heißt $SU(2)_L \times U(1)$. Das $\times$ zwischen $SU(2)_L$ und $U(1)$ bedeutet, daß die $SU(2)_L \times U(1)$ aus zwei unabhängigen Symmetrien besteht. Das ist der Schwachpunkt, der bewirkt, daß die sogenannte vereinigte Theorie der elektromagnetischen und schwachen Wechselwirkungen strenggenommen keine vereinigte Theorie ist. Ich kann die Wechselwirkungen der elektroschwachen Theorie so in zwei Wechselwirkungen aufspalten, daß die eine symmetrisch ist gegenüber der Gruppe $SU(2)_L$ und die andere gegenüber der $U(1)$. Die Stärke der $SU(2)_L$-symmetrischen Wechselwirkung kann unabhängig von jener der $U(1)$-symmetrischen gewählt werden, und dementsprechend spalten auch die Teilchenfamilien der $SU(2)_L \times U(1)$ in zwei Teilchenfamilien auf, die unabhängige Kopplungen besitzen.

Das gilt bei ungebrochener Symmetrie. Dann sind alle Teilchen masselos, auch die Quarks und Leptonen. Jedem in der Wirklichkeit massiven Materieteilchen entsprechen bei dieser Aufspaltung zwei masselose Teilchen, die mit zwei Schrauben – einer Linksschraube und einer Rechtsschraube – vergleichbar sind.

Zu den Wechselwirkungen der $U(1)$ und der $SU(2)_L$ gehören bei Symmetrie ebenfalls masselose Austauschteilchen. Die $SU(2)_L$ besitzt drei Austauschteilchen, die $U(1)$ eins. Wichtig ist, in welcher Beziehung diese Wechselwirkungen zur elektromagnetischen und schwachen Wechselwirkung stehen. Damit verknüpft sich die Frage nach der Beziehung der Austauschteilchen der $SU(2)_L$ und der $U(1)$ zu denen der schwachen Wechselwirkung und dem Photon.

Die drei Austauschteilchen der $SU(2)_L$ sind die zwei geladenen W und ein neutrales Teilchen. Das Austauschteilchen der $U(1)$ ist neutral. Das neutrale Photon muß aus den zwei neutralen Austauschteilchen zusammengesetzt werden. Richtig ist die Kombination mit den bekannten Kopplungen des Photons an die Ladungen der Materieteilchen. Das Photon koppelt beispielsweise nicht an das elektrisch neutrale Neutrino, wohl aber an das Elektron. Wie es das tut, ist ebenfalls bekannt. Die Kopplung einer beliebigen Kombination der neutralen Austauschteilchen der $SU(2)_L$ und der U(1) kann aus denen dieser Teilchen berechnet werden.

Die Verhältnisse lassen sich am besten durch Richtungen im Raum beschreiben. In der Tat operieren die Mitglieder quantenmechanischer Symmetriegruppen in abstrakten Räumen wie Drehungen im anschaulichen Raum. Dies läßt sich auf die Austauschteilchen der Symmetriegruppen übertragen. Der $SU(2)_L$ sind drei Richtungen zugeordnet, der U(1) eine. Dem entspricht, daß die zwei Gruppen drei beziehungsweise ein Austauschteilchen besitzen. Von den drei Richtungen der $SU(2)_L$ greife ich eine heraus – jene, die ihrem elektrisch neutralen Austauschteilchen entspricht. Sie beschreibe ich als Norden. Die dem Austauschteilchen der U(1) entsprechende steht darauf senkrecht; sie sei Westen. Uns interessieren die Richtungen, die – erstens – dem Austauschteilchen der elektromagnetischen und – zweitens – dem neutralen Austauschteilchen der schwachen Wechselwirkung zugeordnet sind. Das erste ist das Photon mit seinen bekannten Kopplungen, das zweite das Z^0. Wichtig ist, daß dies zwei andere Richtungen sind, also weder Norden noch Westen. Wie Norden und Westen stehen sie aber senkrecht aufeinander – das ihnen gemeinsam entsprechende Achsenkreuz ist gegenüber dem Achsenkreuz Nord–West um einen gewissen Winkel verdreht.

Brechung der elektroschwachen Symmetrien

Dieser Winkel wurde von Glashow eingeführt; er heißt Weinberg-Winkel. Sein Zahlenwert wird durch die Massen der Austauschteilchen festgelegt. Massen erscheinen in der Theorie durch Symmetriebrechung. Wir wissen, daß die lokale Eichsymmetrie der elektromagnetischen Wechselwirkung in der wirklichen Welt nicht gebrochen ist. Das zugehörige Austauschteilchen ist das Photon. Die $SU(2)_L \times U(1)$-Symmetrie muß also so gebrochen werden, daß das Photon die Masse Null behält. Das ist die zentrale Forderung: Das Photon besitzt die Masse Null. Um die Symmetrie zu brechen, wird ein weiteres Teilchen in die Theorie eingeführt, das Higgs-Boson. In der Wahl seiner Eigenschaften besteht große Freiheit. Die Kopplungen und Massen der Austauschteilchen sind miteinander und mit dem Weinberg-Winkel durch Formeln verknüpft, die daraus folgen, daß das Photon bei der Symmetriebrechung die Masse Null behält. Außer dem Photon bekommen alle Austauschteilchen der $SU(2)_L \times U(1)$ eine nichtverschwindende Masse; alle Symmetrien der $SU(2)_L \times U(1)$ außer der Eichsymmetrie der elektromagnetischen Wechselwirkung sind in der wirklichen Welt gebrochen. Signalisiert wird die Symmetriebrechung durch die kurze Reichweite der schwachen Kraft. Sie wird durch die Massen der W und Z^0 festgelegt. Die symmetrische elektromagnetische Wechselwirkung besitzt auch nach der Symmetriebrechung die Reichweite unendlich, da das Photon masselos bleibt. Sie sitzt auf eine bestimmte Art »schief« in der $SU(2)_L \times U(1)$ und ist weder mit der $SU(2)_L$ noch der $U(1)$ identisch.

Der Weinberg-Winkel ist der zentrale Parameter der Theorie. Sein Zahlenwert bestimmt das Verhältnis der Massen von W und Z^0. Aus ihm lassen sich insgesamt etwa acht experimentell bestimmte unabhängige Beobachtungsgrößen ausrechnen. Sie alle sind mit ein und demselben Wert des Weinberg-Winkels verträglich; die Übereinstimmung von Theorie und Experiment ist gut.

Durch die Symmetriebrechung bekommen alle Materieteilchen der Theorie außer den Neutrinos eine von Null verschiedene Masse. Die Willkür in der Wahl der Kopplungen des Higgs-Bosons bedeutet, daß über die Massen der Materieteilchen keine Aussagen gemacht werden können. Es ist insbesondere nicht möglich, diese Massen zu berechnen. Man kann aber umgekehrt hoffen, aus den beobachteten Massen der Materieteilchen Auskunft über das Higgs-Boson zu gewinnen. Direkt beobachtet wurde es bisher nicht.

Die Willkür der Higgs-Kopplungen und damit der Massen der Materieteilchen ist ein Problem der sogenannten vereinigten Theorie der elektromagnetischen und schwachen Wechselwirkungen. Ein zweites, wichtigeres, ist, daß die elektroschwache Wechselwirkung zwei frei wählbare Kopplungen besitzt, die der unabhängigen Symmetrien $SU(2)_L$ und $U(1)$. Die Wahl des Weinberg-Winkels legt das Verhältnis der beiden Kopplungen fest. Sie lassen sich in zwei unabhängige Kopplungen von physikalischen Austauschteilchen an Materieteilchen umrechnen – beispielsweise in die des W und des Photons. Beide zusammen bestimmen die Kopplung des Z^0. Ich kann mir also zwei Kopplungen aussuchen, durch die ich die Theorie beschreiben will. Beispielsweise durch die Ladung des Elektrons und den Weinberg-Winkel.

Aus Kopplungen, zusammen mit der Masse des ausgetauschten Teilchens, folgen Beobachtungsgrößen. Die Masse ist erforderlich, da die Wirkung einer Kraft außer von der Kopplung von der Reichweite abhängt. Das Photon besitzt Masse Null, die elektrische Ladung ist also ohne weiteres eine Beobachtungsgröße. Mit den Kopplungen von W und Z^0 ist es anders. Aus ihnen folgen Beobachtungsgrößen erst dann, wenn zudem die Masse der W und Z^0 festgelegt ist. Eine solche Beobachtungsgröße ist die Lebensdauer des μ. Umgekehrt kann man aus der Lebensdauer des μ, der elektrischen Ladung und dem Weinberg-Winkel die Masse des W ausrechnen: Aus Weinberg-Winkel und elektrischer Ladung des Elektrons folgen zunächst alle Kopplungen; die Lebensdauer des μ ergibt dann die Masse des W.

Es stellt sich heraus, daß die kurze Reichweite der schwachen Wechselwirkung sie schwächer erscheinen läßt, als sie tatsächlich ist. Sieht man nur auf die Kopplungen, so ist die elektromagnetische Wechselwirkung schwächer als die schwache – die Kopplungen des Photons sind nicht so stark wie die des W.

Wie jede innere Symmetrie teilt auch die $SU(2)_L \times U(1)$ die Teilchen in Familien ein. Anders aber als bei den bisher besprochenen Symmetrien besteht jede Teilchenfamilie vor der Symmetriebrechung eigentlich aus zwei unabhängigen Familien mit unabhängigen Kopplungen. Erst Festlegung des Weinberg-Winkels legt das Verhältnis dieser Kopplungen zueinander fest. Wir wollen annehmen, dies sei geschehen. Die Teilchenfamilie der Austauschteilchen besteht aus dem Photon, den zwei W und dem Z^0. Die $SU(2)_L \times U(1)$ braucht mindestens diesen Satz von vier Austauschteilchen. Den gibt es also; alle seine Teilchen sind nachgewiesen. Möglich wäre, daß es mehr gibt. Das aber ist, soweit wir wissen, nicht der Fall. Bei den Familien der Materieteilchen ist das anders. Hier herrscht allergrößte Konfusion.

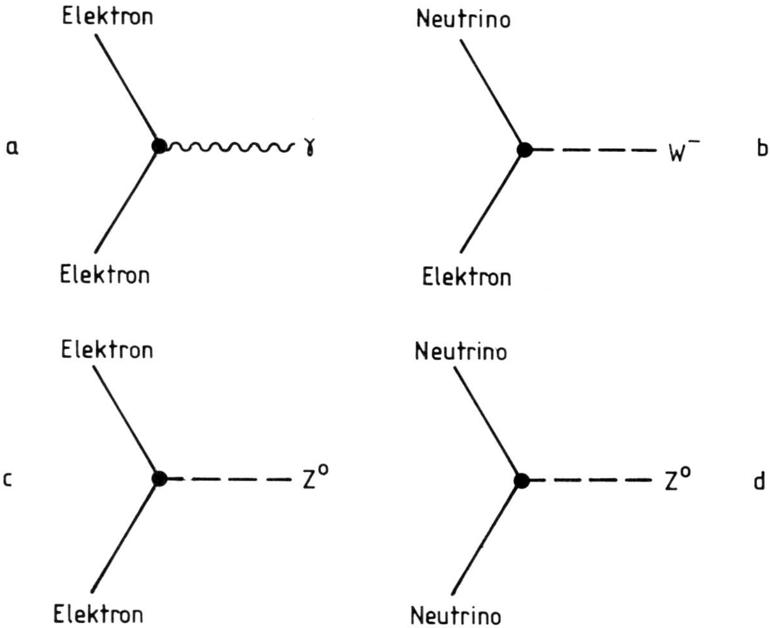

Abbildung 94

Für die Symmetriegruppe reicht eine Familie hin, die das Elektron und sein Neutrino enthält. Die einfachste Formulierung der Theorie nimmt an, daß alle Neutrinos die Masse Null besitzen. (Mit der elektroschwachen Theorie begeben wir uns in das Gebiet der aktuellen Forschung. Hier kann, was heute einfach oder plausibel erscheint, morgen schon falsch sein. Die »einfachste Formulierung« – das kann, vom Standpunkt einer höheren, noch unbekannten Symmetrie aus gesehen, schlicht ein Irrweg sein, in drei Jahren kaum noch ein Kopfschütteln wert.) Die Vertices der Theorie sind in Abbildung 94 dargestellt. Abbildung 94a zeigt noch einmal die elektromagnetische Wechselwirkung (Abb. 92a): Das Elektron sendet ein Photon γ, die Wellenlinie, aus. Es selbst kann dabei seine Geschwindigkeit und seine Spineinstellung ändern, bleibt aber ein Elektron. Das ist anders bei der Emission eines W^- in Abbildung 94b: Das

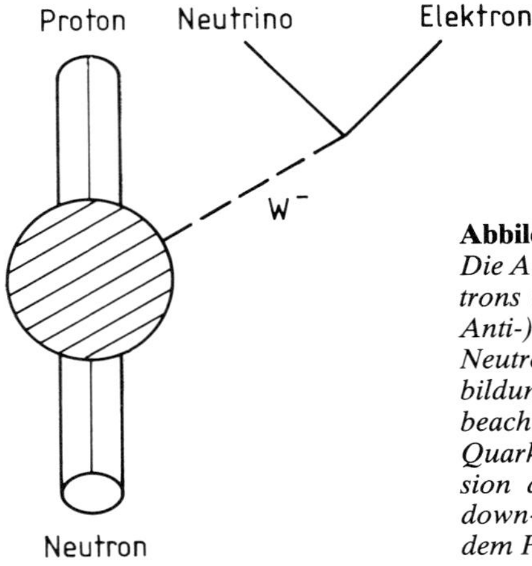

Abbildung 95
Die Abbildung zeigt den Zerfall eines Neutrons in Proton, Elektron und (Elektron-Anti-) Neutrino. Der Vertex von Proton, Neutron und W^- läßt sich aus dem der Abbildung 97c konstruieren, wenn man beachtet, daß Proton und Neutron aus drei Quarks zusammengesetzt sind: Die Emission des W^- führt ein up-Quark in ein down-Quark über. Dadurch entsteht aus dem Proton ein Neutron.

Elektron gibt seine Ladung ab und »verwandelt sich« in eine Neutrino – das Elektron-Neutrino.

Die zwei Vertices in den Abbildungen 94a + b sind die altbekannten Vertices der elektromagnetischen und »geladenen« schwachen Wechselwirkung. Abbildung 94a ist eine moderne Art, die Maxwellschen Gleichungen der Elektrodynamik anzuschreiben; Abbildung 94b geht auf Fermi und das Jahr 1934 zurück. Fermi hat durch eine effektive Theorie, die in Abbildung 95 symbolisch dargestellt ist, den Zerfall des Neutrons in ein Proton, ein Elektron und ein Neutrino erklärt: Das Neutron sendet ein W^- aus und verwandelt sich dadurch in ein Proton; das W^- zerfällt dann in ein Elektron und ein Neutrino.

Die zwei Vertices in Abbildung 95 stimmen mit dem in Abbildung 94b im wesentlichen überein. Stets kann man Feynman-Graphen, die symbolischen Darstellungen von Elementarteilchenprozessen, die zugleich Rechenvorschriften sind, in beliebiger zeitlicher Ordnung lesen – wenn ein Elektron ein W aussenden kann und sich dabei in ein Neutrino verwandelt, kann ein W auch in ein Elektron und ein Neutrino zerfallen. In demselben Sinn waren Absorption und Emission eines Photons durch ein Elektron in Abbildung 92b derselbe Prozeß. Der rechte Vertex in Abbildung 95 stimmt also mit dem von Abbildung 94b überein. Und auch der linke Vertex in Abbildung 95 ist im wesentlichen noch einmal der von Abbildung 94b –

nun für ein Neutron statt des Elektrons und ein Proton statt des Neutrinos.

Innere Symmetrie einer Wechselwirkung bedeutet, daß die Ersetzung von Teilchen durch andere Teilchen mögliche Prozesse in mögliche überführt. Eine symmetrische Theorie der elektromagnetischen und schwachen Wechselwirkungen sollte daher analog zu Abbildung 94a auch einen Vertex enthalten, der das Neutrino ein Neutrino sein läßt. Unabhängig von aller Symmetrie wäre es seltsam, wenn es keine anderen Wechselwirkungen des Neutrinos gäbe als die in Abbildung 94b. Denn dann gäbe es keine elementare Wechselwirkung, die das Neutrino ein Neutrino sein läßt. Ein Neutrino wechselwirkt danach entweder nicht oder so, daß es sich dabei in ein anderes Teilchen, ein Elektron, verwandelt. Das ist, als würde jede Begegnung eines Tennisballes mit dem Schläger den Ball in einen anderen Ball verwandeln.

Eine kleine Rechnung zeigt, daß eine innere Symmetrie, die die elektromagnetischen und geladenen schwachen Wechselwirkungen der Abbildungen 94a + b einbezieht, in der Tat ein drittes Austauschteilchen fordert. Dieses muß mit Elektron und Neutrino die Vertices der Abbildungen 94c + d besitzen. Wir sagen jetzt also die Existenz eines elektrisch neutralen Teilchens vorher, das sich vom Photon wahrscheinlich durch seine Masse unterscheidet. Es sollte, ebenfalls anders als das Photon, an das elektrisch neutrale Neutrino koppeln. An das Elektron koppelt es ebenfalls. Man spricht, im Gegensatz zur geladenen schwachen Wechselwirkung, die von den geladenen W vermittelt wird, von »neutraler« schwacher Wechselwirkung. Die Frage, ob es eine solche Wechselwirkung gibt, ist natürlich für sich allein interessant und davon unabhängig, ob sie durch Austausch eines Partnerteilchens von Photon und W vermittelt wird.

Die elektromagnetische Wechselwirkung ist spiegelsymmetrisch, die schwache nicht. Das wissen wir aus dem Prolog. Das Thema wird in Kapitel 9 ausführlich behandelt. Jetzt ist wichtig, daß Symmetrie oder Asymmetrie bei Spiegelungen eine Eigenschaft der elementaren Wechselwirkungen sein muß. Vereinigung der elektromagnetischen und schwachen Wechselwirkungen muß also bedeuten, daß das Photon in eine Familie von Teilchen eingeordnet wird, deren Wechselwirkungen die Spiegelsymmetrie verletzen. Ob die »neutrale« schwache Wechselwirkung des Z^0 mit dem Elektron die

a b c

Abbildung 96
Symmetrien von Elementarteilchendetektoren
Elementarteilchendetektoren sind Geräte zum Nachweis der Reaktionsprodukte eines Strahls von Elementarteilchen, der auf Materie oder andere Elementarteilchen trifft. Diese Detektoren besitzen Symmetrien, die durch Eigenschaften der Wechselwirkungen der beteiligten Teilchen bedingt sind. Abbildung a zeigt den CDHS-Detektor zur Untersuchung der Neutrino-Materie-Wechselwirkung; er wurde bis vor einigen Jahren von Arbeitsgruppen des CERN in Genf und von Instituten aus Dortmund, Heidelberg und Saclay am CERN betrieben. Er ist andeutungsweise verschiebungssymmetrisch: Immer dieselben Platten und Kam-

mern wiederholen sich von rechts nach links, nur ganz links ist ein anderer Aufbau erkennbar. Der Detektor ist verschiebungssymmetrisch, da Neutrinos nur sehr wenig mit Materie wechselwirken. Der Neutrinostrahl kommt von rechts; nachgewiesen werden soll die Wechselwirkung der Neutrinos mit der Materie des Detektors. Eben wegen der geringen Materie-Neutrino-Wechselwirkung wird der Neutrinostrahl beim Durchgang durch Materie nicht merklich geschwächt. Überall *in Strahlrichtung tritt mit* derselben Wahrscheinlichkeit *eine Wechselwirkung, die nachzuweisende Sekundärteilchen erzeugt, auf. Diese könnten unabhängig vom Ort ihrer Entstehung optimal nachgewiesen werden, wenn der Detektor in Strahlrichtung überall gleich und für den Nachweis optimiert wäre. Er ist daher in Schichten eingeteilt, die sich in einem gewissen Abstand wiederholen – er ist mit anderen Worten andeutungsweise* verschiebungssymmetrisch. *Da die nachzuweisenden Sekundärteilchen in jede Richtung senkrecht zum Neutrinostrahl offensichtlich mit derselben Wahrscheinlichkeit emittiert werden, wäre ein optimaler Detektor außerdem drehsymmetrisch. Der in Abbildung a ist es aus zwei Gründen nicht. Genau wie vollständige Verschiebungssymmetrie kann kein Gerät aus endlichen Teilen vollständige Drehsymmetrie besitzen. Das ist anders bei photographischen Platten und Emulsionen, die ebenfalls zum Teilchennachweis verwendet werden; genauso bei Blasenkammern wie der Wilsonschen Nebelkammer. Zweitens aber zeichnet die Schwerkraft für den* Bau des Detektors *die Richtung »unten« vor allen anderen Richtungen aus. Als physikalisch interessante Symmetrie besitzt der CDHS-Detektor am Ende nur noch Verschiebungssymmetrie um den Abstand zweier Schichten. Sie drückt die nahezu unbegrenzte Durchdringungsfähigkeit von Neutrinostrahlen aus.*

Ganz anders der Detektor der sich JADE nennenden Gruppe von Experimentatoren am Deutschen Elektronensynchroton DESY in Hamburg, Abbildung b. Dieser Detektor ist nur drehsymmetrisch um das in der Abbildung sichtbare Rohr als Drehachse. In ihm prallen aus der einen Rohrrichtung kommende Elektronen frontal auf aus der Gegenrichtung kommende Positronen. Das Gebiet, in dem die Wechselwirkung stattfindet, ist ein Zylinder mit Länge und Durchmesser im Millimeterbereich. Die elektromagnetische Wechselwirkung von Elektronen und Positronen ist so stark, daß bei technisch erreichbaren Strahlenintensitäten in diesem kleinen Volumen für einen Nachweis ausreichend viele Reaktionen stattfinden. Das diesem Wechselwirkungsvolumen in Abbildung a entsprechende Volumen ist das des gesamten Detektors – viele Meter lang, breit und hoch. Auch dieses Größenverhältnis zeigt den Unterschied der Stärke der elektromagnetischen und der schwachen Wechselwirkung. Uns interessiert die Symmetrie des Detektors: Er ist drehsymmetrisch um die Strahlachse, da bei dem Experiment alle Richtungen gleichberechtigt sind, die durch Drehungen um diese Achse ineinander übergeführt werden können.

Der Detektor Crystal Ball *in Abbildung c umgibt ein Wechselwirkungsgebiet von Elektronen und Positronen, das dem der Abbildung b ähnelt, sich aber nicht in Hamburg bei DESY, sondern in Kalifornien im* Stanford Linear Accelerator Center SLAC *befindet. Die hier offenbar angestrebte Kugelgestalt des Detektors ist nicht Ausdruck kugelsymmetrischer Versuchsbedingungen, sondern kugelsymmetrischen Unwissens: Die Richtungen der Strahlen, die im Detektor aufeinander treffen, sind zwar vor allen anderen Richtungen physikalisch ausgezeichnet, die Erperimentatoren wußten vor dem Experiment aber nicht, in welche Richtungen die Produkte der wichtigsten Reaktionen fliegen würden. Da ist es am besten, den Detektor so zu bauen, daß er Teilchen unabhängig davon, in welche Richtung sie fliegen, gleich gut nachweisen kann – einen sogenannten Vier-Pi-Detektor.*

Spiegelsymmetrie verletzt, wird von den Details der Theorie abhängen. In der $SU(2)_L \times U(1)$-symmetrischen Theorie der elektroschwachen Wechselwirkung ist das in der Tat der Fall. Das heißt, daß zu den spiegelsymmetrischen elektromagnetischen Kräften, die den Aufbau unserer Welt, der Atome und Moleküle, bestimmen, nichtspiegelsymmetrische Kräfte treten. Ein aufregendes Resultat, von dem, da es Anlaß zu weitestgehenden Spekulationen ist, bereits im Prolog gesprochen wurde. Das Thema wird in Kapitel 9 wieder aufgenommen.

Jede physikalische Theorie der Elementarteilchen muß die Antiteilchen korrekt mitbehandeln. Man kann zeigen, daß durch geladene schwache und elektromagnetische Wechselwirkung keine Streuung eines Antineutrinos an einem Elektron vorkommen kann. Die historisch ersten Nachweise der Existenz der neutralen schwachen Wechselwirkung vom Jahre 1973 nutzten Tatsachen wie diese aus. In einem Strahl von Antineutrinos wurden Elementarteilchenreaktionen beobachtet, die durch elektromagnetische oder geladene schwache Wechselwirkungen nicht verursacht sein konnten. Damit war die Existenz neutraler schwacher Wechselwirkungen nachgewiesen. Kombiniert mit der Theorie, daß Austausch von Elementarteilchen für Wechselwirkungen verantwortlich ist, beweist das die Existenz eines Austauschteilchens, des Z^0. Das Teilchen selbst wurde, wie erwähnt, 1983 nachgewiesen.

Quarks und elektroschwache Wechselwirkung

Wie Elektronen und Neutrinos besitzen auch Hadronen elektromagnetische und schwache Wechselwirkungen. Die Eigenschaften und Symmetrien von Nachweisgeräten für Elementarteilchenreaktionen drücken Eigenschaften dieser Wechselwirkungen aus (Abb. 96). Daß Protonen und Neutronen an der schwachen Wechselwirkung teilnehmen, zeigt bereits der Zerfall des Neutrons. Es ist also erforderlich, die elektroschwache Theorie der Abbildung 94 auf Quarks, die elementaren Bausteine der Hadronen, auszudehnen (Abb. 97). Dafür gibt es auch einen guten theoretischen Grund. Das zur Berechnung von Beobachtungsgrößen aus den Vertices angewendete Verfahren schließt eine Renormierung genannte Proze-

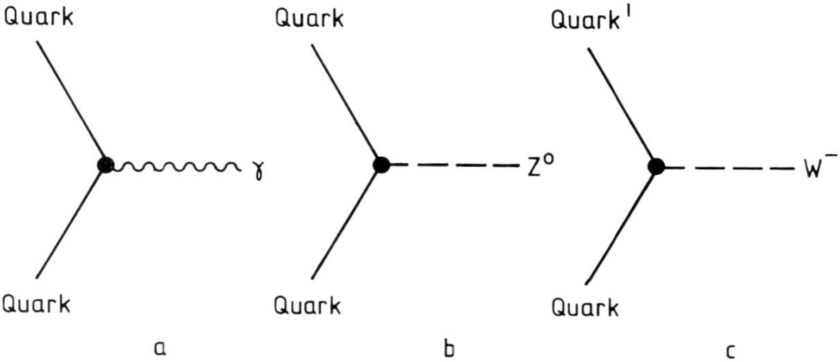

Abbildung 97

dur ein. Sie wird in Kapitel 8 erläutert. Es ist nicht sicher, daß alle Symmetrien der elementaren Wechselwirkungen einer Theorie diese Prozedur überstehen. Warum das so ist, läßt sich ohne Mathematik nicht erläutern. Es können Anomalien, mathematische Inkonsistenzen, auftreten, die die Symmetrien zerstören. Bei der elektroschwachen Wechselwirkung ist das unter der Bedingung nicht der Fall, daß die Summe der elektrischen Ladungen aller beteiligten Materieteilchen Null ist. Bei Elektron und Neutrino ist die Ladungssumme nicht Null: Die Ladung des Elektrons ist -1, die des Neutrinos Null, die Summe also -1. Die Ladung des u-Quarks (mit u für up) ist in diesen Einheiten $\frac{2}{3}$, die des d-Quarks (mit d für down) $-\frac{1}{3}$, deren Ladungssumme also $\frac{1}{3}$. An der elektroschwachen Wechselwirkungen nehmen alle drei u-Quarks mit den unterschiedlichen Farben Rot, Blau und Grün gleichermaßen teil und genauso alle drei d-Quarks. Die Summe der Ladungen aller u- und aller d-Quarks ist also $+1$. Nimmt man sie zu Elektron und Neutrino hinzu, so ist die Summe der Ladungen aller beteiligten Materieteilchen Null, die Theorie ist anomaliefrei, besitzt also auch nach der Renormierung die ursprünglich hineingesteckten Symmetrien. Abbildung 97 zeigt die Wechselwirkungen der Quarks mit Photon, W und Z^0.

Wäre dies die ganze elektroschwache Wechselwirkung, hätten wir eine einigermaßen befriedigende Theorie. Natürlich – es gibt einiges zu verbessern: Statt einer haben wir zwei unabhängige Kopplungen, und die durch Symmetriebrechung entstehenden Massen sind theoretisch nicht festgelegt. Wir wissen nicht, wie genau aus der ungebrochenen $SU(2)_L \times U(1)$ mit masselosen Austauschteilchen die gebrochene mit massiven W und Z^0 wird. Die wahre Konfusion beginnt aber mit der Tatsache, daß es auch das s-Quark (mit s für strange) und das μ-Lepton und sein Neutrino gibt. Die elektroschwache Theorie funktioniert nur, wenn es möglich ist, die Materieteilchen in Familien einzuteilen, die die Ladungssumme Null besitzen. Glashow hat, zusammen mit anderen, weit vor der Entdeckung des c-Quarks gezeigt, daß die drei Quarks u, d und s keine zufriedenstellende elektroschwache Wechselwirkung zu konstruieren gestatten – es muß zumindest ein weiteres mit Ladung ⅔ geben. Dasselbe sagt das Argument der Einteilbarkeit der Materieteilchen in Familien mit der Ladungssumme Null: Es muß, zusätzlich zu u, d und s, ein weiteres Quark mit Ladung ⅔ geben. Dies – das sogenannte charmante oder c-Quark – wurde 1974 in der Tat entdeckt; wir haben es bereits erwähnt. Samuel S. Ting und Burt Richter, die Leiter der zwei Arbeitsgruppen, die dieses Quark durch unterschiedliche Experimente entdeckt haben, erhielten 1975 dafür den Nobelpreis für Physik.

Mit dem c-Quark haben wir nun zwei Familien von Teilchen, die in gleicher Weise an der elektroschwachen Wechselwirkung teilnehmen. Die erste besteht aus Elektron, seinem Neutrino und den Quarks u und d, die zweite aus Müon, seinem Neutrino und den Quarks s und c. Aber das ist bei weitem nicht das Ende der Geschichte. Nahezu gleichzeitig mit dem c-Quark wurde ein weiteres Teilchen wie Elektron und Müon, das τ-Lepton, entdeckt. Auch dies nimmt an der schwachen Wechselwirkung teil, auch dies sollte sein Neutrino besitzen. Um 1977 wurde außerdem ein neues Quark mit Ladung −⅓ entdeckt namens bottom- oder b-Quark. Das schon bekannte Familienargument, noch einmal angewendet, sagt, daß ein sechstes Quark existieren muß – sonst funktioniert unsere Theorie der elektroschwachen Wechselwirkung nicht. Dies Quark, von dessen Existenz die Hochenergiephysiker überzeugt sind, hat den Namen top-Quark oder t bekommen. Nach ihm wird gesucht und gesucht. Bis heute – Mitte 1992 – wurde es nicht gefunden.

Niemand versteht, warum sich die Teilchenfamilien wiederholen; die $SU(2)_L \times U(1)$-Symmetrie verlangt nur eine Familie oder, wie häufiger gesagt wird, Generation. Aber eine Komplikation, die die ganze Theorie zu einer Art Monstrum macht, habe ich bisher verschwiegen: Die Generationen sind nicht klar getrennt, sondern miteinander vermischt. Wir wissen aus dem Kapitel über Symmetrie und Quantenmechanik, daß Zustände konstruiert werden können, die mit einer gewissen Wahrscheinlichkeit ein Teilchen – damals das Proton – oder auch mit einer nicht verschwindenden Restwahrscheinlichkeit ein anderes Teilchen – das Neutron – beschreiben. Das war damals relativ akademisch, da die zu »mischenden« Teilchen unterschiedliche Ladungen besaßen, der gemischte Zustand also nicht realisierbar war. Die drei Quarks mit Ladung $-1/3$, also d, s und b, unterscheiden sich nur durch ihre Masse; dasselbe gilt für die mit Ladung $2/3$, u, c und das hypothetische t. Alle Quarks mit Ladung $-1/3$ können mit allen anderen mit derselben Ladung wahrhaft und wirklich gemischt werden, und dasselbe gilt für die Quarks mit Ladung $2/3$. Wenn ich oben gesagt habe, daß die Familien aus bestimmten Quarks bestehen, so ist das nicht ganz richtig: Die Teilchenfamilien der elektroschwachen Wechselwirkung enthalten Mischungen der physikalischen Teilchen mit derselben Ladung und nicht die Teilchen selbst. Derselbe im Detail nicht verstandene Mechanismus der Symmetriebrechung, der den Materieteilchen ihre Masse gibt, mischt sie auch.

Das Standardmodell der starken und elektroschwachen Wechselwirkungen

Die Situation ist zu kompliziert, um fundamental sein zu können. Das »Standardmodell« der starken und elektroschwachen Wechselwirkungen beruht auf den Farbsymmetrien der Quantenchromodynamik und den Symmetrien der elektroschwachen Theorie. Die Symmetriegruppe der Quantenchromodynamik heißt $SU(3)_C$ mit C für »color«, Farbe; sie wird in der Bezeichnung der gesamten Symmetrie mit der von ihr unabhängigen Symmetrie der elektroschwachen Wechselwirkung $SU(2)_L \times U(1)$ durch ein $\times$ verbunden. Die Symmetrien des Standardmodells werden also insgesamt durch $SU(3)_C \times SU(2)_L \times U(1)$ beschrieben.

Zählt man die drei Farbzustände eines jeden Quarks und die acht des Gluons nur als jeweils ein Teilchen, so kommen im Standardmodell insgesamt achtzehn Teilchen vor, die in fünf Familien der elektroschwachen Wechselwirkung eingeteilt sind: das Gluon als eine Familie für sich allein; die Familie der vier Austauschteilchen Photon, Z^0, W^+ und W^- sowie die drei Generationen mit den Quarks d, u, s, c, b und t und den Leptonen Elektron, Müon, τ und deren Neutrinos. Hinzu kommt mindestens ein Higgs-Teilchen, das für die Symmetriebrechung sorgt. Dementsprechend groß ist die Zahl der Parameter des Modells, die nur durch Experimente festgelegt werden können. Es gibt Massen, Mischungsparameter und Kopplungen in verwirrender Vielfalt. Insgesamt sind es mindestens achtzehn, darunter die drei unabhängigen Kopplungen der $SU(3)_C$ (Quantenchromodynamik), $SU(2)_L$ und $U(1)$.

Das Standardmodell ist sicher nicht das letzte Wort. Es ist dazu viel zu kompliziert. Außerdem kann es fundamentale Tatsachen nicht erklären, darunter die »Quantisierung der elektrischen Ladung«, die Tatsache also, daß die Quarks solche Ladungen tragen, daß alle aus ihnen aufgebauten »wirklichen« Teilchen ganzzahlige Ladungen besitzen – ganzzahlig, gemessen an der Ladung des Elektrons (oder des μ oder des τ). Aus dem Standardmodell folgt nicht, warum das so ist.

Unverstandene Symmetrien des Standardmodells

Das Standardmodell weist auch einige merkwürdige Symmetrien ohne theoretische Basis auf. Symmetrien führen auf Erhaltungssätze. Eine der unverstandenen Symmetrien des Standardmodells führt auf Erhaltung der Baryonenzahl, eine andere auf Erhaltung der Leptonenzahlen.

Jedem Quark schreibt man die Baryonenzahl ⅓ zu, jedem Antiquark −⅓. Alle anderen nicht zusammengesetzten Teilchen haben die Baryonenzahl Null. Die Baryonenzahl des Protons ist die von drei Quarks: 1; dasselbe gilt für das Neutron. Mesonen aus Quarks und Antiquarks besitzen die Baryonenzahl Null. Es gibt drei Leptonenzahlen, je eine für jede Leptonengeneration; sie sind unabhängig erhalten. Auf die Leptonenzahlen und ihre Erhaltung werde ich nicht weiter eingehen.

Die Erhaltung der Baryonenzahl ist, wie eigentlich alle Vorhersagen des Standardmodells, experimentell bestens bestätigt. Aber – siehe unten – gerade das ist das Problem. Die Erhaltung der elektrischen Ladung hingegen ist Resultat einer Symmetrie mit erstklassigen theoretischen Gründen; sie werden im nächsten Kapitel erläutert.

Keiner weiß einen Grund, warum die Symmetrie, die die Erhaltung der Baryonenzahl bewirkt, gelten sollte. Verletzung dieser Symmetrie würde bedeuten, daß das Proton nicht ewig lebt. Dann würde alle Materie, wie wir sie kennen, zerfallen. Das geschieht, wenn überhaupt, gewiß nur sehr langsam. Aber wir kennen keinen theoretischen Grund, warum Materie ewig existieren sollte. Im Gegenteil – es gibt Materie, und das bereits ist eigentlich eine Symmetriebrechung: Woher soll sie kommen, wenn sie doch strikt erhalten ist? Die Welt ist, denken wir heute, in einem Augenblick aus dem »Nichts« entstanden. Das ist jedenfalls schwer zu verstehen. Wenn aber die Gesetze der Physik strikt fordern, daß die Zahl der Protonen immer dieselbe sei, andererseits aber ein Übergang vom Zustand mit der Protonenzahl Null – gleich viele Protonen wie Antiprotonen – zu einem Zustand mit der von Null verschiedenen Gesamtprotonenzahl der Welt stattgefunden hat, haben wir keine Chance, jemals den Beginn der Welt auf Grund der Naturgesetze erklären zu können. Auf jeden Fall ist eine viel attraktivere Hypothese, die Welt habe anfangs die Baryonenzahl Null besessen. Wenn so, dann hat die Welt in einem Zustand mit höherer als der heute sichtbaren Symmetrie zu existieren begonnen. Nur bei Nichterhaltung der Baryonenzahl können wir hoffen, die Entstehung des Baryonenüberschusses der Welt auf Grund der Naturgesetze zu begreifen. Der Erhaltung der elektrischen Ladung widerspricht die Existenz der Welt übrigens nicht. Ihre Gesamtladung ist Null.

Nach dem Zerfall des Protons wird seit einigen Jahren intensiv gesucht – bisher erfolglos. Mit der Erhaltung der Protonenzahl verhält es sich heute wie mit nahezu allen anderen Vorhersagen des Standardmodells, verstandenen und unverstandenen: Sie stimmen einfach zu gut. Es gibt keine Unstimmigkeit, die über das Modell hinausweisen würde.

Das Modell ist in der Tat sehr erfolgreich. Erstens und hauptsächlich: Die W und Z^0 wurden gefunden. Die zweite Erfolgsserie des Standardmodells betrifft die zahlreichen unabhängigen Messungen des Weinberg-Winkels, die bereits erwähnt wurden. Eine besteht in der Bestimmung der Masse der W, eine andere in der des Z^0. Wie viele »unabhängige« Ermittlungen des Zahlenwerts des Weinberg-Winkels man erhält, hängt natürlich davon ab, welche Experimente man unabhängig nennt. Typischerweise zählen zusammenfassende Berichte acht unabhängige Bestimmungen auf. Sie alle kommen, wie bereits gesagt, zu demselben Ergebnis. Eine bemerkenswerte Übereinstimmung!

Das Standardmodell gestattet es, die Lebensdauer des τ aus der des μ zu berechnen – in guter Übereinstimmung mit dem Experiment. Zu den Erfolgen des Standardmodells lassen sich auch die der »klassischen« schwachen Wechselwirkung rechnen, die in das Modell eingebaut sind. Beispielsweise ergibt die Lebensdauer des Neutrons, zusammen mit der des μ, eine Cabibbo-Winkel genannte Größe – einen der Parameter, die in heutiger Sprechweise die Mischung der Quarks in der elektroschwachen Wechselwirkung beschreiben. Aus ihm lassen sich die Lebensdauern zahlreicher Teilchen berechnen; wiederum in Übereinstimmung mit dem Experiment. Konklusive Tests der elektroschwachen Theorie über die anderen Mischungsparameter der Quarks gibt es bisher nicht. Zu ihnen gehört einer, der zumindest im Prinzip die Verletzung der sogenannten CP-Symmetrie zu beschreiben gestattet – eine alte und immer noch unverstandene Beobachtung.

Diese Tests des Standardmodells betreffen nur die elektroschwachen Wechselwirkungen, also den $SU(2)_L \times U(1)$-Sektor der Theorie. Die Tests der Quantenchromodynamik, des $SU(3)_C$-Sektors, betreffen zunächst die Existenz der Quarks und Gluonen. Die

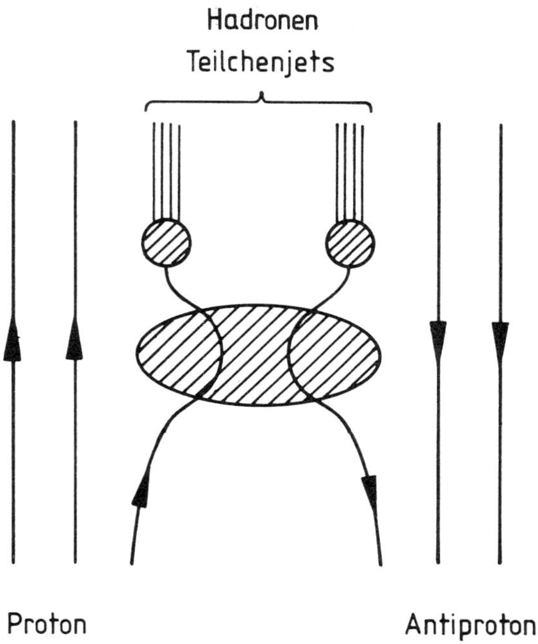

Abbildung 98

beobachteten Familien von Hadronen bildeten den ersten Hinweis auf die Existenz von Quarks. Das Quarkmodell ist so konstruiert, daß es den Aufbau der Hadronen erklärt. Die zweite große Klasse von Indizien dafür, daß es die Quarks gibt, bildet das Auftreten von sogenannten Jets – Bündeln von Teilchen, die alle in dieselbe Richtung fliegen – bei den Reaktionen von Elementarteilchen.

Teilchenjets bei großen Energien

Bei hohen Energien kann man die Zusammenstöße von Hadronen als Zusammenstöße von Quarks auffassen. Als Beispiel verwende ich den Zusammenstoß eines Protons mit einem Antiproton. Der Proton-Antiproton-Collider am CERN in Genf wurde gebaut, um derartige Zusammenstöße zu ermöglichen. An ihm wurden die W und Z^0 entdeckt. Abbildung 98 zeigt das mikroskopische Bild einer

Proton-Antiproton-Kollision bei hohen Energien: Drei Quarks – das Proton – prallen auf drei Antiquarks – das Antiproton. Dann kann verschiedenes passieren. In unserem Beispiel sind ein Quark und ein Antiquark mit großer Wucht aufeinandergetroffen; die beiden anderen Quarks und Antiquarks setzen ihren Weg nahezu unbeeinflußt fort. Diejenigen aber, die aufeinandergetroffen sind, ändern ihre Flugrichtung und fliegen mit großer Geschwindigkeit davon. Nun muß der Confinement-Mechanismus der Quantenchromodynamik einsetzen. Denn wenn die Quarks und Antiquarks sich so voneinander entfernen würden, wie es die Abbildung andeutet, wäre das Resultat ein einzelnes Quark und ein einzelnes Antiquark – Zustände also, die in der Natur nicht auftreten können. Das bedeutet, daß ein Fragmentation genannter Prozeß eintritt: In einer Kaskade werden Paare von Quarks und Antiquarks gebildet, die sozusagen zwischen den sich schnell voneinander entfernenden Geschoßteilchen interpolieren. Eine Theorie, wie das genau geschieht, gibt es nicht, nur beschreibende Modelle. Das Resultat sind zwei Bündel von Teilchen, die in entgegengesetzte Richtungen davonfliegen – Abkömmlinge des Quarks und des Antiquarks, die ursprünglich aufeinander getroffen sind. Für die Bruchstücke von Proton und Antiproton, die geradeaus weitergeflogen sind, gilt Analoges.

Derartige Jets gibt es in allen Hadronenreaktionen bei großen Energien. Besonders interessant sind aber Teilchenjets, die beim frontalen Zusammenstoß eines Elektrons mit seinem Antiteilchen, einem Positron, entstehen. Das geschieht zum Beispiel in den Teilchendetektoren der Speicherringe von DESY in Hamburg. Elektron und Positron vernichten einander zunächst einmal (Abb. 99) zu einem »Blitz« reiner Energie, einem virtuellen Photon. Das Photon hat nun verschiedene Möglichkeiten, zu reagieren. Es kann sich wieder in ein Elektron-Positron-Paar zurückverwandeln. Es kann aber auch in ein Quark-Antiquark-Paar übergehen. Dieser Fall ist in der Abbildung 99a dargestellt; um welche Quarks es sich handelt, z. B. ein s und ein Anti-s, ist in der Abbildung offengelassen. Anschließend fliegen jedenfalls ein Quark und ein Antiquark in entgegengesetzte Richtungen voneinander fort. Wieder muß der Confinement-Mechanismus einsetzen. Er führt dazu, daß zwei Teilchenbündel – Jets –, die in entgegengesetzte Richtungen

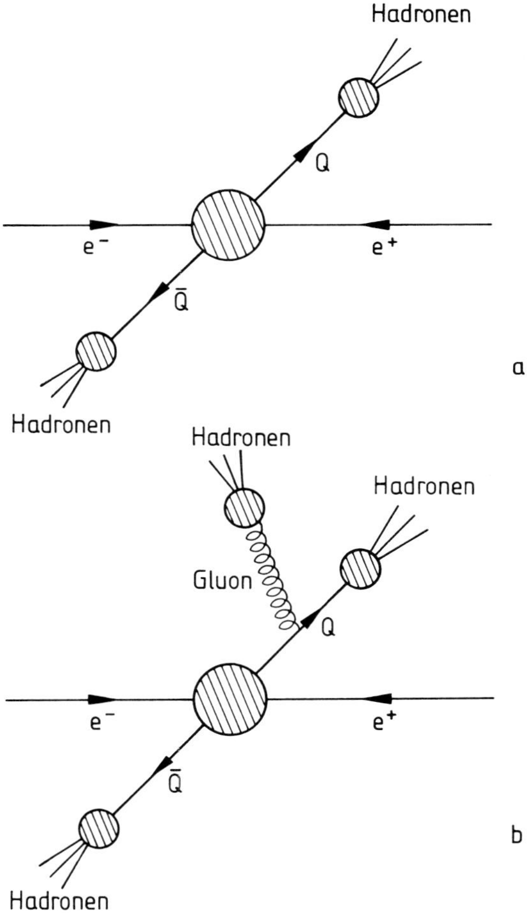

Abbildung 99

davonfliegen, im Detektor auftreten. Abbildung 100a zeigt ein typisches Beispiel.

Bei der Umwandlung der energiereichen Quarks in die beobachteten Teilchen wird deren große Energie aufgeteilt. Das Resultat sind zahlreiche Teilchen mit je relativ wenig Energie. Es kann aber auch sein – der Prozeß ist seltener, kommt aber vor –, daß, wie in Abbildung 99b dargestellt, das Quark (oder Antiquark) vor der Ausbildung der Fragmentation ein Gluon hoher Energie abstrahlt. Dann nimmt das Gluon als drittes, unabhängiges Teilchen an der

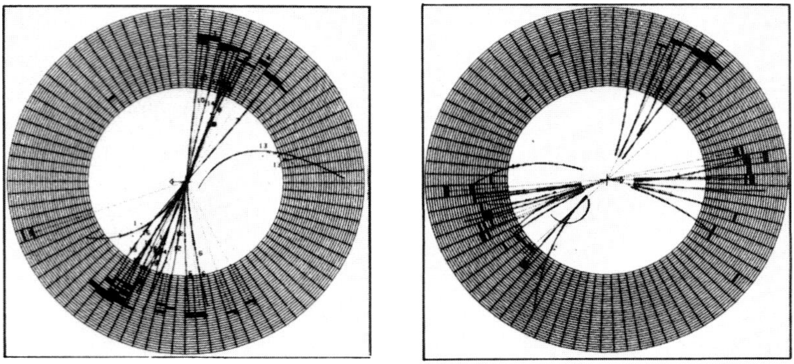

a b

Abbildung 100

Fragmentation teil und bildet seinen eigenen Jet aus. Das Resultat, ein sogenanntes 3-Jet-Ereignis, zeigt Abbildung 100b. Durch derartige Ereignisse wurde 1979 die Existenz von Gluonen bei DESY bewiesen.

Die laufende Kopplung der QCD

Ich habe gesagt, daß Prozesse wie der in Abbildung 99b mit einem Gluon hoher Energie zwar vorkommen, aber seltener sind als die ohne ein solches Gluon. Das liegt an einer wichtigen Eigenschaft der Quantenchromodynamik, der »laufenden« Kopplung. Die Stärke der Kopplung eines Gluons an ein Quark hängt von den Energien der Teilchen so ab, daß die Kopplung mit wachsender Energie kleiner wird. Das ist der schon beschriebene Effekt der asymptotischen Freiheit. Die Quantenchromodynamik enthält einen Parameter, der, einmal bestimmt, diese Abhängigkeit festlegt. Im Kapitel über Skalensymmetrie wurde der Parameter – der Skalenparameter Lambda – bereits erwähnt. Er besitzt die Dimension einer Energie und bewirkt, daß die auf den ersten Blick skalensymmetrische Quantenchromodynamik in Wahrheit nicht skalensymmetrisch ist.

Das wurde bereits besprochen. Jetzt geht es um die tatsächliche Messung von Lambda. Man kann die Stärke der Quark-Gluon-

Kopplung bei den Energien der Quarks und Gluonen der Abbildung 100 im Prinzip dadurch festlegen, daß man zählt, wie häufig 3-Jet-Ereignisse im Vergleich zu 2-Jet-Ereignissen sind. Das legt den Zahlenwert von Lambda fest. Varriiert man nun die Energie, so kann man die Änderung der Kopplung berechnen und – wieder zumindest im Prinzip – mit dem Experiment vergleichen. Man kann, mit anderen Worten, durch unabhängige Bestimmungen von Lambda die Quantenchromodynamik experimentell testen.

Das ist ein mühseliges Geschäft, und auf Details möchte ich nicht eingehen. Die Zählung von Jets hängt von deren Identifikation ab. Nicht alle Beispiele sind so klar wie die »typischen« Ereignisse der Abbildung 100. Insgesamt aber gibt es mehrere Bestimmungen von Lambda. Sie alle führen auf Werte, die einander so sehr ähneln, daß man die Diskrepanzen dem Streit der Experten überlassen kann.

Gibt es Neutrinos mit Masse?

Das Standardmodell unterscheidet sich von anderen, theoretisch genauso möglichen Modellen durch einige qualitative Eigenschaften, die über die Frage hinausgehen, welche Parameter welche Werte besitzen. Eine derartige Alles-oder-nichts-Frage ist die, ob es Neutrinos mit einer nicht verschwindenden Masse gibt. Wäre dem so, müßte das Standardmodell qualitativ modifiziert werden; im Standardmodell ist die Masse der Neutrinos strikt Null. Experimentell kann man natürlich niemals bestätigen, eine Größe sei exakt Null; man kann nur obere Schranken angeben und diese, wenn man geschickt ist, weiter und weiter verbessern. Eine nicht verschwindende Neutrinomasse würde bewirken, daß die Neutrinos verschiedener Generationen gemischt werden können – mit spektakulären Konsequenzen. Dann könnten die Neutrinos in den Neutrinostrahlen von Reaktoren, von Beschleunigern und von der Sonne auf ihrem Weg spontan ihre Natur ändern: Ein Neutrino, das als Elektron-Neutrino bei einer Kernfusion in der Sonne entstanden ist, könnte als τ-Neutrino auf der Erde ankommen. Es würde hier also keinen Detektor für Elektron-Neutrinos ansprechen lassen. Das könnte das alte Puzzle der fehlenden Sonnenneutrinos erklären; vielleicht hat der Leser davon gehört. Man braucht etwa eine Reduzierung um den Faktor 3. Bei drei Generationen Materieteilchen würde von den in der Sonne produzierten Elektron-Neutrinos genau die richtige Menge, nämlich ⅓, als Elektron-Neutrinos bei uns ankommen. Von den anderen ⅔ hätte sich eine Hälfte in $\mu-$, die andere in τ-Neutrinos verwandelt.

Aber das sind Spekulationen. Gegenwärtig wird an mehreren Stellen der Welt die Frage nach Neutrinooszillationen und einer nichtverschwindenden Neutrinomasse intensiv untersucht. Würde bewiesen, daß die Neutrinomasse nicht Null ist, wäre das ein experimenteller Hinweis, wie das Standardmodell modifiziert oder erweitert werden muß. Zur Zeit gibt es keine derartigen experimentellen Resultate. Die einzigen Hinweise, wie es in einen größeren Rahmen eingebettet werden könnte, liefert das Modell selbst.

Das Standardmodell ist nicht das letzte Wort

Es besitzt mindestens siebzehn unabhängige Parameter und achtzehn »fundamentale« Teilchen. Die verschiedenen Farbzustände der Quarks und Gluonen sind hierbei als jeweils ein Teilchen gezählt. Zählt man Farben mit, kommt man auf 37 Teilchen. Von diesen achtzehn (37) Teilchen sind zwölf (24) Materieteilchen, fünf (12) Austauschteilchen, und eins ist das Higgs-Boson, das die Symmetriebrechung besorgt. Die zwölf Materieteilchen sind einander sehr ähnlich: Ihr Spin ist ½, und bei gegenwärtigen Energien besitzen sie keine erkennbare Struktur. Eingeteilt sind sie in drei Generationen. Eine davon – die des Elektrons – besitzt, verglichen mit den Massen der anderen, nahezu die Masse Null. Das Standardmodell nimmt an, daß die Neutrinos alle masselos sind. Zwischen den Generationen besteht eine erkennbare Massenhierarchie. Eine umfassende Theorie muß diese Eigenschaften genauso wie die Ladungsquantisierung erklären. Sie sollte möglichst wenige freie Parameter und Teilchenfamilien besitzen.

Zusammengesetzte Quarks und Leptonen?

Man kann die Existenz von 24 miteinander verwandten Materieteilchen als Hinweis auf eine sie verbindende höhere Familiensymmetrie oder sogar darauf nehmen, daß, wie gehabt, die Teilchen zusammengesetzt sind. Bausteine wird es dann weniger geben als Quarks und Leptonen – genauso, wie es weniger Quarks als aus ihnen aufgebaute Hadronen gibt. Wenn Quarks und Leptonen zusammengesetzt sind, muß ihre Struktur bei höheren Energien sichtbar werden (Abb. 89). Konkrete Hinweise gibt es aber nicht. Ich verzichte daher auf Details.

Höhere Symmetrie?

Statt von den Materieteilchen des Standardmodells kann man von seinen Kopplungen und Symmetrien ausgehen und versuchen, das Modell auf dieser Grundlage zu einem symmetrischeren auszubauen. Diese Idee ist Grundlage der GUT genannten Theorien. GUT steht für »Grand Unified Theories«, auf deutsch»Große Vereinigte Theorien«. Sie lassen das komplizierte Muster der Materieteilchen im wesentlichen unberührt. In der symmetrischeren Theorie sollen die Generationen sich möglichst genauso wiederholen und genauso gemischt sein wie im Standardmodell. Die symmetrischere Theorie erlaubt aber kompliziertere Mischungen als das Standardmodell; Kinship-, also Blutsverwandtschafts-Hypothese heißt die Vermutung, daß die Generationen durch GUT nicht stärker durcheinandergebracht werden, als es bereits im Standardmodell der Fall ist.

Der populärste, weil einfachste, Vertreter dieser Klasse von Theorien heißt minimale SU(5). Ich will auf sie als Prototyp näher eingehen. Experimentell ist sie eigentlich schon widerlegt. Denn sie sagt voraus, daß das Proton nur 10^{30} Jahre lebt. Experimente haben aber gezeigt, daß das Proton mindestens eine Lebensdauer – Halbwertzeit – von 10^{32} Jahren besitzt. Davon unabhängig wird die minimale SU(5) als einfachstes Modell weiter zur Illustration der Ideen der GUT benutzt.

Ausgangspunkt der GUT sind die Symmetrien des Standardmodells. Um sie darzustellen, reicht eine Generation von Materieteilchen aus. Zunächst bleibt offen, wie sie zu interpretieren ist – als niedrigste Generation oder als noch festzulegende Mischung aller Generationen. Das Standardmodell besitzt die durch $SU(3)_C \times SU(2)_L \times U(1)$ gekennzeichneten drei unabhängigen Symmetrien, denen drei Kopplungen entsprechen. Auch diese Symmetrien sind, mit Ausnahme der Eichsymmetrien der starken Quark-Gluon- und der elektromagnetischen Wechselwirkung, durch Teilchenmassen gebrochen, aber das ist nicht der Punkt, der jetzt interessiert. Wichtig ist vielmehr der Mangel an Symmetrie, der erlaubt, daß drei Kopplungen frei gewählt werden können.

Experimentell sind die Kopplungen festgelegt und verschieden. Am größten ist g_C, die starke Kopplung der Quarks und Gluonen. Sie ist die Kopplung der $SU(3)_C$-symmetrischen Farbwechselwirkung. Die elektroschwache Wechselwirkung wollen wir durch zwei Kopplungen g und g′ charakterisieren. Experimentell ist g etwa viermal so groß wie g′, g_C zehnfach größer.

Symmetrie bedeutet, daß man Teilchen durch Teilchen ersetzen kann, ohne die Wechselwirkungen zu ändern. Das Standardmodell ist symmetrisch gegenüber gewissen Ersetzungen von Quarks durch Quarks und Leptonen durch Leptonen, es gibt aber keine Symmetrie gegenüber Ersetzungen von Quarks durch Leptonen und umgekehrt. Das ist offensichtlich: Leptonen haben einfach keine Wechselwirkungen von derselben Stärke wie Quarks; die Kopplungen der starken Farbwechselwirkungen der Quarks sind größer als alle Kopplungen von Leptonen.

Der Symmetrie gegenüber Vertauschung von Quarks und Leptonen steht im Standardmodell die Tatsache entgegen, daß diese verschiedene Kopplungen besitzen. Es wurde bereits gesagt, daß die Kopplung g_C der Gluonen an Quarks mit wachsender Energie abnimmt. In Kapitel 8 werden wir sehen, daß auch g mit der Energie abnimmt. Die Kopplung g′ nimmt mit der Energie zu.

Bei großen Energien sind möglicherweise alle Kopplungen gleich

GUT beruhen auf der unterschiedlichen Energieabhängigkeit der Kopplungen des Standardmodells. Mit der beschriebenen Entwick-

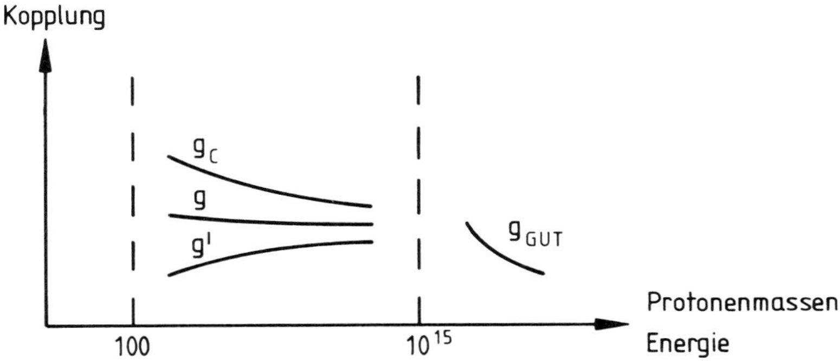

Abbildung 101

lung – die größte Kopplung nimmt am raschesten ab, die mittlere langsamer und die kleinste nimmt zu – ist es vereinbar, daß sich alle drei bei einer gewissen Energie in einem Punkt treffen. Es wird angenommen, daß das tatsächlich der Fall ist. Abbildung 101 zeigt das Ergebnis von Rechnungen. Waagerecht aufgetragen ist die Energie, senkrecht die Stärke der Kopplung. Am linken Rand der Abbildung, bei Beginn der Kurven, haben wir gegenwärtige Energien, die etwa einhundert Protonenmassen entsprechen. Die Stärken der Wechselwirkungen zeigen das bereits qualitativ beschriebene Verhalten. Wichtig ist, daß sich alle drei Kurven in einem Punkt treffen können. Dieser entspricht der für Elementarteilchen riesigen Energie von 10^{15} Protonenmassen. Handliche Materiestücke enthalten ganz grob 10^{23} Protonen. Hier sprechen wir von Energien, die dem Gewicht von Staubteilchen entsprechen. Jenseits von 10^{15} Protonenmassen sind alle Kopplungen gleich und nehmen rasch ab.

Bei Energien von 10^{15} Protonenmassen und mehr steht der Vereinigung aller Wechselwirkungen des Standardmodells kein Unterschied der Stärke der Wechselwirkungen der Quarks und Leptonen entgegen – alle bekannten Wechselwirkungen mit Ausnahme der Gravitation sind gleich stark. Das eröffnet die phantastische Möglichkeit, das Standardmodell besitze »eigentlich« mehr Symmetrien, als bei heute erreichbaren Energien sichtbar ist. Es könnte dann Symmetrien geben, die Quarks und Leptonen in dieselbe Teilchenfamilie einordnen. Wenn alle Kopplungen von Quarks und Leptonen gleich sind, wird es Symmetrien geben, die die Vertauschung von Quarks und Leptonen gestatten.

Hier geht es um lokale Eichsymmetrien. Dann – siehe Kapitel 8 – bedeutet Symmetrie immer auch Wechselwirkung. Die Wechselwirkungen von Eichtheorien werden durch Austauschteilchen vermittelt. In unserem Fall muß es also Austauschteilchen geben, deren Austausch Quarks in Leptonen und Leptonen in Quarks transformiert. Quarks besitzen Farbe; die Farbsymmetrien sind bei allen Energien ungebrochen. Die Austauschteilchen – sie heißen X-Bosonen oder einfach X – müssen daher selbst Farbe tragen. Wie die W und Z durch Brechung der elektroschwachen Symmetrie Masse bekamen, erhalten die X durch Brechung der Symmetrie der GUT Masse. Hierzu ist ein weiteres Higgs-Boson erforderlich. Die Masse der X ist ungefähr genauso groß wie die Energie, bei der die Symmetrie zu gelten beginnt, im Fall der GUT also 10^{15} Protonenmassen. Das aber heißt, daß es Elementarteilchen mit dem Gewicht von Staubteilchen geben muß!

Wie testet man Theorien, die Aussagen über Elementarteilchen bei Energien machen, die 10^{15} Protonenmassen entsprechen? Von Beschleunigern, die diese Energie erreichen, kann man nicht einmal träumen. Die größten existierenden oder im Bau befindlichen Beschleuniger erreichen nicht einmal Energien, die 1000 Protonenmassen entsprechen; nachgedacht wird über Maschinen mit 10^5 Protonenmassen Energie. Damit habe ich bereits übertrieben; verglichen mit 10^{15} Protonenmassen ist diese Zahl kümmerlich.

Höhere Symmetrie bedeutet, daß das Proton zerfällt

Wie also testet man derartige Theorien? Der wichtigste Test betrifft die Voraussage, das Proton könne zerfallen. Quarks und Leptonen sind laut GUT gleichberechtigt und werden durch Symmetrietransformationen ineinander überführt. Bei Eichsymmetrie entsprechen Symmetrietransformationen Austauschteilchen. Das X überführt Quarks in Leptonen. Abbildung 102 zeigt eine Reaktion, die es laut SU(5) geben muß: Das d-Quark im Innern des aus zwei u und einem d aufgebauten Protons emittiert ein X mit Ladung $-4/3$ und geht in ein Positron, das Antiteilchen des Elektrons, über. Energie, die der Masse des X entspricht, steht im Proton nicht zur Verfügung. Das X kann also nicht in Erscheinung treten; es ist in dem Prozeß ein virtu-

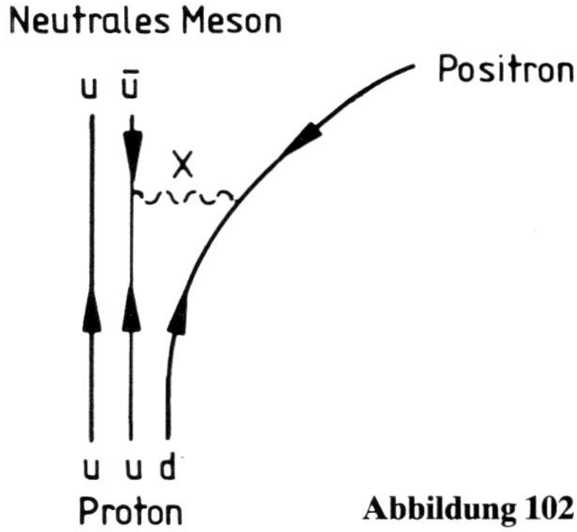

Abbildung 102

elles Teilchen, das nur eine sehr kurze Zeitspanne lebt und in ihr eine winzige Strecke fliegt. Festgelegt werden Zeit und Strecke über die Heisenbergsche Unschärferelation durch die Masse des X. Wir halten fest, daß das X als virtuelles Teilchen unmittelbar nach seiner Erzeugung bei dem Übergang eines d in ein Positron durch einen zweiten Prozeß wieder vernichtet werden muß. In der Abbildung wird das X durch ein u-Quark absorbiert, das dabei in sein Antiquark übergeht.

Bei dem Prozeß von Abbildung 102 gibt es anfangs ein Proton und sonst nichts, am Ende ein Positron und ein u-Quark zusammen mit seinem Antiquark; das u-Quark, das als Zuschauerteilchen an dem Prozeß nicht teilgenommen hat, geht am Ende mit dem Antiquark eine Verbindung zu einem physikalischen Teilchen ein. Abbildung 102 zeigt insgesamt den Zerfall eines Protons in ein Positron und ein neutrales Teilchen. Das ist die spektakuläre Vorhersage der SU(5): Das Proton ist nicht stabil, lebt nicht ewig, sondern zerfällt, zum Beispiel in ein Positron und ein neutrales Teilchen. Nicht einmal Diamanten sind für immer! Wegen der großen Masse des X ist die Reichweite der Zerfallswechselwirkung winzig; u und d im Proton, die das X austauschen, müssen einander schon sehr nahe kommen, um ein X austauschen zu können. Das geschieht nicht oft, und daher ist der Prozeß selten – das Proton sollte nach der SU(5) eine Lebensdauer von ungefähr 10^{30} Jahren besitzen.

Ich habe bereits gesagt, daß experimentell das Proton mindestens 10^{32} Jahre lebt. Daher ist die minimale SU(5) experimentell ausgeschlossen. Aber Modifikationen, zum Beispiel SU(5) ohne das Beiwort »minimal«, erlauben derartig lange Lebensdauern. Der Leser, der weiß, daß das Universum »nur« etwa 10 Milliarden, also 10^{10}, Jahre alt ist, wird es erstaunlich finden, daß man über eine Lebensdauer eine experimentelle Aussage machen kann, die mindestens um den Faktor 10^{22} größer ist. Das liegt daran, daß eine Tonne Wasser sehr viele Protonen enthält, 10^{29}. In 100 Tonnen Wasser sollten bei einer Lebensdauer des Protons von 10^{30} Jahren zehn Protonen pro Jahr zerfallen. Um den Protonzerfall nachzuweisen, hat man große Mengen Materie in Bergwerken, also von äußerer Strahlung abgeschirmt, jahrelang mit Teilchendetektoren betrachtet – ohne ein Proton zerfallen zu sehen. Daher die Schranke für die Lebensdauer des Protons. Wenn es den Zerfall des Protons gäbe, wäre auch er eine Quelle natürlicher Radioaktivität. Er würde, wäre er häufig genug, die Krebsrate erhöhen. Bereits daraus, daß die Radioaktivität des Protons Leben nicht unmöglich macht, können wir schließen, daß das Proton im Mittel mindestens 10^{16} Jahre – eine Million mal das heutige Alter des Weltalls – lang lebt.

Magnetische Monopole

Doch zurück zu den Vorhersagen der GUT. Eine zweite spektakuläre Vorhersage ist die Existenz magnetischer Monopole. Jedes Kind weiß, daß es durch Zerbrechen eines Magneten mit Nordpol und Südpol nicht zwei einzelne Pole erhält, sondern zwei komplette Magnete, jeden mit Nordpol und Südpol. Niemals hat jemand einen einzelnen magnetischen Pol, einen Monopol, einwandfrei nachgewiesen. Nach einzelnen elektrischen »Polen«, das sind einzelne elektrische Ladungen, braucht man nicht erst zu suchen: Jedes Elektron ist ein elektrischer Monopol. Diesen Mangel an Symmetrie der Elektrodynamik gegenüber einer Vertauschung elektrischer und magnetischer Erscheinungen hat Dirac 1931 zum Anlaß genommen, darüber zu spekulieren, was die Folgen der Symmetrie wären. Er hat gezeigt, daß, wenn es nur einen einzigen magnetischen Monopol auf der Welt gäbe, elektrische Ladungen notwendig positive oder negative ganzzahlige Vielfache einer kleinsten Ladung sein müßten.

Magnetische Monopole erklären die Quantisierung der elektrischen Ladung. GUT sagen, daß es magnetische Monopole geben soll, erklären also auch, daß alle elektrischen Ladungen positive oder negative ganzzahlige Vielfache der absolut kleinsten Ladung der Theorie, der Ladung ⅓ der d-Quarks, sein müssen. Dasselbe Resultat folgt in GUT unabhängig von der Existenz magnetischer Monopole auch daraus, daß die Farbsymmetrie drei Quarks betrifft. Auf jeden Fall beantworten GUT eine der Fragen, die das Standardmodell stellt: Warum Elektron und Proton exakt entgegengesetzt-gleiche elektrische Ladungen besitzen.

Diracs magnetischer Monopol war ein Punktteilchen wie das Elektron, der Monopol der SU(5) ist ausgedehnt. Über die Masse seines Monopols wußte Dirac nichts zu sagen. Der Monopol der SU(5) erscheint durch die Brechung der SU(5)-Symmetrie, seine Masse ist also an die Energie geknüpft, bei der diese Symmetrie so vermindert wird, daß nur noch die $SU(3)_c \times SU(2)_L \times U(1)$-Symmetrie des Standardmodells übrigbleibt. Wie die X ist er eine Art makroskopisches Elementarteilchen, 10^{16} Protonenmassen schwer. Er ist stabil; einmal produziert, kann er nicht wieder zerfallen. Diese Stabilität ist die eines Knotens in einem unendlich langen Seil: Man kann ihn verschieben, aber nicht auflösen.

Die Theorie sagt natürlich nur, daß es in der Natur magnetische Monopole geben kann. Kein vorstellbarer Beschleuniger kann ein Teilchen mit der Masse von 10^{16} Protonen produzieren. Monopole müßten aber vom Urknall mit seiner beliebig großen Energiedichte übriggeblieben sein. Zu viele von ihnen kann es im Weltall aber nicht geben. Denn beispielsweise bauen sie Magnetfelder ab. Für magnetische Monopole in magnetischen Feldern gilt dasselbe wie für elektrische Ladungen in elektrischen; das ist die zusätzliche Symmetrie der Elektrodynamik mit magnetischen Monopolen. Sie werden daher durch Magnetfelder beschleunigt. Das bedeutet, daß die in Magnetfeldern gespeicherte Energie zu Bewegungsenergie der Monopole wird. Monopole bauen kosmische Magnetfelder ab; aus Existenz und Stärke dieser Magnetfelder folgen daher Einschränkungen für die Dichte der Monopole im Weltall.

Urknallmodelle gestatten es, die Zahl der produzierten Monopole zu berechnen. Beim Standardmodell des Urknalls kommen viel zu viele heraus – so viele wie Protonen. Das ist eine der Schwierigkeiten des Urknallmodells, die in einer Modifikation, inflationäres Modell genannt, nicht bestehen: Zu einer Zeit, als die Monopole bereits erzeugt waren, hat sich das Universum nach diesem Modell in sehr kurzer Zeit (10^{-33} Sekunden) um den enormen Faktor 10^{50} vergrößert. Dadurch wurde die Dichte aller Teilchen, die bei der geringeren Energiedichte später nicht mehr produziert werden konnten, dauerhaft auf nahezu Null reduziert. Das inflationäre Modell kann viele – alle? – Schwierigkeiten des Urknallmodells erklären.

Monopolsuche

Zur Zeit suchen mehrere Experimente nach magnetischen Monopolen. Die Grundidee dieser Experimente ist einfach. Gegeben sei ein »langer« Magnet mit einem Abstand von, sagen wir, zehn Metern zwischen Nordpol und Südpol. Dieser wird, Nordpol voran, durch eine schmale elektrisch leitende Spule geschoben. Gemessen wird der Strom in der Spule. Der Nordpol verursacht, wenn in die Spule geschoben, einen Spannungsstoß, und Strom beginnt zu fließen. Wenn die Spule supraleitend ist, Strom also in ihr widerstandslos und ohne abzunehmen fließen kann, braucht man einen Spannungsstoß in die entgegengesetzte Richtung, um den Strom, den das Durchschieben des Nordpols »induziert« hat, zum Erliegen zu bringen; ohne einen solchen Spannungsstoß wird er ewig fließen. Er fließt in unserer Spule also, während wir den Magneten durch sie hindurch bewegen. Wenn dann der Südpol durch die Spule geschoben wird, verursacht er einen den ersten genau kompensierenden Spannungsstoß, und der Strom in der Spule hört auf zu fließen. Einem magnetischen Nordmonopol, der durch eine Spule fliegt, folgt kein Südpol, und der Strom, den er induziert hat, fließt für immer in der supraleitenden Spule. Analoges gilt natürlich für magnetische Südmonopole.

An mehreren Stellen der Welt wurden zum Nachweis magnetischer Monopole supraleitende Spulen aufgestellt. Der Strom, der durch sie fließt, wird ständig gemessen. Wenn einer der vom Urknall übriggebliebenen Monopole durch solch eine Spule fliegen sollte, stiege der Strom in ihr unstetig um einen bestimmten, berechenbaren Betrag an. Nun hat am Valentinstag 1982 Blas Cabrera in seiner damaligen Spule im Laboratorium SLAC in Stanford, Kalifornien, USA ein solches Ereignis beobachtet. Daraufhin wurden die anderen Spulen aufgestellt, die heute betrieben werden. Je mehr Spulen es gibt und je größer sie sind, desto mehr Ereignisse sollten beobachtet werden. Bisher gibt es nur einen zweiten Kandidaten, und die Experten sprechen, soweit ich sehe, insgesamt nicht von einer erfolgreichen Messung des Stromes magnetischer Monopole durch die Oberfläche der Erde. Das von Cabrera beobachtete Ereignis beruhte vielleicht auf einem Materialfehler; es wurde aber keiner gefunden. Richtig ist, daß nur reproduzierte und reproduzierbare Experimente physikalische Aussagen begründen können. Einzelereignisse sind dazu nicht geeignet. Manche der Spulen, die den Fluß der magnetischen Monopole bestimmen sollen, sind übrigens eigentlich Spulenpaare: Wenn zwei hintereinander aufgestellte Spulen zugleich ansprechen sollten, wäre ein Materialfehler als Ursache so gut wie ausgeschlossen.

Es kann sein, daß in einem halben Jahr, wenn dieses Buch zum Leser kommt, magnetische Monopole nachgewiesen sind. Auch die zum Nachweis des Protonzerfalls gebauten Detektoren sollten durch sie hindurch fliegende magnetische Monopole anzeigen. Denn nach GUT »katalysieren« magnetische Monopole den Protonzerfall: Stößt ein magnetischer Monopol mit Materie zusammen, so kann der Zusammenstoß zum Zerfall des Protons führen. Der magnetische Monopol fliegt weiter, stößt wieder mit einem Proton zusammen, katalysiert dessen Zerfall und so weiter. Das wäre wahrlich ein spektakuläres Ereignis: Eine Schnur zerfallener Protonen quer durch den Detektor. Manche haben spekuliert, daß man magnetische Monopole zur Lösung aller Energieprobleme einfangen könnte. In der Tat – der Energiebedarf von Karlsruhe für ein Jahr wird beim Zerfall von grob geschätzt nur 10^{25} Protonen freigesetzt. Das entspricht ungefähr zehn Gramm Materie. Ich sollte betonen, daß es sich bei diesen Spekulationen um Science Fiction handelt, nicht um absehbare Realität.

Theoretische Prinzipien und Probleme der GUT

GUT gestatten es, den Weinberg-Winkel zu berechnen – für den Fall von SU(5) in guter Übereinstimmung mit der Erfahrung. Die

SU(5) ergibt auch eine Relation zwischen den Massen der Quarks, die als Erfolg des Modells interpretiert wird. Eine Schwierigkeit dieser Vorhersagen ist, daß sie zunächst bei denjenigen Energien gelten, bei denen die Symmetrie des GUT-Modells einsetzt, also bei grob 10^{15} Protonenmassen. Angewendet werden sie aber bei heutigen Energien, also höchstens einigen hundert Protonenmassen. Offensichtlich birgt eine Umrechnung über einen solchen Bereich viele Unsicherheiten.

Damit Relationen von Kopplungen und Massen der GUT bei heutigen Energien näherungsweise gelten, müssen sie bei 10^{15} Protonenmassen mit phantastischer Genauigkeit – 15 oder mehr Stellen hinter dem Komma! – erfüllt sein. Denn bei der Extrapolationsmethode der Quantenfeldtheorie werden (unendlich) große Zahlen voneinander abgezogen; erst Unterschiede ergeben die beobachteten Größen. Das ist der Grund des Massenhierarchien betreffenden »Hierarchieproblems« der GUT. Hierarchieprobleme treten in allen Quantenfeldtheorien auf, die Phänomene bei Energien verschiedener Größenordnung gemeinsam behandeln.

Über die Physik zwischen heutigen Energien und denen der GUT wurde viel spekuliert. Manche denken, dazwischen gäbe es nichts Interessantes. Dies »Scenario« heißt Die Große Wüste. Es gibt aber auch andere Ideen. Eine heißt Technicolor. Bei Technicolor sind die Higgs-Bosonen zusammengesetzt. Die Firma Kodak hat darauf aufmerksam gemacht, daß »Technicolor« ein geschütztes Warenzeichen ist.

Manche der Fragen, die das Standardmodell offenläßt, werden von den GUT nicht nur nicht gelöst, sondern neu und verstärkt gestellt. Zunächst enthalten GUT noch mehr Teilchen als das Standardmodell. Die Hauptfragen des Standardmodells waren der Ursprung der Generationen von Quarks und Leptonen, deren Massen und Mischungen. Darauf geben GUT keine Antwort. Im Gegenteil – die Zahl der Parameter, die durch das Experiment festgelegt werden müssen, ist in GUT im allgemeinen größer als im Standardmodell. GUT ohne neue Ideen sind sicher ebenfalls nicht das letzte Wort.

Standardmodell und GUT wurden in engem Kontakt mit dem Experiment entwickelt. Am Anfang stand der Versuch, eine erfolgreiche Rechenvorschrift – im wesentlichen Fermis Vorschrift zur

Berechnung von Prozessen der schwachen Wechselwirkung – theoretisch zu verstehen, also aus der Vorschrift eine Theorie zu machen. Das Vorbild war die Quantenelektrodynamik, eine experimentell bestens bestätigte Theorie. Es zeigte sich, daß das theoretische Prinzip der Quantenelektrodynamik, die lokale Eichinvarianz, auch auf andere Wechselwirkungen ausgedehnt werden konnte und zu wohldefinierten, experimentell erfolgreichen Theorien führte. Die theoretische Maschinerie der Eichtheorien mit Confinement und asymptotischer Freiheit, über die wir heute verfügen, ist Resultat der konsequenten Ausarbeitung dieses Prinzips und seiner Anwendung auf beobachtete Phänomene.

Theoretische Ideen

Daneben und zugleich wurde, im wesentlichen von experimentellen Resultaten entkoppelt, die Entwicklung der theoretischen Prinzipien selbst fortgeführt. Dies Vorgehen hat auf Vorstellungen geführt, von denen wir heute denken, daß ihre Anwendung auf die beobachteten Phänomene wesentliche Erkenntnisfortschritte bringen wird. Zu nennen sind hier Supersymmetrie, Supergravitation, Strings – auf deutsch Saiten – und Superstrings. Supersymmetrie, kurz SUSY, ist eine innere Symmetrie, gehört also hierher. Sie bedeutet, daß Symmetrie nicht nur gegenüber Vertauschung von Bosonen mit Bosonen und Fermionen mit Fermionen, sondern auch gegenüber Vertauschung von Bosonen mit Fermionen besteht. Erdacht wurde die Supersymmetrie 1974 von Julius Wess, Karlsruhe, und Bruno Zumino, damals Genf.

Supersymmetrie

Es ist eine Idee von sehr großer Tragweite. Der mathematische Formalismus der Supersymmetrie unterscheidet sich von dem anderer Symmetrien dadurch, daß die Gruppenparameter – bei Drehungen sind das die Drehwinkel – antikommutierende Größen sind. Der Formalismus läßt sich ohne Mathematik nicht erläutern. Nur so viel: Für Physiker sind antikommutierende Größen nichts Neues; auch Fermionen werden durch sie beschrieben.

Supersymmetrie vermag das Hierarchieproblem der GUT zu lösen. Die Kopplungen und Massen supersymmetrischer Theorien erfüllen Relationen, die bewirken, daß sonst möglicherweise verschiedene (unendliche) Größen einander exakt aufheben; an die Stelle der oben geforderten Gleichheit der Parameter auf mindestens fünfzehn Stellen tritt nun exakte Gleichheit. Vereinigt man Supersymmetrie und GUT – Resultat: SUSY-GUTS –, so kann man zeigen, daß die Extrapolationsprobleme der GUT, die auf das Hierarchieproblem führen, nicht vorhanden sind.

Das gilt genaugenommen nur für exakte, ungebrochene Supersymmetrie. Es ist aber leicht zu sehen, daß die Supersymmetrie in der wirklichen Welt gebrochen sein muß. Wieviel von den Eigenschaften supersymmetrischer Modelle in der realen Welt mit gebrochener Supersymmetrie übrigbleibt, hängt natürlich von der Stärke dieser Brechung ab. Wenn die Supersymmetrie nicht stärker gebrochen ist als die Symmetrien der elektroschwachen Wechselwirkung, so gelten für das Hierarchieproblem der GUT im wesentlichen dieselben Schlüsse wie bei ungebrochener Supersymmetrie. Das aber bedeutet, daß die supersymmetrischen Partnerteilchen bekannter Teilchen Energien von höchstens einigen 100 Protonmassen besitzen müssen. Sie können also, wenn es sie gibt, an heutigen oder geplanten Beschleunigern erzeugt werden.

Die Supersymmetrie ordnet Fermionen und Bosonen in eine Teilchenfamilie ein. Die bekannten Bosonen wie das Photon, das Higgs-Boson, das Z^0 oder die W müssen daher Fermionen als Partnerteilchen besitzen; genauso die wohlbekannten Fermionen – Quarks und Leptonen – Bosonen als Partnerteilchen. Am einfachsten und schönsten wäre es, wenn die Supersymmetrie bekannte Fermionen als Partner bekannter Bosonen interpretieren könnte; sagen wir, das Elektron-Neutrino als den supersymmetrischen Partner des Photons, das »Photino«. Aber so ist es nicht; supersymmetrische Modelle mit diesen Teilchen als Partner bei gegenwärtigen Energien sind bereits durch unterschiedliche Kopplungen des Photons und des Neutrinos ausgeschlossen.

Ich will das nicht ausspinnen. Die Supersymmetrie ordnet jedem bekannten Fermion ein unbekanntes Boson als supersymmetrischen Partner zu, jedem bekannten Boson ein unbekanntes Fermion. Bisher ist laut Supersymmetrie also höchstens die Hälfte aller existierenden Teilchen bekannt. Die vorhergesagten Partnerteilchen der bekannten Teilchen heißen SUSY-Teilchen. Sie haben dieselben inneren Quantenzahlen, elektrische Ladungen zum Beispiel, wie ihre normalen Partner.

Supersymmetrie verlangt auch, daß beide Partner eines SUSY-Paares dieselbe Masse besitzen. Das ist offensichtlich ausgeschlossen. Dann müßte es Teilchen für Teilchen exakt unsere Welt noch einmal geben mit SUSY-Teilchen statt der gewöhnlichen. Es gibt aber kein einfach negativ geladenes Boson mit der Masse des Elektrons. Daher ist die Supersymmetrie eine gebrochene Symmetrie.

Supersymmetrische Partner gewöhnlicher Teilchen sollten schwerer sein als diese. Sie sollten nicht zu schwer sein, sonst würde Supersymmetrie beim Hierarchieproblem nicht helfen. Für die Suche nach SUSY-Teilchen ist besonders wichtig, daß die Gesamtzahl der SUSY-Teilchen sich bei beliebigen Prozessen nur um gerade Zahlen – 0, 2, 4 und so weiter – ändern kann.

Die Teilchen, die an Beschleunigern aufeinanderprallen, sind natürlich gewöhnliche Teilchen. Wenn sie überhaupt ein SUSY-Teilchen erzeugen, dann zusammen mit einem zweiten. Die Suche nach SUSY-Teilchen ist an Beschleunigern also nur sinnvoll, wenn die Energie für Produktion eines Paares von SUSY-Teilchen ausreicht.

Wir wollen annehmen, es gebe so leichte SUSY-Teilchen, daß sie an existierenden Beschleunigern erzeugt werden können. Unter ihnen kann es keine geladenen geben. Sie wären längst bekannt. Denn geladene Teilchen schlagen bei ihrem Flug durch Materie Elektronen aus Atomen heraus und erzeugen dadurch Spuren in Teilchendetektoren. Die leichtesten SUSY-Teilchen müssen also elektrisch neutral oder bereits so schwer sein, daß sie an existierenden Beschleunigern nicht erzeugt werden können.

Das leichteste SUSY-Teilchen ist stabil. Teilchen können nur in Zerfallsprodukte zerfallen, die leichter sind als sie selbst. Unter den Zerfallsprodukten des leichtesten SUSY-Teilchens kann sich daher kein SUSY-Teilchen befinden. Also würde der Zerfall des leichtesten SUSY-Teilchens die Gesamtzahl der SUSY-Teilchen um eins, eine ungerade Zahl, ändern – was ausgeschlossen ist.

Natürlich wurden SUSY-Teilchen, wenn es sie geben kann, beim Urknall produziert. Sie alle zerfallen zu dem leichtesten SUSY-Teilchen, in diesem Scenario zu einem neutralen stabilen Teilchen. Diese Zerfallsprodukte muß es also auch heute im Weltall geben. Sie sind Kandidaten für die nichtleuchtende Materie, die es im Weltall geben muß. Wären sie zu schwer, so würde ihr Beitrag bekannte Schranken für die Gesamtmasse des Universums überschreiten. Was wir über SUSY-Teilchen wissen, gleicht Stücken eines Puzzle. Nach SUSY-Teilchen wird an allen großen Beschleunigern der Welt intensiv gesucht. Bisher ohne Erfolg.

Eine Bemerkung zum Schluß. Sie betrifft die Methode, durch die an Beschleunigern nach SUSY-Teilchen gesucht wird. Möglicherweise ist das Photino nur fünf Protonenmassen schwer. Mit Materie könnte ein so leichtes SUSY-Teilchen nur eine sehr schwache Wechselwirkung besitzen, sonst wäre es bereits entdeckt. Als Partnerteilchen des ungeladenen Photons ist es ebenfalls ungeladen, hinterläßt also keine Spur. Es würde sich aber trotzdem verraten.

Die Gesamtenergie aller Teilchen nach einem Elementarteilchenprozeß stimmt wegen der Energieerhaltung mit der Energie der Teilchen überein, die gegeneinandergeschossen worden sind. Dasselbe gilt für den Impuls. Gesamtenergie und Gesamtimpuls sind also bekannt. Energien und Impulse der geladenen Teilchen nach dem Stoß sind meßbar. Tut man dies, so kann man den Unterschied zu Gesamtenergie und Gesamtimpuls berechnen. Fehlen bei vielen Prozessen Energie und Impuls, so wird man schließen, daß unter den Reaktionsprodukten Teilchen sind, die nicht beobachtet werden und Energie und Impuls forttragen. Daß immer mindestens zwei SUSY-Teilchen zusammen erzeugt werden, kompliziert natürlich die Analyse. Gesucht wird nach einem Muster, das bekannte Teilchen nicht erzeugen können.

So kann man Teilchen entdecken, die mit Materie nur wenig oder gar nicht wechselwirken. Die Idee ist, wie manche Leser sicher wissen, alt. Sie geht auf Pauli und das Jahr 1930 zurück: Weil bei einigen radioaktiven Kernzerfallen Energie zu fehlen scheint, hat Pauli vorgeschlagen, daß ein unbekanntes Teilchen, heute Elektron-Antineutrino genannt, die Energie davonträgt. Pauli hat damals durch die Methode, mit der heute nach supersymmetrischen und anderen Teilchen gefahndet wird, das Neutrino entdeckt.

8. Lokale Symmetrien

Vielleicht ist dem Leser aufgefallen, daß, soweit bisher beschrieben, Raum, Zeit und raum-zeitliche Symmetrien allen anderen Elementarteilchensymmetrien beziehungslos gegenüberstehen. Symmetrie gegenüber Isospintransformationen besteht nur dann, wenn dieselbe Transformation auf alle Protonen und Neutronen der Welt angewendet wird, unabhängig davon, wann sie sich wo befinden. Um Isospinsymmetrie zu formulieren, braucht man nicht einmal zu wissen, daß Protonen und Neutronen Teilchen in Raum und Zeit sind. Derartige Symmetrien heißen »globale« Symmetrien – im Gegensatz zu den »lokalen« Symmetrien, denen dieses Kapitel gewidmet ist.

Vorbild der lokalen Eichtheorien ist die Elektrodynamik. Quantenmechanisch formuliert, besitzt sie von Haus aus lokale Eichsymmetrie. Seit 1955 ist bekannt, wie innere Symmetrien zu lokalen Eichsymmetrien erweitert, »geeicht«, werden können. Die erste realistische Theorie mit geeichten inneren Symmetrien war 1967 die Theorie der elektroschwachen Wechselwirkung, eine Theorie, deren Eichsymmetrie in der Wirklichkeit gebrochen ist.

Seither geht die Entwicklung weiter und weiter in Richtung einer Vereinheitlichung raum-zeitlicher und innerer Eigenschaften der Elementarteilchen. Einstein hoffte, die gesamte Physik auf Geometrie zurückführen zu können. Er hat gezeigt, daß das, was uns als Schwerkraft erscheint, eine Eigenschaft des Raumes, seine »Krümmung«, ist. Die Geometrisierung auch anderer Wechselwirkungen als der Schwerkraft scheint heute möglich zu sein. Vorauszusetzen ist allerdings, daß wir in Wahrheit in einer Raum-Zeit mit mehr als vier Dimensionen leben.

Der Grundgedanke der lokalen Symmetrie ist einfach. Globale Isospinsymmetrie bedeutet, daß es keine physikalisch sinnvolle Aussage geben kann, die davon abhängt, welchen Zustand des Nukleons wir Proton nennen und welchen Neutron. (Die unterschiedliche Ladung von Proton und Neutron bricht die Isospinsymmetrie, denn »Zwei Protonen stoßen einander ab« ist richtig und »Zwei Neutronen stoßen einander ab« falsch.) Erforderlich ist, daß alle Beobachter an allen Orten und zu allen Zeiten dieselbe Konvention verwenden – auch dann, wenn sie sich über ihre Wahl nicht einmal im Prinzip verständigen konnten. Denn es wäre bei nur globaler Isospinsymmetrie ausgeschlossen, daß sich zwar die Bedeutung des Symbols für Proton im Naturgesetz von Ort zu Ort und Zeit zu Zeit änderte, dieser Bedeutungswechsel aber unbeobachtbar wäre. In diesem Kapitel werden die weitreichenden Folgerungen der Forderung beschrieben, daß solch ein Bedeutungswechsel in der Tat nicht beobachtet werden kann. Genau das besagt die Forderung nach lokaler Symmetrie.

Es ist nicht leicht, den »Geist« eines physikalischen Prinzips zu formulieren. Das physikalische Prinzip, das ich hier einführen möchte, ist das Nahwirkungsprinzip oder auch das Prinzip der Feldtheorie. Ich habe es bereits bei der Erörterung der Übertragung elektromagnetischer Wellen von der Sender- zur Empfängerantenne verwendet. Während die Energie unterwegs ist, ist sie nicht verschwunden, sondern reist durch den Raum, ist lokalisierbar und kann als Teilchen interpretiert werden. Wirkungen breiten sich von Ort zu Ort aus, nicht instantan, sondern mit Geschwindigkeiten, die nicht größer als die Lichtgeschwindigkeit sind und von Fall zu Fall variieren können. Der Weg von Größen wie Energie und Impuls läßt sich durch den Raum verfolgen.

Zwei Ereignisse an verschiedenen Orten und Zeiten können einander dann nicht beeinflussen, wenn die Übermittlung von Information von Zeit und Ort des einen Ereignisses zum anderen ein Signal erfordert, das schneller ist als das Licht. Derartige Signale gibt es nicht. Es ist daher unmöglich, hier und jetzt eine Definition zu beeinflussen, die ebenfalls jetzt auf dem Mond getroffen wird. Das Umgekehrte ist auch unmöglich. Da wäre es merkwürdig, wenn die Naturgesetze nur dann symmetrisch wären, wenn auf Erde und Mond gleichzeitig dieselbe Wahl getroffen wird. Dies, denke ich, widerspräche dem Geist des Nahwirkungsprinzips.

Ich bin in Gefahr, einen großen Schritt zu plausibel erscheinen zu lassen. Ausgangspunkt ist eine globale Symmetrie; beispielsweise Isospinsymmetrie. Lokale Symmetrie bedeutet am Ende, daß die Naturgesetze auch dann unverändert bestehen, wenn an verschiedenen Orten und/oder zu verschiedenen Zeiten beliebige, auch verschiedene, Isospintransformationen vorgenommen werden. Das sind Transformationen, die lokal verschiedene Definitionen von Proton und Neutron ineinander überführen. Globale, zeitlich und räumlich konstante Isospintransformationen sind ein Spezialfall der lokalen. Lokale Symmetrie impliziert also immer globale. Die Umkehrung gilt nicht. Lokale Symmetrie ist eine plausible Erweiterung der globalen. Sie bedeutet aber unendlich viel mehr.

Der Isospin definiert in der Wirklichkeit keine lokale, sondern nur eine (gebrochene) globale Symmetrie. Ich will mit seiner Hilfe erläutern, was lokale Symmetrie für mehrere gleichberechtigte Teilchen bedeutet. Denn vielleicht sind Proton und Neutron dem Leser vertrauter als das rote Quark und das blaue. Das Schlagwort hier ist »nicht-Abelsche« Symmetrie, im Gegensatz zur »Abelschen« Symmetrie der Elektrodynamik. Von Abelschen Symmetrien wird anschließend zu sprechen sein.

Was Abelsche und nicht-Abelsche Gruppen sind, ist aus Kapitel 1 bekannt. Jetzt ist nur wichtig, daß die nicht-Abelsche Isospinsymmetrie auf einen Erhaltungssatz für die Differenz der Zahl der Protonen und der Neutronen führt. Sie enthält neben Operationen, die Protonen in Neutronen überführen, andere, die den Unterschied ihrer Anzahl feststellen. Wir werden sehen, daß lokale Isospinsymmetrie Prozesse ermöglicht, die die Differenz von Protonenzahl und Neutronenzahl ändern. Für diesen Unterschied gilt aber gerade wegen der Symmetrie ein Erhaltungssatz.

Unser Ziel sind Naturgesetze mit der vorgegebenen lokalen Proton-Neutron-Ersetzungssymmetrie. Was für Teilchen es außerdem gibt und wie die Operationen der Symmetriegruppe auf sie wirken, können wir noch festlegen. Wir fordern die Existenz von Teilchen, die jene Eigenschaft, die bei Nukleonen als »Protonenzahl minus

Neutronenzahl« berechnet werden kann, ebenfalls tragen und deren Bilanz ausgleichen.

Die Kollegen hinter den Sternen und wir können nur dann ohne beobachtbare Konsequenzen frei und unabhängig wählen, welcher Zustand des Nukleons Proton sein soll, wenn die Naturgesetze symmetrisch sind gegenüber Isospintransformationen, die hier bei uns anders wirken als dort. Wir wollen annehmen, die Kollegen und wir nennen denselben Zustand Proton. Das können wir überprüfen, indem wir ein Proton durch den leeren Raum von hier nach dort fliegen lassen. Dort kommt es nach unserer Annahme, die Definition der Kollegen stimme mit unserer überein, als Proton auch in deren Sinn an. Nun ändern wir unsere Definition, vertauschen die Bedeutung von Proton und Neutron; die Kollegen behalten ihre Definition jedoch bei. Dem entspricht eine lokale Isospintransformation, die bei den Kollegen nichts bewirkt und hier Proton und Neutron durch einander ersetzt. Bei Symmetrie muß diese Transformation den Flug des Protons durch den leeren Raum von uns hinter die Sterne durch einen ebenfalls möglichen Ablauf ersetzen.

Sehen wir uns aber diesen Prozeß an: Er verwandelt vom Standpunkt der globalen Symmetrie aus gesehen ein Neutron in ein Proton. Dadurch wird die »Proton-Neutron-Differenz« von -1 auf $+1$ geändert – im Widerspruch bereits zur globalen Isospinsymmetrie. Daher müssen lokale Isospintransformationen Teilchen ins Spiel bringen, deren Emission und/oder Absorption die Umwandlung des Neutrons auf seinem Weg in ein Proton ermöglicht.

Das sind die Teilchen, deren Existenz die Forderung nach lokaler Isospinsymmetrie erzwingt. Sie tragen die bei Nukleonen durch »Protonenzahl minus Neutronenzahl« definierte Eigenschaft. Bei Nukleonen ist die Protonenzahl – vom Standpunkt der Isospinsymmetrie aus gesehen: zufällig – dasselbe wie die elektrische Ladung. Da die Summe von Protonenzahl und Neutronenzahl bei allen hier betrachteten Prozessen sowieso ungeändert bleibt, bedeutet Änderung von »Protonenzahl minus Neutronenzahl« bei Nukleonen Änderung der elektrischen Ladung. Wir sagen also die Existenz geladener Teilchen voraus, die mit Nukleonen wechselwirken. Der vor der Transformation leere Raum wird durch die Transformation in einen Raum verwandelt, der nicht mehr leer ist, sondern in dem sich Teilchen befinden, die mit dem Neutron wechselwirken und seine

Verwandlung in ein Proton ermöglichen. Der Zustand des Nukleons folgt auf dem ganzen Weg der jeweiligen lokalen Definition eines Protons *nach der lokalen Isospintransformation*, die bei uns Proton und Neutron vertauscht und hinter den Sternen gar nichts bewirkt hat.

Die Theorien, von denen wir hier sprechen, sind Feldtheorien, die dem Nahwirkungsprinzip genügen. Bei einem Feld sind Ort und Zeit das Primäre. Felder ordnen Orten und Zeiten physikalische Eigenschaften zu. Ein Beispiel ist das elektromagnetische Feld: Jedem Ort und jeder Zeit ist die Kraft zugeordnet, die auf eine kleine Probeladung dort und dann wirken würde. Wir wissen, daß Felder Energie und Impuls transportieren: Jedem Ort und jeder Zeit ist durch das Feld der Energie- und Impulsinhalt eines kleinen Raumvolumens dort und dann zugeordnet.

Auch Protonen und Neutronen können mittels Feldern beschrieben werden. Orten und Zeiten ordnen diese Felder Wahrscheinlichkeiten zu, mit denen die und die Teilchen bei einem Nachweisexperiment dort und dann gefunden werden. Jedes Feld ist zu allen Zeiten und überall definiert. Feldtheoretisch können wir daher auch dann davon sprechen, daß an einem Ort zu einer Zeit eine Isospintransformation durchgeführt wird, wenn sich an dem Ort zu der Zeit kein Teilchen befindet. Es werden einfach alle an diesem Ort und zu dieser Zeit durch das Feld definierten Teilcheneigenschaften der Isospintransformation unterworfen.

Streuexperimente bei lokaler Symmetrie

Bei lokaler Isospinsymmetrie kann ich auf jeden Prozeß, der näherungsweise als Streuung zweier Nukleonen beschrieben werden kann, eine beliebige lokale Isospintransformation anwenden und erhalte wieder einen möglichen Prozeß. Was das bedeutet, möchte ich an einem Beispiel schildern. Nukleonen stellen wir uns als Teilchen vor, bei denen wir durch einen Drehschalter einstellen können, in welchem Zustand zwischen Proton und Neutron sie sich jeweils befinden (Abb. 83). Besteht globale Isospinsymmetrie, so bleiben die Naturgesetze unverändert, wenn alle Schalter der Welt an allen Orten und zu allen Zeiten um denselben Winkel gedreht

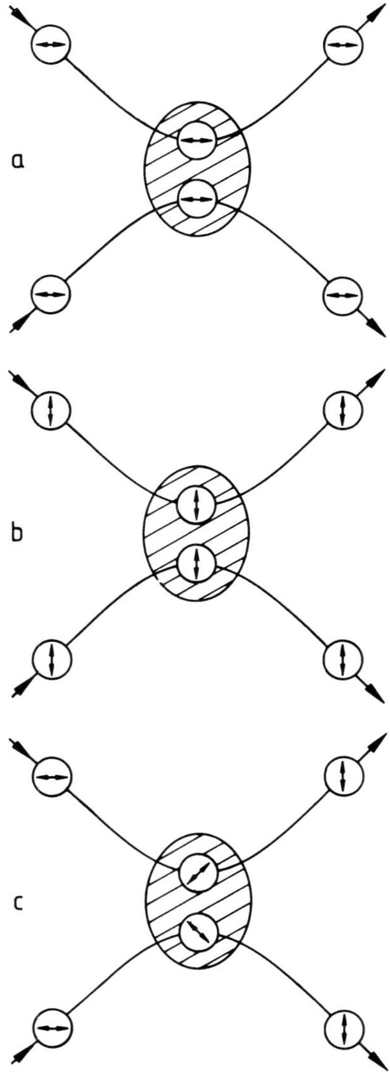

Abbildung 103

werden. Darüber, was mit den Naturgesetzen geschieht, wenn die Drehung vom Ort und/oder der Zeit abhängt, ist bei nur globaler Symmetrie nichts bekannt. Lokale Isospinsymmetrie verlangt, daß die Naturgesetze auch dann unverändert bleiben, wenn die Schalter an verschiedenen Orten und/oder Zeiten gegeneinander verdreht werden.

Abbildung 103a zeigt die Streuung von zwei Protonen aneinander. Überall da, wo sich gerade kein Teilchen befindet, wirkt die Isospintransformation auf das Vakuum. Das bleibt ungeändert. Wir müssen uns also auch in der Feldtheorie nur mit den Orten und Zeiten beschäftigen, an und zu denen mit gewissen Wahrscheinlichkeiten Teilchen vorhanden sind. Vor und nach dem Prozeß sind die Protonen weit voneinander entfernt. Dann kann man problemlos von ihrem Verhalten unter Isospintransformationen sprechen. Wenn sie während der Wechselwirkung nah beieinander sind, ist das nicht so. Dann ist es bereits für die Formulierung der Symmetrie erforderlich, die Feldtheorie zu verwenden. E. P. Wigner, schon oft mein Gewährsmann, hat betont, daß dies die Interpretation der Symmetrien von Theorien, die Relativität und Quantenmechanik vereinen, wesentlich erschwert.

Durch eine globale Isospintransformation entsteht aus der Abbildung 103a die Abbildung 103b. Sie zeigt den Zusammenstoß von zwei Neutronen. Globale Symmetrie bewirkt, daß für zwei Prozesse sicher dann dieselben Naturgesetze gelten, wenn sie durch Drehung aller Schalter zu allen Zeiten und überall *um denselben Winkel* auseinander hervorgehen. Bei lokaler Symmetrie bleiben die Naturgesetze auch dann ungeändert, wenn verschiedene Schalter um verschiedene Winkel gedreht werden. Dann läßt sich jedes Proton der Abbildung 103a einer anderen Isospintransformation unterwerfen. Wir wollen uns ansehen, welche Prozesse dadurch entstehen. Beispielsweise wird der in Abbildung 103a dargestellte Ablauf in den der Abbildung 103c transformiert. Wenn Transformation von Nukleonen in Nukleonen auch bei lokaler Isospinsymmetrie die ganze Geschichte ist, sind wir abermals bei einem – demselben – Widerspruch angekommen.

Der Prozeß in Abbildung 103c widerspricht der Erhaltung der Ladung, bei Nukleonen eine Konsequenz der Isospinsymmetrie. Das ist offensichtlich: Anfangs haben wir zwei Protonen mit insgesamt Ladung 2, am Ende zwei Neutronen mit Gesamtladung 0. Wir folgern wieder, daß es bei lokaler Isospinsymmetrie zusätzlich zu den Nukleonen andere Teilchen geben muß, die für die Ladungserhaltung sorgen, beispielsweise die überschüssige Ladung forttragen. Das können sie nur, wenn sie selbst geladen sind. Auch auf diese Teilchen sind die orts- und zeitabhängigen Isospintransformationen anzuwenden.

Die Wechselwirkung von Nukleonen muß diese Teilchen einbeziehen. Denn sie müssen bei jedem Proton-Proton-Stoß, der zwei Neutronen als einzige Nukleonen ergibt, produziert werden – sonst stimmt die Ladungsbilanz nicht. Man kann zeigen, daß die Forderung nach lokaler Isospinsymmetrie die isospinsymmetrischen Wechselwirkungen im wesentlichen eindeutig festlegt.

Austauschteilchen als Ladungsträger

Das Ergebnis kann durch dieselben Feynman-Diagramme wie die Quark-Gluon- und Gluon-Gluon-Wechselwirkung (Abb. 93) beschrieben werden. Der Grund ist natürlich, daß auch die QCD lokal symmetrisch ist. Statt Quarks kennzeichnet die durchgezogene Linie nun das Nukleon-Proton oder Neutron. Am Vertex kann die Linie ihre Bedeutung ändern; aus einem Proton kann ein Neutron werden und umgekehrt. Die Teilchen, deren Existenz die Theorie vorhersagt, wollen wir aus historischen Gründen ρ-Mesonen nennen. Davon muß es drei geben, eins das positiv geladen ist wie das Proton, ein negativ geladenes und ein elektrisch neutrales. Sie sind in Abbildung 93 durch die bisher als Gluonen interpretierten Wellenlinien G dargestellt; die unterschiedlichen möglichen Ladungen sind nicht gekennzeichnet. Bemerkenswert ist, daß die ρ-Mesonen an sich selber koppeln (Abb. 93b + c). Das ist darauf zurückzuführen, daß die zur lokalen Isospinsymmetrie gehörige (hypothetische!) Wechselwirkung bei Proton und Neutron an der Differenz von Protonenzahl und Neutronenzahl angreift. Da die ρ-Mesonen für den Ausgleich dieser Quantenzahl sorgen müssen, tragen sie sie selbst und nehmen an der Wechselwirkung durch Selbstkopplung teil. Selbstkopplung von »Eichteilchen« bedeutet also, daß die geeichte Symmetrie nicht-Abelsch ist.

All das ist von der Energie der Protonen und Neutronen unabhängig. Daher müssen die vorhergesagten ϱ-Mesonen beliebig wenig Energie davontragen können, und das bedeutet, daß sie masselos sind. Denn Teilchen tragen stets mindestens die Energie, die ihrer Masse entspricht. Daher haben Eichteilchen, deren Existenz aus der Forderung nach ungebrochener Eichsymmetrie folgt, die Masse Null – dieselbe Masse wie das Photon, das selbst, wie wir noch sehen werden, ein Eichteilchen ist. Es läßt sich auch zeigen, daß alle Eichteilchen mit einer Ausnahme denselben Spin – also eins, wie das Photon – besitzen müssen. Die Ausnahme ist das Graviton, das Eichteilchen der Relativitätstheorie. Sein Spin ist zwei. Es spielt eine Sonderrolle, weil die Eichung der Relativitätstheorie als einzige raum-zeitliche Eigenschaften betrifft: Die zugehörigen Ladungen sind Energie und Impuls.

Lokale Symmetrie bedeutet Wechselwirkung

Lokale Symmetrie sagt Existenz, Eigenschaften und Wechselwirkungen von Teilchen voraus – ein höchst bemerkenswertes Resultat. Die Eichteilchen nicht-Abelscher Symmetrien müssen die Ladung selbst tragen, an der sie angreifen. Ihre Wechselwirkung ist bereits in Abbildung 93 dargestellt. Die Kopplungsstärke von 3 Gluonen (Diagramm b) stimmt mit der von Quark und Gluon (a), die von 4 Gluonen (c) mit deren Quadrat überein. Eichteilchen haben, mit einer Ausnahme, immer Spin 1 und – bei ungebrochener Symmetrie – Masse 0.

Der erste Vorschlag, 1954, für eine lokale nicht-Abelsche Eichsymmetrie stammte von C. N. Yang – uns bekannt von Lee und Yang – und R. L. Mills. Sie haben dieses Konzept am Beispiel der lokalen Isospinsymmetrie nach dem Vorbild der Elektrodynamik entwickelt. Realistische Theorien, die das Konzept von Yang und Mills verwenden, sind die der elektroschwachen Wechselwirkung, die Theorie der starken Farbwechselwirkung der Quarks und Vorschläge wie GUT. Weiterentwicklungen, die die Schwerkraft einbeziehen, sollen weiter unten beschrieben werden. Jetzt schildere ich die lokale Farbsymmetrie.

Gluonen als Eichteilchen lokaler Farbsymmetrie

Ausgangspunkt ist die globale $SU(3)_C$-Farbsymmetrie der Quarks. Sie wollen wir eichen, also die $SU(3)_C$-symmetrische Theorie freier Quarks in eine Theorie mit Wechselwirkung überführen, die bei lokalen Farbtransformationen symmetrisch ist. Laut $SU(3)_C$ kann jedes Quark drei gleichberechtigte Zustände annehmen, die als rot, grün und blau bezeichnet werden. Lokale Farbsymmetrie bedeutet, daß an verschiedenen Orten und/oder Zeiten verschiedene Farbtransformationen vorgenommen werden können, ohne die Naturgesetze zu ändern. Farbsymmetrie ist, wie Isospinsymmetrie, eine nicht-Abelsche Symmetrie. Sie enthält also Zähloperationen für jene Größen, für die auf Grund der Farbsymmetrie Erhaltungssätze gelten – die Farben der Quarks. Die Eichteilchen der lokalen Farbsymmetrie sind die acht Gluonen – acht verschiedene Zustände, wenn man will, des Teilchens Gluon. Sie müssen selbst Farbe tragen; ihre Wechselwirkungen haben wir bereits in Abbildung 93 dargestellt. Die Wellenlinien G bedeuten nun wieder Gluonen, die durchgezogene Linie Quarks. Das über lokale Isospinsymmetrie Gesagte gilt sinngemäß auch hier: Es gibt genau eine unabhängige Kopplung, die Gluonen haben Masse 0 und Spin 1. Die Wechselwirkung der Quarks und Gluonen wird durch die Forderung nach lokaler Farbsymmetrie im wesentlichen festgelegt. Das Resultat ist die Quantenchromodynamik, die QCD.

Asymptotische Freiheit und infrarote Sklaverei

Wir denken heute, daß alle fundamentalen Theorien lokale Eichtheorien sind. Dazu hat beigetragen, daß in den siebziger Jahren gezeigt werden konnte, daß das erfolgreiche Rezept, bei großen Energien Quarks als freie Teilchen zu behandeln, eine gültige Vorschrift lokaler nicht-Abelscher Eichtheorien ist. Diese Eigenschaft heißt asymptotische Freiheit. Ihr Gegenstück ist die Vermutung, daß bei kleinen Energien die Bindungskräfte der Quarks und Gluonen wichtiger und wichtiger für ihr Verhalten werden. Die Kopplung wird bei kleinen Energien größer und größer; das führt schließlich dazu, daß Quarks nicht vereinzelt werden können. Diese Eigenschaft heißt, nahezu poetisch, infrarote Sklaverei. Die Bezeichnung »Sklaverei« für eine Eigenschaft, die bewirkt, daß Quarks für immer in physikalischen Teilchen eingeschlossen sind, erklärt sich von selbst. Infrarot – »unterhalb von rot« – ist die Sklaverei, da sie bei kleinen Energien auftritt. Bei dem Farbspektrum von Licht ist das »untere« Ende mit der geringsten Energie der Photonen das rote Ende. Allgemein nennt man Phänomene bei kleinen Energien infrarot, bei großen ultraviolett.

Asymptotische Freiheit und infrarote Sklaverei sind Eigenschaften der QCD-Kopplung von Abbildung 93 an den Enden der Energieskala. Kleine Energien sind quantenmechanisch – beispielsweise wegen der Unschärferelation – dasselbe wie große Abstände; große Energien dasselbe wie kurze Abstände. Daher gilt asymptotische Freiheit bei kleinen, infrarote Sklaverei bei großen Abständen. Bei mittleren Energien und Abständen muß sich die Kopplung der QCD so verhalten, daß an den Enden der Skala asymptotische Freiheit und infrarote Sklaverei herauskommen. Dafür sorgt die »laufende Kopplung« der QCD.

Energieabhängige Kopplungen

Daß Kopplungen von Energie und Abstand abhängig sind, gilt nicht nur für die QCD. Auch die Kopplung der Elektrodynamik hängt von Energie und Abstand ab. Hier geht es um die Kopplung des Photons an geladene Teilchen. Die ist zur Ladung des Teilchens proportional. Je größer die Ladung, desto größer die Kraft zwischen geladenen Teilchen. Das ist die Aussage des Coulombschen Gesetzes, nach dem die Kraft zwischen zwei Ladungen zum Produkt der Ladungen direkt und zum Quadrat des Abstandes umgekehrt proportional ist.

Diese Entfernungsabhängigkeit der Kraft zwischen zwei vorgegebenen Ladungen ist mit der Entfernungsabhängigkeit der elektrischen Ladung nicht gemeint. Es handelt sich vielmehr um einen quantenmechanischen Effekt, der nur bei kurzen Abständen auftritt. Im Kapitel 10 wird beschrieben, daß im Vakuum zufolge der Heisenbergschen Unschärferelation unaufhörlich Teilchen entstehen und vergehen. Schwere Teilchen leben kürzer und fliegen kür-

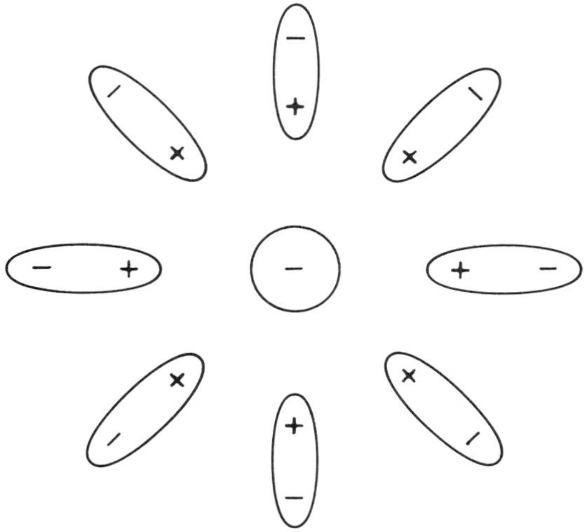

Abbildung 104

zere Strecken als leichte. Elektrisch geladene Teilchen können wegen der Ladungserhaltung nur als Paare entgegengesetzt-gleich geladener, vor allem als Paare von Teilchen und Antiteilchen, auftreten. Diese Paare schirmen Ladungen ab und bewirken so die Entfernungsabhängigkeit der elektrischen Ladung.

Der Effekt tritt auf, da sich die geladenen Teilchen während ihrer Lebensdauer im Vakuum voneinander entfernen können. Gegeben sei eine negative elektrische Ladung im Vakuum, ein Elektron zum Beispiel. Die im Vakuum auftretenden positiven Teilchen zieht es an, die negativen stößt es ab. Daher werden sich die zwei geladenen Teilchen eines im Vakuum entstandenen Paares während ihrer Lebensdauer voneinander entfernen. Das positiv geladene Teilchen bewegt sich hin zum Elektron, das negativ geladene von ihm fort. Das ergibt die Ladungsverteilung der Abbildung 104: Im Mittel sind die positiv geladenen Teilchen dem Elektron näher als die negativ geladenen. Die Ladung des Elektrons wird dadurch nach außen abgeschirmt; seine beobachtete Ladung wächst bei Annäherung des Beobachters an das Elektron. Denn der positive Ladungsüberschuß zwischen Beobachtungspunkt und Elektron ist geringer bei geringerem Abstand. Da kleinen Abständen große Energien entsprechen, nimmt die effektive Ladung eines Elektrons – seine effektive Kopplung an das Photon – mit der Energie zu.

Abbildung 105
Abhängig von der Interpretation ihrer Linien zeigt die Abbildung a verschiedene Prozesse. Wenn die Spirallinien als Gluonen G interpretiert werden, stehen die durchgezogenen Linien notwendig für Quark- oder Antiquarklinien; zugleich beschreibt das Feynman-Diagramm einen Beitrag zu einem Prozeß der QCD: der Wechselwirkung von Quarks. Interpretiert man hingegen die Spirallinien der Abbildung a als Photonenlinien, ersetzt sie also durch die Wellenlinien der Abbildungen 92, so beschreibt das Feynman-Diagramm einen Prozeß der elektromagnetischen Wechselwirkung: Die durchgezogenen Linien können nun für beliebige geladene Teilchen stehen, Quarks beispielsweise oder Elektronen.

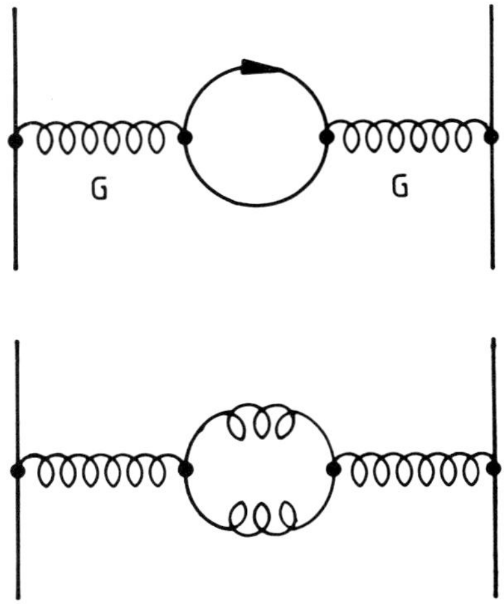

Im Zentrum einer Ladungswolke sitzt das Elektron mit seiner unbeobachtbaren »nackten« Ladung. Sie wird durch Vakuumpaare entgegengesetzt-gleich geladener Teilchen abgeschirmt. Weit vom Elektron entfernt, mißt man die »angezogene« Ladung des Elektrons – angezogen mit den Ladungen der »virtuellen« Paare. Der Effekt heißt, nicht unpassend, Vakuumpolarisation. Am wichtigsten für ihn sind Paare der leichtesten geladenen Teilchen, Elektron-Positron-Paare. Diese sind am häufigsten, leben am längsten und entfernen sich unter dem Einfluß der Probeladung im Mittel am weitesten voneinander. Wir wollen uns vorstellen, daß die Ladung des Elektrons durch seine Wechselwirkung mit einem anderen – zweiten – Elektron anderswo gemessen wird. Den in Abbildung 104 dargestellten Effekt kann man dann auch in der Sprache der Feynman-Graphen ausdrücken. Die Wechselwirkung von zwei Elektronen kann bei großen Abständen sehr gut durch den Graphen der Abbildung 92b dargestellt werden, bei kleinen Abständen oder großen Energien liefert auch der in Abbildung 105a einen merklichen, schließlich sogar überwiegenden Beitrag. Die Wellenlinien der Abbildung 105a interpretieren wir für diese Anwendung als Photon γ, die durchgezogenen Linien als Elektronen. Die Elektron-Positron-Paare im Vakuum deutet Abbildung 105a durch die umlaufende durchgezogene Linie an.

Ähnliche Überlegungen lassen sich auch auf andere Theorien anwenden; bei nicht-Abelschen Eichtheorien mit qualitativ anderen Resultaten. Wie Elektron-Positron-Paare, so entstehen und vergehen auch Photonen im Vakuum ohne Unterlaß, sind dauernd anwesend. Zur Vakuumpolarisation tragen sie nur indirekt bei, da sie selbst elektrisch ungeladen sind: Neutrale Teilchen können Ladungen nicht abschirmen.

Wie die elektrische Ladung Quelle der elektromagnetischen Kraft ist, an der sie angreift, sind Farbladungen Quellen der starken Kraft der Quantenchromodynamik. Wir haben gesehen, daß Gluonen als Eichteilchen der nicht-Abelschen Farbsymmetrie selbst Farbladungen tragen. Wir wollen uns jetzt nach der Abstandsabhängigkeit von Farbladungen fragen. Durch im Vakuum fluktuierende Quark-Antiquark-Paare wird die Farbladung eines Quarks nach außen genauso abgeschirmt wie die elektrische Ladung eines Elektrons durch Elektron-Positron-Paare. Denn da Mesonen aus Quark und Antiquark bestehen, wissen wir, daß Farben und Antifarben einander wie entgegengesetzte elektrische Ladungen anziehen. Außer Quark-Antiquark-Paaren gibt es aber im Vakuum auch fluktuierende Gluonen. Sie tragen selbst Farbe, tragen also zur Abschirmung bei. Der alles entscheidende Punkt ist, daß *das Vorzeichen des Effektes bei Gluonen anders ist als bei Quark-Antiquark-Paaren*. Daß das so ist, zeigen Rechnungen. Quark-Antiquark-Paare führen zur Abschirmung von Farbladungen, Gluonen zur Antiabschirmung. Gluonen wirken also derart, daß die Farbladungen und damit die starken Kräfte mit wachsendem Abstand zunehmen, mit schwindendem Abstand abnehmen. Das, genau, sind die Aussagen von asymptotischer Freiheit und infraroter Sklaverei.

Interpretiert man die durchlaufenden Linien der Abbildung 105 als Quarks, die Wellenlinien als Gluonen, so stellt die Abbildung 105a den Beitrag der im Vakuum fluktuierenden Quark-Antiquark-Paare zur »starken« Vakuumpolarisation dar. Die Abbildung 105b zeigt einen Beitrag der im Vakuum fluktuierenden Gluonen. Ob die Abschirmung durch Quark-Antiquark-Paare oder die Antiabschirmung durch Gluonen gewinnt, können nur Rechnungen zeigen. Selbstverständlich hängt das Resultat von der Anzahl der

Flavors ab. Denn zu jedem Quarkflavor wie up, down, strange, charm und so weiter gehören drei Quarks mit Farbe, die alle bei der Berechnung der Abschirmung berücksichtigt werden müssen. Die Zahl der Gluonen ist davon unabhängig acht. Es stellt sich heraus, daß bei weniger als siebzehn Quarkflavors die Gluonen gewinnen, bei siebzehn oder mehr die Quarks. Niemand erwartet, daß es mehr als sechzehn verschiedene Flavors gibt. Gäbe es mehr, so hätten die zugehörigen Quarks eine sehr hohe Masse und könnten die Entwicklung der laufenden Kopplung der QCD erst bei sehr hohen Energien beeinflussen. Wenn es aber eine Reihe von mindestens siebzehn Quarks mit wachsender Masse geben sollte, würde sich der heute beobachtete Trend, daß die Quarkkopplungen mit wachsender Energie abnehmen, umkehren müssen.

Die Vorhersage der Quantenchromodynamik für die Entwicklung der Kopplung g_c in Abbildung 93 enthält Abbildung 101. Dort ist auch die Entwicklung der Kopplungen der elektroschwachen Theorie dargestellt. Sie enthält einen Abelschen und einen nicht-Abelschen Teil. Für diese Teile gelten ähnliche Argumente wie für die Abelsche QED und die nicht-Abelsche QCD. Die der Abelschen Symmetrie U(1) entsprechende Kopplung nimmt mit der Energie zu; die der nicht-Abelschen $SU(2)_L$ entsprechende ab. Die Kopplung einer nicht-Abelschen Eichtheorie nimmt mit der Energie ab, da und solange der Beitrag der Austauschteilchen, der die Kopplung bei kleinem Abstand verkleinert, den Beitrag der Materieteilchen, der sie vergrößert, überwiegt. Bei einer Generation ist aber zu erwarten, daß bei der $SU(3)_C$ die Kopplung stärker abnimmt als bei der $SU(2)_L$. Die $SU(3)_C$ hat acht Austauschteilchen bei drei Materieteilchen; bei der $SU(2)_L$ sind es drei bei zwei. Diese Bemerkung ist natürlich kein Beweis. Sie berücksichtigt wichtige Unterschiede der beiden Theorien nicht.

Abbildung 101 war die Grundlage für die Einführung der Großen Vereinigten Theorien (GUT). Man kann sie auch zur Begründung der infraroten Sklaverei, des Confinement, verwenden. Den Mechanismus habe ich im Zusammenhang mit Abbildung 90 geschildert. Die Ausbildung des Gluonschlauches zwischen Quark und Antiquark beruht auf den Farbladungen der Gluonen.

Die Zahl der Kopplungen eines Graphen stimmt mit der Potenz der Kopplungsfaktoren, die sein Beitrag enthält, überein. Bei großen Energien ist – asymptotische Freiheit! – der Kopplungsfaktor klein, bei kleinen – infrarote Sklaverei! – groß. Kleine Zahlen, miteinander multipliziert, sind noch einmal kleiner – $0{,}1 \times 0{,}1 = 0{,}01$. Daher müssen bei großen Energien nur wenige Graphen – die mit den wenigsten Kopplungen – berücksichtigt werden. Bei kleinen Energien aber müßten unendlich viele Graphen aufsummiert werden. Eigenschaften dieser Summen zu beweisen ist eine sehr schwierige Aufgabe. Daher ist über die Quantenchromodynamik bei kleinen Energien, im »Confinement-Regime«, wenig bekannt. Der Beweis von Confinement zum Beispiel war bisher ohne Zusatzannahmen nicht möglich. Es anzunehmen ist selbstkonsistent in dem Sinn, daß bei großen Abständen die Größe der Kopplung Feynman-Graphen mit vielen Gluonen erfordert – eben den Gluonschlauch der Abbildung 90. Infrarote Sklaverei, nun der Gluonen, sorgt dafür, daß der Schlauch ein Schlauch bleibt, sich also nicht über den ganzen Raum ausbreitet. Der Leser kennt vielleicht das elektrische Analogon der Abbildung 90: die elektrischen Feldlinien zwischen zwei entgegengesetzt-gleichen elektrischen Ladungen. Diese breiten sich mit wachsendem Abstand der Ladungen mehr und mehr aus.

Infrarote Sklaverei gilt auch für Gluonen. Daß Gluonen Farbladungen tragen, ermöglicht ihre Bindung zu Elementarteilchen ohne Quarks. Für derartige Glueballe gibt es experimentell mehrere Kandidaten. Auf Grund noch einmal derselben Argumente sollte Confinement auch für die Teilchen des nicht-Abelschen Teils $SU(2)_L$ der elektroschwachen Theorie gelten – in vollständigem Widerspruch zur Erfahrung. Anders aber als die $SU(3)_C$-Symmetrie ist die $SU(2)_L$-Symmetrie durch die Massen der Austauschteilchen gebrochen. Die Reichweite der zugehörigen Kraft ist daher endlich, und das verbietet Confinement.

Renormierung und Symmetrie

Bei der Formulierung einer Theorie müssen Parametern wie der Kopplung g_E von Abbildung 92 Zahlenwerte zugewiesen werden. Die Diskussion des Beitrags der im Vakuum fluktuierenden Teilchen zu Beobachtungsgrößen hat gezeigt, daß diesen Parametern unmittelbar keine physikalische Bedeutung zukommt. Um die gegenseitige Abstoßung zweier Elektronen zu berechnen, muß die abschirmende Wirkung der Elektron-Positron-Paare berücksichtigt werden. Hinter Abbildung 105a verbirgt sich eine komplizierte Prozedur, dies zu tun. (Die Spirallinien sollen wieder Photonen, die durchgezogenen Linien Elektronen darstellen.) Der Graph enthält die Kopplung der Abbildung 92a viermal. Naiv interpretiert, bedeutet er die Vorschrift, einen ein für allemal gewählten Kopplungsparameter – denselben wie in Abbildung 92a – einzutragen und den zugehörigen Beitrag zur Abstoßung zu berechnen. Tut man dies, so kommt schlicht unendlich heraus. Das heißt, eine Meßgröße ist unendlich, wenn man sie durch einen vorgegebenen Parameter ausdrückt. Aber der Parameter selbst ist keine Meßgröße. Um Meßgrößen zu berechnen, muß man ihn in Feynman-Diagramme eintragen. Was auch immer die Berechnung liefert, ist als Meßgröße endlich. Renormierung heißt die Prozedur, durch die der hineingesteckte Kopplungsparameter rückwärts durch Meßgrößen ausgedrückt und festgelegt wird. Es ist gleichgültig, ob der sich so ergebende Kopplungsparameter Null, endlich oder unendlich ist; er ist sowieso nichts weiter als eine Rechengröße, deren Zahlenwert nicht interessiert.

In die Formulierung einer Theorie gehen im allgemeinen zusätzlich zu Kopplungen weitere unbeobachtbare Parameter ein. Details sind für uns nicht wichtig. Physikalisch interessieren nur Relationen zwischen Beobachtungsgrößen. Durch endlich viele Rechengrößen lassen sich in manchen Theorien unendlich viele Beobachtungsgrößen so ausdrücken, daß die Rechengrößen eliminiert werden können und Relationen zwischen den Beobachtungsgrößen übrigbleiben. Das ist aber nicht bei allen Theorien so. Theorien, bei denen dies möglich ist, heißen renormierbar. Offensichtlich verdienen nur renormierbare Theorien unser Interesse. Nichtrenormierbare Theorien sagen physikalisch nichts aus.

Die Forderung nach Renormierbarkeit ist eine eminent physikalische Forderung. Sie bedeutet eine willkommene Einschränkung der ansonsten akzeptablen Theorien. Renormierbarkeit setzt im allgemeinen voraus, daß sich verschiedene bei der Berechnung von Feynman-Graphen auftretende Unendlichkeiten kompensieren. Das aber ist eine Symmetrieeigenschaft. Denn sie setzt voraus, daß die Parameter, die in die Berechnung von Feynman-Graphen eingehen, zueinander in exakten Relationen stehen.

Renormierbarkeit und Symmetrie ergänzen und bedingen einander. Insbesondere konnte gezeigt werden, daß lokale Eichtheorien stets renormierbar sind. Es ist sogar so, daß Renormierbarkeit bei der Brechung der Eichsymmetrie durch den Higgs-Mechanismus – er wird in Kapitel 10 beschrieben – bestehen bleibt.

Die enge Beziehung von Renormierbarkeit und Symmetrie ist physikalisch sehr fruchtbar. Es gibt Abstufungen der Renormierbarkeit nach dem Grad der auftretenden Unendlichkeiten. Pauschal kann man sagen, daß Erhöhung der Symmetrie die Renormierbarkeit verbessert. Die hohe Symmetrie supersymmetrischer Theorien bedeutet sehr gute Renormierungseigenschaften. Denn Supersymmetrie stellt, anders als alle anderen Symmetrien, Beziehungen zwischen Fermionen und Bosonen her. Das bewirkt, daß auch fermionische und bosonische Unendlichkeiten einander kompensieren können. Bemerkenswert ist, daß das tatsächlich geschieht.

Anomalien als Symmetriebrechungen

Bei »chiralen« Symmetrien kann es sein, daß die Symmetrie die Prozedur der Renormierung nicht überlebt. Es treten die sogenannten Anomalien auf, von denen im Zusammenhang mit dem Standardmodell gesprochen wurde. Wenn sie auftreten, besitzt die Quantentheorie Symmetrien der ihr entsprechenden klassischen Theorie nicht. Die $SU(2)_L$, nicht aber die $U(1)$ ist eine chirale Symmetrie. Chiral nennt man Symmetrien, die auf Teilchen, die sich in Bewegungsrichtung linksherum drehen, anders wirken als auf sich rechtsherum drehende. Die Forderung, daß die Anomalien einander kompensieren, bedeutete im Standardmodell, daß die Ladungssumme der Materieteilchen einer jeden Generation Null ist. Anomalien sind auch für die chirale Symmetrie des π-Mesons wichtig. Sie bewirken, daß das neutrale π in zwei Photonen zerfallen kann – ein Prozeß, der sonst nahezu verboten wäre. Die Vorhersage der Anomalien stimmt mit dem Experiment genau dann überein, wenn es von jedem Quark wirklich drei Typen mit unterschiedlichen Farben gibt.

Die Renormierbarkeit der durch den Vertex der Abbildung 92a definierten Quantenelektrodynamik (QED) ist seit langem bekannt. Diese moderne Formulierung der Elektrodynamik Maxwells ist, wie wir seit vielen Jahren wissen, eine lokale Eichtheorie. Sie besitzt, anders als die zur Farbsymmetrie gehörige QCD, Abelsche Eichsymmetrie. Das bedeutet hier, daß alle Transformationen der Symmetrie, durch deren Eichung sie entsteht, durch eine einzige Transformation ausgedrückt werden können. Es gibt also keine Symmetrieoperation, die zählt, was die Transformation verändert, und daher trägt das zugehörige Eichteilchen, das Photon, keine elektrische Ladung – die Eigenschaft, an der die elektromagnetische Kraft angreift.

Potentiale und Felder

Die Kräfte auf Probeladungen in elektromagnetischen Feldern lassen sich aus »Potentialen« berechnen. Was Potentiale sind, erläutere ich am Beispiel der Schwerkraft. Ein Stein im Schwerefeld besitzt Lageenergie. Ihr Zahlenwert hängt natürlich davon ab, in welcher Höhe ich dem Stein die Lageenergie Null zuordne. Diese Höhe kann ich ohne physikalische Konsequenz frei wählen. Wenn ich den Stein ein kleines Stück höher hebe, leiste ich gegen die Schwerkraft Arbeit und erhöhe dadurch die Lageenergie des Steins. Die *Änderung* der Lageenergie ergibt sich aus der *Änderung* der Höhe des Steins, multipliziert mit der Schwerkraft in der Höhe. Umgekehrt kann ich also die Schwerkraft in einer gewissen Höhe dadurch berechnen, daß ich die *Änderung* der Lageenergie durch die kleine Strecke teile, um die ich den Stein gehoben habe. Die Kraft, die der Stein im Schwerefeld erfährt, kann daher aus der Abhängigkeit der Lageenergie von der Höhe nach einer Vorschrift berechnet werden, in die nicht eingeht, in welcher Höhe dem Stein die Lageenergie Null zugeschrieben wird.

Potentiale nennt man ortsabhängige Größen, aus denen Kräfte auf Probekörper berechnet werden können. Bei ihnen hat man stets die Freiheit, jenen Punkt zu wählen, an dem das Potential verschwinden soll. Auch die in der klassischen Elektrodynamik auftretenden Kräfte auf Probeladungen lassen sich aus Potentialen berechnen. Kennt man diese Kräfte, so kennt man auch die elektrischen und magnetischen Felder der Theorie. Daher können die elektromagnetischen Felder durch Potentiale ausgedrückt werden. Die Freiheit in der Wahl dieser Potentiale geht darüber hinaus, daß die Stelle, an der die Potentiale verschwinden, frei gewählt werden kann. Sie ist gerade dadurch definiert, daß alle Potentiale äquivalent sind, die dieselben elektrischen und magnetischen Felder ergeben.

Es ist möglich, die Gleichungen der Elektrodynamik ganz durch Potentiale auszudrücken, die elektrischen und magnetischen Felder also zu eliminieren. Die neuen Grundgrößen – die Potentiale – kann man ohne physikalische Konsequenzen abändern, transformieren. Die Gleichungen der Elektrodynamik, durch Potentiale ausgedrückt, besitzen also eine Symmetrie, deren Transformationen in der Realität, der Welt der Kräfte, überhaupt nichts bewirken. Sie werden – sozusagen – durch die Identität dargestellt. Erst die quantenmechanische Formulierung der Elektrodynamik zeigt die wirkliche Bedeutung dieser merkwürdigen Symmetrie.

Hermann Weyl, von dem bereits gesprochen wurde, hat um 1920 durch die Forderung nach lokaler Skalensymmetrie eine Größe definiert, die er als Potential der Elektrodynamik interpretieren wollte. Das war, wie sich bald herausstellte, ein Irrweg. Es sollte möglich sein, ohne physikalische Konsequenzen orts- und zeitabhängige Skalentransformationen durchzuführen. Die sich so ergebende, von Ort zu Ort und von Zeit zu Zeit variierende Längenskala sollte als Potential der Elektrodynamik interpretiert werden. Das war der erste bewußte Versuch, lokale Symmetrien in die Physik einzuführen. Auf ihn geht die Bezeichnung »Eichsymmetrien« zurück. Ursprünglich bedeutete Eichsymmetrie Symmetrie gegenüber Umeichungen von Maßstäben.

Ebenfalls Hermann Weyl hat bald nach der Entwicklung der Quantenmechanik die wahre Bedeutung der nun so genannten Eichsymmetrie der durch Potentiale ausgedrückten Gleichungen der Elektrodynamik erkannt. Sie ist die lokale Form der globalen Symmetrie, die für die Erhaltung der elektrischen Ladung sorgt. Wir sind ihr in Kapitel 6 begegnet. Es handelt sich um die Phase von

Zuständen mit bestimmter Ladung. Diese läßt sich ohne beobachtbare Konsequenzen beliebig wählen. Eine Theorie freier Fermionen – Elektronen zum Beispiel – ist ohne weiteres symmetrisch gegenüber beliebigen globalen, von der Zeit und vom Ort unabhängigen Änderungen dieser Phase. Fordert man Symmetrie auch bei lokalen Änderungen der Phase, die von der Zeit und/oder vom Ort abhängen, so ist man gezwungen, Eichteilchen einzuführen, die mit den Elektronen wechselwirken. Diese Eichteilchen sind die Photonen; die erforderliche Wechselwirkung stimmt mit der Elektron-Photon-Wechselwirkung der QED in Abbildung 92a überein. Das Feld, durch das die Photonen beschrieben werden, ist die quantenmechanische Version der Potentiale der Maxwellschen Theorie.

Die QED ist die lokale Eichtheorie, die zur Erhaltung der elektrischen Ladung gehört. Die Potentiale der Maxwellschen Theorie spielen in ihr die Rolle der Felder der Photonen. Durch lokale Eichtransformationen wird die den Elektronen zugeordnete Phase geändert. Damit verbunden sind Änderungen der Photonenfelder, die klassisch als Umeichung der Potentiale innerhalb ihrer Eichfreiheit interpretiert werden können. Das ist alles fast genauso wie bei den geeichten nicht-Abelschen inneren Symmetrien. Anders aber als dort trägt das Eichteilchen der Abelschen Symmetrie der QED die Ladung, an die es koppelt, nicht selbst. Es gibt daher keine direkte Wechselwirkung von Photonen mit Photonen.

Es ist möglich, jede beliebige Symmetrie zu eichen. Die Symmetrien der speziellen Relativitätstheorie sind globale Symmetrien. Bei einer räumlichen Verschiebung wird jeder Punkt in Raum und Zeit um denselben Abstand verschoben. Genauso wird bei einer Änderung der Geschwindigkeit zu der Geschwindigkeit eines jeden Teilchens zu allen Zeiten und überall dieselbe Geschwindigkeit addiert. (Hier ist natürlich die Addition von Geschwindigkeiten nach den Regeln der Relativitätstheorie gemeint.) Die Forderung, daß Symmetrie gegenüber ortsabhängigen Transformationen bestehen soll, führt wiederum Teilchen und Wechselwirkungen ein. Die sich so ergebende Theorie ist die allgemeine Relativitätstheorie, die Wechselwirkung ist die Schwerkraft und das Teilchen das Graviton, durch dessen Austausch die Schwerkraft beschrieben werden kann.

Man kann sich am Beispiel der Verschiebungssymmetrie klarmachen, daß der Übergang von globaler zu lokaler Symmetrie Kräfte ins Spiel bringen muß. Ich beginne mit einem Teilchen, das im leeren Raum eine geradlinige Bahn mit konstanter Geschwindigkeit durchläuft. Diese Bewegung ist im Einklang mit den Naturgesetzen. Verschiebt man alle Orte zu allen Zeiten um denselben Abstand, so entsteht aus dieser Bahn eine andere, genauso geradlinige, die ebenfalls mit konstanter Geschwindigkeit durchlaufen wird. Auch diese Bewegung ist im leeren Raum im Einklang mit den Naturgesetzen. Das muß so sein, da Verschiebungen Symmetrietransformationen der Gesetze der Bewegung eines Teilchens im leeren Raum sind.

Nun die lokale Transformation: Die Punkte der Bahn werden an verschiedenen Stellen und/oder zu verschiedenen Zeiten um verschiedene Abstände verschoben. Das Ergebnis ist eine gekrümmte Bahn, die nicht mit konstanter Geschwindigkeit durchlaufen wird. Solch eine Bewegung ist im leeren Raum *nicht* im Einklang mit den Naturgesetzen. Lokale Verschiebungen, die weiter nichts tun, als Teilchenbahnen zu verbiegen, überführen Bewegungen im Einklang mit den Naturgesetzen in Bewegungen, die mit den Naturgesetzen nicht im Einklang sind. Die Forderung nach lokaler Verschiebungssymmetrie bringt daher solche Kräfte ins Spiel, daß das Teilchen sich unter dem Einfluß dieser Kräfte wie vorgeschrieben bewegt. Tatsächlich gibt es für beliebige, mit beliebigen Geschwindigkeiten durchlaufene Bahnen stets eine solche Massenverteilung, daß sich das Teilchen unter der von ihr ausgehenden Schwerkraft wie vorgeschrieben bewegt. Beispielsweise umfliegt die Erde die Sonne wegen der Schwerkraft der Sonne im Einklang mit den Naturgesetzen. Lokale Poincaré-Symmetrie kann nur gelten, wenn es Wechselwirkung durch Schwerkraft gibt.

Das zugehörige Eichteilchen heißt Graviton. Wegen der Besonderheiten der raum-zeitlichen Poincaré-Symmetrie ist sein Spin anders als der Spin 1 aller anderen Eichteilchen, nämlich 2. Poincaré-Symmetrie ist eine nicht-Abelsche Symmetrie. Die Schwerkraft koppelt an die Energie; für diese gilt, eben wegen der Poincaré-Symmetrie, ein Erhaltungssatz. Das Graviton trägt selbst Energie, die Eigenschaft, an die es koppelt. Daher besitzt es Selbstkopplungen wie das Gluon G in Abbildung 93. Das ist ein anderer Ausdruck für die Tatsache, daß von Massen – der Sonne – Schwerefelder ausgehen, die selber wieder Quellen von Schwerefeldern sind, die sich selbst und ihre Quelle beeinflussen. Denn Schwerefelder tragen Energie, und Energie, jede Energie, ist Quelle von Schwerkraft. Bisher ist es nicht gelungen, eine konsistente Quantentheorie von Teilchen mit Spin 2 und den Selbstkopplungen der Gravitation zu formulieren. Das ist ein Problem für Theorien der Elementarteilchen, die die Gravitation einbeziehen wollen.

Symmetrieerweiterungen und No-go-Theoreme

Beim Übergang von globalen zu lokalen inneren Symmetrien spielt die Struktur von Raum und Zeit keine Rolle. Raum und Zeit werden wie Hausnummern behandelt, die innere Transformationen durchnumerieren. Es spielt für die Formulierung der lokalen inneren Symmetrien keine Rolle, daß die Theorie auch noch Poincaré-symmetrisch ist. Theorien, die raum-zeitliche und innere Eigenschaften einheitlich behandeln, sind natürlich vorstellbar. Sie würden innere und raum-zeitliche Symmetrien in einer größeren Symmetrie zusammenfassen. Die in den sechziger Jahren bewiesenen No-go-Theoreme schränken die Möglichkeiten hierzu ein.

Vorgegeben sei eine Theorie mit gewissen Symmetrien. Symmetrieerweiterung bedeutet Konstruktion einer Theorie mit mehr Symmetrien. Die Entwicklung der Maxwellschen Gleichungen ist ein Beispiel. Maxwell lag eine Theorie der elektromagnetischen Wechselwirkungen vor, die drehsymmetrisch war. Er ergänzte ihre Gleichungen um einen Term, der bewirkt, daß seine neue Theorie alle Symmetrien der speziellen Relativitätstheorie, nicht nur Drehsymmetrie, besitzt. Die Theorie mit ihrer größeren Symmetrie vereinigt die elektrischen und magnetischen Wechselwirkungen zu einer einheitlichen Wechselwirkung, der elektromagnetischen.

Maxwell wußte nicht, was er tat. Daß die Theorie die höhere Symmetrie besitzt, hat, wie erwähnt, der Namensgeber der Lorentz-Gruppe entdeckt, was die Symmetrie physikalisch bedeutet, Einstein 1905. Die lokale Eichsymmetrie der Theorie hat Hermann

Weyl um 1930 bemerkt. Heute wird, auch wegen des Vorbilds der Maxwellschen Theorie, nach möglichen Symmetrieerweiterungen physikalischer Theorien bewußt und systematisch gesucht.

Ein anderes Beispiel für Symmetrieerweiterung ist die SU(3)-Flavor-Symmetrie. In den fünfziger Jahren wurden zahlreiche Teilchen neu entdeckt, und bald stellte sich, da sie vollständige Isospinmultipletts bilden, heraus, daß auch für sie die Isospinsymmetrie von Proton und Neutron näherungsweise gilt. Wäre Isospinsymmetrie die einzige innere Symmetrie der starken Wechselwirkungen, also nicht Teil einer – ebenfalls nur näherungsweise gültigen – größeren Symmetrie, so könnte es ohne Einschränkung alle möglichen Isospinmultipletts in beliebiger Anzahl nebeneinander geben. So ist es aber nicht: Stets treten bestimmte Multipletts in bestimmter Anzahl gemeinsam auf, so nämlich, daß sie eins der größeren Multipletts der SU(3)-Flavor-Symmetrie der Abbildungen 91 aufbauen. Die SU(3)-Flavor-Symmetrie ist eine Erweiterung der Isospinsymmetrie. Sie ordnet die Isospinmultipletts genauso zu Supermultipletts wie die Isospinsymmetrie die Teilchen selbst zu Isospinmultipletts ordnet.

Die SU(3)-Farb-Symmetrie ist, gemeinsam mit den Flavorsymmetrien der Quarks betrachtet, eine größere Symmetrie als eine der beiden allein. Doch diese zwei Symmetrien stehen im Standardmodell beziehungslos nebeneinander. Das Modell besitzt keine weitergehende Symmetrie, die beide vereint. Aus Farbsymmetrie plus Flavorsymmetrie folgt daher beispielsweise keine Einschränkung für die Anzahl der Flavors. Die SU(3)-Flavor-Symmetrie bedeutet hingegen eine Einschränkung der Möglichkeiten der Isospinmultipletts, gemeinsam aufzutreten.

Eine Gruppe, die die Poincaré-Gruppe mit inneren Eigenschaften der Elementarteilchen verbindet, könnte es erlauben, Symmetriebrechung mit denselben theoretischen Mitteln zu beschreiben wie Symmetrie. Unterschiedliche Massen von Teilchen beispielsweise brechen die innere Symmetrie, die sie in einem Multiplett zusammenfaßt. Massen sind der Poincaré-Gruppe zugeordnet, sie enthält Operationen, die die Massen von Zuständen angeben. Wenn es innere Transformationen gäbe, die auf nichttriviale Weise mit der Poincaré-Gruppe eine größere Gruppe bilden, so wäre es vielleicht möglich, Massenrelationen als Eigenschaften dieser

Gruppe zu verstehen. Das genau verbietet eine Klasse von No-go-Theoremen. Symmetriebrechung muß mit anderen theoretischen Mitteln behandelt werden als Symmetrie.

Eine zweite Klasse von No-go-Theoremen betrifft Gruppen, deren Transformationen die Wahrscheinlichkeiten physikalischer Prozesse nicht ändern. Vorausgesetzt wird, daß aus transformierten Anfangsbedingungen die transformierten Ergebnisse mit derselben Wahrscheinlichkeit folgen wie aus untransformierten die untransformierten. Derartige Symmetrien heißen Symmetrien der S-Matrix. Die S-Matrix überführt den Anfangszustand eines physikalischen Prozesses in den Endzustand. Es gibt, sagen die No-go-Theoreme, keine Symmetriegruppe einer S-Matrix mit Wechselwirkung, die Poincaré-Symmetrie auf nichttriviale Weise mit einer anderen Symmetrie vereint.

No-go-Theoreme gibt es in vielen Varianten mit verschiedenen Voraussetzungen. Inwiefern die Voraussetzungen die physikalisch interessanten Möglichkeiten ausschöpfen, ist seit je eine offene Frage. Supersymmetrische Theorien umgehen eine zur Zeit der Formulierung der Theoreme unschuldig aussehende Voraussetzung, die nämlich, daß Gruppenparameter kommutierende Größen seien. Zur Erinnerung: Die Supersymmetrie besitzt auch nichtkommutierende, genauer: antikommutierende, Parameter. Das ändert ihre mathematische Struktur so ab, daß die No-go-Theoreme ungültig werden. Die zu den Symmetrien der Supersymmetrie gehörenden Vertauschungen von Bosonen und Fermionen bewirken, zweimal ausgeführt, dasselbe wie Verschiebungen in Raum und Zeit, Transformationen der Poincaré-Gruppe. Man kann argumentieren, daß Vertauschungen von Bosonen und Fermionen raumzeitliche Eigenschaften betreffen und daß daher zu erwarten sei, daß sie mit den raum-zeitlichen Eigenschaften verknüpft sind. Jedenfalls verbieten die No-go-Theoreme für Symmetrien, deren Gruppenparameter ausnahmslos kommutierende Größen – Zahlen – sind, daß raum-zeitliche Verschiebungen durch andere als Poincaré-Transformationen ausgedrückt werden können. Bald nach der Entdeckung der Supersymmetrie wurden auch für sie No-go-Theoreme bewiesen – andere nichttriviale Erweiterungen der Poincaré-Symmetrie als die der Supersymmetrie ermöglicht die Zulassung antikommutierender Parameter nicht. Die Supersymmetrie ist durch die Forderung nach der Symmetrieerweiterung, die sie bewirkt, im wesentlichen eindeutig festgelegt.

Eichung der Supersymmetrie

Man kann auch die Supersymmetrie eichen. Da Supersymmetrie die Poincaré-Symmetrie einbezieht, enthält die geeichte Supersymmetrie – Supergravitation, kurz SUGRA – die geeichte spezielle Relativitätstheorie, die allgemeine Relativitätstheorie. Außerdem enthält sie ortsabhängige antikommutierende Gruppenparameter und die zugehörigen Transformationen. In ihr haben alle Teilchen ihren SUSY-Partner, auch das Graviton. Das ist das »Gravitino« mit Spin $3/2$. Es gibt Versionen der Theorie mit mehreren Partnerteilchen des Gravitons.

SUGRA berücksichtigt die Schwerkraft. Daher ist zur Zeit nicht bekannt, wie die quantentheoretische Version der SUGRA aussehen könnte. Sie hat, wie schon die Supersymmetrie, für die Renormierung günstigere Eigenschaften als dieselben Theorien ohne Verknüpfung von Bosonen und Fermionen. Symmetrie gegenüber Vertauschungen von Bosonen und Fermionen ist nur möglich, wenn, wie erwähnt, zwischen deren Kopplungen exakte Relationen bestehen. Diese bewirken, daß sonst bei Bosonen und Fermionen unabhängig auftretende Unendlichkeiten korreliert sind und sich gegenseitig kompensieren. Das verbessert die Renormierungseigenschaften der Theorie. Wenn SUGRA bei heutigen Energien Bedeutung haben soll, muß sie ein ungeheures Hierarchieproblem überwinden. Denn dann soll sie bei einer Massenskala von einigen Protonenmassen genauso gelten wie bei der Planck-Masse von 10^{19} Protonenmassen. Wie die guten Renormierungseigenschaften der SUSY-GUT das Hierarchieproblem der GUT zwischen derselben kleinsten Energie und 10^{16} Protonenmassen überwinden helfen, können die der SUGRA dasselbe für diese Theorie leisten.

Daß die Schwerkraft für die Theorie von Elementarteilchen, die wir heute kennen, überhaupt eine Rolle spielen kann, ist von vornherein nicht offensichtlich. Bei Elementarteilchen, deren Massen um siebzehn oder mehr Größenordnungen unterhalb der Planck-Masse liegen, ist der direkte Einfluß der Schwerkraft, verglichen mit dem aller anderen Kräfte, vernachlässigbar klein. Die Schwerkraft muß berücksichtigt werden, da die Theorie sie ins Spiel bringt. Wenn die Theorie die Tatsache, daß die Schwerkraft bei kleinen Massen vernachlässigbar ist, automatisch berücksichtigen würde, gäbe es kein Hierarchieproblem. Analoges gilt für das Hierarchieproblem der GUT.

Geometrie und Schwerkraft

Die allgemeine Relativitätstheorie ist eine geometrische Theorie der Schwerkraft. Daß eine Wechselwirkung geometrisch beschrieben werden kann, bedeutet, daß sie alles und jedes gleich beeinflußt, daß, mit anderen Worten, das Verhalten physikalischer Systeme nur von Positionen und Geschwindigkeiten in Raum und Zeit abhängt. Die allgemeine Relativitätstheorie geometrisiert die Schwerkraft in der vierdimensionalen Raum-Zeit. Der Raum ist hier der dreidimensionale Raum der Anschauung, die Zeit tritt als vierte Koordinate hinzu. Die Schwerkraft (und nur die Schwerkraft!) kann als geometrische Eigenschaft der Raum-Zeit aufgefaßt werden, da sie alle Körper gleich beeinflußt. Gegeben sei ein elektrisch ungeladener Probekörper zu einer bestimmten Zeit, an einer bestimmten Stelle und mit einer bestimmten Geschwindigkeit im Schwerefeld. Seine Masse sei so klein, daß deren Selbstwechselwirkung vernachlässigt werden kann. Dann steht, unabhängig von allem weiteren, fest, wie er sich verhalten wird. Seine Bahn durch die Raum-Zeit ist insbesondere von seiner Masse unabhängig. Dies ist eine der Grundlagen der allgemeinen Relativitätstheorie. Dieselbe Größe – die Masse – bestimmt sowohl, wie groß die Kraft ist, die der Körper im Schwerefeld erfährt, als auch, wie er auf diese Kraft reagiert. Die auf den Körper ausgeübte Kraft ist zur Masse proportional, der Widerstand, den er Beschleunigungen entgegensetzt, ebenfalls. Beide Faktoren heben sich in der Bilanz heraus, so daß insgesamt das Verhalten des Probekörpers im Schwerfeld von der Masse unabhängig ist.

Die Skalensymmetrie der Gravitation, die Laplace so beeindruckt hat, beruht auf der Gleichheit von schwerer und träger Masse. Ein anderer Name für dasselbe ist »schwaches Äquivalenzprinzip«. Schwerkraft und Trägheit greifen an der Energie an, an jeder Form der Energie, an Feldenergie genauso wie an Bewegungsenergie, Masse oder Bindungsenergie. Gleichheit von schwerer und träger Masse bewirkt, daß alle Körper im Schwerefeld unabhängig von ihrer Zusammensetzung gleich schnell fallen.

Das Originalexperiment dazu stammt von Galilei. Man sagt (fälschlich) er habe zum Beweis Kugeln aus unterschiedlichen Materialien vom schiefen Turm von Pisa herabfallen lassen. Wir wissen heute, daß Abweichungen, sollte es sie geben, nur von Kräften kommen können, die Reichweiten zwischen einigen Metern und Kilometern besitzen. Manche denken, daß Vermessungen des Schwerefeldes der Erde im Zusammenhang mit Ölexplorationen in der Tat Abweichungen vom universellen Gesetz der Schwerkraft beweisen. Darüber, ob der Effekt real ist, können nur gezielte Experimente Auskunft geben. Vielleicht hat der Leser 1986 in der Zeitung von einer sensationellen Neuanalyse der historischen (1886) Eötvös-Experimente zur Universalität der Schwerkraft gelesen. Diese spezielle Sensation konnte nicht aufrechterhalten werden. Aber zweifelsohne ist es wichtig, neu zu untersuchen, ob über Entfernungen von Metern bis Kilometern Abweichungen von dem universellen Gesetz der Schwerkraft festzustellen sind.

Gäbe es solche Abweichungen, so wäre eine zweite und unabhängige Frage, wie sie zu interpretieren seien. Die theoretische Maschinerie, eine »fünfte Kraft« in das Standardmodell einzubeziehen, steht jedenfalls bereit. Wenn es die fünfte Kraft mit einer Reichweite zwischen Metern und Kilometern gibt, wird sie von (mindestens) einem Austauschteilchen vermittelt, das eine winzige Masse besitzt. Zur Erinnerung: Je kleiner die Masse eines Austauschteilchens, desto größer die Reichweite der Kraft, die es übermittelt. Bei Masse Null ist die Reichweite unendlich.

Durch das Eichen von Symmetrien werden Kräfte eingeführt sowie masselose Teilchen, die sie übertragen. Die Symmetrie, die der Erhaltung der elektrischen Ladung entspricht, ergab die Elektrodynamik mit dem masselosen Austauschteilchen Photon. Das Standardmodell enthält mehrere »ungenutzte« Symmetrien, denen Erhaltungssätze, aber keine Wechselwirkungen entsprechen. Gerade deshalb sind diese Erhaltungssätze, wie in Kapitel 7 beschrieben, überflüssig und unverstanden. Ein Beispiel ist die Erhaltung der Baryonenzahl, deren Verletzung zum Protonzerfall führen würde. Es bietet sich an, eine (oder mehrere) dieser Symmetrien zu eichen und so eine weitere Wechselwirkung mit ihrem Eichteilchen – ein Namensvorschlag ist »Geon« – einzuführen. Ist die zugehörige Symmetrie gebrochen, so besitzt das Geon eine Masse, die wegen der großen Reichweite der neuen Kraft winzig ist: um 10^{-18} Protonenmassen. Zum Vergleich: Das leichteste bekannte Teilchen mit nichtverschwindender Masse, das Elektron, ist etwa $0{,}5 \cdot 10^{-3}$ Protonenmassen schwer.

An gewöhnliche, ungeladene Materie koppelt die neue Kraft, wenn sie wirklich durch Eichung einer ungenutzten Symmetrie des Standardmodells entsteht, über eine beliebig wählbare Kombination von Neutronenzahl und Protonenzahl. Das ist nicht dasselbe wie das Gewicht. Von Bindungs- und Bewegungsenergie hängt diese Kombination, anders als das Gewicht, nicht ab. Im Verhältnis zum Gewicht variiert jede Kombination von Neutronenzahl und Protonenzahl von Substanz zu Substanz. Insofern wirkt die neue Kraft also nicht wie die Schwerkraft.

Wenn es die fünfte Kraft wirklich gibt und wenn sie durch den Austausch eines Eichteilchens wie des Photons vermittelt wird, so wirkt sie wie die elektrische Kraft sowohl anziehend als auch abstoßend. Bei gleichem Vorzeichen stoßen Ladungen einander ab, bei ungleichem ziehen sie einander an. Die »Ladung« der fünften Kraft ist die spezielle Kombination von Neutronenzahl und Protonenzahl, an die sie koppelt. Für praktisch alle gewöhnliche Materie ist deren Vorzeichen gleich, und daher wirkt die fünfte Kraft wie eine Lieblingserfindung der Science-Fiction-Autoren, die Antigravitation. Die Ähnlichkeit ist in der Tat groß: Zwischen zwei Materiestücken, der Erde und einem Stein, wirkt über makroskopische Abstände eine abstoßende Kraft der Schwerkraft entgegen. Antimaterie ist aus Antineutronen und Antiprotonen mit negativer Neutronenzahl und Protonenzahl aufgebaut. Die fünfte Kraft würde daher die Anziehung von Materie und Antimaterie auf

Grund der Schwerkraft verstärken. Das aber heißt, daß Antiprotonen von der Erde stärker angezogen werden als Protonen.

Eine Gruppe von Physikern vom Laboratorium in Los Alamos in New Mexico, USA, beabsichtigt, am Antiprotonenstrahl des CERN zu untersuchen, ob Antiprotonen sich im Schwerefeld der Erde anders verhalten als Protonen. Das ist ein Experiment, das sensationelle Resultate haben kann. Die Theorie der Supergravitation sagt Austauschteilchen und Kräfte voraus, die makroskopische Auswirkungen haben. Details hängen von der Version der Theorie ab. Es kann beispielsweise sein, daß es zusätzlich zum Graviton zwei Austauschteilchen mit Spin 0 und Spin 1 gibt. Das Austauschteilchen mit Spin 0 führt zu allgemeiner Anziehung, das mit Spin 1 wirkt wie beschrieben. In dieser Theorie kann es sein, daß sich die Wirkung der Austauschteilchen mit Spin 0 und 1 bei gewöhnlicher Materie praktisch aufhebt; bei Materie-Antimaterie natürlich nicht.

Ich spreche von der fünften Kraft nahezu so, als sei sicher, daß es sie gibt. Das ist nicht der Fall. Der am CERN arbeitende spanische Physiker Antonio De Rujula hat im Juni 1986 die die fünfte Kraft betreffende Evidenz zusammengetragen und kommt zu dem Schluß, daß es zur Zeit kein experimentelles Resultat gibt, das uns zwingen würde, sie einzuführen. Das kann daran liegen, daß Präzisionsexperimente zur Gravitation bei Abständen zwischen einigen Metern und Kilometern, wie sie jetzt geplant sind, bisher nicht durchgeführt wurden.

Wie viele Raumdimensionen gibt es?

Ich komme nun zu den allerneuesten Ideen. Sie alle nehmen an, daß wir in Wahrheit und ohne es zu merken in einem Raum von mehr als drei Raumdimensionen leben. Das mag verrückt erscheinen, ist es aber nicht. Zunächst zur experimentellen Evidenz. Es wird nicht geleugnet, daß wir uns nur in drei unabhängige Richtungen frei bewegen können. Physikalische Gesetze, die von der Zahl der Dimensionen des Raumes abhängen, sollen überprüft werden. Ein solches Gesetz ist das Gesetz der Schwerkraft. In drei Dimensionen ist die Schwerkraft zwischen zwei Massen zu dem Quadrat ihres Abstands umgekehrt proportional, in zwei Dimensionen zum Abstand und in vier zur dritten Potenz. Wenn es überzählige Dimensionen gibt, die irgendwie verborgen, aber nicht gänzlich verborgen sind, wird man erwarten, daß sie die Potenz in Newtons Gesetz beeinflussen. Genaue Bestimmungen dieser Zahl kann man also etwas paradox als »Präzisionsmessungen der Zahl der Raumdimensionen« bezeichnen. Eine norwegische Theoretikerin – Cäcilia Jarlskog – und ein spanischer Theoretiker – F. J. Yndurain – vom CERN in Genf haben im August 1985 astronomische Daten mit dem Ergebnis ausgewertet, daß die Abweichung des Exponenten von zwei absolut kleiner sein muß als 10^{-9}. Das sieht beeindruckend klein aus. In einem speziellen Modell ist die erwartete Abweichung aber nur etwa 10^{-82} bis 10^{-90}. Derartig kleine Effekte kann kein Experiment nachweisen.

Kompaktifizierung heißt der Mechanismus, der die zusätzlichen Dimensionen verbirgt. Grundlage der Kompaktifizierung sind gekrümmte Räume. Die Oberfläche einer Kugel ist ein spezieller gekrümmter Raum. Wir wollen uns Wesen vorstellen, die in der Oberfläche einer Kugel leben und nicht wissen – keinen Begriff davon haben –, daß es senkrecht zu ihren zwei Richtungen auf der Kugel eine dritte Raumrichtung gibt. Aspekte der Welt dieser extremen Flachmänner wurden bereits besprochen. Jetzt soll es um die »kürzeste Verbindung« zweier Punkte in gekrümmten Räumen gehen.

Wir leben auf der Oberfläche der Erde. Jeder, der einmal direkt von Deutschland nach New York geflogen ist, weiß, daß er zu dem Zweck zunächst nach Nordwesten transportiert wird, obwohl New York, von Deutschland aus gesehen, südwestlich liegt – genausoweit südlich wie Neapel. Der Grund ist natürlich, daß *auf der Erdoberfläche* die kürzeste Verbindung von zwei Punkten stets ein Stück eines Kreises um den Erdmittelpunkt ist. Mit Hilfe eines Globus und eines Fadens kann das der Leser selbst ausprobieren. Dabei wird er bemerken, daß der kürzeste Weg von Frankfurt nach New York in der Tat über England führt.

Um festzustellen, welches die kürzeste Verbindung zweier Punkte in einem Raum ist, braucht man den Raum nicht zu verlassen. Unsere Betrachtung des Globus »von außen« ist zwar bequem, aber zu dem Zweck, die kürzeste Verbindung von Frankfurt nach

New York zu finden, nicht erforderlich. Flachmänner, die alle in ihrem Raum – der Erdoberfläche – von Frankfurt nach New York führenden Wege ausmessen würden, kämen zu demselben Ergebnis. Sie würden einfach kleine Stäbe in ihrem Raum hintereinander legen. So könnten sie den kürzesten Weg zwischen zwei beliebigen Punkten herausfinden. Feynman beschreibt ein anderes Modell gekrümmter Räume: die ebenen Welten von Käfern, die auf Heizplatten leben, deren Temperaturen von innen nach außen variieren, und die Längen mit Stäben bestimmen, die sich wie Metall bei Hitze ausdehnen. Die kürzesten Wege in beliebigen Räumen heißen Geodäte.

Geometrisierung einer Wechselwirkung bedeutet erstens, einen Raum so einzuführen, daß physikalische Vorgänge auf Grund dieser Wechselwirkung in ihm als Bewegungen erscheinen. Diese Bewegungen verlaufen – zweitens – auf kürzesten Verbindungen zwischen Punkten des Raumes. Welches diese Verbindungen sind, wird durch die Krümmung des Raumes festgelegt, die selbst ein Ausdruck für die Verteilung des wechselwirkenden Materials in jenem Raum ist. Ein Beispiel für solch eine Theorie, die allgemeine Relativitätstheorie Einsteins, habe ich beschrieben. Die Zeit ist die vierte Dimension dieses Raumes. Daß die Zeit als zusätzliche Dimension verstanden werden kann, können nacheinander aufgenommene und dementsprechend aufgestellte Dias von derselben Szene in einem Diakasten veranschaulichen. Die »Richtung der Zeit« verläuft senkrecht zu den Oberflächen der Dias, ist eine dritte Dimension, zusätzlich zu den zwei räumlichen Dimensionen der Dias. Der Diakasten stellt eine dreidimensionale Welt dar mit zwei räumlichen und einer zeitlichen Dimension.

Bewegungen ergeben Linien in der Raum-Zeit. Diese sind in der allgemeinen Relativitätstheorie kürzeste Verbindungen zwischen Anfangs- und Endpunkt der Linie. Jeder Punkt in der Raum-Zeit ist ein Ereignis, soll heißen: der Ort eines Vorkommnisses, mit seinem Zeitpunkt zusammengefaßt. Die erste Ausdehnung dieser Idee über die Schwerkraft hinaus stammt von dem Königsberger Physiker Theodor Kaluza. Er hat Einstein 1921 eine Arbeit geschickt, in der er zeigte, daß Bewegungen auf kürzesten Linien in einem Raum mit fünf Dimensionen reale Abläufe in vier Dimensionen auf Grund von Schwerkraft und elektromagnetischer Wechsel-

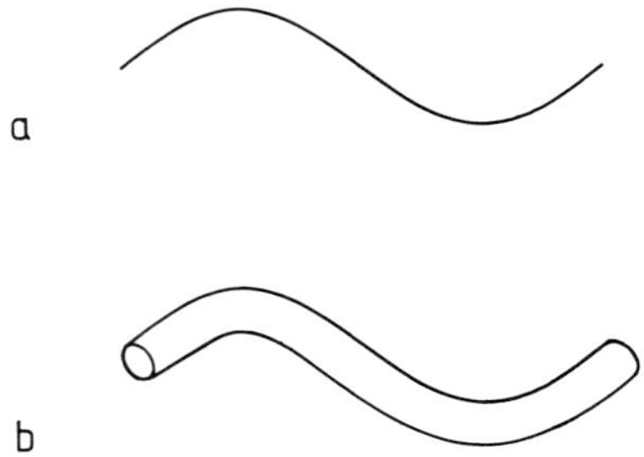

Abbildung 106
Betrachtet man eine Linie in einer Ebene, die eigentlich ein kompaktifizierter dreidimensionaler Raum ist, genau, so stellt sich heraus, daß sie ein Schlauch ist.

wirkung simulieren können. Die Bahnen geladener Teilchen im elektromagnetischen Feld sind zwar in fünf, aber nicht in vier Dimensionen kürzeste Linien. Wir sehen Projektionen der kürzesten Linien in fünf Dimensionen auf vier. Offen ist natürlich noch, warum wir in die vierte räumliche Dimension nicht wandern können wie in die anderen drei.

Die Antwort heißt Kompaktifizierung. Sie wurde als Lösung des Dimensionsdilemmas der Theorie Kaluzas von dem schwedischen Physiker Oscar Klein 1926 vorgeschlagen. Die zusätzliche Dimension ist nach Oscar Klein zu einem Kreis aufgerollt. Den Radius konnte er zu 10^{-32} cm abschätzen, das ist bei einem Durchmesser des Atomkerns von vielleicht 10^{-12} cm unbemerkbar klein. Wir sollen uns nach Oscar Klein in der Tat jeden Punkt in der Raum-Zeit als einen Kreis vorstellen mit einem Radius von 10^{-32} cm. Das anschauliche Problem ist hier wieder, daß dieser Kreis nicht innerhalb, sondern außerhalb unseres Raumes verläuft; er verläßt den Raum, den wir begehen können, indem er mehr und mehr in eine Richtung führt, die auf allen drei Ebenen, die in einer Zimmerecke zusammenstoßen, senkrecht steht.

Das ist für niemand vorstellbar. Es ist aber berechenbar. Vorstellen können wir uns, was solch eine dritte Dimension für Flachmänner in zwei Dimensionen bedeuten würde. Das zeigt Abbildung 106. Jede zweidimensionale Linie ist durch einen Schlauch mit dem winzigen Radius von 10^{-32} cm ersetzt. So für jeden Zeitpunkt in der dreidimensionalen Raum-Zeit der Flachmänner.

Die Heisenbergsche Unschärferelation zeigt, daß die zusätzliche Dimension erst bei den extrem hohen Energien der Planck-Masse, also dem Äquivalent von 10^{19} Protonenmassen, zugänglich ist. Denn mit dem Radius werden die Entfernungen aller Punkte des

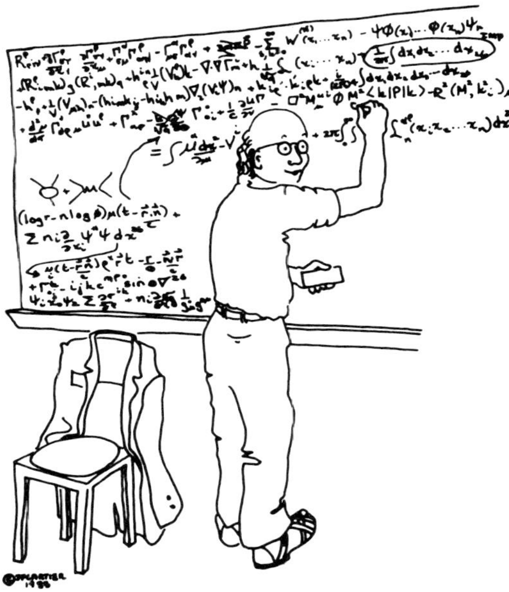

Abbildung 107
»Hier ist zu bemerken, daß sich die Gleichung wunderbar vereinfachen läßt, wenn die Raum-Zeit 92 Dimensionen besitzt.«

Kreises, der die aufgerollte Extradimension darstellt, winzig. Einer Anregung, die so genau lokalisiert ist, entspricht eine große Impuls- und Energieungenauigkeit; diese Energie, eben die Planck-Energie, ist zumindest aufzubringen, wenn man so kleine Abstände erkennen will.

Geometrisierung von Wechselwirkungen und Superstringtheorien

Der letzte und physikalisch wichtigste Grund für die Einführung von Extradimensionen ist die Geometrisierung von Wechselwirkungen. Heute kennen wir zusätzlich zu Schwerkraft und elektromagnetischer Wechselwirkung die starke Kraft und die schwache Kraft. Will man sie sämtlich geometrisch vereinen, so bedarf es abermals neuer Dimensionen. Diese müssen ebenfalls kompaktifiziert werden. Für zwei zusätzliche Dimensionen können dies Kugeln mit winzigen Radien leisten. Details will ich nicht schildern, da nichts Endgültiges bekannt ist. Ein Grund für die Einführung von Extradimensionen ist manchmal auch die Vereinfachung von Gleichungen in dieser Zahl von Dimensionen. Die Karikatur in Abbildung 107 ist der Zeitschrift *Physics Today* der American Physical Society vom Juli 1985 entnommen. Der Titel des zugehörigen Artikels »Anomaly cancellation launches superstring bandwagon« annonciert die Superstringtheorie, möglicherweise The Theory Of Everything, TOE, oder, ebenfalls möglicherweise, nur eine Mode. Ich will mich damit begnügen, zu sagen, es erscheine als möglich, Elementarteilchen als ausgedehnte Objekte – Fäden oder Saiten, englisch »strings« – aufzufassen. Jedes Elementarteilchen ist danach ein Faden zwischen zwei Punkten im Raum, der sich so in Raum und Zeit bewegt, daß die von ihm überstrichene raum-zeitliche Fläche minimal ist. Diese Fäden, die die bisher punktförmig zu denkenden Elementarteilchen darstellen sollen, sind sehr kurz: einige Plancksche Längen, 10^{-33} cm, lang. Dementsprechend hoch ist die Anregungsenergie der Schwingungen dieser Fäden. Die bekannten Elementarteilchen entsprechen ausnahmslos dem tiefsten Energiezustand unterschiedlicher Fäden.

Superstringtheorien gelten eigentlich bei der Planck-Masse, und es setzt gewaltige Extrapolationen voraus, sie bei gegenwärtigen Energien anzuwenden. Sie beziehen die Quantentheorie der Gravitation mit ein und vereinen alle vier Grundkräfte. Nach der Superstringtheorie gibt es »Schattenmaterie«, die nur über die Schwerkraft wechselwirkt. Sie kann in großer Menge im Weltall vorhanden sein und die Probleme der Astrophysiker mit der unsichtbaren fehlenden Materie lösen. Sie kann, wohlgemerkt.

Das alles ist, richtig oder nicht, ein neues und faszinierendes Bild der Elementarteilchen mit einer, wie ich meinen Karlsruher Kollegen Hermann Nicolai habe sagen hören, Explosion von Symmetrie. Sheldon Glashow, einer der drei Physik-Nobelpreisträger des Jahres 1979, teilt die Euphorie über Superstrings nicht. In einem Artikel erläutert er zusammen mit seinem Harvard-Kollegen Paul Ginsparg, daß mit den Superstrings »zum ersten Male seit dem dunkeln Zeitalter Glaube Wissenschaft ersetzen« könnte. Und weiter: »Die Superstringtheorie ... könnte zu den Dingen gehören, von denen

Wolfgang Pauli gesagt haben würde, sie seien *nicht einmal falsch*.« Für die Theorie der Superfäden sprechen zwar theoretische, aber keine experimentellen Gründe: Mit heutigen experimentellen Mitteln kann die Theorie weder bestätigt noch widerlegt werden.

9. Spiegelsymmetrien

Um 180 Grad kann ich einen Körper dadurch drehen, daß ich ihn 720mal hintereinander um 0,25 Grad um dieselbe Achse drehe. Ich kann sogar jede Drehung aus Drehungen um beliebig kleine Winkel zusammensetzen. Drehungen sind, so drückt man dies aus, kontinuierliche Transformationen. Spiegelungen hingegen sind diskrete Transformationen: Es ist unmöglich, erst ein bißchen zu spiegeln und dann noch ein bißchen – bis schließlich die volle Spiegelung erreicht ist. Da die Bewegung eines Körpers im Raum immer über kontinuierlich viele Zwischenstufen erfolgt, zeigt diese Überlegung noch einmal, daß es ausgeschlossen ist, einen mit seinem Spiegelbild nicht identischen Körper in sein Spiegelbild zu überführen.

Wir wollen uns mit drei diskreten Transformationen beschäftigen: der Spiegelung im Raum, der Vertauschung von Teilchen und Antiteilchen und der Zeitumkehr. Keine dieser Transformationen ist für beliebige Objekte wirklich durchführbar. Wollen wir also nachprüfen, ob für die transformierten Objekte dieselben Naturgesetze gelten wie für die wirklichen, sind wir auf Nachbauten angewiesen. Wenn das transformierte Objekt (bis auf eine Drehung oder Verschiebung) mit seinem Urbild übereinstimmt, ist dieser Nachbau natürlich besonders einfach.

Die drei Spiegelungen C, P und T

Zu jedem Teilchen gibt es ein Antiteilchen. Am klarsten drückt dies das CPT– Theorem aus. CPT-Symmetrie bedeutet, daß die Naturgesetze unverändert bleiben, wenn die drei diskreten Transformationen C, P und T hintereinander ausgeführt werden. C steht für Teilchen-Antiteilchen-Vertauschung, P für Raumspiegelung und T für Zeitumkehr. C, P und T sind Abkürzungen der englischen Bezeichnungen dieser Operationen.

Das CPT-Theorem sagt, daß unter sehr allgemeinen Voraussetzungen CPT-Symmetrie besteht. Die Grundvorstellungen der relativistischen Quantenfeldtheorie reichen aus, um es zu beweisen. Das sind Voraussetzungen wie das Nahwirkungsprinzip (Kap. 8) und Symmetrie gegenüber den *kontinuierlichen* Lorentz-Transformationen (wie Boosts und Drehungen) und mit *Ausnahme* der Spiegelungen P und T. Verletzung von CPT-Symmetrie würde bedeuten, daß die Grundlagen des Standardmodells genauso falsch sind wie die der GUT und der Supersymmetrie. Es gibt nicht den geringsten Anlaß, weder experimentell noch theoretisch, an der Gültigkeit der CPT-Symmetrie zu zweifeln.

Teilchen und Antiteilchen

Das C des CPT-Theorems sagt, daß eine Theorie, die den Voraussetzungen des Theorems genügt, zu jedem Teilchen ein Antiteilchen mit genau festgelegten Eigenschaften enthält. Was dabei Teilchen ist und was Antiteilchen, kann frei gewählt werden; das Antiteilchen des Antiteilchens eines Teilchens ist wieder das Teilchen. Die Transformation von Teilchen zum Antiteilchen muß also, zweimal hintereinander geschaltet, die Identität ergeben, die Transformation, die gar nichts bewirkt.

Es ist möglich, Elementarteilchen durch Eigenschaften zu kennzeichnen, die bei Teilchen und Antiteilchen entweder denselben oder den entgegengesetzten Zahlenwert besitzen. Die elektrische Ladung gehört zur zweiten Kategorie: Sie unterscheidet sich bei Teilchen und Antiteilchen durch das Vorzeichen. Ist ein Teilchen elektrisch neutral, dann auch sein Antiteilchen. Ob ein Teilchen ein Baryon ist oder nicht, wird durch eine andere »ladungsartige« Eigenschaft ausgedrückt. Auch sie kehrt ihr Vorzeichen beim Übergang zum Antiteilchen um. Die Masse hingegen stimmt, wie auch die Lebensdauer, für Teilchen und Antiteilchen überein. Vergleich von Massen und Lebensdauern ist daher ein Test des CPT-Theorems, der über die bloße Feststellung der Existenz eines Antiteilchens zu jedem Teilchen hinausgeht. Zahlenwerte werden nachgetragen. Ist ein Teilchen stabil, dann auch sein Antiteilchen.

Nun einige Teilchen und ihre Antiteilchen. Wenn bei einem Teilchen alle Größen verschwinden, die beim Übergang zum Antiteilchen ihr Vorzeichen wechseln, ist das Teilchen mit seinem Antiteilchen identisch. Das ist beim Photon der Fall, beim Z^0 und bei dem neutralen Vermittler der starken Kraft im Atomkern, dem π^0. Kein Quark ist sein eigenes Antiquark, und das Antigluon eines jeden Gluons ist ein anderes Gluon. Elektron und Proton unterscheiden sich voneinander und von ihren Antiteilchen durch das Vorzeichen der elektrischen Ladung. Das Proton kann aber nicht das Antiteilchen des Elektrons sein, da ihre Massen verschieden sind. Sie unterscheiden sich außerdem durch zwei ladungsartige Eigenschaften: die bereits erwähnte Baryonenzahl und die analog definierte Elektronenzahl.

Daß sich das elektrisch neutrale Neutron von seinem Antiteilchen, dem Antineutron, unterscheidet, zeigt bereits die Stabilität der Materie. Bei Teilchen und Antiteilchen addieren sich alle ladungsartigen Eigenschaften zu Null. Die Zustandsbeschreibung eines Systems aus Teilchen und Antiteilchen trifft, wenn beide einander nur nah genug sind, stets auch auf Zustände zu, die nur Photonen – Lichtteilchen – enthalten. Nichts hindert solch ein System, seine Masse nach Einsteins $E = mc^2$ als Photonenenergie in Erscheinung treten zu lassen, das heißt zu zerfallen. Wäre das Neutron sein eigenes Antiteilchen, so wären die Voraussetzungen des Übergangs von Teilchen und Antiteilchen in Licht in nahezu allen Atomkernen erfüllt. Dann wäre Materie extrem instabil.

Das CPT-Theorem ist experimentell bestens bestätigt. Jedes heute bekannte Elementarteilchen besitzt ein Antiteilchen mit – innerhalb der Meßgenauigkeit – derselben Masse und Lebensdauer. Die Massendifferenz von Elektron und Positron beträgt höchstens 1/10 Promille der Massensumme; dasselbe trifft für Proton und Antiproton zu. Berücksichtigt man instabile Teilchen, so erhält man den bisher genauesten Test der CPT-Symmetrie: Die Massen zweier instabiler Teilchen, K^0 und K^0-Quer, stimmen so gut überein, daß ihre Differenz höchstens das $6 \cdot 10^{-20}$fache der Massensumme betragen kann. Die Lebensdauern instabiler Teilchen unterscheiden sich von denen ihrer Antiteilchen ebenfalls um weniger als die derzeitigen, allerdings recht großen, experimentellen Fehler, um nämlich etwa 1 Prozent.

Viele Elementarteilchen sind kleine Magnete mit einer für das Teilchen charakteristischen Polstärke. Nach dem CPT-Theorem müssen diese Polstärken für Teilchen und Antiteilchen dieselben sein. Diese Vorhersage ist am besten für Elektron und Positron getestet: Der Unterschied der Polstärken ist $2 \cdot 10^{-11}$mal kleiner als die Summe.

Die sieben Spiegel der Elementarteilchenphysik

CPT ist eine aus drei Spiegelungen – Zeitspiegelung, räumlicher Spiegelung und Ladungsspiegelung – zusammengesetzte Operation. Auf die Reihenfolge kommt es nicht an. Das CPT-Theorem behauptet Symmetrie gegenüber der zusammengesetzten Transformation. Über eine der drei Transformationen allein – beispielsweise Zeitspiegelung, T – macht das Theorem keine Aussage. *Wenn* aber T verletzt ist, dann auch die zusammengesetzte Operation CP, denn zusammen – hintereinander geschaltet – ergeben sie die Symmetrietransformation CPT. Die Symmetrien gegenüber T und CP gelten entweder beide oder sind beide verletzt. Wenn sie verletzt sind, dann so, daß sich die Verletzungen beider beim Hintereinanderausführen gerade herausheben.

Da es auf die Reihenfolge nicht ankommt, sind insgesamt sieben verschiedene Spiegelungen konstruierbar: zunächst C, P und T; dann die drei Zweierkombinationen CP, CT und PT; schließlich CPT. Experimentell wissen wir, daß C, P und CP verletzt sind. Damit, wegen der CPT-Symmetrie, sind auch PT, CT und T verletzt. Geschichte und Status dieser Symmetrieverletzungen sind sehr verschieden. Nach dem Vorschlag von Lee und Yang, daß Symmetrie gegenüber der Raumspiegelung nicht gelte, wurde sehr bald nachgewiesen, daß P bei keinem Prozeß der schwachen Wechselwirkung eine gute Symmetrie ist; die schwache Wechselwirkung verletzt P-Symmetrie sogar so stark wie überhaupt möglich. Dasselbe gilt für C-Symmetrie. Weiter unten werden einige Experimente zur P-Verletzung beschrieben. Heute ist die maximale Verletzung der Spiegelsymmetrie und die zugehörige Verletzung der C-Symmetrie eine der Grundlagen des Standardmodells, eben der merkwürdigen Gruppenstruktur $SU(2)_L \times U(1)$ – insofern also verstanden. Warum aber gerade *dies* die richtige Gruppenstruktur ist, ist eine andere Frage.

Die Verletzungen von C und P heben sich in CP nahezu auf

Mit der Verletzung von CP und T ist es ganz anders. Ich will hier nicht CPT anzweifeln und daher CP und T als dieselbe Sache ansehen. Experimentell ist CP-Symmetrie viel, viel besser erfüllt als P- oder C-Symmetrie allein. Zu jeder Verletzung von P gehört eine von C, die so ist, daß CP – mit einer Ausnahme; von ihr sogleich – nur unmerklich verletzt ist. Die Verletzung von CP wurde 1964 von V. L. Fitch und J. W. Cronin, Physiknobelpreis dafür 1980, bei dem Versuch entdeckt, Symmetrie gegenüber dieser Transformation nachzuweisen. Beginnend mit dem Fall der Spiegelungssymmetrie 1957 bis zu diesem unvorhergesehenen Ergebnis eines Präzisionsexperiments hatten Physiker einige Jahre gedacht, es reiche aus, den Spiegel von einem P- zu einem CP-Spiegel zu modifizieren, um Spiegelsymmetrie zu erhalten. Als »richtige« Spiegelung, der gegenüber Symmetrie bestand, wurde in dieser Zeit die Spiegelung im Raum, verbunden mit einer Vertauschung von Teilchen und Antiteilchen, angesehen. Die Entdeckung, daß auch CP verletzt ist, beendete diese kurze Epoche.

Bis heute konnte die Verletzung von CP nur an einem einzigen physikalischen System, natürlich dem bereits von Fitch und Cronin verwendeten, nachgewiesen werden. Daher ist über die CP-verletzende Wechselwirkung wenig bekannt. Alles ist mit der Existenz einer »superschwachen« Wechselwirkung vereinbar, die zu den bekannten Wechselwirkungen hinzukommt und nur im System der neutralen K-Mesonen beobachtbar große Effekte erzeugt. Es ist auch möglich, all unsere Kenntnis in das Standardmodell einzubauen. Einzubauen, wohlgemerkt; P-Verletzung ist eine der Grundlagen des Modells. Zum Einbau braucht man, wie Kobayashi und Maskawa bereits 1973, vor Entdeckung des vierten Quarks, gezeigt haben, *mehr als vier Quarks*. Es kann sein, daß wir durch die Zerfälle des fünften bekannten Quarks, des bottom, bald mehr über CP-Verletzungen lernen werden. Manche Autoren sehen schon heute Probleme, alle vom neutralen K-System bekannten Daten im Standardmodell unterzubringen.

Prozesse, die die CP-Verletzung, wäre sie nur stärker, zeigen müßten, sind zahlreich. Wie die Dinge stehen, geben sie alle mit der einen Ausnahme nur Höchstgrenzen für die Verletzung der Symmetrie. Die Ausnahme bilden die Zerfälle des neutralen langlebigen K-Mesons, an denen CP-Verletzung entdeckt wurde. Es gibt zwei unabhängige Zustände neutraler K-Mesonen, die unterschiedlich kombiniert werden können. Zur Lösung von Problemen mit diesem System – dem damals sogenannten Theta-Tau-Puzzle – haben Lee und Yang Tests der Spiegelsymmetrie in der schwachen Wechselwirkung vorgeschlagen – mit dem bekannten Ergebnis. Gell-Mann und Pais haben später gezeigt, daß es ein kurzlebiges und ein langlebiges neutrales K-Meson geben muß.

Nachgewiesen wird CP-Verletzung dadurch, daß ein Zerfall des langlebigen neutralen K-Mesons vorkommt, der bei CP-Symmetrie verboten ist. Daß ein Übergang nicht stattfinden kann, ist, neben der Vorhersage, daß gewisse Prozesse gleich häufig sind, eine für Symmetrien typische Vorhersage. Ladungserhaltung ist ein Beispiel. Sie verbietet Prozesse, bei denen sich die elektrische Ladung insgesamt ändert. Wegen Ladungserhaltung kann ein K^+ nicht in drei neutrale π^0 zerfallen, wohl aber in ein π^+ und zwei π^0 oder aber in zwei π^+ und ein π^-.

Die Zerfallsprodukte des langlebigen neutralen K-Mesons müssen sich bei CP-Transformationen insgesamt genauso verhalten wie das Teilchen selbst. Drei π-Mesonen verhalten sich unter CP wie das langlebige neutrale K-Meson, nicht aber zwei. Der einfachste Nachweis der Verletzung der CP-Symmetrie besteht in der Beobachtung, daß das langlebige neutrale K-Meson in zwei π-Mesonen zerfällt.

Zeitumkehrsymmetrie bei Abläufen und Naturgesetzen

Die Naturgesetze für das System der neutralen K-Mesonen verletzen also CP und T. Vielleicht hat sich der Leser gefragt, was Symmetrie gegenüber T, Zeitumkehr, heißen soll in einer Welt, in der eine Zeitrichtung – später – offenkundig und total vor der anderen – früher – ausgezeichnet ist. Wir müssen sorgfältig zwischen den möglicherweise symmetrischen Naturgesetzen und den Effekten, die sie produzieren, unterscheiden.

Es kann sein, daß die Gesetze – unser Thema – symmetrisch sind und die Effekte nicht. Um das zu zeigen, reicht ein Beispiel. Ich denke mir ein Billard mit reibungsfreien Kugeln, besser: flachen runden Scheiben. Zur Vereinfachung will ich annehmen, daß die Scheiben sich nicht drehen können. Wenn eine Scheibe an die Wand des Billardtisches stößt, wird sie reflektiert; zwei Scheiben, die aufeinander treffen, stoßen elastisch aneinander. Es kommt für das, was ich sagen will, nicht darauf an, ob solch ein System realisierbar ist. Wie es sich im Laufe der Zeit verhalten wird, ist auf jeden Fall berechenbar. Ich will zeigen, daß – erstens – die Gesetze, die sein Verhalten regeln, symmetrisch sind bei Zeitumkehr und daß – zweitens – von diesem Verhalten die Richtung der Zeit abgelesen werden kann.

Die Vereinbarkeit von Gesetzen, die durch Zeitumkehr nicht geändert werden, mit dem Auftreten von Effekten, die eine Zeitrichtung auszeichnen, ist ein altes und berühmtes Problem. Darüber sind viele Abhandlungen geschrieben worden. Ich kann nicht einmal versuchen, all dem gerecht zu werden. Zusammenfassend will ich sagen, daß die Asymmetrie auf dem Niveau der exakten Mathematik dieser Prozesse nicht besteht, wohl aber – vage – in der Praxis. Auch diese Praxis ist Gegenstand exakter Mathematik.

Unser System durchläuft Zustände, die durch Orte und Geschwindigkeiten beschrieben werden. Jeder Ort und jede Geschwindigkeit bedeutet eine *unendlich* lange Zahlenkolonne, unendlich viele Stellen hinter dem Komma. Manche dieser Kolonnen kann ich leicht angeben – beispielsweise die mit nur Nullen nach der sechsten Stelle. Symmetrie besteht nur, wenn alle, wirklich alle Zahlenkolonnen als Anfangsbedingungen des Systems realisierbar sind.

Hierzu ließe sich, wiederum, viel Grundsätzliches sagen. Ich beschränke mich auf die Praxis. Praktisch sind natürlich nicht alle möglichen Zustände realisierbar – eigentlich kein vorgegebener ganz genau. Dabei hängt der resultierende Ablauf von winzigsten Details der Anfangsbedingungen entscheidend ab. Beides zusammen bewirkt die das anschauliche Verhalten dominierende Asymmetrie zwischen Vergangenheit und Zukunft.

Daß die *Gesetze*, die das Verhalten unseres Billards regeln, nicht zwischen Vergangenheit und Zukunft unterscheiden, ist offensichtlich. Reibung habe ich durch Annahme abgeschafft. Daher werden die Scheiben, einmal angestoßen, sich für immer ohne Energieverlust auf dem Billardtisch bewegen. Um einzusehen, daß die Gesetze, die das Verhalten der Scheiben regeln, nicht zwischen Vergangenheit und Zukunft unterscheiden, reicht es aus, sich das Verhalten von zwei Scheiben vorzustellen. Sie rutschen irgendwie auf dem Tisch herum und stoßen aneinander und an die Wände – das ist alles. Einem Film von dem Ablauf wäre nicht anzusehen, ob er vorwärts läuft oder rückwärts.

Symmetrie der Naturgesetze gegenüber Zeitumkehr bedeutet bei unserem Billard folgendes: Wenn ich den Ablauf zu einer beliebigen Zeit anhalte, die Richtungen aller Geschwindigkeiten umkehre und das System mit *genau* dieser Anfangsbedingung neu starte, durchläuft es die alte Folge von Zuständen in umgekehrter Reihenfolge. In diesem Sinne ist mein Billard auch mit beliebig vielen Scheiben symmetrisch gegenüber Zeitumkehr. Eine andere Frage ist, ob die Voraussetzung in der Praxis erfüllt werden kann.

Vorgegebene Anfangsbedingungen können niemals exakt eingestellt werden. Wenn man das ernst nimmt, hat man bereits eine Asymmetrie zwischen Vergangenheit und Zukunft bei symmetrischen Gesetzen erzeugt. Gegeben sei unser System mit allen Scheiben in einer, der linken, Hälfte des Tisches. Die Geschwindigkeiten der Scheiben seien nicht alle Null. Dieser Zustand ist leicht zu realisieren. Jetzt warten wir einige Zeit. Unterdessen stoßen die Scheiben aneinander und verteilen sich nahezu sicher über den ganzen Tisch.

Nahezu sicher – das soll heißen, daß die Gewißheit mit der Zahl der verwendeten Scheiben schnell ansteigt. Man kann durch Wahl der Anfangsgeschwindigkeit leicht erreichen, daß eine einzige Scheibe für immer in der linken Tischhälfte bleibt. Wir wollen voraussetzen, die Anfangsbedingungen seien so beschaffen, daß Scheiben an Scheiben stoßen, nicht nur an den Rand. Bei zwei Scheiben ist in der Praxis noch für eine gewisse Zeit, vielleicht für immer erreichbar, daß beide in der linken Tischhälfte bleiben. Bei zehn

Scheiben wohl nicht mehr und bei 10^{23} – so vielen, wie ein makroskopisches Stück Materie Moleküle enthält – ist es praktisch ausgeschlossen.

Es ist problemlos möglich, jene Anfangsbedingung zu realisieren, bei der sich alle Scheiben in derselben – linken – Tischhälfte befinden. In der Nähe einer jeden derartigen Anfangsbedingung liegen andere, die dasselbe bedeuten. Der Effekt, der uns am Ende erlaubt, zwischen Vergangenheit und Zukunft zu unterscheiden, ist, daß im Laufe der Zeit dieses sauber umrissene Gebiet im Raum der Anfangsbedingungen zerfleddert und zerfranst wird. Stellen wir uns vor, wir warten, bis die Scheiben sich über den ganzen Tisch verteilt haben. Wenn wir nun den Ablauf anhalten und das System mit exakt umgekehrten Geschwindigkeiten neu starten, sind wir sicher, daß nach einer Weile alle Scheiben wieder in der linken Tischhälfte versammelt sind. Man muß sich diesen Ablauf bei – sagen wir – 100 Scheiben nur vorstellen, um einzusehen, daß er bis zur Unrealisierbarkeit unwahrscheinlich ist. Das liegt natürlich daran, daß es in der Praxis nicht möglich ist, die neuen Anfangsbedingungen so genau einzustellen, wie es für das Resultat erforderlich wäre: Dicht bei jeder »richtigen« Anfangsbedingung liegen andere mit ganz anderem Ergebnis.

In der Praxis treten Zustände des Systems, bei denen alle Scheiben in derselben Hälfte des Tisches beisammen sind, daher nur als »von Hand« eingestellte Anfangszustände, nicht als Resultat von Entwicklungen auf Grund der Gesetze des Systems auf. Das gilt auch bei beliebig vorgegebener Genauigkeit, wenn nur die Zahl der Scheiben groß genug ist. Der Effekt, durch den wir am Ende Vergangenheit und Zukunft unterscheiden können, ist, daß wir keine Abläufe auslösen können, die mit zahlreichen über den Tisch verteilten Scheiben beginnen und dazu führen, daß sich diese in der einen Tischhälfte versammeln. Wenn in einem Film solch eine Szene vorkommt, wissen wir, daß er rückwärts läuft. Und ein Film, in dem sich die Scheiben von einer Tischhälfte ausgehend über den ganzen Tisch verteilen, läuft sicher vorwärts. Denn, wie gerade gesagt, der umgekehrte Vorgang – die Scheiben versammeln sich in einer Tischhälfte – kommt in der Realität nicht vor.

Computerfans unter den Lesern sei geraten, diese Experimente einmal wirklich zu machen. Erforderlich ist ein Programm, das die

Stöße von Kreisen aneinander und an den Wänden simuliert. Solch ein Programm zu schreiben ist nicht schwer. Computer haben eine nur endliche Rechengenauigkeit. Da kann es sein, daß unter den Zuständen des Systems, die bei vielleicht 30 Teilchen im Computer darstellbar sind, nicht einer ist, der nach – sagen wir – 10000 Teilchenstößen auf einen Zustand führt, in dem alle Kreise in der linken Kastenhälfte vereint sind. Die Zahlen hängen natürlich von nicht festgelegten Details ab. Wichtig ist nur, daß, wenn sie groß genug gewählt werden, der beschriebene Effekt auftreten wird.

Rundungsfehler simulieren die Außenwelt

Ob bei exakter Rechnung manche der im Computer realisierbaren Anfangszustände nach 1000 Stößen zu dem gewünschten Zustand führen würden, kann natürlich kein Computerexperiment entscheiden. Computer machen unvermeidbar Rundungsfehler, die bei Experimenten wie diesem nicht vernachlässigbar sind. Wenn aber die Realität instabil ist gegenüber kleinen Änderungen der Anfangsbedingungen, wird sie durch Computerexperimente im wesentlichen so dargestellt, wie sie ist. Kein Zustand kann je in der Wirklichkeit so genau – das hieße exakt – eingestellt werden, daß die Darstellungsmöglichkeiten denkbarer Rechner überschritten werden. Jedes System unterliegt in der Realität äußeren Einflüssen, die sein Naturgesetz nicht berücksichtigt. Rundungsfehler können diese Einflüsse simulieren.

Das Computerexperiment besteht darin, mit vielleicht 30 Kreisen in der linken Kastenhälfte zu beginnen, einige hundert Stöße zu warten, anzuhalten, die Vorzeichen der Geschwindigkeiten umzudrehen und mit demselben Programm den Verlauf unter dieser Anfangsbedingung neu zu berechnen. Ich wette, daß sich nicht alle Scheiben wieder in derselben Kastenhälfte versammeln werden.

Daß makroskopische Effekte zwischen Vergangenheit und Zukunft zu unterscheiden erlauben, bedeutet nicht, daß die Naturgesetze für Elementarteilchen dies ebenfalls tun. Die bei den neutralen K-Mesonen beobachtete Verletzung der CP- und T-Symmetrie hat mit dieser makroskopischen Irreversibilität nichts zu tun. Beide

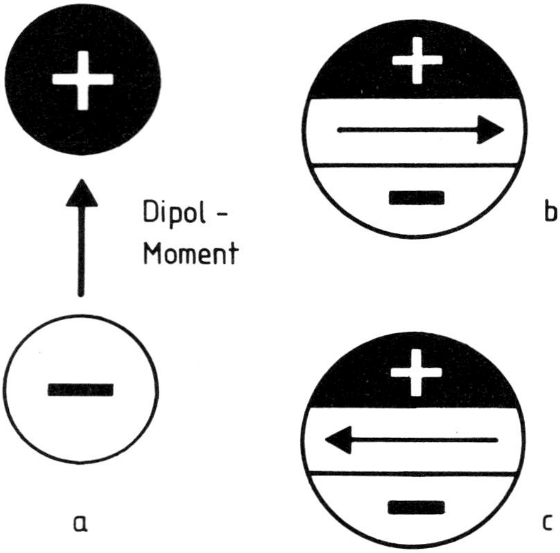

Abbildung 108

sind voneinander unabhängig. Ein wichtiges Experiment zur Frage der Symmetrie der Naturgesetze für Elementarteilchen bei Zeitumkehr, das bereits sehr genaue Resultate liefert, betrifft das elektrische Dipolmoment des Neutrons. Das Experiment testet Zeitumkehrsymmetrie unabhängig vom CPT-Theorem.

Ein Experiment zur Zeitumkehrsymmetrie der Naturgesetze

Zwei gleich große elektrische Ladungen mit entgegengesetzten Vorzeichen in einem gewissen Abstand voneinander bilden einen elektrischen Dipol. Jeder Dipol zeichnet eine Richtung im Raum aus, jene nämlich von seiner negativen zur positiven Ladung (Abb. 108). Seine Stärke wird durch das Dipolmoment gemessen. Man wird allgemein erwarten, daß im Raum verteilte Ladungen ein Dipolmoment besitzen. Nur bei speziellen Anordnungen wird es verschwinden.

Die Summe der Ladungen der Quarks, die das elektrisch neutrale Neutron aufbauen, verschwindet. Das bedeutet aber nicht, daß das Neutron keine elektrischen Eigenschaften haben kann. Denn die Ladungen der Quarks sind im Neutron verteilt. Man wird es daher für möglich halten, daß das Neutron ein Dipolmoment besitzt. Das aber ist, wenn Zeitumkehrsymmetrie gilt, für das Elementarteilchen Neutron ausgeschlossen. Wir werden noch sehen, daß auch Symmetrie gegenüber Raumspiegelungen ein nicht verschwindendes Dipolmoment des Neutrons verbietet. Da die Symmetrie gegenüber Zeitumkehr weniger verletzt ist als jene gegenüber Spiegelungen, unterdrückt Zeitumkehrsymmetrie das Dipolmoment des Neutrons stärker als Spiegelsymmetrie.

Durch E. P. Wigners Analyse der Darstellungen der Poincaré-Gruppe wissen wir, welche raum-zeitlichen Eigenschaften ein Elementarteilchen haben kann. Genau zwei davon zeichnen eine Richtung aus: der Impuls und der Spin. Es ist nicht möglich, daß die Richtung des Dipolmoments als neue, das Teilchen oder seinen Zustand kennzeichnende Eigenschaft hinzukommt. Das würde dem Experiment und der Analyse Wigners widersprechen. Es würde bedeuten, daß das Elementarteilchen mehr Zustände einnehmen kann, als Wigners Analyse erlaubt. Das wäre nur dann nicht so, wenn die Richtung des Dipolmoments immer durch die anderen zwei Richtungen gegeben wäre. Wir wollen uns überlegen, daß das bei Zeitumkehrsymmetrie ausgeschlossen ist.

Wir wissen, wie sich Dipolmomente bei Änderungen der Geschwindigkeit verhalten. Wenn das Neutron überhaupt ein Dipolmoment besitzt, verschwindet es nicht in dem Bezugssystem, in dem das Neutron ruht. Das schließt bereits aus, daß die Richtung des hypothetischen Dipolmoments des Neutrons mit der Richtung seines Impulses zu tun hat. Nun gelte Zeitumkehrsymmetrie. Dann kann es nicht sein, daß das Dipolmoment des Neutrons im Ruhesystem immer dieselbe Richtung hat wie der Spin. Der Grund ist unterschiedliches Verhalten der zwei Richtungen bei Zeitspiegelungen.

Um herauszufinden, wie sich bei Zeitumkehr der Spin eines Teilchens verhält, können wir es uns wie eine kleine sich drehende Kugel vorstellen. Zeitumkehr bedeutet, daß die Richtung aller Bewegungen umgekehrt wird, auch die der Drehung. Das Dipolmoment aber als statische Eigenschaft – zwei Ladungen sitzen einander gegenüber – bleibt von der Zeitumkehr unberührt. Wenn das Neutron vor der Zeitumkehr aussieht wie in Abbildung 108b, dann danach wie in Abbildung 108c. Wir wissen, daß die Richtung der Achse der effektiven Drehung mit der des Dipolmoments übereinstimmen muß. Ein Neutron, das sich vor der Zeitumkehr, in Richtung des Dipolmoments gesehen, rechtsherum dreht, dreht sich danach linksherum.

Das Neutron mit Dipolmoment hat bei Zeitumkehrsymmetrie also mindestens vier verschiedene raum-zeitliche Zustände, obwohl bei Wigner nur zwei vorkommen. Ich will einmal annehmen, daß das Pauli-Prinzip, wenn es diese Zustände gäbe, so modifiziert würde, daß das Neutron doppelt so viele Zustände einnehmen könnte. Das ist aber experimentell ausgeschlossen. Das Neutron ist ein Teilchen mit *zwei,* nicht vier, Zuständen bei jeder Geschwindigkeit, zum Beispiel in Ruhe. Das wissen wir, weil das Neutron mit seinem halbzahligem Spin dem Pauli-Prinzip genügt. Zwei, nicht vier Neutronen können sich in einem Zustand befinden, in dem sonst alles gleich ist. Genauso ist ausgeschlossen, daß das Dipolmoment eine eigene, zusätzlich zum Spin einstellbare Richtung besitzt. Auch das würde zusätzliche Zustände des Neutrons ins Spiel bringen.

Würde experimentell nachgewiesen, daß das Neutron ein nicht verschwindendes Dipolmoment besitzt, so wäre der Schluß unabweisbar, daß die Naturgesetze bei Zeitumkehr nicht symmetrisch sind. Dann gäbe es in der Natur das Neutron mit einer bestimmten relativen Einstellung – parallel oder antiparallel – von Drehachse und Dipolmoment, und sein Bild unter Zeitumkehr gäbe es nicht. Man kann seine Eigenschaften zwar anschreiben, aber nicht realisieren. Eine ähnliche Situation werden wir bei den Neutrinos kennenlernen.

Wegen der bei den neutralen K-Mesonen beobachteten CP- und T-Verletzung erwartet man natürlich, daß das Neutron ein, wenn auch kleines, Dipolmoment besitzt. Experimentell konnte es noch nicht nachgewiesen werden. Die obere experimentelle Grenze ist, trotz intensiver Bemühungen der Experimentatoren, auch 1986 noch größer als die theoretische Erwartung.

Dieselben Argumente gelten auch für andere Elementarteilchen, Protonen oder Elektronen zum Beispiel. Man spricht hauptsächlich vom Neutron, da das Dipolmoment neutraler Teilchen genauer gemessen werden kann als das geladener.

Wenn man sich das Neutron als rotierende Ladungswolke vorstellt, ist leicht einzusehen, daß das Dipolmoment parallel zur

Drehachse ausgerichtet sein muß. Daß es in eine Richtung zeigt, bedeutet, daß die Ladungen in dieser Richtung voneinander getrennt sind. Durch die Drehung verschwindet im zeitlichen Mittel jeder mögliche Ladungsunterschied senkrecht zur Drehachse: Das Dipolmoment ist zur Drehachse parallel.

Bilder und Spiegelbilder

Ich kehre zur Spiegelsymmetrie zurück. Ein räumliches Gebilde mit Schraubensinn ist mit seinem Spiegelbild nicht identisch. Natürlich hängen Lage und Orientierung des Spiegelbilds im Raum von der Stellung des Spiegels ab. Ein Objekt und sein Spiegelbild nenne ich hier schon dann identisch, wenn sie durch eine Drehung oder Verschiebung zur Deckung gebracht werden können. Das ist gleichbedeutend damit, daß man einen Spiegel so stellen kann, daß Spiegelung an ihm das Objekt in sich überführt.

Die Gestalt des Menschen ist mit ihrem Spiegelbild fast identisch, sie besitzt, wenn man Details übersieht, keinen Schraubensinn: Stellt man einen beidseitigen Spiegel so auf, daß die Spiegelebene den Menschen in der Mitte von oben nach unten und von vorn nach hinten durchschneidet (!), so sind Urbild und Spiegelbild ohne Drehung oder Verschiebung identisch. Das Spiegelbild der rechten Hand ist dabei identisch mit der wirklichen linken, der Spiegel vertauscht »rechts« und »links«. Da ist die (alte Scherz-)Frage berechtigt, warum er nicht auch »oben« und »unten« vertauscht.

Um – Spaß beiseite – zu beschreiben, was der Spiegel wirklich vertauscht, muß man sorgfältig zwischen den *Richtungen rechts und links*, vom Betrachter aus gesehen, und dem *Schraubensinn – linkshändig und rechtshändig* – unterscheiden. Der Spiegel vertauscht den Schraubensinn, läßt aber die Richtungen rechts und links von dem aus gesehen unverändert, der sich geradeaus im Spiegel betrachtet. Wenn ich meine linke Hand mit der Uhr dem Spiegel entgegenstrecke, reicht mir mein Spiegelbild *seine rechte Hand*; der Spiegel hat den Schraubensinn geändert, die linke in eine rechte Hand verwandelt; die Richtung »links« *von mir aus gesehen* ist aber dieselbe geblieben: Wirkliche und gespiegelte Uhr befinden sich beide auf meiner linken Seite. Den Spiegel betreffende Scherzfragen beruhen zumeist auf Nichtbeachtung dieses Unterschiedes von rechts und links als Richtungen und Händigkeiten. Sie spielen außerdem oft mit einem Wechsel des Standpunkts: Die Unterscheidung zwischen Händigkeiten und Richtungen im Raum entfällt, wenn die gespiegelte Situation so beschrieben wird, wie sie einem *gespiegelten Beobachter* erscheinen würde, der unsere Konventionen für rechts und links verwendet. Mein Spiegelbild trägt seine Uhr an seiner rechten Hand, die sich, von ihm aus gesehen, auf seiner rechten Seite befindet – wie es sein muß. Das ist, abermals, der Orpheus, der seinen Spiegel durchschreitet, ohne sich dabei in sein Spiegelbild zu verwandeln, verglichen mit dem, der ihn durchflutet und dabei zu seinem eigenen Spiegelbild wird. Die Welt des letzteren sollte eigentlich für sich allein von unserer ununterscheidbar sein. Wir wissen von T. D. Lees Auto, daß das nicht so ist.

Um unabhängig von allen Verwirrspielen mit rechts und links zu überlegen, was der Spiegel wirklich tut, ist es am einfachsten, seine Wirkung auf einzelne Punkte heranzuziehen. Durch sie ist die Spiegelung definiert; alles andere, die Wirkung des Spiegels auf aus Punkten zusammengesetzte Objekte und Richtungen im Raum ist eine Folge dieser Definition: Der Spiegel vertauscht jeden Punkt vor dem Spiegel mit demjenigen, der ihm hinter dem Spiegel in demselben Abstand vom Spiegel senkrecht gegenüber liegt. Dadurch vertauscht er Händigkeit oder Schraubensinn; aus einer rechten Hand wird eine linke und umgekehrt. Das ist einfach zu sehen. Spiegeln Sie wie beschrieben Punkt für Punkt Ihre nach dem Vorbild von Dürers *Betenden Händen* mit den Innenflächen zusammengelegten Hände an der Ebene zwischen beiden, definiert beispielsweise durch ein Blatt Papier, das die Hände voneinander trennt und das sie halten. Dann ist die rechte Hand in der Tat das Spiegelbild der linken und umgekehrt. Wie sich die Spiegelung auf Richtungen im Raum auswirkt, ist offensichtlich, wenn Sie sich mit einem Pfeil vor den Spiegel stellen: Zeigt der wirkliche Pfeil nach oben, unten, rechts oder links, so auch sein Spiegelbild. Zeigt der wirkliche Pfeil aber von Ihnen fort in den Spiegel hinein, so zeigt sein Spiegelbild aus dem Spiegel heraus auf Sie (Abb. 112a und b). Wenn man ein für allemal festlegt, welche der zwei auf dem Spiegel senkrecht stehenden *Richtungen* vom Spiegel aus gesehen »vorn« sein soll und welche »hinten«, vertauscht der Spiegel von ihm aus gesehen vorn und hinten und sonst nichts. Was er vom Betrachter aus gesehen vertauscht, hängt davon ab, wie der Betrachter relativ zu ihm steht. Sieht er geradeaus in den Spiegel, so vertauscht dieser auch seine persönlichen Richtungen »vorn« und »hinten«. Die Richtungen wohlgemerkt, nicht seine Gebiete: Was zwischen Betrachter und Spiegel liegt, liegt vor ihm – sowohl in der Wirklichkeit als auch im Spiegel. Der Leser kann sich leicht überlegen, was der Spiegel für den vertauscht, der so quer zum Spiegel steht, daß seine eine Schulter dem Spiegel zugewandt ist.

In das Bild, das jemand sieht, wenn er sich (ohne Uhr!) geradeaus im Spiegel betrachtet, überführt ihn eine Drehung um 180 Grad um eine senkrechte Achse in der Spiegelebene; dasselbe gilt für die Wirkung des Spiegels auf einen auf ihn senkrecht stehenden Pfeil. Den quer zum Spiegel stehenden spiegelsymmetrischen Betrachter hingegen verschiebt er; genauso einen zum Spiegel parallelen Pfeil. Wenn Sie ein Blatt Papier mit dem Schriftzug *Symmetrie* so halten, daß Sie den Schriftzug im Spiegel sehen, zeigt er Ihnen kursiv nach links geneigte Spiegelschrift: Scheinbar hat der Spiegel rechts und links vertauscht. Das stimmt aber nicht; der Spiegel ermöglicht es Ihnen nur, die Rückseite des Blattes zu sehen, ohne es umdrehen zu müssen. Die Richtungen rechts und links haben Sie vertauscht, als Sie die beschriebene Seite um 180 Grad so gedreht haben, daß Sie sie im Spiegel sehen können. Die Spiegelschrift eines linkshändigen Schülers auf durchsichtiger Folie kann der Lehrer normal lesen, wenn er die Folie umdreht. Wenn Sie *Symmetrie* auf eine durchsichtige Folie schreiben und sich mit der Folie in der Hand vor den Spiegel stellen, sehen Sie auf der Folie und im Spiegel denselben Schriftzug in Normalschrift – kursiv nach rechts geneigt und parallel verschoben. Und auch die Spirale des Prologs, zu dem Schriftzug hinzugefügt, besitzt auf der Folie und im Spiegel denselben Drehsinn. Der Spiegel, der mitten durch Sie hindurch geht, vertauscht für Sie wirklich rechts und links – nun vorn und hinten vom Spiegel aus gesehen. Und der Spiegel der Abbildung 109 vertauscht oben und unten!

Abbildung 109
Ebenes Wasser als Spiegel vertauscht oben und unten.

Zwei Kennzeichnungen von Richtungen

Einfache Objekte mit Schraubensinn sind – natürlich – Schrauben, Schallplatten, Schnabeltassen, rechte Hände, (gehende!) Zeigeruhren, Lineale (Abb. 110) und Wendeltreppen. Für unsere Zwecke ist es günstig, den Schraubensinn auf zwei Möglichkeiten, Richtungen im Raum zu kennzeichnen, zurückzuführen. Eine Richtung

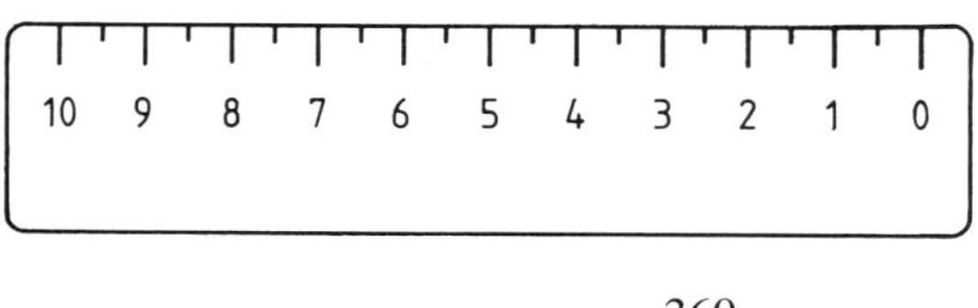

Abbildung 110: *Lineal für Linkshänder*

kann man erstens charakterisieren, indem man in diese Richtung zeigt. Eine so festgelegte Richtung wollen wir durch einen Pfeil darstellen. Zweitens kann man Richtungen durch Drehachsen festlegen. Die zwei Hälften der Stange mit Ring in Abbildung 30 sollen sich nicht voneinander unterscheiden; die Stange zeichnet also zwei antiparallele Richtungen vor allen anderen aus. Sieht man entlang der Stange in eine dieser Richtungen, so ist die Drehung in Richtung der Pfeile eine im Uhrzeigersinn (Rechtsdrehung, positiver Drehsinn); in Gegenrichtung gesehen ist sie eine Linksdrehung (negativer Drehsinn). Das gibt uns die Möglichkeit, durch die Stange mit Ring in Abbildung 30 – Abbildung 111 a zeigt einen Ausschnitt – eine Richtung im Raum eindeutig festzulegen als diejenige, in der Drehung in Richtung der Pfeile Drehung im Uhrzeigersinn ist. Eine so festgelegte Richtung kennzeichnen wir durch einen Doppelhaken (Abb. 111 b). Offenbar reicht (Abb. 111 c) der Ring allein aus, um die Richtung des Doppelhakens festzulegen.

a b c

Abbildung 111: *Der Doppelhaken kennzeichnet die Richtung, in die gesehen die Pfeile des Ringes im Uhrzeigersinn laufen.*

Wie sich die Richtung eines im Spiegel betrachteten Pfeils zur Richtung des wirklichen Pfeils verhält, hängt wie bereits gesagt von der Richtung des Pfeils relativ zum Spiegel ab. Steht der Pfeil senkrecht auf der Spiegelebene, so zeigen Pfeil und gespiegelter Pfeil in entgegengesetzte Richtungen (Abb. 112 a). Das Bild eines Pfeils in einem zum Pfeil parallelen Spiegel ist ein Pfeil, der in dieselbe Richtung zeigt (Abb. 112 b). Dem Spiegelbild eines Rings ist genau wie ihm selbst ein Doppelhaken zugeordnet. Er zeigt in jene Richtung, in die gesehen Drehungen in Richtung der Pfeile des gespiegelten Rings Rechtsdrehungen sind. Wenn der Doppelhaken, der dem wirklichen Ring zugeordnet ist, auf der Spiegelebene senkrecht steht, sind die Ebenen von Ring und Spiegel parallel zueinander wie

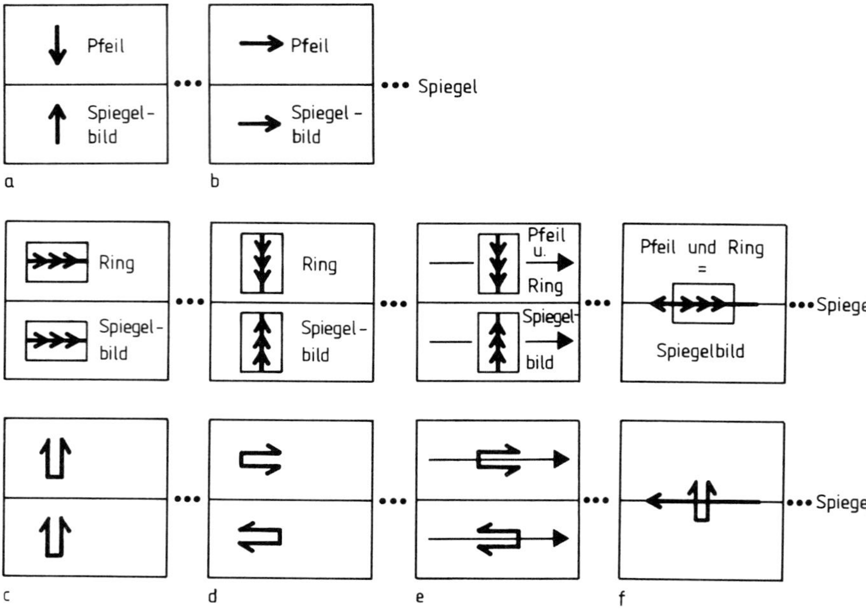

Abbildung 112: *Durch Umlaufrichtungen axial gekennzeichnete Richtungen verhalten sich bei Spiegelungen anders als durch materielle Pfeile polar gekennzeichnete. Kein Objekt, durch das sich sowohl eine »axiale Richtung« als auch eine auf ihr nicht senkrecht stehende »polare Richtung« definieren läßt, kann durch eine Drehung und/oder Verschiebung mit seinem Spiegelbild zur Deckung gebracht werden.*

bei einem Ring, der auf dem Spiegel liegt. Dann (Abb. 112c) besitzen die Pfeile des Rings und seines Spiegelbilds denselben Umlaufsinn, und daher zeigt der dem gespiegelten Ring zugeordnete Doppelhaken in dieselbe Richtung wie derjenige, der dem wirklichen Ring zugeordnet ist. Wir wollen den dem Spiegelbild des Rings zugeordneten Doppelhaken künftig als »Spiegelbild des Doppelhakens« ansehen.

Dann ändert, anders als ein Pfeil, ein Doppelhaken bei Spiegelung in einem Spiegel, auf dem er senkrecht steht, seine Richtung nicht. Wirkliche Doppelhaken verhalten sich bei Spiegelungen natürlich wie Pfeile und nicht wie unsere Doppelhaken, die als Darsteller von Ringen mit Umlaufsinn zu verstehen sind und sich wie diese verhalten – anders also als Pfeile. Sind Doppelhaken und

Spiegelebene parallel, so stehen die Ebenen des Rings und des Spiegels wie bei einem Ring, der auf der Spiegelebene rollt, senkrecht aufeinander. Dann (Abb. 112d) besitzen der Ring und sein Spiegelbild entgegengesetzten Umlaufsinn, so daß Doppelhaken und Spiegelbild des Doppelhakens in entgegengesetzte Richtungen zeigen. Der zu einem Doppelhaken parallele Spiegel dreht diesen um 180 Grad; der zu einem Pfeil parallele läßt dessen Richtung ungeändert. Der Pfeil wird von einem Spiegel, auf dem er senkrecht steht, um 180 Grad gedreht, während die Richtung eines Doppelhakens durch einen Spiegel, auf dem er senkrecht steht, nicht geändert wird.

Nicht nur räumliche Objekte, sondern auch deren Bewegungen zeichnen Richtungen aus. Sie verhalten sich bei Spiegelungen entweder wie Pfeile («polare» Richtungen) oder wie Doppelhaken («axiale»). Gerichtete Bewegungen definieren polare Richtungen, Drehbewegungen axiale. Die Abbildungen 112a–d zeigen, daß man jedes Objekt, das nur eine Richtung – polar oder axial – auszeichnet, durch eine Drehung und/oder Verschiebung in sein Spiegelbild überführen kann. Es besitzt keinen Schraubensinn. Objekte mit Schraubensinn definieren *sowohl* eine polare *als auch* eine axiale Richtung, die *nicht aufeinander senkrecht stehen*. Wir wollen uns überlegen, daß kein Objekt, das dieselbe Richtung sowohl polar als auch axial definiert, mit seinem Spiegelbild identisch sein kann. Das zeigt der Ring mit Pfeil in Abbildung 112e. Er definiert die durch den Umlaufsinn axial gekennzeichnete Richtung noch einmal polar als die des Pfeils. Die Abbildung zeigt, daß das Spiegelbild des Ringes mit Pfeil durch keine Drehung oder Verschiebung mit ihm selbst zur Deckung gebracht werden kann. Das drückt die untere Abbildung 112e durch Pfeil und Doppelhaken aus. Andererseits besitzen eine polare und eine axiale Richtung, die senkrecht aufeinander stehen, auch zusammen keinen Schraubensinn (Abb. 112f). Stehen polare und axiale Richtung nicht senkrecht aufeinander, so besitzen sie, wie bereits gesagt, zusammen immer einen Schraubensinn. Davon kann der Leser sich leicht überzeugen.

Die Spiegelebene der Abbildung 112f ist die Symmetrieebene des Rings. Sie enthält auch den Pfeil. Bei dieser Wahl werden Ring und Pfeil durch die Spiegelung in sich selbst überführt. Die Abbildungen 112e + f haben interessante Konsequenzen für Kugeln, die sich zugleich drehen und geradeaus bewegen. Ich will zwei Fälle unterscheiden. Erstens den, daß die (axiale; daher der Name »axial«) Drehachse auf der (polaren) Bewegungsrichtung senkrecht steht. Dann haben wir den Fall der Abbildung 112f: Dreh- und Vorwärtsbewegung zeichnen keinen Schraubensinn aus, der Ablauf ist identisch mit seinem Spiegelbild im Spiegel der Abbildung 112f. Anders ist es, wenn Drehachse und Bewegungsrichtung übereinstimmen. Das ist die Situation der Abbildung 112e. Hier können Bild und Spiegelbild durch keine Drehung oder Verschiebung zur Deckung gebracht werden.

Die geometrische Analyse des Verhaltens physikalischer Größen bei Spiegelungen können wir benutzen, um Experimente zum Test der Spiegelsymmetrie der Naturgesetze vorzuschlagen. Das Neutron mit elektrischem Dipolmoment, das immer parallel zur Drehachse steht, wäre ein Teilchen, das zugleich eine polare Richtung – das Dipolmoment, den Pfeil also von der negativen zur positiven Ladung – und eine dazu parallele axiale Richtung – den Doppelhaken der Drehachse – definiert. Es kann durch die oberen Abbildungen 112e dargestellt werden. Sein räumliches Spiegelbild stellen die Abbildungen ebenfalls dar: Pfeil und Doppelhaken sind antiparallel. Folglich verbietet Spiegelsymmetrie der Naturgesetze, genauso wie Symmetrie bei Zeitumkehr, daß das Neutron ein elektrisches Dipolmoment besitzt.

Spiegelsymmetrie ist verletzt, wenn sich der Nachbau des Spiegelbilds einer Apparatur anders verhält als die Apparatur selbst, im Spiegel betrachtet. Soweit wir heute wissen, verletzt von den vier grundlegenden Wechselwirkungen – der starken, der elektromagnetischen, der schwachen und der Gravitation – nur die schwache Wechselwirkung die Spiegelsymmetrie. Daher gelten Naturgesetze, die einen durch die starke, die elektromagnetische oder die Gravitationswechselwirkung bestimmten Ablauf beherrschen, genauso für den im Spiegel beobachteten Ablauf. Würde also das Spiegelbild der Apparatur in der Wirklichkeit aufgebaut, würde sich der Nachbau genauso verhalten wie die Apparatur selbst, im Spiegel betrachtet.

Die Abbildungen 95 und 97 zeigen typische Kopplungen der elektroschwachen Austauschteilchen an Materieteilchen (vgl. Kap. 7). Wir entnehmen den Abbildungen, daß zu Prozessen, die elektromagnetisch, das heißt über Photonaustausch ablaufen können, auch das Z^0 beitragen kann (Abb. 113). Der Beitrag des Z^0 ist bei heutigen Energien natürlich nur eine winzige Korrektur zu dem des Photons, da die schwache Kopplung des Z^0 viel kleiner ist als die elektromagnetische des Photons. Da diese Korrektur aber möglicherweise nicht spiegelsymmetrisch ist, ist sie besonders interessant. Von ihr wird noch zu sprechen sein.

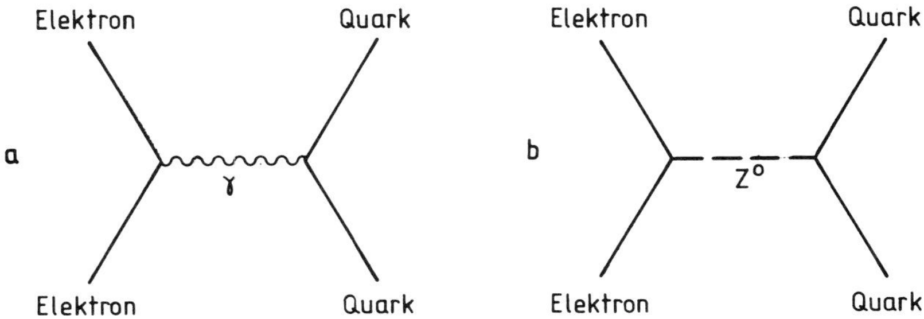

Abbildung 113

Manche, nicht alle, Naturgesetze sind spiegelsymmetrisch

Alltagserfahrung lehrt, daß die Gesetze der Schwerkraft in der Tat spiegelsymmetrisch sind. Die Spiegelsymmetrie der Schwerkraft wäre verletzt, wenn sich das Gewicht eines Körpers von dem des Nachbaus seines Spiegelbildes unterschiede. Die elektromagnetische Wechselwirkung bestimmt den Aufbau der Elektronenhülle der Atome und damit die Eigenschaften der Materie. Daher testen Alltagserfahrungen auch die Spiegelsymmetrie der elektromagnetischen Wechselwirkung. Aus ihr folgt, daß der Nachbau des Spiegelbildes einer elektromagnetischen oder elektronischen Maschine – Radio, Dynamo, Motor, Computer – genauso funktioniert wie die Maschine selbst. Hängt die Maschine von einem nichtspiegelsymmetrischen Input ab – die Drehrichtung beim Dynamo –, muß natürlich auch dieser gespiegelt werden.

π-Mesonen sind mit ihrem Spiegelbild identisch, der Nachbau des Spiegelbildes eines π-Mesons in Ruhe ist dasselbe π-Meson in Ruhe. Positiv geladene π-Mesonen zerfallen gelegentlich in ein Positron und ein Neutrino. Vor einem solchen Zerfall gibt es das π-Meson und sonst nichts, anschließend nur das Positron und das

Neutrino. Sie fliegen in entgegengesetzte Richtungen davon. Jedes Positron, das nach dem Zerfall in einem Zähler registriert wird, legt durch seine Flugrichtung eine polare Richtung fest. Das Experiment zeigt, daß sich die registrierten Positronen, in Flugrichtung gesehen, ausnahmslos linksherum drehen. Diese Tatsache ist ein direkter Beweis dafür, daß die Naturgesetze, die den Zerfall des geladenen π-Mesons bewirken, nicht spiegelsymmetrisch sind.

Die Flugrichtung des Positrons definiert eine Richtung polar, sein Drehsinn dieselbe Richtung noch einmal axial. Das ist wie in Abbildung 112e. Der Zustand des Positrons, das durch den Zerfall des π-Mesons entsteht, stimmt mit seinem Spiegelbild *nicht* überein. Vor dem Zerfall gab es nur das π-Meson in Ruhe. Wenn wir uns den Zerfall des π-Mesons im Spiegel ansehen, zerfällt dasselbe π-Meson in demselben Zustand in ein Positron, das in dieselbe Richtung fliegt und sich *andersherum dreht.* Da das π-Meson mit dem Nachbau seines Spiegelbilds identisch ist, brauchen wir in der Wirklichkeit den Versuch niclit zu wiederholen. Der Endzustand bleibt, wie der Anfangszustand, ungeändert: Das Positron dreht sich, in seine Bewegungsrichtung gesehen, linksherum. Den Zerfall zeigt Abbildung 114a, sein Spiegelbild Abbildung 114b.

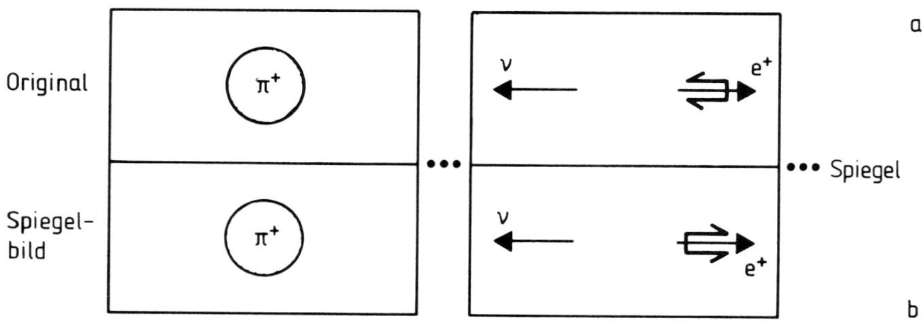

Abbildung 114

Der Eklat ist, daß sich der »Nachbau des Spiegelbilds« eines Teilchens – hier zufällig dasselbe Teilchen in demselben Zustand – im Lauf der Zeit anders verhält als das Teilchen selbst, im Spiegel betrachtet. Folglich sind die Gesetze des Zerfalls auf das Spiegelbild des Zerfalls – den Zerfall, im Spiegel betrachtet – nicht anwendbar. Die Naturgesetze sind, mit anderen Worten, nicht spiegelsymmetrisch.

Entdeckt wurde die Verletzung der Spiegelsymmetrie der Natur-

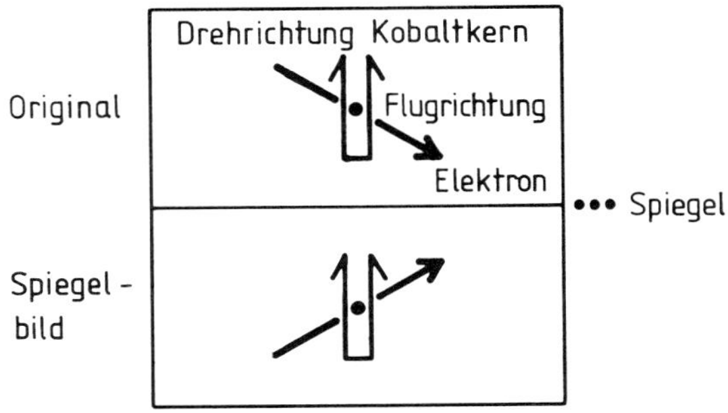

Abbildung 115: *Der Atomkern von Kobalt 60 ist ein instabiler Kern: Er zerfällt in einen Restkern, ein Elektron und ein Neutrino. Wie im Text beschrieben, dreht sich der Kern ständig um eine Achse. Die Richtung, in die gesehen diese Drehung eine Drehung im Uhrzeigersinn ist, sei die des Doppelhakens der Abbildung. Die bevorzugte Emissionsrichtung der Elektronen ist die Gegenrichtung; die Neutrinos fliegen hingegen bevorzugt in Richtung des Doppelhakens davon. Im Spiegel sehen diese Zerfälle aus wie in der unteren Hälfte der Abbildung. Sie zeigt Prozesse, die so nicht in der Natur vorkommen: Die Elektronen fliegen bevorzugt in die Drehrichtung der Kobaltkerne. Daher sind die Naturgesetze, die die Prozesse der oberen Hälfte der Abbildung erlauben, nicht aber deren in der unteren Hälfte dargestelltes Spiegelbild, nicht spiegelsymmetrisch.*

gesetze 1956 durch Analyse des Zerfalls von radioaktivem Kobalt. Eins der Zerfallsprodukte ist ein Elektron, ein anderes ein Neutrino, genauer gesagt dessen Antiteilchen, ein Antineutrino. Der Drehsinn des Elektrons wird bei diesem Experiment nicht beobachtet.

Kobaltkerne drehen sich, wie Elektronen, stets um eine Achse. Ziel des Experiments ist die Bestimmung der Flugrichtung des Elektrons relativ zu der Richtung, in die gesehen der Kobaltkern sich rechtsherum dreht. Beobachtet wird eine Verteilung der Flugrichtungen der Zerfallselektronen über alle Winkel zwischen parallel und antiparallel zu dieser Richtung. Quantenmechanische Gesetze, und solch ein Gesetz ist das Zerfallsgesetz des Kobaltkerns ohne Zweifel, legen nicht die einzelnen Ereignisse, sondern nur Mittelwerte fest. Es ist daher nötig, viele Zerfälle zu beobachten.

Abbildung 115a stellt die Drehrichtung eines zerfallenen Kobaltkerns als Doppelhaken dar. Beobachtet wird eine Rückwärts-vorwärts-Asymmetrie: Bei einer Mehrzahl von Zerfällen fliegt das Elektron, vom Doppelhaken aus gesehen, rückwärts, nicht vor-

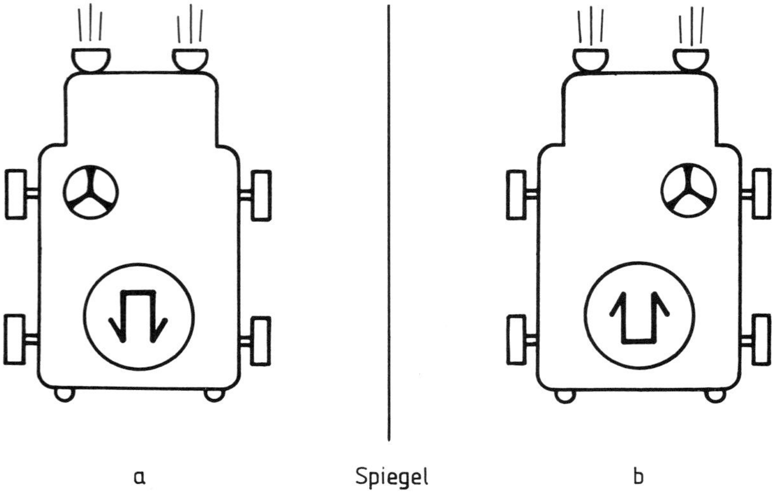

Abbildung 116
Der Doppelhaken deutet in beiden Abbildungen ein radioaktives Präparat aus Kobalt-Kernen (genauer: Kobalt 60; Abbildung 115) an, die so ausgerichtet sind, daß ihre Drehachsen in dieselbe Richtung zeigen: so, daß die Drehung in Richtung des Doppelhakens gesehen eine Drehung im Uhrzeigersinn ist. Das Präparat sendet Elektronen und Neutrinos aus; die Neutrinos fliegen bevorzugt in die Richtung des Doppelhakens – bei dem Auto in Teil a der Abbildung also nach hinten, bei dem in Teil b nach vorn. Das Präparat befindet sich unter einer Glokke, die die Zerfallselektronen absorbiert; die aus den Kobaltkernen bei dem Zerfall entstehenden Restkerne bleiben im Präparat stecken. Insgesamt können nur die Neutrinos die Glocke und damit das Auto verlassen. Daher sind beide Autos Raketen, Neutrinoraketen: Jedes Auto nimmt den Rückstoß seiner Neutrinos auf und fährt, wenn die Bremsen losgemacht werden, in die Richtung davon, die der Flugrichtung seiner Neutrinos entgegengesetzt ist – das Auto in Abbildung a fährt nach vorn, das in b nach hinten. So, wie die Autos gebaut sind, ist dieses Verhalten selbstverständlich. Bemerkenswert ist nur, daß das Auto der Abbildung b mit seinem Steuer rechts und seinen sich anders herum drehenden Kobaltkernen der exakte Nachbau des Spiegelbildes des Autos der Abbildung a ist. Das Auto in Abbildung b sieht zwar aus wie das in Abbildung a, im Spiegel betrachtet, verhält sich aber anders: Wenn a nach vorne losfährt, sieht man auch im Spiegel ein nach vorne fahrendes Auto. Der exakte Nachbau dieses Spiegelbildes aber fährt rückwärts. Der Grund ist natürlich, daß die Emission von Elektronen und Neutrinos so, wie man sie im Spiegel sieht, in der Natur nicht vorkommt: Auch im zur Drehrichtung der Kobaltkerne parallelen Spiegel der Abbildung sieht man ein Präparat, das bevorzugt Elektronen in Richtung der Scheinwerfer, Neutrinos in Richtung der Rücklichter emittiert. Da aber das Spiegelbild des Präparats selbst mit dem umgedrehten identisch ist, sendet der Nachbau des Spiegelbildes seine Elektronen und Neutrinos in die umgekehrte Richtung aus. Dies absonderliche Verhalten besagt, daß die Naturgesetze nicht spiegelsymmetrisch sind. Deren Spiegelsymmetrie würde die Existenz eines Präparates, das sich wie das Kobaltpräparat verhält, verbieten.

wärts. Der Pfeil der Abbildung deutet das an. Er stellt eine mittlere Flugrichtung der emittierten Elektronen dar.

Das wesentliche Resultat des Experimentes ist die Tatsache, daß der Pfeil nicht senkrecht auf dem Doppelhaken steht. Abbildung 115b zeigt das Experiment im Spiegel betrachtet. Was dort zu sehen ist, kommt in der Natur nicht vor. Denn der Nachbau des Spiegelbilds eines auf dem Spiegel senkrecht stehenden Doppelhakens ist derselbe Doppelhaken, verschoben. Die Doppelhaken – Kobaltkerne – zerfallen aber wie in Abbildung 115a, nicht wie in Abbildung 115b. Daher zeigt das Experiment, daß die Naturgesetze nicht spiegelsymmetrisch sind.

Wenn man nicht besondere Vorkehrungen trifft, sind in makroskopischen Stücken Kobalt die Kerne natürlich nicht ihrer Drehrichtung entsprechend ausgerichtet. Das wurde bei dem Experiment durch technische Tricks erreicht. Ist es erreicht, so kommen dem Beobachter, der in Drehrichtung der Kerne sieht, mehr Zerfallselektronen entgegen, als wenn er in die Gegenrichtung blickt. Außerdem emittiert das Stück Kobalt Neutrinos (genauer: Elektronantineutrinos). Diese fliegen bevorzugt in die Gegenrichtung. Daher läßt sich das Stück Kobalt als Raketenmotor für T. D. Lees Auto verwenden.

Noch einmal: T. D. Lees Auto

Diese – meine – Version würde ich nicht kaufen, da sie einen gar zu schwachen Motor besitzt. Sie zeichnet sich aber durch extreme Einfachheit aus. Die Kollegen hinter den Sternen haben also Scheinwerfer angebracht und »links« durch Anbringen des Steuers festgelegt – entweder wie in Abbildung 116a oder wie in Abbildung 116b. Daß sich etwas, in Richtung der Scheinwerfer gesehen, linksherum dreht, heißt für sie, daß die Bewegung oben – das wurde durch Anbringen von Rädern und Steuer definiert – in Richtung der Steuerseite verläuft, unten in die Gegenrichtung. Wir weisen sie nun an, die Bremsen festzumachen und das Stück Kobalt so am Auto anzubringen, daß sich die Kerne, von hinten nach vorne gesehen, linksherum drehen. Das Resultat ist entweder das Auto der Abbildung 116a oder jenes der Abbildung 116b. Unsere letzte Konstruktionsvorschrift ist, das Stück Kobalt in eine Abschirmung einzuschließen, das heißt eine Glocke darüber zu stülpen.

Starten bedeutet bei diesem Auto einfach, die Bremsen loszumachen. Stärkere Versionen verwenden einen Verstärkungsmechanismus mit Schlüssel und automatischer Schaltung. Wenn das Auto nach dem Starten vorwärts fährt, haben die Kollegen das Auto der Abbildung 116a gebaut; fährt es rückwärts, das der Abbildung 116b.

Warum fährt es überhaupt? Ganz einfach. Nur die beim Zerfall entstehenden Neutrinos können die Abschirmung verlassen, nicht die Elektronen und schon gar nicht die Restkerne. Die Neutrinos fliegen bevorzugt in die Gegenrichtung der Elektronen, also in Richtung des Doppelpfeils. Ihre Emission macht das Auto zur Rakete. Es erfährt den Rückstoß der Neutrinos und fährt davon – entweder nach vorn oder nach hinten. Mit Hilfe von T. D. Lees Auto können wir den Kollegen hinter den Sternen also unsere Definition von »rechts« und »links« mitteilen.

Antiwelten

Wir haben implizit vorausgesetzt, daß es sich bei den Kollegen wirklich um Kollegen, nicht um Antikollegen handelt. Wenn sie aus Antimaterie bestehen und in einer Antiwelt leben, ist alles gerade umgekehrt. Denn die Verletzung der Spiegelsymmetrie der Naturgesetze wird bei diesem Prozeß durch die Verletzung der Symmetrie gegenüber Teilchen-Antiteilchen-Vertauschung gerade aufgehoben. Wir könnten die Kollegen Experimente mit langlebigen neutralen K-Mesonen anstellen lassen, um herauszufinden, ob sie als Antikollegen in einer Antiwelt leben. (Wer macht in dieser Welt die theoretische Physik? Natürlich die Antisemiten ...)

Teilchen ohne Spiegelbilder?

Die bei der Emission von Neutrinos beobachtete Spiegelsymmetrieverletzung erlaubt eine besonders einfache Beschreibung, wenn Neutrinos masselose Teilchen sind. Wie Elektronen drehen sich

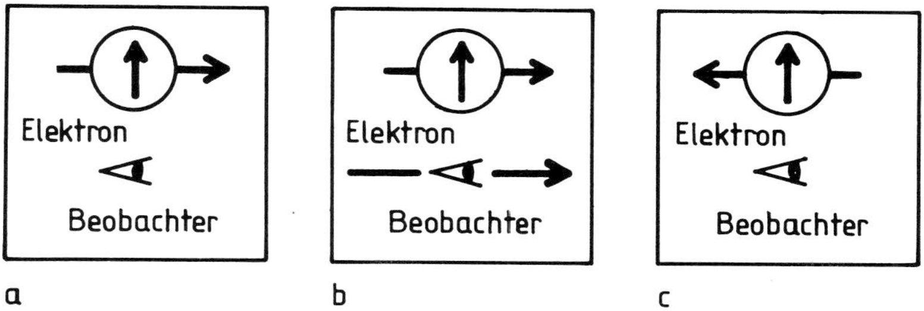

Abbildung 117

Neutrinos ununterbrochen. Bei Elektronen, Teilchen mit Masse, kennzeichnet der »Drehsinn in Bewegungsrichtung« den Zustand, in dem sich das Elektron befindet, nicht den Teilchentyp. Bei masselosen Neutrinos ist das anders.

Ein Elektron, das sich, in Bewegungsrichtung gesehen, rechtsherum dreht, ist nur ein anderer Zustand desselben Elektrons, das sich, in Bewegungsrichtung gesehen, linksherum dreht. Das ist leicht einzusehen. Nehmen wir an, durch unser Labor fliegt ein sich in Bewegungsrichtung gesehen linksherum drehendes Elektron (Abb. 117a). Dann können wir – zumindest im Prinzip – schneller als das Elektron in seine Bewegungsrichtung laufen (Abb. 117b); sagen wir so schnell, daß wir es überholen und das Elektron für uns mit der alten Geschwindigkeit in die Gegenrichtung läuft. Dann sehen wir noch immer dasselbe Elektron, aber in einem anderen Zustand: Seine Bewegungsrichtung wurde umgekehrt, die Drehung ist dieselbe geblieben, es dreht sich also jetzt, in Bewegungsrichtung gesehen, rechtsherum (Abb. 117c).

Ein Elektron, das sich in Bewegungsrichtung gesehen linksherum dreht, zeichnet einen Schraubensinn aus: Es definiert durch seine Bewegung eine polare, durch seine Drehung eine dazu antiparallele axiale Richtung. Sein Spiegelbild ist ein Elektron, das sich, in Bewegungsrichtung gesehen, rechtsherum dreht. Durch den Trick, schneller zu laufen als das Elektron, haben wir erreicht, daß wir sein Spiegelbild in der Realität vor uns sehen. Durch eine Drehung oder Verschiebung können wir das nicht erreichen. Ausgenutzt haben wir die Symmetrie der Naturgesetze gegenüber Änderungen der Geschwindigkeit.

Bei einem masselosen Neutrino würde der Trick nicht funktionieren. Masselose Teilchen bewegen sich, wie das masselose Lichtteilchen, das Photon, stets mit Lichtgeschwindigkeit. Die spezielle Relativitätstheorie sagt, daß das für jeden Beobachter unabhängig von seiner Geschwindigkeit so ist. Daher gibt es für masselose Teilchen kein Ruhesystem. Kein Beobachter kann sich genauso schnell wie ein masseloses Teilchen bewegen oder es gar überholen.

Angenommen, das Neutrino hat die Masse Null. Dann gibt es keine wirklich ausführbare Transformation, Geschwindigkeitsänderung eingeschlossen, die ein sich in Bewegungsrichtung linksherum drehendes Neutrino in sein Spiegelbild verwandelt – ein Neutrino also, das sich, in Bewegungsrichtung gesehen, rechtsherum dreht. Dann kann es sein, daß es zwar linksdrehende Neutrinos gibt, aber keine rechtsdrehenden. Das soll heißen, daß es die rechtsdrehenden nicht nur zufällig hier und heute nicht gibt, sondern daß es sie nicht geben kann. Zu den Naturgesetzen gehört eine Liste aller Elementarteilchen. Es kann sein, daß diese Liste die Eintragung »Neutrino, linksdrehend« enthält und nicht die Eintragung »Neutrino, rechtsdrehend«. Die Eintragung »Elektron, massiv« erlaubt keine derartige Differenzierung für Elektronen.

Die Annahme, es gebe nur linksdrehende Neutrinos, kann die beobachtete Verletzung der Spiegelsymmetrie bei der Emission von Neutrinos erklären. *Daß* in einer solchen Welt die Spiegelsymmetrie verletzt ist, ist offensichtlich: Ein linksdrehendes Neutrino, im Spiegel betrachtet, ist ein Neutrino, das sich rechtsherum dreht, und so etwas existiert nicht. Beim Zerfall des π^+, das mit seinem Spiegelbild identisch ist, tritt ein Neutrino auf; dieses dreht sich, da es nur linksdrehende gibt, linksherum.

Wir müssen hier sorgfältig zwischen Neutrino und Antineutrino unterscheiden. Nach der Theorie, die wir besprechen, drehen sich Antineutrinos in Bewegungsrichtung stets andersherum als Neutrinos, also rechtsherum. Darauf komme ich im nächsten Absatz zurück. Das π^+ dreht sich nicht, und daher wird eine Verletzung der Drehsymmetrie insgesamt nur vermieden, wenn sich das Positron, das außer dem Neutrino bei dem Zerfall entsteht, andersherum dreht als dieses. Denn durch den Zerfall eines Teilchens, das nicht rotiert, darf insgesamt kein sich drehendes Gebilde entstehen. Daher dreht sich, in seine entgegengesetzte Bewegungsrichtung gesehen, das Positron mit demselben Drehsinn wie das Neutrino, nämlich linksherum, und das stimmt mit der experimentellen Beobachtung überein. Alle Wechselwirkungen von Neutrinos und Antineutrinos durch die geladenen schwachen Ströme – der Zerfall des π^+ ist ein Beispiel – stimmen mit der Annahme überein, daß nur linksdrehende Neutrinos und rechtsdrehende Antineutrinos existieren können.

Das Antiteilchen des positiv geladenen π^+, das negativ geladene π^-, zerfällt in das Antiteilchen des Positrons, das Elektron, und das des Neutrinos, das Antineutrino. Bei dem Zerfall des π^+ ist P verletzt und CP nicht. Durch Spiegelung entsteht aus dem beobachteten Zerfall des π^+ ein Prozeß, den es nicht gibt: der Zerfall in ein Neutrino, das sich falsch dreht. CP ist bei dem Prozeß eine gute Symmetrie; folglich ist das Bild des Zerfalls des π^+ unter CP ein physikalischer Prozeß. Das C von CP ersetzt die Teilchen durch ihre Antiteilchen, P spiegelt den Prozeß. Also zerfällt das π^- in ein sich in Bewegungsrichtung rechtsherum drehendes Antineutrino. Antineutrinos sind in einer Theorie mit masselosen Neutrinos im Gegensatz zu den Neutrinos rechtsdrehend. Durch C allein entsteht aus dem Zerfall des π^+ ebenfalls ein Prozeß, der in der Natur nicht vorkommt: der Zerfall eines π^- in ein Elektron und ein linksdrehendes Antineutrino. Die Symmetrie gegenüber C ist genauso verletzt wie die gegenüber P.

Symmetrietests mit Neutrinos und Photonen

Eine Theorie, die linksdrehende *und* rechtsdrehende Neutrinos und Antineutrinos als Elementarteilchen einführt, kann die Verletzung der Spiegelsymmetrie durch die geladenen schwachen Ströme erklären, indem sie deren Wechselwirkungen geeignet festlegt. Das Standardmodell berücksichtigt keine Neutrinos und Antineutrinos mit dem »falschen« Drehsinn. Auf jeden Fall entstehen bei Teilchenzerfällen nur linksdrehende Neutrinos und rechtsdrehende Antineutrinos. Das wird für die Besprechung von Experimenten mit Neutrino- und Antineutrinostrahlen wichtig sein – diese Strahlen enthalten, da sie durch Zerfälle über die geladenen schwachen Wechselwirkungen erzeugt werden, unabhängig davon, ob es andere nicht geben kann, nur linksdrehende Neutrinos und rechtsdrehende Antineutrinos.

Hätte das Neutrino – und dann auch, wegen CPT, das Antineutrino – eine von Null verschiedene Masse, so könnten sich Neutrino und Antineutrino, in Bewegungsrichtung gesehen, sowohl links- als auch rechtsherum drehen. Eine etwas exotische Möglichkeit, für die aber einiges spricht, die der sogenannten Majorana-Neutrinos, erläutere ich nicht. Für die Massen von Neutrinos sind bisher nur Obergrenzen bekannt. Zu Elektron, μ und τ gehören (Kap. 7) jeweils eigene Neutrinos und Antineutrinos. Das bisher über Drehsinn Gesagte gilt für sie alle. Am kleinsten ist die Obergrenze für die Masse von Elektron-Neutrinos: höchstens 0,01 % der Masse des Elektrons. Hätten Neutrinos eine Masse, die nicht allzu klein ist, verglichen mit dieser Obergrenze, so trügen sie wegen ihrer großen Zahl im Weltall – für jedes Proton gibt es etwa 10^9 Neutrinos jeder Sorte – wesentlich zu dessen Masse bei. Neutrinomassen in der Nähe dieser Schranke würden die Entwicklung des Weltalls bestimmen: Dieses würde irgendwann zu expandieren aufhören und sich wieder zusammenziehen. Kosmologische Spekulationen über die Rolle der Neutrinos im Universum tragen dazu bei, daß die Frage, ob sie eine Masse haben, intensiv untersucht wird.

Durch Reaktionen, die Neutrinos von Neutrinostrahlen durch geladene schwache Wechselwirkungen nicht auslösen können, wurde 1973 am CERN die Existenz der neutralen schwachen Wechselwirkung bewiesen. Uns interessiert hier die Spiegelsymmetrie der Wechselwirkungen des Z^0, des Austauschteilchens dieser Wechselwirkung. Wenn es nur linksdrehende Neutrinos und rechtsdrehende Antineutrinos gibt, ist Verletzung der Spiegelsymmetrie durch alle Kopplungen dieser Teilchen, auch durch die an das Z^0, eindeutig festgelegt. In der vereinigten Theorie der elektroschwachen Wechselwirkung des Standardmodells verletzen alle Kopplungen des Z^0, auch die an Quarks und Leptonen, die Spiegelsymmetrie. Das trifft sich mit der heutigen experimentellen Information. Der einzige freie Parameter dieser Kopplungen ist der Weinberg-Winkel. Acht (Kap. 7) unabhängige Bestimmungen dieses Winkels stimmen gut miteinander überein. Drei davon will ich beschreiben.

Experimente zur schwachen neutralen Wechselwirkung müssen danach unterschieden werden, ob außer der schwachen auch die – bei niedrigen Energien wesentlich stärkere – elektromagnetische Wechselwirkung beitragen kann. Ein Prozeß, zu dem beide beitragen, ist die Wechselwirkung von Elektronen mit Protonen und Neutronen, das heißt Quarks (Abb. 113a). Um Verletzungen der Spiegelsymmetrie bei derartigen Prozessen hervortreten zu lassen, müssen die interessierenden Beiträge der neutralen schwachen Wechselwirkung von den spiegelsymmetrischen des Photons abgetrennt werden.

Da das Photon an die Ladung koppelt, kann es, wenn an einer Reaktion Neutrinos statt der Elektronen beteiligt sind, keinen elektromagnetischen Beitrag geben. Beispiele sind (anti-)neutrinoinduzierte neutrale Reaktionen. In Abbildung 113a ist es nicht möglich, das Elektron durch ein Neutrino zu ersetzen, da das Photon an die ungeladenen Neutrinos nicht koppelt; wohl aber in Abbildung 113b. Der Drall von Neutrinos und Antineutrinos in Strahlen dieser Teilchen am CERN in Genf beispielsweise ist durch ihre Quelle – geladene Zerfälle – festgelegt. Die Anfangsbedingungen, unter denen mit diesen Strahlen experimentiert wird, sind daher nicht spiegelsymmetrisch. Folglich kann das schlichte Auftreten nichtspiegelsymmetrischer Endzustände bei diesen Reaktionen nicht ausreichen, um zu beweisen, daß die neutralen schwachen Wechselwirkungen die Spiegelsymmetrie verletzen.

Detaillierte, allerdings modellabhängige, Analysen von neutrinoinduzierten neutralen Reaktionen zeigen in der Tat, daß die neutralen schwachen Wechselwirkungen nicht spiegelsymmetrisch sind. Im Rahmen des elektroschwachen Modells ergeben sie Kopplungen des Z^0 und daraus Werte des Weinberg-Winkels in vernünftiger Übereinstimmung mit den anders gewonnenen. Aber einen modellunabhängigen, direkten Beweis für die Brechung der Spiegelungssymmetrie durch die neutralen schwachen Wechselwirkungen haben Experimente mit den selbst nicht spiegelsymmetrischen Neutrinostrahlen bisher nicht gebracht. Zu dem Zweck ist man auf Reaktionen ohne Neutrinos angewiesen. Diese aber sind von elektromagnetischen Beiträgen dominiert. Die Beiträge der neutralen schwachen Wechselwirkungen müssen bei ihnen aus einem vergleichsweise riesigen elektromagnetischen Untergrund herausgesucht werden.

Um die symmetrieverletzenden Beiträge der neutralen schwachen Wechselwirkungen von den spiegelsymmetrischen des Photons allein abzutrennen, kann man Größen messen, die bei Spiegelsymmetrie verschwinden. Ich will zwei derartige Experimente erläutern. Ein Experiment am Elektronenbeschleuniger SLAC in

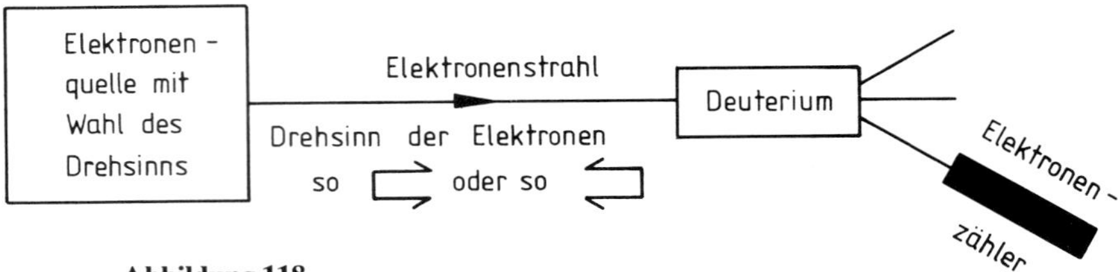

Abbildung 118
Durch das hier schematisch dargestellte Experiment wurde 1978 die Verletzung der Spiegelsymmetrie bei der Wechselwirkung von Elektronen und Quarks zuerst nachgewiesen. Die Streuung der Elektronen erfolgt am Deuteron, dem Atomkern des Deuteriums, der aus einem Proton und einem Neutron – letztlich also Quarks – besteht.

Stanford, Kalifornien, USA, hat 1978 nachgewiesen, daß die Streuung von Elektronen an Materie nicht durch spiegelsymmetrische Naturgesetze beschrieben werden kann.

Das SLAC-Experiment zur Spiegelsymmetrie der Elektron-Materie-Wechselwirkung

Das Prinzip des Experiments zeigt Abbildung 118. Ein Elektronenstrahl fällt auf eine Materieprobe – Deuterium – und wird abgelenkt. Zur Verfügung steht ein Strahl, der wahlweise, in Strahlrichtung gesehen, mehr rechtsdrehende oder linksdrehende Elektronen enthält. Untersucht wird die Abhängigkeit der Anzahl der in einen bestimmten Winkelbereich abgelenkten Elektronen von der Drehrichtung. Weiter nichts.

Wenn eine solche Abhängigkeit gefunden wird, sind die Naturgesetze, die die Streuung bestimmen, nicht spiegelsymmetrisch. Das ist einfach zu sehen. Die Probe Deuterium, auf die der Strahl gerichtet ist, zeichnet insgesamt keine Richtung aus, die Drehrichtung der Elektronen ist zum Strahl entweder parallel oder antiparallel. Strahl, Deuterium und Nachweisgerät liegen in einer Ebene, der Zeichenebene. Wenn ich die Anordnung an der Zeichenebene spiegele, wird die Drehrichtung umgedreht. Weiter ändert sich nichts.

Der Nachbau des Spiegelbilds des Experiments mit dem rechtsdrehenden Strahl ist das Experiment mit dem linksdrehenden. Bei Spiegelsymmetrie der Naturgesetze müssen die zugehörigen Abläufe – quantenmechanisch: die beobachteten Wahrscheinlichkeiten – ebenfalls übereinstimmen. Wenn also der Detektor bei dem einen Strahltyp mehr oder weniger in seine Richtung abgelenkte Elektronen nachweist als bei dem anderen, gilt die Spiegelsymmetrie der Naturgesetze nicht.

Genau das wird beobachtet. Der symmetrieverletzende Effekt muß aus einem riesigen Untergrund symmetrischer elektromagnetischer Reaktionen herausgelesen werden – der Elektronenüberschuß im Zähler bei linksdrehenden Elektronen war ein Elektron unter zehntausenden. Dieser Prozentsatz läßt sich im Standardmodell in einen Zahlenwert des Weinberg-Winkels umrechnen, der gut zu den anders ermittelten Werten paßt.

Atomphysik und Spiegelsymmetrie

Spiegelsymmetrie der Wechselwirkung, die ihren Aufbau bestimmt, würde bei Atomen bewirken, daß sie selbst spiegelsymmetrisch sind. Das war bei den aus Atomen aufgebauten Molekülen wegen der Massenverteilungen in ihnen anders (Abb. 43). Gäbe es die neutrale schwache Wechselwirkung nicht, so wäre die spiegelsymmetrische elektromagnetische Wechselwirkung die einzige Wechselwirkung der Bestandteile – Elektronen und Kern – eines Atoms. Daher wären ohne die neutrale schwache Wechselwirkung – im Standardmodell ohne das Z^0 – die Verteilungen und Drehrichtungen der Elektronen im Atom spiegelsymmetrisch.

Licht wechselwirkt mit den äußeren Elektronen – Leuchtelektronen – der Hülle. Da an dieser Wechselwirkung die Photonen des Lichts beteiligt sind, ist sie rein elektromagnetisch, verletzt die Spiegelsymmetrie nicht.

Hier geht es um kleine Korrekturen zu den dominierenden elektromagnetischen Prozessen. Genau zu sagen, welche wichtig sind und welche nicht, erfordert im Standardmodell umfangreiche Rechnungen.

Atome können Licht emittieren, absorbieren oder streuen. Spiegelsymmetrie des Atoms und seiner Wechselwirkungen mit Licht würde Abhängigkeit eines dieser Prozesse vom Drehsinn des Lichts verbieten. Daß gewisse Lösungen von Weinsäure (Abb. 31) die

Schwingungsebene von Licht drehen, hat gezeigt, daß die Moleküle der Lösung nicht spiegelsymmetrisch sind. Ein nicht spiegelsymmetrischer Effekt kann nur auftreten, wenn entweder die Versuchsbedingungen oder die Naturgesetze nicht spiegelsymmetrisch sind. Bei Atomen würde ein solcher Effekt den Beitrag von nicht spiegelsymmetrischen Korrekturen zu der elektromagnetischen Wechselwirkung beweisen. Wie er erklärt werden kann, wäre eine weiter gehende Frage.

Messungen zum Nachweis von Asymmetrien bei Atomen wurden und werden an vielen Orten angestellt. Ich beschreibe ein Experiment, das die Drehung der Polarisationsebene von Licht durch Wismutatome nachweist. Wismut ist das schwerste nichtradioaktive Element, ein Metall, das bei 1560 Grad verdampft.

Im Prinzip ist das Experiment sehr einfach. Wie in Abbildung 31 läßt man einen in einer Ebene schwingenden Lichtstrahl durch eine Probe der zu untersuchenden Substanz – hier einen Meter Wismutdampf – hindurchtreten und sieht nach, ob das heraustretende Licht in derselben Ebene schwingt. Wenn nicht so, dann ist entweder das Spiegelbild der Probe nicht mit der Probe identisch, oder die Naturgesetze, die die Streuung beschreiben, sind nicht spiegelsymmetrisch. Die Moleküle von Weinsäure drehen (Kap. 2), da sie stark asymmetrisch sind, die Schwingungsebene um einen leicht nachweisbaren Winkel. Bei dem Experiment mit Wismut ist das anders. Nachgewiesen wurde, vor dem Hintergrund großer spiegelsymmetrischer Effekte, eine Drehung der Schwingungsebene um etwa 0,00001 Grad. Unter diesem Winkel sieht man eine Strecke von weniger als zwei Millimeter Länge in zehn Kilometern Entfernung. Daher ist es verständlich, daß die vier Gruppen von Experimentatoren – in Seattle (USA), Oxford, Novosibirsk und Moskau –, die die Drehung der Schwingungsebene von Licht durch Wismut nachweisen wollten, zunächst einander widersprechende Resultate erhalten hatten. Seit einigen Jahren sehen alle Gruppen einen Effekt, und auch die Zahlenwerte stimmen genau genug überein.

Die Bedeutung der Experimente für das Standardmodell war ebenfalls längere Zeit umstritten. Zunächst beweisen sie nur, daß Spiegelsymmetrie in der Atomphysik nicht gilt. Das ist sicher wichtig. Um aber Quantitatives zur symmetrieverletzenden Wechselwirkung von Protonen (d. h. Quarks) und Elektronen sagen zu können, muß der Aufbau der Elektronenhülle von Wismut genau bekannt sein. Wismut mit seinen 83 Elektronen – eins mehr als Blei – ist jedoch sehr kompliziert. Es wird verwendet, da die zu erwartende Drehung bei schweren Atomkernen größer ist als bei leichten. Sie ist bei Wismut etwa um den Faktor 100000 größer als bei Wasserstoff.

Experimente zur Spiegelsymmetrieverletzung am Wasserstoff werden ebenfalls unternommen. Sie sind schwerer durchführbar, aber leichter zu interpretieren. Heute denkt man, Wismut und die anderen Atome, an denen die Gültigkeit der Spiegelsymmetrie in der Atomphysik untersucht wird, so gut zu verstehen, daß an ihnen der Weinberg-Winkel gemessen werden kann.

Symmetrieverletzende und symmetrische Wechselwirkungen des Standardmodells

Das Standardmodell unterteilt seine Wechselwirkungen in schwache, die P und C verletzen, und andere – starke und elektromagnetische –, die das nicht tun. Da ist es sinnvoll, zu fragen, wie gut diese Aufteilung in symmetrieverletzende und symmetrische Wechselwirkungen bestätigt ist. Die Antwort ist: Sehr gut. Ich will zwei Beispiele anführen.

In Kapitel 6 habe ich Auswahlregeln für die Emission von Licht durch Atome erwähnt, die bei Spiegelsymmetrie gelten. Analoges gibt es auch bei Kernzerfällen auf Grund der starken Wechselwirkung. Das emittierte Teilchen heißt Alphateilchen; es übernimmt die Rolle des Photons. Sein Verhalten bei Drehungen und Spiegelungen ist, wie das des Photons, genau bekannt. Es ist möglich, Atomkerne nach deren Verhalten bei diesen Operationen zu klassifizieren. Am Ende folgt aus der Spiegelsymmetrie, daß gewisse Übergänge durch Emission von Alphateilchen verboten sind. Ein bekanntes Lehrbuch zitiert $3 \cdot 10^{-13}$ als eine für die Unterdrückung charakteristische Zahl. Das ist so gut, daß es auch die Spiegelsymmetrie der elektromagnetischen Korrekturen zur starken Kernwechselwirkung bestätigt.

Als Beispiel für die Güte der Symmetrie der starken und/oder elektromagnetischen Wechselwirkungen gegenüber Teilchen-Anti-

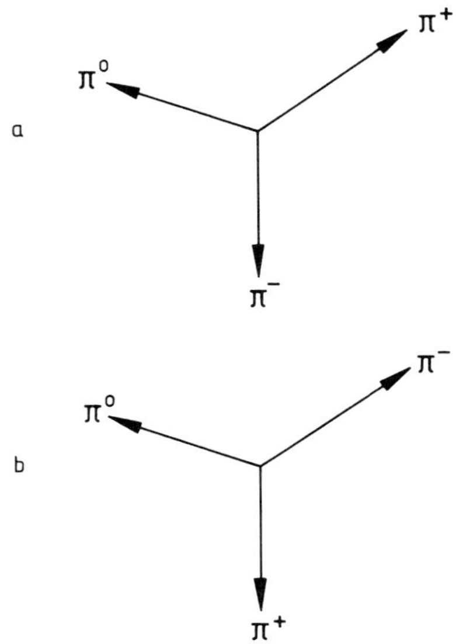

Abbildung 119

teilchen-Vertauschung C verwende ich den Zerfall eines η genannten elektrisch neutralen Teilchens in drei π-Mesonen, ein neutrales π^0 und die zwei elektrisch entgegengesetzt geladenen π^+ und π^-. Der Prozeß verletzt, wenn er C-symmetrisch ist, die Isospinsymmetrie. Die elektromagnetische Wechselwirkung kennt keine Isospinsymmetrie, ist aber natürlich schwächer als die starke; die starke verletzt zwar die Isospinsymmetrie, aber nur wenig. Die Beiträge beider Wechselwirkungen zu dem Zerfall können daher vergleichbar sein.

Wir stellen uns vor, das η zerfällt in Ruhe, und wir sehen Spuren von allen drei Zerfallsprodukten, π^0, π^+ und π^-. Die den Teilchen entsprechenden Impulse zeigt Abbildung 119a. Da das η in Ruhe zerfallen ist, addieren sie sich zu Null, liegen also, wie manche Leser von der Vektorrechnung in der Schule sicher wissen, in einer Ebene, der Zeichenebene. Vertauschung von Teilchen und Antiteilchen vertauscht π^+ und π^-; das π^0 bleibt unberührt. Auch das η ist sein eigenes Antiteilchen. Aus dem Zerfallsmuster des η in Abbildung 119a entsteht das in Abbildung 119b. Symmetrie gegenüber C, das heißt Teilchen-Antiteilchen-Vertauschung, besagt, daß die Konfiguration in Abbildung 119a bei vielen η-Zerfällen genauso oft vorkommen muß wie die in Abbildung 119 b. Für im Fluge zerfallende η gilt analoges. Insgesamt könnten drei verschiedene Asymmetrien bei dem Zerfall auftreten. Alle drei sind innerhalb recht kleiner Fehler Null.

Zeitumkehrsymmetrie bei Kernreaktionen

Schließlich möchte ich eine Klasse direkter Tests der Symmetrie der starken Kernwechselwirkung gegenüber Zeitumkehr, T, besprechen. Diese Tests betreffen ohne Umwege die anschauliche Frage nach Zeitumkehrsymmetrie: Verläuft ein Prozeß »rückwärts« genauso wie »vorwärts«? Beispielsweise schießt man ein Alphateilchen auf einen Magnesiumkern. Dies System kann sich in einen Aluminiumkern und ein Proton umwandeln. Gemessen wird bei Experimenten zur »detaillierten Balance« die Abhängigkeit der Häufigkeit des beobachteten Prozesses – Alphateilchen und Magnesium gibt Proton und Aluminium – von der Energie und den auftretenden Winkeln. Dann vertauscht man Anfangs- und Endzustand: Ein Proton wird auf einen Aluminiumkern geschossen. Beobachtet wird das Auftreten eines Alphateilchens und eines Magnesiumkerns. Die Prozesse »vorwärts« und »rückwärts« werden nun bei Energien und Winkeln verglichen, die umgekehrten Geschwindigkeiten entsprechen. Die Resultate sind im Einklang mit der Gültigkeit von Zeitumkehrsymmetrie bei Kernreaktionen.

10. Symmetriebrechung

Das Nichts, der leere, absolut leere Raum, besitzt die höchstmögliche Symmetrie: Kein Punkt ist vor dem anderen ausgezeichnet. Sein Zustand wird von keiner Verschiebung, Drehung oder Spiegelung verändert. Im leeren Raum gibt es weder Teilchen noch Antiteilchen. Werden sie vertauscht, bleibt sein Zustand selbstverständlich derselbe. Und so weiter: Der leere Raum besitzt, weil er nichts enthält, das verändert werden könnte, alle vorstellbaren Symmetrien. Seinen Zustand kann keine Symmetrietransformation der Naturgesetze beeinflussen. Alle Symmetrietransformationen werden im Zustand des leeren Raumes durch die Identität, die Transformation, die gar nichts verändert, dargestellt.

Der leere Raum, von dem ich hier spreche, ist der leere Raum meiner Vorstellung. Eine andere Frage ist, ob es leeren Raum in der Wirklichkeit gibt oder auch nur geben kann.

Der heutige Zustand des Universums bricht Symmetrien der Naturgesetze und des leeren Raums

Unser Universum, wie es heute ist, ist nicht leerer Raum. Materie überall: Sonne, Meer, Sternschnuppen, Galaxien und Quasare. Besäße das Universum auch nur die Symmetrien des leeren Raums, könnte es nichts davon geben: Kein Punkt wäre vor einem anderen ausgezeichnet, alles wäre gleich.

Aber so ist es nicht. Das zeigt eine beliebige Szene. Während ich dies schreibe, geht die Sonne schräg links von mir hinter einem Berg, dessen Namen ich nicht weiß, unter; vor mir sehe ich die Bucht von Portoferraio. Daß »schräg links« und »vor mir« unterscheidbare Richtungen sind, bedeutet Brechung der Drehsymmetrie um meinen Ort als Mittelpunkt. Im großen gesehen, im Mittel, ist das Universum anscheinend verschiebungs- und drehsymmetrisch. Die Dichte der Galaxienhaufen, die wir sehen, hängt von der Richtung und von der Entfernung nicht ab. Das stärkste Argument für die Drehsymmetrie des Universums im großen liefert aber die aus allen Richtungen mit derselben Intensität bei uns ankommende »drei Grad Hintergrundstrahlung«. Sie wurde 1964/65 von A. A. Penzias und R. W. Wilson entdeckt. Für diese Entdeckung erhielten die beiden, zusammen mit P. L. Kapiza, 1978 den Nobelpreis für Physik.

Diese Strahlung ist im Jahr 700000 nach dem Urknall entstanden. Seit dieser Zeit ist das Universum kälter als etwa 3000 Grad absolut. Unterhalb dieser Temperatur sind Elektronen und Atomkerne zu elektrisch neutralen Atomen gebunden; das Universum ist ab dann für elektromagnetische Strahlung durchlässig. Seither durchsetzt das Weltall diese Strahlung, die bei ihrer Entstehung im Jahr 700000 wie das damalige Universum 3000 Grad absolut heiß war. Sie hat sich seither – wir leben im Jahr 15 Milliarden – mit dem Universum abgekühlt und kommt heute aus allen Richtungen mit derselben Intensität und Temperatur – etwa drei Grad absolut – bei uns an. Diese Isotropie ist der direkteste und klarste Hinweis darauf, daß das Universum im großen drehsymmetrisch ist. Das Universum verletzt aber, soweit wir wissen – all dies ist, soweit wir wissen! –, als Ganzes die Vertauschungssymmetrie von Teilchen und Antiteilchen.

Die Erde besteht aus Protonen und Elektronen, nicht aus Antiprotonen und Positronen. Dasselbe gilt für den Mond. Das wissen wir, seit wir darüber nachdenken; der Erfolg des APOLLO-Programmes hing davon ab und hat es drastisch bewiesen. Der Beweis ist, daß nichts Dramatisches bei der Landung des ersten Raumschiffs auf dem Mond geschehen ist. Bestünde der Mond aus Antimaterie, so wäre das Raumschiff beim Aufsetzen, zusammen mit etwas Mond, zu Licht und Wärme zerstrahlt. Da das nicht geschah, besteht der Mond aus Materie und nicht aus Antimaterie.

Auch die Planeten bestehen aus Materie, genauso die Milchstraße und alle benachbarten Galaxien. Wir denken heute, das gelte genauso für alle Galaxienhaufen in beliebiger Entfernung. Das Universum besteht nur, oder doch fast nur, aus Materie, nicht aus

Antimaterie. Wäre das nicht so, müßte die charakteristische Strahlung von Teilchen-Antiteilchen-Vernichtungen, die an den Grenzflächen von Materie und Antimaterie entstehen müßte, bei uns ankommen. Dies geschieht nicht, und daher geht das Universum beim Vertauschen von Materie und Antimaterie in ein Antiuniversum über, das sich von dem unseren unterscheidet. In beiden gelten sogar (Kap. 9) unterschiedliche Naturgesetze.

Der Zustand des Universums ist auch nicht spiegelsymmetrisch. Vom Urknall sind 10^9 Neutrinos pro Baryon übriggeblieben, Linksschrauben also (Kap. 9). Das Spiegelbild des Universums würde statt dessen Rechtsschrauben als Neutrino-Hintergrundstrahlung enthalten. Abläufe im Universum verletzen ganz offenbar die Symmetrie gegenüber Umkehr der Richtung der Zeit. Sterne explodieren, Lebewesen altern, und Rubriks Würfel zu ordnen ist schwieriger, als ihn durcheinanderzubringen.

Im asymmetrischen Universum gelten Naturgesetze, die selbst mehr Symmetrien besitzen. Vom Ort, von der Zeit und von der Geschwindigkeit hängen sie nicht ab; die Symmetrie bei Spiegelungen des Ortes, der Ladungen und der Zeit ist ein wenig, aber nicht grob, verletzt. Und so weiter. Nur bei der Farbsymmetrie der Quarks und Gluonen sorgt der Mechanismus des Confinement (Kap. 7) dafür, daß außer den Gesetzen auch die Konfigurationen symmetrisch sind. Andere Symmetrien waren nach unserer Kenntnis bei Beginn des Universums intakt, gelten heute aber nicht mehr. Dieses Kapitel soll den Mechanismus der Symmetriebrechung erläutern, der die vollkommene Symmetrie, wie sie unmittelbar nach dem Urknall bestand, mit den heutigen Asymmetrien vereinbaren kann.

Mythen und Physik

Nach christlicher, besonders katholischer Vorstellung ist das Universum aus dem Nichts entstanden. Dieser »creatio ex nihilo« kommen Spekulationen mancher Physiker über den Anfang der Welt recht nahe. Der Hauptunterschied zwischen Physik und christlicher Vorstellung – ähnliche Vorstellungen gibt es im Judentum, im heiligen Buch der Maya *Popul Vuh* und in der Religion der Maori – ist, daß die Physik ohne Schöpfer auskommen kann. Anders als das Universum, das einen Anfang hatte und vielleicht ein Ende haben wird, sind die Naturgesetze nach den Spekulationen dieser Physiker ewig. Dementsprechend ist das Nichts, aus dem die Welt entstanden ist, nicht das hypothetische Nichts unserer Vorstellung, sondern ein physikalischer Zustand, in dem die Naturgesetze gelten. Extrem formuliert sagt eine dieser Spekulationen, die Entwicklung der Welt sei die physikalische Entwicklung des Nichts. Das soll noch erläutert werden.

Jemandem, der den Anfangszustand der Welt so beschreibt, wie es Mythen der Germanen tun – alles beginnt, wenn es bereits eine Kuh gibt –, vermag ich nicht zu glauben. Am Anfang kann es keine Unterschiede gegeben haben. Alles war, so denke ich, symmetrisch. Das sollte auch für die Naturgesetze gelten. Einer Theorie, die erklärt, warum die Anziehung zweier Elektronen durch die Schwerkraft heute geringer ist als ihre elektrische Abstoßung, würde ich eher trauen als einer, die sagt, das sei so, weil es schon immer so war. Ich denke, daß es anfangs nicht so gewesen sein kann. Jede Kraft mußte damals jede andere bestimmen. Anfangs herrschte höchstmögliche Symmetrie. Was das genau heißt, wissen wir nicht. Es kann nicht sein, daß Berge mit soundso starker Erosion, vierhundert verschiedene Finkenarten und das Nördlinger Ries geschaffen wurden. All das ist offensichtlich Ergebnis einer Entwicklung, die zumindest im Prinzip einsehbar ist. Nur höchstmögliche Symmetrie kann die zufriedenstellende Antwort auf die Frage nach dem Anfangszustand der Welt sein.

Die Frage nach dem Ursprung der Welt stellen sich nicht nur Physiker. Sie ist – wie die nach dem *bestirnten Himmel über mir* und anders als die nach dem Kleinsten – eine »offensichtliche« Frage: Jeder stellt sie. Will man etwas dazu sagen, muß man nicht erst die Frage erläutern, sondern kann gleich die Antwort geben. Dementsprechend groß ist das Angebot an Antworten. Marxisten mögen, so scheint mir, die Feststellung nicht, daß es vor einem gewissen Zeitpunkt keine Materie gegeben hat. Sie denken, daß es dann vor der Welt einen Schöpfer gegeben haben muß. Christen folgen diesen gern in der Argumentation, daß die Entstehung von Materie aus einem Zustand ohne Materie beweisen würde, daß die Welt von einem Schöpfer geschaffen wurde. Anders aber als die Marxisten sind sie mit diesem Resultat einverstanden und fordern, daß in der Tat die Welt »aus dem Nichts« entstanden ist, soll heißen, geschaffen wurde.

Das Urknallmodell

Die Antworten der Physiker auf die Frage, wie die Welt entstanden ist, entbehren der Emotion. Der Urknall bedeutet nicht, daß es »zuvor« einen Schöpfer gegeben hat. Es hat nach konsistenten Theorien »zuvor« weder Raum noch Zeit gegeben. Das ist möglich. Wenn es so ist, sind Paradoxien, die aus der Anschauung folgen, nur scheinbar Paradoxien. Die Anschauung trägt so weit nicht. Wir denken heute, daß das Weltall in einem Zustand zu existieren begonnen hat, in dem ebenso Dichte wie Temperatur unendlich groß waren. Aktuell unendlich große Temperaturen und Dichten sind natürlich kein potentieller Gegenstand der Physik, und daher ist es nicht möglich, über den Augenblick des Urknalls selbst (geschweige denn über eine gar nicht definierbare »Zeit« zuvor) sinnvolle Aussagen zu machen. Behauptet wird, daß die gewöhnlichen Gesetze der Physik seit einer beliebig klein vorgebbaren Zeit nach dem Urknall gelten. Temperatur und Dichte sind hiernach um so größer, je kleiner die Zeitspanne vorgegeben wurde.

Dies ist das Scenario des Urknalls. Ob es genau so zutrifft, wissen wir nicht. Physikalisch gut gesichert ist, daß die Welt einmal – das ist nun etwa 15 Milliarden Jahre her – in dem Zustand gewesen ist, in dem sie sich nach der Urknalltheorie Sekundenbruchteile nach dem Urknall befunden hat.

Sich nach dem Urknall bildende Strukturen brechen die Symmetrien des Chaos und des Nichts

Vor einigen Jahren – 1983 – habe ich zu dem Katalog der Ausstellung *Kosmische Bilder in der Kunst des 20. Jahrhunderts* in der Kunsthalle Baden-Baden einen Beitrag geschrieben. Daher kenne ich die Bilder der Ausstellung recht gut. Ich vermute, daß die Idee, die einige der Bilder zur Entstehung des Universums ausdrücken wollen, die gemeinsame Idee der Christen, der Juden, der Maya, der Maori und mancher Physiker ist: Die Welt ist aus dem Nichts entstanden. Wenn dieses Nichts das Nichts unserer Vorstellung ist, besitzt es vollkommene Symmetrie – die Symmetrien des leeren Raums und des absoluten Chaos. Das Etwas, die Welt, bricht dann diese Symmetrie.

Zahlreiche Bilder der Ausstellung lebten, so scheint mir, von dem Widerspruch zwischen der vollkommenen Symmetrie des Chaos oder des Nichts und der für Wirkliches, Darstellbares allein möglichen geringeren Symmetrie. Die für Erkennbares höchstmögliche Symmetrie ist Ordnung. Ordnung aber bricht die Symmetrien des leeren Raumes. In Delaunays *Kreisformen*, Klees *Genesis der Gestirne* und vielen anderen Bildern der Ausstellung scheint Geordnetes – die Welt? – in einer großen Fluktuation aus Ungeordnetem, Symmetrischerem entstanden zu sein. Das kann stimmen. Wenn sich die Welt wirklich aus dem Nichts gebildet hat, ist Verminderung der Symmetrie eine der Fragen, auf die wir eingehen müssen.

Paul Klees *Aufgehender Stern* ist ein Beispiel für die Bilder der Ausstellung, die, so denke ich, den Widerspruch zwischen Symmetrie und Ordnung darstellen. Gerade die Symmetrien des Bildes in der Waagerechten und der Senkrechten zeichnen diese Richtungen vor allen anderen aus, brechen also die Symmetrie des leeren Raumes, in dem alle Richtungen gleichberechtigt sind. Ordnung besteht vor einem – fast vergangenen – symmetrischeren Hintergrund. Die sechsfache Drehsymmetrie des nahezu fertigen Sterns oben im Bild ist mit der Quadratsymmetrie des ebenen Musters unvereinbar. Und so weiter. Unabhängig davon, ob diese Ansicht mit Expertenmeinungen zu dem Bild verträglich ist, veranschaulicht es für mich das Thema dieses Kapitels, die Brechung von Symmetrien durch Strukturen.

Das hypothetische Nichts meiner Vorstellung kann ich durch seine Symmetrien kennzeichnen. Die Welt besitzt heute weniger Symmetrien. Das gilt für den Zustand, in dem sie sich befindet, und anscheinend auch für die Naturgesetze, die die Abläufe in ihr bestimmen. Ich muß diese Symmetrieverletzungen aber nicht hinnehmen als Eigenschaft der Welt von Anfang an und damit als eines der vielen Rätsel, die der Urknall uns aufgibt, sondern kann hoffen, sie als Resultat späterer Entwicklungen zu verstehen. Möglicherweise produzierte der Urknall eine Welt mit den Symmetrien des leeren Raumes und ist insofern um ein geringes weniger rätselhaft. Asymmetrien können sich im Laufe der Zeit entwickelt haben auf Grund von Naturgesetzen, die damals, unmittelbar nach dem Urknall, genauso galten wie heute. Daß die Symmetrien des leeren Raums gebrochen sind, ist dann nicht unverständlicher als das Verhalten eines Pendels.

Leerer Raum ist mit den Naturgesetzen unvereinbar

Der reale leere Raum unserer Welt – wir wollen ihn Vakuum nennen – unterscheidet sich vom hypothetischen Nichts vor allem dadurch, daß er eigentlich nicht leer ist. Ihn erhält man, wenn man aus einem Gebiet Materie, Strahlung, Schwerefelder und Energie soweit irgend möglich entfernt. Was dann bleibt, unterscheidet sich drastisch vom hypothetischen leeren Raum mit seiner allerhöchsten Symmetrie. Für den realen leeren Raum gelten die Gesetze der Physik, und man kann zeigen, daß diese einen Zustand wie den hypothetischen leeren Raum nicht zulassen.

Grundlage des Beweises ist die Heisenbergsche Unschärferelation. Diese sagt fürs erste, daß einem vorgegebenem »etwas« – einem Elektron – nicht alle Bewegungsenergie entzogen werden kann, ohne daß es sich über den ganzen Raum verteilt. Wird es daran durch anziehende Kräfte gehindert, so ist es nicht möglich, ihm alle Bewegungsenergie zu nehmen, es behält zumindest eine »Nullpunktsenergie«.

Stellen wir uns vor, daß wir einem Ball, der im Schwerefeld auf einer Tischplatte hüpft, Energie entnehmen. Je weniger Energie er besitzt, desto weniger hoch kann er springen, und desto geringer ist seine größte Geschwindigkeit. Bei der klassisch möglichen Minimalenergie Null ruht der Ball auf der Tischplatte, Geschwindigkeit und Höhe, von der Platte aus gerechnet, verschwinden beide und sind daher genau bekannt, nämlich Null.

Im Schwerefeld bedeutet Verringerung der Gesamtenergie eines hüpfenden Balles stets beides: Verringerung der erlaubten Bereiche für Höhe *und* Geschwindigkeit. Daher erlaubt die Unschärferelation den Schluß, daß der Ball zumindest eine gewisse Minimalenergie besitzen muß.

Die Unschärferelation bewirkt, daß ein gebundenes System, wie ein Atom, Molekül oder Kristall, stets eine gewisse Minimalenergie und damit interne Bewegung seiner Bestandteile (Nullpunktunruhe) besitzt. In der relativistischen Quantenmechanik kann die Unschärferelation auf den hypothetischen leeren Raum übertragen werden. Sie sagt, so verallgemeinert, daß in endlichen Gebieten Energieschwankungen auftreten müssen. Je kleiner das Gebiet, das untersucht wird, desto größer die Schwankungen. Der reale leere Raum, das Vakuum, ist leerer Raum plus Energieschwankungen. Für das Alltagsleben relevante Bereiche sind so groß, daß die in ihnen auftretenden Schwankungen unbemerkbar klein sind. Untersucht man aber kleine Bereiche, so muß man die Energieschwankungen – Fluktuationen – im Vakuum berücksichtigen. Also hängen die Naturgesetze für Elementarteilchen von den Energiefluktuationen des Vakuums ab. Nachweisbar sind sie bereits mit Plattenkondensatoren.

In kleinen »leeren« Bereichen können und müssen große Energien in Fluktuationen auftreten – beispielsweise als energiereiche elektromagnetische Wellen oder, wenn die Energie dazu ausreicht, als Paare von Teilchen und Antiteilchen wie Elektron-Positron-Paare. Anders als im Kristall gibt es das »etwas«, das die Energie trägt, im leeren Raum von vornherein nicht. Dessen Existenz ist eine der Konsequenzen der durch die Unschärferelation geforderten großen Energiefluktuationen in kleinen Raumbereichen.

Diese großen Fluktuationen bemerken wir im Alltagsleben auch deshalb nicht, weil sie sehr kurzlebig sind. Je größer die Schwankung – die Abweichung vom leeren Raum –, desto kleiner ihre Lebensdauer. Denn es gibt außer der Unschärferelation für Raum und Bewegungsenergie, genauer Impuls, auch eine für Energie und Zeit. Lebensdauer, Reichweite und Größe einer Energiefluktuation des Vakuums sind miteinander so verknüpft, daß die *Energieunsicherheit* die Energie Null des hypothetischen leeren Raums zuläßt. Diese Unsicherheit ist groß bei kurzer Lebensdauer in kleinen Bereichen, klein bei langer in großen. Die genaue Form dieser Abhängigkeiten kann hier nicht interessieren. Jedenfalls können Fluktuationen nur so energiereich sein, daß ihre Energie vermöge der Unschärferelationen mit Null vereinbar ist. Umgekehrt müssen Fluktuationen innerhalb dieser Grenzen auftreten. Es muß und kann also energiereiche Fluktuationen mit kurzer Lebensdauer, energiearme mit langer geben. Elektrische Anregungen können beliebig wenig Energie besitzen; sie treten daher als Träger langlebiger Energiefluktuationen auf. Teilchen wie das Elektron besitzen hingegen bereits auf Grund ihrer schieren Existenz eine Minimalenergie: ihre nach Einsteins $E = mc^2$ in Energie umgerechnete Masse. Nichts spricht aber dagegen, daß für kurze Zeit auch Teilchen mit Masse als »virtuelle« Teilchen innerhalb einer Energiefluktuation auftreten.

Je größer ihre Masse, desto kleiner sind die Raumbereiche, die sie beeinflussen können. Das hat zwei Gründe. Erstens ist ihre Lebensdauer wegen der zu ihrer Bildung erforderlichen großen Energie nach der Unschärferelation kurz, und zweitens ist ihre Geschwindigkeit klein. Als Bewegungsenergie steht ihnen ja nur die Energie der Fluktuation zur Verfügung, die zusätzlich zu der vorhanden ist, die zur Bildung des Paares selbst erforderlich ist. Innerhalb von kurzlebigen Fluktuationen geringer Reichweite können und müssen aber auch Teilchen mit großer Masse als virtuelle Teilchen vorhanden sein.

Anders als das Nichts unserer Vorstellung ist das physikalische Vakuum ein Ort immerwährender Aktivität: Felder und Teilchen entstehen und vergehen; alle Teilchentypen sind für Zeitspannen vorhanden, die bei schweren Teilchen kürzer sind als bei leichten. Wirkliche Teilchen erscheinen in diesem Bild, das sehr an Heraklits »Panta rhei« erinnert, als Gebilde, die von Anregungen des Vakuums begleitet sind. Ich habe im Prolog das Vakuum mit einem Ährenfeld verglichen und Teilchen mit Anregungen, die darüber hin laufen.

Vakuum und Symmetriebrechung

Welches die Symmetrien des Vakuums sind, ist eine physikalische Frage. Wenn die Naturgesetze eine Symmetrie nicht besitzen, dann auch nicht das Vakuum. Zudem kann es sein, daß zwar die Naturgesetze symmetrisch sind, das Vakuum aber nicht. Diese »spontane

Symmetriebrechung« kann zumindest im Prinzip die Existenz einer asymmetrischen Welt bei symmetrischen Naturgesetzen und bei symmetrischem Anfangszustand erklären. Wie die Bildung eines Kristalls die Drehsymmetrie verletzt, kann auch die Realisation eines bestimmten Zustands der im Vakuum fluktuierenden Teilchen Symmetrien der Naturgesetze verletzen oder, wie man besser sagen sollte, verbergen.

Die Symmetrien der Naturgesetze, von denen wir jetzt sprechen, sind die Eichsymmetrien des Kapitels 8. Im Chaos des Urknalls waren sie vollkommen, alle Wechselwirkungen waren gleich stark. Das ist auch heute noch so, wir können es nur nicht verifizieren. Denn das Vakuum, dessen heutiger Zustand die Symmetrie bricht, ist allgegenwärtig. All unsere Experimente finden vor ihm als Hintergrund statt. Teilchen, mit denen wir experimentieren, befinden sich im Vakuum und werden von seinen Anregungen begleitet.

Anfangs, unmittelbar nach dem Urknall, befand sich die Welt im Zustand vollkommener Symmetrie. Die Symmetrie ist heute geringer, da der symmetrische Zustand nicht zugleich der günstigste Zustand, also instabil ist. Das habe ich im Prolog am Beispiel des Esels zwischen zwei Heuhaufen erläutert. Ein physikalischeres Beispiel ist eine Murmel (Abb. 120 oben), die in der Mitte auf einem nach oben gewölbten Flaschenboden liegt. Die geringste, wegen der allgegenwärtigen Fluktuationen unvermeidbare, Auslenkung der Murmel zerstört die Drehsymmetrie der Anordnung – die Murmel rollt aus ihrer instabilen Lage in Richtung der Auslenkung die Wölbung herunter und kommt in der Rinne zur Ruhe. In ihrer neuen Lage (Abb. 120 unten) bricht sie zwar die Drehsymmetrie um die senkrechte Achse, befindet sich aber zugleich in einem Zustand minimaler Energie.

Wie bei dem Esel zwischen zwei Heuhaufen ist der Zustand höchster Symmetrie nicht der günstigste. Wieder ist das Problem, daß es nicht einen eindeutig bestimmten günstigsten Zustand gibt. Gerade wegen der Symmetrie gibt es in der Flasche keine tiefste Stelle, sondern alle – unendlich viele – Punkte der Rinne liegen gleich tief.

Das gilt allgemein: Ist der Zustand höchster Symmetrie nicht zugleich der günstigste, so muß es eben wegen der Symmetrie mehrere gleichberechtigte günstigste Zustände – Grundzustände – geben.

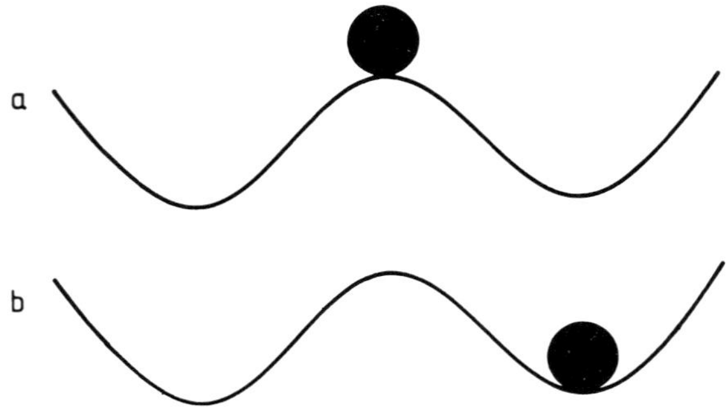

Abbildung 120: *Dargestellt (Abbildung a) ist ein Querschnitt durch einen gewölbten Flaschenboden. Die Kugel, die zunächst oben in der Mitte liegt, rollt wegen der Instabilität des Gleichgewichts in eine nicht vorhersagbare Richtung herunter und bricht dadurch die Drehsymmetrie der ursprünglichen Anordnung spontan, wie man sagt: Die Gesetze für das Verhalten der Kugel sind unabhängig davon drehsymmetrisch, daß jeder Zustand niedrigster Energie, den die Kugel annehmen kann, es nicht ist. Vorhersagbar war wegen der Form des Flaschenbodens,* daß *sich ein Zustand einstellen würde, der die Drehsymmetrie bricht, nicht aber,* welcher. *Abbildung b zeigt denjenigen Querschnitt des Flaschenbodens, in dem die Kugel zur Ruhe gekommen ist. Es gibt zahlreiche weitere Beispiele für das Konzept der spontanen Symmetriebrechung; eins ist die Brechung der Drehsymmetrie bei der Bildung eines Magneten durch spontanes Sichparallelstellen von Elementarmagneten in eine nicht vorhersagbare Richtung; ein anderes, das spontane Ausweichen eines stehenden Zeigestocks, auf dessen Spitze man drückt. In all diesen Fällen sind und bleiben die Naturgesetze unabhängig von der Symmetriebrechung symmetrisch. Ein Beispiel für »spontane Symmetriebrechung« aus dem Festtagsleben stammt von dem Physiknobelpreisträger A. Salam, der auch (Prolog) nach einem Zyklopen gefragt hat, der sein eines Auge nicht in der Mitte hätte: An einem mit Eß- und Salattellern gedeckten runden Tisch stehen die Salatteller in der Mitte zwischen den Eßtellern. Wir nehmen an, daß nicht bereits die Etikette die Zuordnung von Tellern und Salattellern bestimmt. Die dann bestehende Symmetrie wird durch den ersten Griff eines Gastes nach einem der zwei Salatteller, zwischen denen er sitzt, gebrochen. Durch seine Wahl legt er die Zuordnung in der ganzen Runde fest. Vorherzusehen war wieder,* daß *die Symmetrie nicht bestehen bleiben würde; nicht vorausgesehen werden konnte,* wie *sie brechen würde.*

Das System kann nur in einem von ihnen zur Ruhe kommen und muß dadurch die Symmetrie brechen.

Wichtig ist, daß bei der Symmetriebrechung die das System beherrschenden Naturgesetze gültig bleiben. Wenn sich aus vollkommen drehsymmetrischem Wasserdampf Schneeflocken bilden, bricht die Drehsymmetrie des Zustands des Systems spontan zusammen. Doch die zwischen den Wassermolekülen herrschenden Kräfte bleiben davon unberührt. Sie sind vor und nach der Symmetriebrechung dieselben, nur die Anordnung der Moleküle ist im Kristall bei tiefen Temperaturen genauer bestimmt als in der Flüssigkeit.

Vakuumsymmetrien und Temperatur – das frühe Universum

Das Schicksal des Universums seit etwa 10^{-35} Sekunden nach dem Urknall kann durch Theorien vom Typ der GUT (Kap. 8) beschrieben werden. Damals war das Universum 10^{28} Grad heiß. Die Ursuppe Welt bestand aus Quarks, Leptonen und deren Austauschteilchen, also Strahlung. Details dieses Bildes hängen davon ab, wie lange das Proton lebt. Bis zu diesem Zeitpunkt waren alle Wechselwirkungen mit Ausnahme der Gravitation gleich stark und durch die Symmetrien der GUT verbunden. Durch eine Änderung des Zustands der Welt ist seither die Symmetrie zwischen den drei Wechselwirkungen verborgen, seither gibt es eine »starke« Kraft, die sich von der schwachen und elektromagnetischen unterscheidet.

Nach der Urknalltheorie hat das Universum in einem Zustand zu existieren begonnen, in dem die Temperatur unendlich groß war. Seitdem nimmt die Temperatur ab, und das Universum expandiert. Temperatur – das ist dasselbe wie die mittlere Bewegungsenergie pro Teilchen. Die Atome und Moleküle, aus denen unsere Alltagsmaterie aufgebaut ist, befinden sich in ständiger ungeordneter Bewegung. In festen Körpern bewegen sie sich um eine Ruhelage herum, in Gasen durchmessen sie möglicherweise meterlange Strecken, bevor sie mit einem anderen Molekül oder Atom zusammentreffen. Die Geschwindigkeit dieser ungeordneten Bewegung ist im Mittel um so größer, je höher die Temperatur ist, und damit hängt es von der Temperatur ab, wie energiereich die Stöße der beteiligten Teilchen sind.

Das bedeutet, daß die Temperatur bestimmt, ob die stoßenden Teilchen Moleküle, Atome, Kerne und Elektronen, ob sie Protonen, Neutronen und Elektronen, ob sie Quarks, Elektronen und Positronen oder, gegebenfalls, deren Bestandteile sind. Strahlung gibt es bei allen Temperaturen. In einer Tasse mit heißem Kaffee lösen Stöße von Wassermolekülen die Zuckermoleküle aus ihrem Verband im Zuckerstück heraus. Bei höherer Temperatur werden Moleküle durch energiereichere Zusammenstöße mit anderen Molekülen zerstört. Und so weiter: Je höher die Temperatur, desto weniger Strukturen können überstehen.

Gleichzeitig treffen bei hoher Temperatur und großer Dichte Teilchen dauernd mit so großer Energie aufeinander, daß auch schwere Teilchen zusammen mit ihren Antiteilchen aus Energie erzeugt werden; beide vernichten sich, wenn sie aufeinander treffen, gegenseitig wieder zu Energie. All diese Prozesse finden ohne Unterlaß nebeneinander statt. Alle Teilchen, die paarweise zu produzieren die der Temperatur entsprechende Energie der stoßenden Teilchen ausreicht, sind vorhanden und befinden sich im Gleichgewicht von Entstehen und Vergehen.

Erhöhung der Temperatur bedeutet also Vergrößerung des Chaos. Bei unendlich großer Temperatur ist das größtmögliche Chaos erreicht. Im größten Chaos herrscht zugleich die höchstmögliche Symmetrie. Wenn die Temperatur sinkt, vermindert sich das Chaos und zugleich mit ihm die Symmetrie. An ihre Stelle kann Ordnung treten – zum Beispiel, bei viel niedrigeren Temperaturen als bald nach dem Urknall, die Ordnung eines Kristalls, der sich aus drehsymmetrischer Schmelze bildet.

Für das Vakuum gilt dasselbe. Wie sich die Naturgesetze auf beobachtbare Phänomene auswirken, hängt von den Symmetrien des Vakuums ab. Bei unendlich hoher Temperatur besitzt das Vakuum die höchste überhaupt mögliche Symmetrie. Wenn dann die Temperatur sinkt, können sich Strukturen bilden, die leichter zerstörbar sind. Verminderung des Chaos bedeutet auch für das Vakuum Zunahme der Ordnung der fluktuierenden Teilchen und damit Abnahme der Symmetrie.

Man sagt, eine Symmetrie nach der anderen sei beim Erkalten des Weltalls ausgefroren. Das ist wie beim Übergang von Wasser zu Eis. Die Symmetrie der Naturgesetze wird dadurch nicht beschädigt: Für die Wechselwirkungen der Moleküle gelten im Wasser und im Eis dieselben Gesetze mit denselben Symmetrien. Aber durch den »Phasenübergang« von der einen Phase zur anderen Phase – von Wasser zu Eis – wird die Drehsymmetrie der Naturgesetze verborgen. Man sagt manchmal auch, sie werde gebrochen, aber das ist genaugenommen falsch. Das Vakuum, vor dem als Hintergrund wir alle Experimente betreiben, besitzt bei niedrigen Temperaturen mehr Ordnung und weniger Symmetrien als bei hohen. Die Naturgesetze, die das gesamte Geschehen beherrschen, sind von den Symmetrien des Vakuums unabhängig.

Bei mehr als 10^{28} Grad Temperatur war das Universum so chaotisch, daß kein Unterschied zwischen Phänomenen der schwachen, der elektromagnetischen und der starken Wechselwirkung bestand. Bei dieser Temperatur erlitt das Universum einen Phasenübergang. Dieser ist im inflationären Urknallmodell, von dem bereits gesprochen wurde und auf das ich im Epilog zurückkommen werde, für die plötzliche Vergrößerung – Inflation – des Universums um den Faktor 10^{50} oder mehr zwischen den ersten 10^{-35} und 10^{-33} Sekunden seiner Existenz verantwortlich. Seitdem wirkt sich die starke Wechselwirkung anders aus als die elektromagnetische und schwache. Die Symmetrie, die Quarks und Leptonen verbindet, ist seither verborgen.

Abschirmung und Symmetriebrechung

Das Vakuum erfüllt in seiner neuen Phase ein symmetriebrechendes Substrat, Higgs-Feld genannt, das die Ladungen, die zu der spontan gebrochenen Symmetrie gehören, abschirmt. Hier geht es nicht um Vakuumfluktuationen, den Allerweltseffekt der Quantenmechanik. Das Vakuum ähnelt ein wenig einem Geldstück im Magnetfeld. Leser, die sich von der Schule her an Versuche zur Lenzschen Regel erinnern, wissen, daß ein Geldstück zwischen den Polen eines Magneten nicht einfach hindurchfällt. Es wird verzögert. Die Ursache hierfür sind Wirbelströme, die das Eindringen des Magnetfeldes in das Geldstück hervorruft. Diese sind so gerichtet – besagt die Lenzsche Regel –, daß sie ihre eigene Ursache, das eindringende Magnetfeld, schwächen. Sie verursachen nämlich selbst ein Magnetfeld. Dies ist nach der Lenzschen Regel dem äußeren Magnetfeld entgegengesetzt, schwächt es also ab.

Wir wollen das Geldstück mit dem Vakuum, das äußere Magnetfeld mit den Ladungen der Elementarteilchen vergleichen, die zu einer gebrochenen Symmetrie gehören. An ihnen greifen die

Austauschteilchen an. Das Substrat, das das Vakuum füllt und die Ladungen abschirmt, ist mit den Wirbelströmen zu vergleichen, die das äußere Magnetfeld schwächen. Anders aber als die Wirbelströme im Geldstück, die durch dessen elektrischen Widerstand abklingen, erfüllt das abschirmende Substrat das Vakuum dauernd ungeschwächt. Die Ladungen sind abgeschirmt, da sie von Vakuumwirbelströmen umgeben sind. Innerhalb dieser Wirbelströme, sehr nah an den Ladungen also, würde sich ihre volle Stärke bemerkbar machen. Das ist bei der Ladung, die Quarks und Leptonen verbindet, eine Entfernung von etwa 10^{-29} Zentimeter. Weiter draußen ist nur die wesentlich schwächere abgeschirmte Ladung zu spüren. Das aber bedeutet, daß die Reichweite der Kraft, die zu den Ladungen gehört, sehr kurz ist.

Ladungen werden nicht nur durch das symmetriebrechende Vakuumsubstrat, sondern auch durch Vakuumfluktuationen abgeschirmt. Diese »Abschirmung« wirkt in vielen wichtigen Fällen tatsächlich als Verstärkung. Die beobachteten Kopplungsstärken werden von beiden Effekten beeinflußt, beide führen dazu, daß die Welt bei kleinen Abständen symmetrischer ist als bei großen. Große Temperaturen bedeuten hohe Energien und damit kurze Abstände – die Teilchen kommen einander um so näher, je wuchtiger ihre Zusammenstöße sind. Daher war die Welt unmittelbar nach dem Urknall so symmetrisch wie nachher niemals wieder.

Warum gibt es nicht nur Strahlung?

Als sich die starke Wechselwirkung von der elektromagnetischen und schwachen zu unterscheiden begann, hatte sich eine Asymmetrie des Zustands der Welt bereits herausgebildet, von der unsere Existenz entscheidend abhängt. Zur höchsten Symmetrie unmittelbar nach dem Urknall gehört, daß es gleich viele Teilchen wie Antiteilchen gab. Diese hätten einander ohne Rest zu Licht und Wärme vernichten können – Protonen mit Antiprotonen und Elektronen mit Positronen. Wäre das geschehen, so hätten sich keine Strukturen im Universum ausbilden können. Vollständige gegenseitige Vernichtung kann entweder durch Entmischung oder durch Ausbildung eines Unterschiedes in der Zahl von Protonen und Antiprotonen vermieden werden. Wäre das erste der Fall, müßte es heute außer uns im Universum eine Antiwelt aus Antimaterie geben. Das aber scheint, wie bereits gesagt, experimentell ausgeschlossen zu sein.

Bleibt das zweite. Auch diesem Gebäude fehlt allerdings noch ein wichtiger Eckstein: die experimentelle Bestätigung der Vermutung (Kap. 7), daß das Proton zerfällt. Nehmen wir also an, das Proton könne zerfallen. Heute ist dieser Prozeß so selten, da er nur über Zwischenteilchen – X-Teilchen genannt – ablaufen kann, die extrem hohe Massen besitzen. Experimentell sind diese Teilchen denn auch nicht bekannt, sie sind aber Mitglieder der Teilchenfamilie einer jeden Großen Vereinigten Theorie. Damit ein Proton im Jahr 1987 zerfallen kann, bedarf es einer extrem kurzlebigen Vakuumfluktuation, die ein schweres X-Teilchen zur Verfügung stellt. Bei den Temperaturen, die bis zu 10^{-35} Sekunden nach dem Urknall herrschten, waren X-Teilchen zahlreich. Sie erlaubten die rasche Umwandlung von Quarks und Antiquarks in Elektronen und Positronen.

Zur Entwicklung eines Überschusses von Quarks – Protonen – über Antiquarks – Antiprotonen – reicht nicht, daß beide zerfallen können. Wichtig ist auch, daß die Umwandlung von Protonen in Positronen langsamer abläuft als die von Antiprotonen in Elektronen. Das setzt voraus, daß die Symmetrie der Naturgesetze gegenüber CP – Spiegelung P, kombiniert mit Ladungsvertauschung C – genau richtig verletzt ist. Die Spiegelung kommt herein, da es für die Teilchen-Antiteilchen-Bilanz gleichgültig ist, ob eine Reaktion oder ihr Spiegelbild abläuft. Selbstverständlich kann sich eine Teilchen-Antiteilchen-Asymmetrie nur ausbilden, wenn C verletzt ist. Das reicht aber nicht aus. Denn wäre CP eine gute Symmetrie, gäbe es für jede Reaktion eines Antiprotons eine gleichwahrscheinliche Protonreaktion: dieselbe, im CP-Spiegel gesehen. Ausbildung der Asymmetrie setzt voraus, daß die CP-Verletzung Reaktionen, bei denen ein Antiproton verschwindet, bevorzugt vor denselben Reaktionen mit einem Proton statt des Antiprotons, im Spiegel gesehen.

Das ist in der Tat der Fall. Wenn nun noch garantiert wird, daß Umwandlungen in die eine Richtung nicht durch gleich viele Umwandlungen in die Gegenrichtung rückgängig gemacht werden, haben wir alle Voraussetzungen beisammen, um den Materieüberschuß im gegenwärtigen Weltall zu erklären. All das ist auf festem physikalischen Boden mit Ausnahme des Protonzerfalls, nach dem experimentell noch gesucht wird.

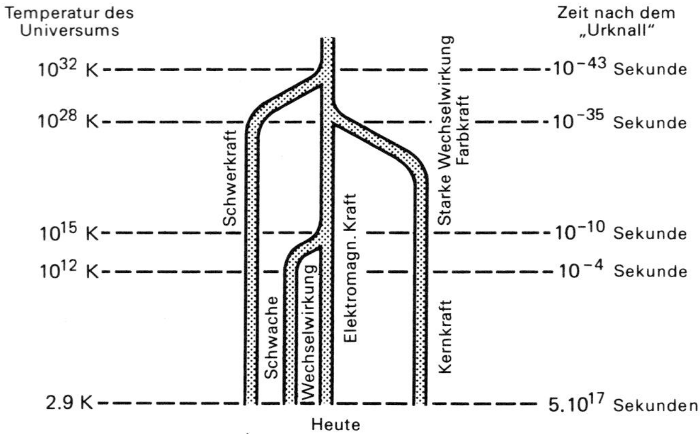

Abbildung 121

Seit 10^{-10} Sekunden nach dem Urknall gibt es vier verschieden wirkende Kräfte

Kehren wir zu unserer Geschichte der Symmetriebrechung im frühen Universum zurück. Bis etwa 10^{-10} Sekunden nach dem Urknall gab es drei unterscheidbare Kräfte: die Schwerkraft, die starke Kraft und die elektroschwache. Zu dieser Zeit, bei einer Temperatur von 10^{15} Grad, begann sich die schwache Kraft von der elektromagnetischen zu unterscheiden. Seither gibt es die vier unterschiedlich wirkenden Naturkräfte Schwerkraft, schwache, elektromagnetische und starke Kraft, die wir heute kennen. Abbildung 121 faßt all dies zusammen.

Früher als 10^{-43} Sekunden nach dem Urknall wirkten alle Kräfte gleich

Wir denken, daß sich die Geschichte der Naturkräfte zumindest bis zu dem Zeitpunkt zurückverfolgen läßt, zu dem – etwa 10^{-43} Sekunden nach dem Urknall – die anderen Kräfte begannen, anders als die Schwerkraft zu wirken. Das aber ist Spekulation, getragen nur von experimentell unbestätigten Theorien. Zuvor müßte der Status der GUT geklärt werden und ob Quarks und Leptonen selbst wieder zusammengesetzt sind und welches, gegebenenfalls, die Kräfte zwischen deren Bausteinen sind. Möglicherweise stehen wir kurz vor experimentellen Antworten zu diesen Fragen durch nun im Bau befindliche oder geplante Beschleuniger beim CERN in Genf, bei DESY in Hamburg und im Süden der USA.

Zu noch früheren Zeiten als 10^{-43} Sekunden muß auch die Schwerkraft der dann sehr dichten Ursuppe berücksichtigt werden. Es ist unbekannt, wie das geschehen könnte. Eine Ausnahme machen die Superstringtheorien, von denen am Ende des Kapitels 8 gesprochen wurde.

Brechung von Eichsymmetrien

Die Details der spontanen Brechung von Eichsymmetrien sind tief im formalen Apparat der theoretischen Physik verborgen. Ich will zunächst berichten, wie sich Symmetriebrechung bemerkbar macht. Durch die Brechung bekommen zuvor masselose Austauschteilchen eine Masse. Daß die Reichweite der von diesen Teilchen vermittelten Kräfte bei der spontanen Symmetriebrechung abnehmen muß, wissen wir schon. Das ist eine Konsequenz des die Ladungen abschirmenden Vakuumsubstrates, des Higgs-Feldes.

Leicht einzusehen ist, daß bei schweren Austauschteilchen die Reichweite der von ihnen vermittelten Kraft kürzer ist als bei leichten. Masselose Teilchen, wie heute das Lichtteilchen, das Photon, vermitteln eine Wechselwirkung unendlicher Reichweite, bei massiven Teilchen ist diese Reichweite endlich. Je schwerer ein Teilchen, desto kürzer leben Vakuumfluktuationen, die es enthalten. Die Reichweite einer Wechselwirkung ist die Strecke, die das virtuelle Teilchen innerhalb einer Fluktuation, die es enthält, laufen kann. Da die Lichtgeschwindigkeit die größtmögliche Geschwindigkeit überhaupt ist, ist die Masse eines Teilchens ein Maß für die Reichweite der Wechselwirkung, die es vermittelt: Je schwerer das Teilchen, desto kürzer die Reichweite.

Das Auftreten von Kräften kurzer Reichweite ist ein Indiz für die spontane Brechung einer Eichsymmetrie. Die Gluonen sind masselos, die Farbwechselwirkung ist eine ungebrochene Eichwechselwirkung und besitzt unendliche Reichweite. Man merkt davon außerhalb eines Protons aber kaum etwas, da die Absättigung der Farbladungen der Quarks die starke Kraft abschirmt und nur ein kleiner Rest nach außen wirken kann. Die Eichsymmetrie der schwachen Wechselwirkung wurde 10^{-10} Sekunden nach dem Urknall gebrochen. Seither besitzen die zugehörigen Austauschteilchen W und Z^0 ihre Masse von etwa 90 Protonenmassen. Die Reichweite der schwachen Wechselwirkung ist heute dementsprechend kurz. Würden die wechselwirkenden Teilchen einander nahe genug kommen, so würde sich herausstellen, daß alle drei Wechselwirkungen dieselbe Stärke besitzen.

Magnetismus von Eisen als spontane Brechung der Drehsymmetrie

Die spontane Brechung von Eichsymmetrien ist eine der Grundlagen für unser Verständnis der Physik der Elementarteilchen. Sie ist mit den Namen Nambu, Goldstone und Higgs verknüpft. Interessante Phänomene ergeben sich auch, wenn eine andere als eine Eichsymmetrie spontan gebrochen ist. Wieder besitzt das physikalische Vakuum, der Grundzustand, eine Symmetrie der Wechselwirkung nicht. So ist die Wechselwirkung zwischen Eisenatomen sicher drehsymmetrisch. In einem Magneten aber, der sich aus einer drehsymmetrischen Eisenschmelze durch diese Wechselwirkung beim Abkühlen bildet, zeigt das Magnetfeld in eine bestimmte Richtung und bricht dadurch die Drehsymmetrie. Das ist genauso wie bei der Bildung anderer Kristalle.

Abbildung 122a zeigt, durch Pfeile angedeutet, eine Reihe der im Magneten parallel stehenden Eisenatome. Ohne irgend etwas an den Verhältnissen und Wechselwirkungen im Inneren des Ma-

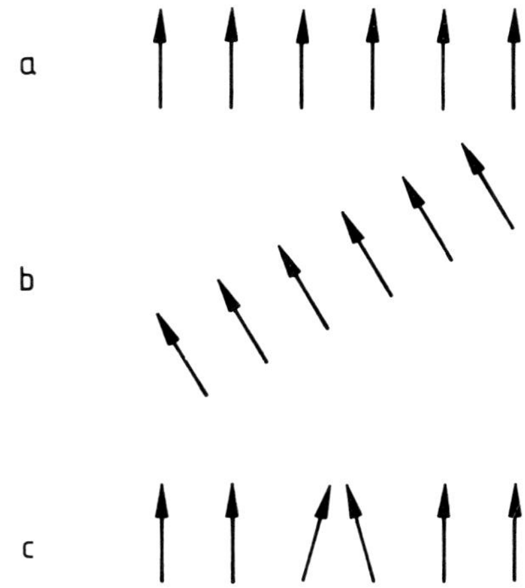

Abbildung 122

gneten zu ändern, kann er um eine beliebige Strecke verschoben und um einen beliebigen Winkel gedreht werden (Abb. 122b). Die Naturgesetze sind, mit anderen Worten, verschiebungs- und drehsymmetrisch. Der Magnet aber ist es nicht. Verdreht man nur einige Pfeile (Abb. 122c), so werden die inneren Verhältnisse des Magneten geändert. Das ist nicht widerstandslos möglich. Unmöglich ist es, daß der Verdrehung eines einzelnen Pfeils der ganze, praktisch unendlich große Magnet folgt. Statt dessen erfährt der einzelne verdrehte Pfeil eine rücktreibende Kraft von anderen Pfeilen, die er selbst natürlich auch beeinflußt. Läßt man ihn in verdrehter Stellung los, so schwingt er zunächst um seine Ruherichtung herum, andere Pfeile in seiner Umgebung beginnen ebenfalls zu schwingen, und die Anregung breitet sich im Kristall aus.

Wir haben jetzt alle Voraussetzungen beisammen, um die spontane Brechung der Symmetrien physikalischer Theorien im Detail zu beschreiben. Betrachtet wird ein System, für das symmetrische Naturgesetze gelten. Ein Beispiel ist die Murmel in Abbildung 120, ein anderes bilden die Atome eines unendlich ausgedehnten Stücks Eisen (Abb. 122a). Für beide Systeme gelten drehsymmetrische Naturgesetze. Angenommen wird, daß es – erstens – Zustände der Systeme gibt, die dieselben Symmetrien besitzen wie die Naturgesetze. Das ist, im Fall der Murmel, der Zustand der Abbildung 120a, im Fall des Eisens ist es ein/der Zustand mit maxi-

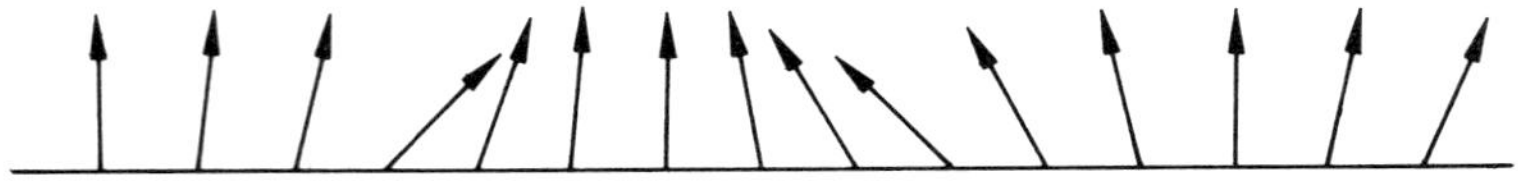

Abbildung 123

maler Unordnung – im Mittel Symmetrie – der Ausrichtung der Eisenatome.

Das System besitze mehrere Zustände, in denen seine Energie minimal ist. Diese werden durch die Transformationen der Symmetriegruppe ineinander transformiert und besitzen einzeln die Symmetrien der Naturgesetze nicht, die für das System gelten. Bei der Murmel sind das alle die Zustände, die aus dem der Abbildung 120b durch Drehungen um die Achse der Flasche entstehen; beim Eisen sind es jene, in denen die Eisenatome parallel stehen und in dieselbe, beliebige, Richtung zeigen.

Das Goldstone-Theorem zur spontanen Brechung globaler Symmetrien

Weiteres hängt davon ab, ob die Naturgesetze lokal oder nur global symmetrisch sind. Lokale Symmetrie bedeutet die Existenz von Austauschteilchen mit Masse Null, also von – und das ist der entscheidende Unterschied – Kräften mit der Reichweite unendlich. Wenn es keine Kräfte mit der Reichweite unendlich gibt, besteht nur globale Symmetrie. Dann gilt das nach dem in Cambridge arbeitenden Physiker Jeffrey Goldstone benannte Goldstone-Theorem. Es besagt, daß es bei spontaner Brechung kontinuierlicher Symmetrien Anregungen geben muß, die, als Elementarteilchen interpretiert, die Masse Null besitzen.

Anregungen kann man sich als Wellen vorstellen. Zur Illustration verwende ich die Reihe von Pfeilen der Abbildung 123. Sie stehen, wie schon in Abbildung 122, für eine unendliche Reihe von Elementarmagneten magnetisierten Eisens. Die Pfeile sind gegeneinander verdreht. Ausgehend von einem senkrecht nach oben stehenden Pfeil nimmt die Neigung nach rechts in drei Schritten bis 45 Grad zu und dann wieder ab. Wegen der Verdrehung der Pfeile gegeneinander weicht die Anregung, die nach beiden Seiten periodisch fortgesetzt sei, vom Grundzustand des Magneten ab und enthält Energie. Wir wollen uns fragen, wie der Energieinhalt von der »Wellenlänge« der Anregung abhängt. Die Wellenlänge ist der Abstand, in dem sich die Anordnung der Pfeile periodisch wiederholt – in Abbildung 123 also zwölf Einzelabstände.

Angenommen, es gebe nur Kräfte endlicher Reichweite. Dann können Pfeile, die einen größeren Abstand haben als die größte Reichweite, gegeneinander verdreht sein, ohne daß sich daraus ein merklicher Beitrag zur Energie der Anregung ergibt. Wenn hier die Wellenlänge wächst und wächst, wird die Energie der Anregung kleiner und kleiner und geht bei unendlicher Ausdehnung oder Wellenlänge gegen Null. Bei hinreichend großer Wellenlänge sind Pfeile, die einander näher sind als die Reichweite von Kräften, relativ zueinander so wenig verdreht, daß sie nur einen sehr kleinen Beitrag zur Energie liefern. Andererseits bringen deutlich gegeneinander verdrehte Pfeile keinen Beitrag zur Energie, da sie weiter, als Kräfte in jenem Medium wirken, voneinander entfernt sind.

Natürlich kann erst die Mathematik zeigen, ob dieser Effekt wirklich eintritt. Das ist in der Tat der Fall: Wenn, bei endlicher Reichweite der Kräfte, die Ausdehnung – Wellenlänge – einer Anregung gegen unendlich geht, dann wird dabei die Energie, die sie trägt, kleiner und kleiner, geht gegen Null. »Anregung« steht hier auch für Elementarteilchen. Elementarteilchen mit dieser Eigenschaft haben die Masse Null. Denn weniger Energie als seiner Masse entspricht, kann kein Teilchen besitzen; wenn seine Energie verschwinden kann, ist die Masse eines Teilchens Null.

Das Goldstone-Theorem sagt, daß in Theorien mit einer spontan gebrochenen Symmetrie masselose Teilchen vorkommen. Vorauszusetzen ist außerdem, daß es bei ungebrochener Symmetrie keine Kräfte mit unendlicher Reichweite gibt. Diese Voraussetzung gilt bei lokalen Symmetrien wegen der dann vorhandenen masselosen Eichteilchen nicht. Denn wir haben gesehen, daß die Reichweite einer Wechselwirkung, die durch masselose Austauschteilchen vermittel wird, unendlich ist.

Die Anregungen von Ferromagneten habe ich bereits beschrieben. Es sind die Schwingungen der »Pfeile« – Spins – um ihre Ruhelage herum. Die Energie solch einer »Spinwelle« geht mit wachsender Wellenlänge in der Tat gegen Null, wie es bei masselosen Anregungen sein muß.

Das π-Meson als Goldstone-Teilchen

Die Teilchen, deren Existenz spontan gebrochene Symmetrien erzwingen, heißen Goldstone-Bosonen. Das Goldstone-Theorem sagt nicht nur, daß sie masselos sind, sondern auch, daß sie den Spin Null besitzen. Ihre inneren Eigenschaften lassen sich aus denen der gebrochenen Symmetrie herleiten. Eine näherungsweise gültige Symmetrie, die spontan gebrochen sein muß, ist eine »axiale« Ergänzung der SU(3)-Flavor-Symmetrie. Hier ist nicht der Ort, die axiale Symmetrie zu beschreiben. Nur so viel: Wäre sie nicht gebrochen, so müßte es zu jedem Teilchen ein Partnerteilchen mit derselben Masse, denselben inneren Eigenschaften und entgegengesetztem Verhalten bei Raumspiegelungen geben. Dafür gibt es keinerlei Anzeichen. Viele andere Vorhersagen axialer Symmetrie der Naturgesetze sind hingegen quantitativ erfüllt. Sie sollten dann und nur dann exakt gelten, wenn die axiale Symmetrie spontan und sonst nicht gebrochen ist. Aber es gibt kein Teilchen, auf das der Steckbrief des Goldstone-Bosons einer spontan gebrochenen Axialsymmetrie genau passen würde. Alles stimmt für die axiale Version der Isospinsymmetrie für die drei Isospinzustände des Trägerteilchens der starken Wechselwirkungen der Nukleonen im Kern, das π-Meson – mit der einen Ausnahme, daß es nicht masselos ist. Da es aber bei weitem das leichteste aller Teilchen mit starker Wechselwirkung ist – es ist um den Faktor 7 leichter als das Proton –, ist es sinnvoll, eine hypothetische Welt zu betrachten, in der π-Mesonen masselos sind. Dies ist eine Welt, in der die axiale Symmetrie spontan, und sonst nicht, gebrochen ist. Unsere Welt unterscheidet sich von der hypothetischen durch Korrekturen, die klein sind, da die Masse der π-Mesonen in der Wirklichkeit klein ist.

Es ist möglich, die Zahlenwerte von Beobachtungsgrößen in einer Welt auszurechnen, in der die axiale Symmetrie ausschließlich spontan gebrochen ist und das π-Meson die Masse Null besitzt. Es stellt sich heraus, daß die sich so ergebenden Relationen auch in der

Wirklichkeit gut erfüllt sind. Wir leben also in einer Welt, in der die axiale Symmetrie spontan gebrochen ist. Daß die Masse des π-Mesons klein ist, hat daher einen guten physikalischen Sinn und ist nicht nur Zufall.

Der Higgs-Mechanismus der spontanen Brechung lokaler Symmetrien

Nun zur spontanen Brechung von lokalen Eichtheorien mit ihren masselosen Eichteilchen. Vor der Brechung gibt es Kräfte mit unendlicher Reichweite, und der Schluß, daß den Schwingungen der Pfeile – des Vakuumsubstrats – Teilchen ohne Masse entsprechen, kann nicht aufrechterhalten werden. An die Stelle des Goldstone-Mechanismus, durch den Symmetrien spontan gebrochen werden können, tritt nun der Higgs-Mechanismus. In ihm wirken mehrere Eigenschaften von Feldtheorien, die anscheinend beziehungslos nebeneinander stehen, wie in einer konzertierten Aktion zusammen. Ich lehre den Higgs-Mechanismus heutzutage wie die größte Selbstverständlichkeit, und die Studenten fassen ihn auch so auf. Bei der ersten Begegnung mit ihm um 1970 erschien er mir aber, obwohl in seinen einfachen Versionen auf wenigen Seiten nachrechenbar, fast wie ein Wunder.

Man beginnt mit einer lokal eichsymmetrischen Theorie und führt in sie zwei Felder so ein, daß sie symmetrisch bleibt, der Zustand niedrigster Energie aber die Symmetrie nicht besitzt. Gäbe es nicht die masselosen Eichteilchen, so wären alle Voraussetzungen des Goldstone-Theorems erfüllt. Es gibt sie aber und mit ihnen die lokale Symmetrie. Sie läßt sich benutzen, um durch eine lokale Eichtransformation eins der zusätzlichen Felder aus der Theorie wieder zu eliminieren. Welches zu eliminieren sei, ist nicht festgelegt; eine jede Wahl bricht die Symmetrie. Gleichzeitig wird festgelegt, welcher der vielen möglichen gleichberechtigten Grundzustände der physikalische Grundzustand sein soll. Dadurch bekommt – und das macht den Mechanismus physikalisch interessant – das Eichfeld eine von Null verschiedene Masse. Auch das andere zusätzliche Feld, jenes, das nicht aus der Theorie eliminiert wurde, wird massiv, und wenn man es geschickt eingerichtet hat, kann man durch dasselbe Vorgehen auch noch den Fermionen der Theorie eine Masse geben.

Das wirklich verblüffende an dem Resultat – anfangs zwei »von Hand« zur Theorie hinzugefügte Felder und ein masseloses Eichteilchen, am Ende ein verbliebenes Feld und ein Eichteilchen, beide mit Masse – ergibt die Abzählung der Gesamtzahl der Felder der Theorie: Sie ist unverändert. Denn ein masseloses Eichteilchen, ein Teilchen mit Spin 1, besitzt zwei mögliche Einstellungen seines Spins relativ zur Bewegungsrichtung, ein massives Teilchen drei. Das eine Feld wurde nur scheinbar eliminiert, in Wahrheit liefert es einen zusätzlichen Freiheitsgrad, der als dritter Zustand des nun massiven Eichteilchens auftritt.

Auch die Supersymmetrie kann spontan gebrochen werden. Die Poincaré-Symmetrie, die zur Supersymmetrie gehört, muß dabei natürlich ungebrochen bleiben. Die Goldstone-Teilchen der supersymmetrischen Transformationen sind Fermionen; ansonsten besteht kein großer Unterschied zur spontanen Brechung anderer Symmetrien.

Vom praktischen Standpunkt aus gesehen ist die Tatsache, daß gebrochene Eichsymmetrien Austauschteilchen mit nicht verschwindender Masse besitzen, das wichtigste, und sie ermöglicht erst die Beschreibung der schwachen Wechselwirkungen mit ihren nahezu 100 Protonenmassen schweren W und Z^0 durch eine lokal symmetrische Theorie. Ich habe bereits gesagt, daß Theorien mit lokaler Eichsymmetrie renormierbar sind und daß die Brechung der Symmetrie durch den Higgs-Mechanismus diese Eigenschaft nicht beschädigt. Auf beiden Eigenschaften beruht der ungeheure Erfolg von lokalen, nach Higgs gebrochenen Eichsymmetrien.

Ein Aspekt der spontanen Symmetriebrechung ist noch erwähnenswert. Er zeigt die Beziehung dieser Form der Symmetriebrechung zum Vakuum unmittelbar. Man kann nämlich im symmetrischen Zustand und im Zustand tiefster Energie die Wahrscheinlichkeit ausrechnen, daß man im Vakuum bei einer Messung Teilchen nachweist. Im symmetrischen Zustand ist sie Null, im Zustand niedrigster Energie nicht. Technisch äußert sich das dadurch, daß der »Vakuumerwartungswert« von Feldern, die den Grundzustand beschreiben, nicht verschwindet.

Der umfassende Erfolg lokaler Eichtheorien bei der Beschreibung der Phänomene beruht auf dem Higgs-Mechanismus. Da wäre es schön, wenn die Existenz des Higgs-Teilchens experimentell nachgewiesen werden könnte. Bis heute (Dezember 1986) wurde das Higgs-Boson nicht gefunden. Für die Theorie ist das keine Katastrophe, da Details über die Eigenschaften des Higgs-Bosons nicht bekannt sind. Es kann Massen und/oder Kopplungen besitzen, die seine Entdeckung bisher nicht zuließen. Außerdem ist es möglich, lokale Symmetrien durch spezielle dynamische Mechanismen, die ohne Higgs-Teilchen auskommen, zu brechen. Aber es wäre ohne Zweifel ein schöner Erfolg und eine Bestätigung, auf dem richtigen Weg zu sein, wenn das Higgs-Teilchen (endlich!) gefunden würde.

Masselose Teilchen wie (fast!) das π-Meson sind ein Indiz für die spontane Brechung einer Symmetrie. Das Beispiel eines Magneten zeigt, daß die spontane Symmetriebrechung für das Verhalten des Systems wichtiger sein kann als die »eigentlich« vorhandene Symmetrie. Hier, wie auch bei der spontanen Brechung einer Eichsymmetrie, ist die Symmetriebrechung nicht klein, verglichen mit der eigentlichen Symmetrie. Das Vakuum ist bei spontan gebrochenen Symmetrien ganz und gar asymmetrisch, und das kann die Symmetrie der Naturgesetze so sehr verbergen, daß sie dem Verhalten des Systems nicht anzusehen ist. Auch dann ist es aber sinnvoll, von Symmetrien einerseits und Symmetriebrechung andererseits zu sprechen, da beide zwei ganz verschiedene Aspekte der Wirklichkeit – Naturgesetz und Grundzustand – betreffen. Das ist anders bei der – nach Wigner und Weyl benannten – »expliziten« Brechung einer Symmetrie. Sie betrifft auch die Naturgesetze. Jetzt von Symmetrie und Symmetriebrechung zu sprechen ist nur sinnvoll, wenn die Symmetriebrechung »klein« ist.

Explizit gebrochene Symmetrien

Wenn ich auf eine kreisförmige Membran oder Trommel, außerhalb des Mittelpunktes, ein Pfennigstück klebe, ist deren Drehsymmetrie gebrochen (Kap. 2). Die Gesetze, die nun das Verhalten der Trommel bestimmen, sind nicht drehsymmetrisch. Von gebrochener Drehsymmetrie zu sprechen ist trotzdem sinnvoll, da ihre Verletzung nur klein ist. Das Verhalten der Trommel ist immer noch nahezu drehsymmetrisch. Will man verstehen, wie sich die gestörte Trommel verhält, ist es am besten, zunächst einmal die symmetrische Trommel zu untersuchen und dann, ausgehend von dem Ergebnis der Symmetrieanalyse, die Störung zu berücksichtigen.

Diese Form der Symmetriebrechung ist leicht zu verstehen. Die Brechung ist klein, verglichen mit der Symmetrie selbst. Erst kommt die Symmetrie, dann ihre Brechung. Die Brechung kann als kleine Störung verstanden und behandelt werden.

So gebrochene, aber noch deutlich erkennbare Symmetrien gibt es auch in der Physik der Elementarteilchen. Die Masse des Protons ist um 0,14 Prozent kleiner als die des Neutrons. Diese Massendifferenz bricht die Isospinsymmetrie aus Kapitel 7 ein wenig. Ähnliches gilt für die Brechung anderer innerer Symmetrien.

Vielleicht ist es möglich, auch die Brechung innerer Flavor-Symmetrien als spontane Symmetriebrechung zu verstehen. Genaugenommen regeln natürlich drehsymmetrische Naturgesetze auch das Verhalten von Trommel plus Pfennigstück. Wir haben, aus praktischen Gründen, nicht nach dem Ursprung der Kräfte gefragt. Hätten wir das getan, so wäre uns die Trommel mit Pfennigstück als asymmetrisches System erschienen, für das symmetrische Naturgesetze gelten. Bei der Trommel ist das offensichtlich. Wie es bei den Elementarteilchen ist, wissen wir nicht.

Unbekannt ist, ob die diskreten Symmetrien – Spiegelung und/ oder Ladungskonjugation – spontan oder explizit gebrochen sind. Beschrieben werden beide durch Theorien, die die Symmetrien explizit nach Wigner-Weyl brechen. Ob, tiefer gesehen, diese Theorien nur die vorläufigen Konsequenzen eigentlich spontan gebrochener Naturgesetze sind, wissen wir nicht.

Das Universum als Fluktuation

Einige Physiker denken, das ganze Universum sei nichts als eine Fluktuation des ewigen Vakuums, in dem die ebenfalls ewigen symmetrischen Naturgesetze gelten. Einwand: Wäre das Universum mit all seiner Energie eine Vakuumfluktuation, so müßte sie wegen ebendieser Energie extrem kurzlebig sein. Antwort: Vielleicht hat das Universum insgesamt die Energie Null. Das ist natürlich eine wilde Spekulation; wir wissen nicht einmal genau, wie die Gesamtenergie des Universums zu definieren ist. Die Grundidee ist aber einfach.

Nehmen wir zunächst das System aus Erde und Sonne. Ich will drei Beiträge zu seiner Gesamtenergie betrachten. Erstens ist da die ungeheure positive Energie, die nach Einsteins $E = mc^2$ den Massen von Sonne und Erde entspricht. Da sich Erde und Sonne bewegen, besitzt das System zweitens Bewegungsenergie. Auch diese ist positiv. Drittens betrachte ich die Energie, die daher rührt, daß Sonne und Erde nicht unendlichen Abstand voneinander haben. Wenn ein Stein zur Erde fällt, wird er schneller, gewinnt also Bewegungsenergie. Sie wird der Lageenergie des Steins gegenüber der Erde entnommen. Diese ist folglich um so kleiner, je näher der Stein der Erde ist. Ich muß – anders herum – Energie aufwenden, um den Stein hochzuheben.

Das ist mit Erde und Sonne ganz ähnlich. Die Anziehungskraft von Erde und Sonne nimmt aber mit der Entfernung ab. Je näher Erde und Sonne einander sind, um so größer ist die gegenseitige Anziehung. Sie wird bei verschwindendem Abstand unendlich. Das macht natürlich nur Sinn, wenn Erde und Sonne zuvor durch Punktmassen ersetzt worden sind. Ich kann festlegen, daß Massen in unendlicher Entfernung voneinander die Lageenergie Null besitzen. Dann ist sie jetzt negativ – Energie wird als Bewegungsenergie frei, wenn sich Erde und Sonne aufeinander zu bewegen. Wenn sich zwei Massen beliebig nahe kommen, muß ihre Lageenergie sogar *minus* unendlich werden. Das ist unabhängig von der Wahl des Energienullpunkts.

Welches die Gesamtenergie des Universums ist, wissen wir nicht. Nach dem Gesagten ist sie möglicherweise Null. Die negative Lageenergie von Erde und Sonne ist nur ein winziger, winziger Beitrag zur Energie des Systems. Das ist anders für Massen, die einander sehr nah sind. Bei der ungeheuren Dichte des Universums unmittelbar nach dem Urknall ist die Lageenergie aller Massen sehr groß und negativ. Sie kann beliebig große Massen- und Bewegungsenergien kompensieren. Die Gesamtenergie des Universums kann also Null sein. Wenn so, dann ist das Universum möglicherweise nur eine langlebige Vakuumfluktuation.

Will man die Entwicklung des Universums als Ganzes verstehen, muß vorab geklärt sein, welche Gesetze anzuwenden sind. Es ist keinesfalls sicher, daß der Satz von der Erhaltung der Energie auf das Universum als Ganzes anwendbar ist. Ich meine das so. Die Naturgesetze, die wir testen und die stets dieselben sind, gelten für kleine, frei fallende Systeme überall und zu allen Zeiten im Universum. Was auch immer die Massenverteilung im Universum sein mag, für alle derartigen Abläufe gelten nach der allgemeinen Relativitätstheorie die Symmetrien der speziellen. Wir können auch Aussagen über Massenverteilungen machen, die ins Vakuum eingebettet sind. Es ist natürlich nicht ohne weiteres möglich, das ganze Universum auch nur näherungsweise durch solch ein System zu beschreiben. Prinzipiell unmöglich ist es, sich das Universum von außen anzusehen und als spezielle Massenverteilung zu interpretieren. Die Gesetze, die das Verhalten des Universums als Ganzes bestimmen, folgen vielleicht aus denen, die für Abläufe *in ihm* gelten. Das bedeutet aber nicht, daß sie schlicht dieselben sind.

Der Leser ist gut beraten, wenn er Spekulationen über das Universum als Ganzes nicht allzu ernst nimmt. Auch diese Spekulation über Spekulationen ist natürlich eine Spekulation. Wenn man das Universum als Fluktuation mit der Energie Null interpretiert, führt man das »etwas« in eine sowieso existierende Raum-Zeit ein. Insofern ist die Spekulation nicht konsequent: Raum und Zeit sind sicher nicht unabhängig von der plumpen Welt. Gegen die Spekulation spricht die Möglichkeit, daß zwei Massen, die einander so nahe kommen, daß ihre Gesamtenergie negativ werden könnte, ein Schwarzes Loch mit – selbstverständlich – positiver Masse bilden. Um Spekulationen wie diese durch Tatsachen ersetzen zu können, müßte bekannt sein, wie die Lösungen der Einsteinschen Gleichungen der allgemeinen Relativitätstheorie quantenmechanisch aussehen. Möglich ist, daß nicht nur die Krümmung des Raumes, sondern der Raum selbst – drei Richtungen und eine Zeit – anfangs entstanden sind. Auch das ist – selbstverständlich – eine Spekulation. Es gibt mehrere derartige Modelle. In ihnen wird das Universum als ein einziges quantenphysikalisches System aufgefaßt. Eins dieser Modelle stammt von dem englischen Physiker und Kosmologen Stephen Hawking.

Beim spontanen Zusammenbruch einer Symmetrie erhalten zuvor gleichberechtigte Richtungen im abstrakten Raum der Teilcheneigenschaften unterscheidbare Bedeutungen. Pfeile frieren sozusagen, in eine Richtung parallel gestellt, ein und geben dadurch dieser Richtung ihre besondere Bedeutung. Ich will das »Einfrieren« von Symmetrie durch das Zufrieren eines Teiches veranschaulichen und mir dazu vorstellen, daß Wasser aus ungeordneten, Eis aus parallel gestellten Pfeilen aufgebaut sei.

Ein Teich friert zu, indem unabhängig voneinander entstandene Eisflächen wachsen. Analoges gilt für die spontane Brechung lokaler Eichsymmetrien: Von Keimen ausgehend, wachsen Gebiete mit parallel gestellten Pfeilen.

Wo zwei von verschiedenen Keimen ausgehende Regionen aufeinandertreffen, besteht kein Grund, daß die Pfeile beider Regionen parallel stehen. Eisflächen enthalten Regionen mit parallelen Pfeilen (Abb. 124), die wie Steine eines Puzzle aneinander grenzen und zusammen den Raum überdecken. Von Details des Wachstumsprozesses hängt es ab, wie groß die einzelnen Regionen werden und ob nicht doch am Ende eine einzige gewinnt und ihre Rich-

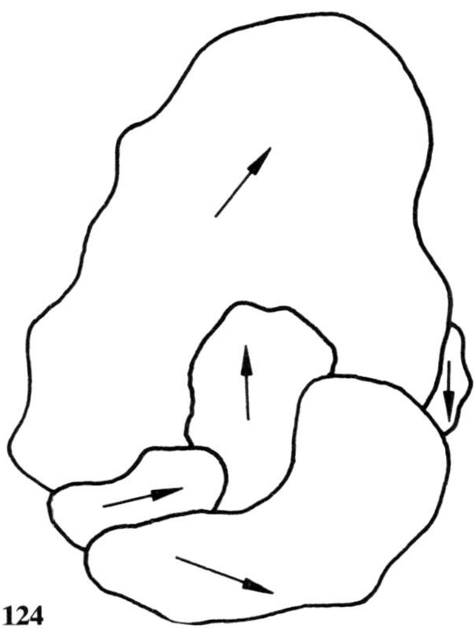

Abbildung 124

tung allen anderen aufzwingt. Wenn sich verschiedene Regionen einmal ausgebildet haben, können sie bei tiefen Temperaturen nicht mehr verschwinden. Dazu müßten sehr viele – praktisch unendlich viele – Pfeile umklappen, und das erfordert Energie, die im Eis nicht zur Verfügung steht.

Im Vakuum einer gebrochenen Symmetrie stehen alle Pfeile parallel. Wir können große Gebiete mit parallelen Pfeilen als verschiedene Vakua auffassen, die in Grenzflächen aneinanderstoßen. Bei den gebrochenen lokalen Eichsymmetrien sind die durch Grenzflächen getrennten Regionen mit parallelen Pfeilen sehr groß. Vielleicht bildet das beobachtbare Universum eine einzige Region. Andere Defekte, die ebenfalls von Kristallen bekannt sind, könnte es hier und heute geben. Es handelt sich um punktförmige und fadenförmige Defekte im dreidimensionalen Raum. Sie könnten sich im frühen Universum gebildet haben und sollten in diesem Fall noch heute vorhanden sein. Denn sie können, wie die Grenzflächen zwischen verschiedenen Vakua, zwar wandern, aber nicht zerfallen. Ich möchte einen punktförmigen Defekt vorstellen. Ihn zeigt Abbildung 125a. Der Leser mag sich überlegen, daß unendlich viele Pfeile der Abbildung gedreht werden müssen, um sie alle parallel zu stellen. Da die dafür erforderliche Energie nicht zur Verfügung steht, kann der Punktdefekt im Raum zwar wandern, nicht aber verschwinden. Er ist, wie man sagt, topologisch stabil.

Monopole als Vakuumdefekte

GUT, nicht aber das Standardmodell, sagen die Existenz von Teilchen voraus, die der Abbildung entsprechen. Ihre Masse kann berechnet werden: 10^{16} Protonenmassen. Uns würde solch ein Punktdefekt wie ein extra schweres Elementarteilchen erscheinen. Seine elektromagnetischen Eigenschaften sind allerdings sonderbar: GUT sagen voraus, daß der Punktdefekt ein magnetischer Monopol ist. In Abbildung 125a ist sein Magnetfeld in großer Entfernung dargestellt. Der Monopol selbst hat einen Radius von 10^{-14} Zentimetern. Seine Energie von 10^{16} Protonenmassen ist im Inneren einer Kugel mit diesem Radius konzentriert. Dort herrschen extreme Verhältnisse: Der großen Energiekonzentration entspricht,

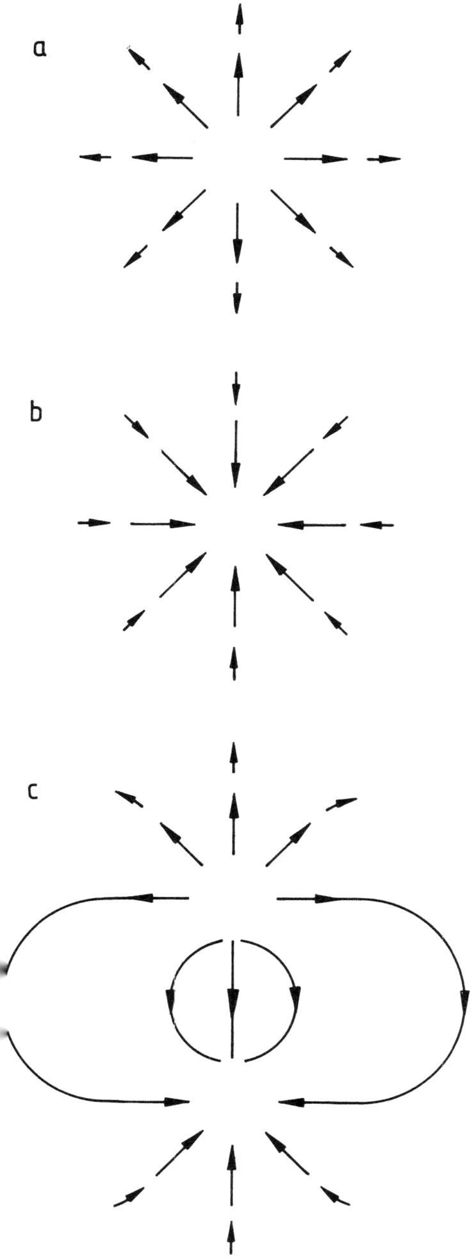

daß auch schwere Teilchen dauernd erzeugt und vernichtet werden können. Deren Massen spielen, ist die Energie nur groß genug, für Produktion und Zerfall keine Rolle mehr. Insgesamt herrschen im Monopol Verhältnisse wie stets bei hohen Energiekonzentrationen: Am Rand, bei relativ geringer Energiedichte, besitzt der Zustand die Symmetrien der ungebrochenen elektroschwachen Wechselwirkung, im Innern eines Bereiches von 10^{-29} Zentimetern Durchmesser die der GUT. Darin, daß man überhaupt von ihrem »Inneren« sprechen kann, unterscheiden sich magnetische Monopole von strukturlosen Elementarteilchen wie Quarks und Leptonen. Magnetische Monopole sind keine Elementarteilchen in dem Sinn, daß sie in den definierenden Gleichungen der Theorie vorkommen. Sie sind topologisch stabile Lösungen dieser Gleichungen mit räumlicher Struktur.

Abbildung 125: *Zwei magnetische Monopole mit unterschiedlichem Vorzeichen ihres Magnetismus (Abbildung a und b) kann man zu einem gewöhnlichen Magneten, einem Dipol, zusammensetzen.*

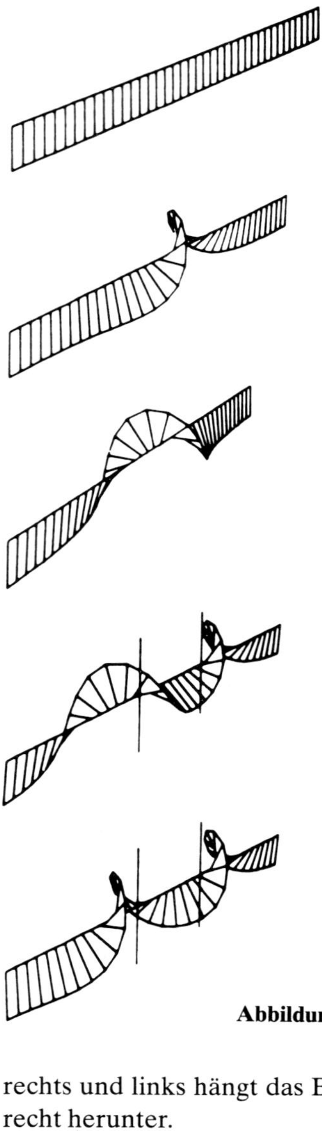

Abbildung 126

Topologische Stabilität möchte ich an einem einfachen physikalischen Beispiel, einem Solitonmodell, erläutern. »Soliton« ist der zusammenfassende Name für topologisch stabile Lösungen physikalischer Gleichungen. Zunächst sind manche Knoten in unendlich langen Seilen topologisch stabil. Man kann solche Knoten auf dem unendlich langen Seil zwar hin und her schieben, nicht aber auflösen, ohne die Gordische Lösung zu wählen und das Seil zu zerschneiden. Es gibt – andererseits – auch scheinbar hoffnungslos verknotete Seilhaufen, die sich geradeziehen lassen. Sie sind topologisch instabil. Topologisch instabile, scheinbar aber topologisch stabile Knoten verwenden Entfesselungskünstler. Mein Modell für topologisch stabile Anregungen ist ein unendlich langes Band, das an einem Faden drehbar aufgehängt ist wie ein Laken an einer Wäscheleine (Abb. 126a). In großer Entfernung nach rechts und links hängt das Band bis ins unendliche praktisch senkrecht herunter.

Wir wollen uns vorstellen, daß das Band Verdrehungen Widerstand entgegensetzt. Das erzeugt eine Kraft, die versucht, das Band überall parallel zu stellen, gleichgültig in welche Richtung. Außerdem wirkt die Schwerkraft, die will, daß das Band überall senkrecht herunterhängt. Dann werden Verdrehungen des Bandes im Laufe der Zeit auf dem Band wandern.

Zusammen mit meinen Karlsruher Kollegen Hans Martin Staudenmaier und Fritz Kaiser habe ich 1981 einen computererzeugten Film über das Verhalten von Anregungen eines solchen Bandes beim Institut für den Wissenschaftlichen Film in Göttingen veröffentlicht. Besonders wichtig ist, wie oft das Band insgesamt verdreht ist. Bei dem »Soliton« der Abbildung 126b dreht sich das Band von »ganz links« nach »ganz rechts« genau einmal um 360 Grad linksherum, bei dem »Antisoliton« der Abbildung 126c rechtsherum. Solch eine Verdrehung kann, einmal vorhanden, im Laufe der Zeit nicht verschwinden. Wenn jede Drehung um 360 Grad rechtsherum als +1, jede linksherum als −1 gerechnet wird, besitzt das Soliton (Antisoliton) die »Gesamtwindungszahlen« −1 (1). Das überall senkrecht herunterhängende Band der Abbildung 126a besitzt die Gesamtwindungszahl 0.

Solitonen und Antisolitonen können das Band entlang reisen; aus Zusammenstößen gehen sie unverändert hervor. Sie können insofern als Elementarteilchenmodelle aufgefaßt werden. Für die Reaktionen der Solitonen und Antisolitonen gelten »topologische« Erhaltungssätze, die für topologische Stabilität der Anregungen sorgen. Unabhängig von den detaillierten Gesetzen, die das Verhalten des Bandes regeln, kann sich die Gesamtwindungszahl im Laufe der Zeit nicht ändern – es sei denn, das Band wird zerstört. Topologisch ist es erlaubt, daß ein Soliton und ein Antisoliton – deren Wechselwirkung zeigt Abbildung 126d – mit Gesamtwindungszahl 0 in jede beliebige andere Anregung mit Gesamtwindungszahl 0 übergehen – beispielsweise in eine, bei der das Band nirgends um mehr als ein Grad ausgelenkt ist. Ein einzelnes Soliton kann das nicht. Wenn anfangs die Gesamtwindungszahl 1 ist, dann für alle Zukunft. Es gibt dann immer mindesten eine Stelle, an der das Band um 180 Grad ausgelenkt ist, also senkrecht nach oben steht. Und so weiter: Zwei Solitonen (Abb. 126e) haben Gesamtwindungszahl −2, und aus topologischen Gründen ist es unmöglich, das Band mit zwei Solitonen so zu verdrehen, daß eins mit – beispielsweise – Gesamtwindungszahl 2 entsteht, der Gesamtwindungszahl von zwei Antisolitonen.

Der Zustand niedrigster Energie – das Vakuum – ist bei dem Solitonmodell jener Zustand, in dem das Band senkrecht herunterhängt. Ein Band mit einem Soliton wird von ihm in zwei Gebiete geteilt, in denen sein Zustand der Vakuumzustand ist; der Solitonzustand ist der angeregte Zustand des Bandes dazwischen. Anders als bei den spontan gebrochenen Symmetrien der Elementarteilchenphysik gibt es bei dem Solitonmodell nur ein Vakuum. Bei ihm kann es also keine Übergänge zwischen Gebieten geben, die sich in verschiedenen Vakuumzuständen befinden. Insofern ist das Solitonmodell ein schlechtes Modell für den magnetischen Monopol. Jede Gerade durch den Monopol führt aus einem Vakuumgebiet zwar auch in ein Vakuumgebiet, aber dies befindet sich in einem andern Zustand.

Wie das Soliton des Modells ist der leichteste magnetische Monopol der GUT aus topologischen Gründen stabil. Analog zum Antisoliton gibt es auch den Antimonopol. Ihn zeigt Abbildung 125b. Aus Monopol und Antimonopol kann man leicht einen magnetischen Dipol basteln – den Allerweltsmagneten mit der »Gesamtwindungszahl« 0 (Abb. 125c).

Andere Vakuumdefekte, von denen der Leser vielleicht gehört hat, sind die Instantonen. Sie stellen keine Teilchen dar, sondern betreffen das Verhalten von Teilchen im Laufe der Zeit. Auf Instantonen gehe ich nicht ein. Experimentell sicher identifiziert wurde bisher keine der topologischen Anregungen des Vakuums. Experimente, die vom Urknall übriggebliebene magnetische Monopole finden sollen, habe ich in Kapitel 7 beschrieben. Fadenförmige Defekte könnte es im Weltall ebenfalls geben. Ihre Eigenschaften würden, von der Erde aus betrachtet, denen Schwarzer Löcher ähneln.

Epilog

Es sind Welten denkbar, in denen sich Orpheus wahrhaft und wirklich in sein Spiegelbild verwandelt. Er reist von uns fort mit seinem Herzen auf der linken Seite, und wenn er – unzweifelhaft *er* – zurückkommt, sitzt sein Herz rechts. Als anschauliches Beleg dieser Möglichkeit kann ich wieder nur ein armes Beispiel in zwei Dimensionen anführen und den Leser bitten, sich in Gedanken in ein Wesen zu verwandeln, das zwei Dimensionen nicht verlassen kann – genauso wie wir unseren Raum mit seinen drei Dimensionen nicht verlassen können.

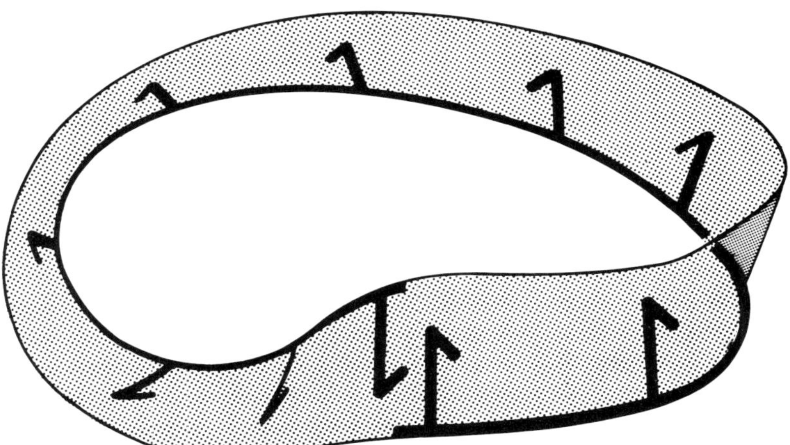

Abbildung 127: *Wenn man den Haken Nr. 1 einmal um ein Möbiussches Band herumführt, kommt er in der Gestalt des Hakens Nr. 10 wieder. Letzterer kann durch eine mit einer Drehung kombinierte Spiegelung mit ersterem zur Deckung gebracht werden. Beide sind daher ebene Spiegelbilder voneinander; die Reise hat den Haken Nr. 1 in sein ebenes Spiegelbild verwandelt!*

Mein Beispiel ist ein Möbiusssches Band. Sie können sich leicht eins herstellen. Verdrehen Sie die zwei Enden eines Streifens Papier um 180 Grad gegeneinander und kleben Sie sie dann zusammen. Unser Band in Abbildung 127 ist aus durchsichtiger Folie hergestellt. Wenn wir nun einen Haken, wie in der Abbildung dargestellt, einmal um das Band herumbewegen, können wir seine kontinuierliche Verwandlung in sein ebenes Spiegelbild verfolgen. Für uns, in unseren drei Dimensionen, hat die Reise außerdem die Oberseite des Hakens mit seiner Unterseite vertauscht. Aber Wesen in zwei Dimensionen wissen nicht, was wir mit Ober- und Unterseite meinen. Sie sehen nur Gebilde in ihren zwei Dimensionen, und für sie ist der Haken nach der Reise das Spiegelbild des Hakens vor der Reise.

Eine dreidimensionale Welt, die eine Reise erlaubt, die den Reisenden in sein Spiegelbild verwandelt, kann sich niemand vorstellen. Dadurch ist sie aber nicht ausgeschlossen. Unvorstellbarkeit ist nicht dasselbe wie Unmöglichkeit. Es gibt dreidimensionale Räume mit Rundreiserouten, auf denen – so Roger Penrose, der Erfinder des Musters in Abbildung 53 – ein Reisender, der seinen rechten Handschuh mitnimmt, den linken aber zurückläßt, nach seiner Rückkehr zwei linke Handschuhe besitzt.

Unser wirklicher dreidimensionaler Raum erlaubt solch eine Rundreise wahrscheinlich nicht. Den rechten Handschuh können wir in unserer wirklichen Welt fast sicher bewegen, wie wir wollen, niemals wird daraus ein linker. Dennoch ist der Raum unserer Anschauung nur ein Kandidat unter mehreren für den wirklichen, physikalischen Raum.

Der Raum ist gekrümmt

Der wirkliche Raum ist, anders als der Raum der Anschauung, gekrümmt. Diese Krümmung ist in der Nähe großer Massenansammlungen groß. Sie kann durch einen Krümmungsradius beschrieben werden. Das ist der Radius eines Kreises mit derselben Krümmung. Je größer also der Krümmungsradius, desto kleiner die Krümmung. Der Krümmungsradius des Raumes an der Oberfläche der Erde stimmt mit der Entfernung der Sonne von der Erde nahezu überein:

$1{,}5 \times 10^8$ Kilometer. Die Krümmung, die dieser Radius bedeutet, ist so winzig, daß sie geometrisch nicht feststellbar ist. Landvermesser können sie mit ihren besten Instrumenten nicht nachweisen. Nach der allgemeinen Relativitätstheorie ist diese Krümmung aber allein und ganz und gar für die Schwerkraft der Erde auf ihrer Oberfläche verantwortlich. Sie *ist* diese Schwerkraft – nicht mehr und nicht weniger. Der Krümmungsradius des Raumes an der Oberfläche eines Neutronensterns – eine recht extreme Massenansammlung (Kap. 6) – beträgt etwa 100 Kilometer.

Daß unser Raum eine lokal variierende Krümmung besitzt, ist sicher. Insofern ist der Raum der Anschauung kein Kandidat für den wirklichen Raum. Ob und wie der wirkliche Raum gekrümmt ist, wenn man lokale Krümmungen nicht beachtet, ist unbekannt. Insgesamt und im großen besitzt der wirkliche Raum einen Krümmungsradius von vielleicht 10^{22} Kilometern. Das ist ein riesiger Krümmungsradius – eine winzige Krümmung –, verglichen mit dem Krümmungsradius von $1{,}5 \cdot 10^8$ Kilometern an der Erdoberfläche. Es ist auch möglich, daß der wirkliche Raum im großen mit dem Raum unserer Anschauung übereinstimmt, die lokalen Krümmungen also mit Kräuselungen auf der insgesamt flachen Oberfläche eines Teiches zu vergleichen sind.

Der Raum, der in zwei Dimensionen unserem anschaulichen Raum in drei Dimensionen entspricht, ist die Ebene. Die Ebene ist ein nicht gekrümmter, unendlicher Raum. Ein anderer, offenbar gekrümmter zweidimensionaler Raum ist die Oberfläche einer Kugel. Es kann sein, daß unser wirklicher Raum geschlossen, gekrümmt und endlich ist wie eine Kugeloberfläche.

Wesen, die als eine Art flache Käfer in der Oberfläche eines zweidimensionalen Raumes leben, können durch Experimente, die sie *in* ihrem Raum veranstalten, herausbekommen, ob ihr Raum flach oder gekrümmt ist. Sie müssen zunächst feststellen, was die kürzeste Verbindung zwischen zwei Punkten *in* ihrem Raum ist. Bei der Kugeloberfläche ist das, wie in Kapitel 8 bereits beschrieben, das kürzere Stück des Kreises durch die zwei Punkte um den Mittelpunkt der Kugel; in der Ebene ist es einfach das Geradenstück, das die zwei Punkte verbindet.

Um herauszubekommen, was die kürzeste Verbindung zweier Punkte ihres Raumes ist, legen zweidimensionale Wesen (Kap. 8)

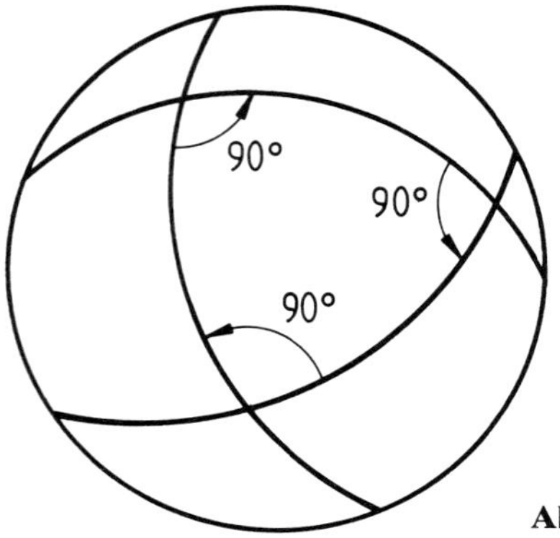

Abbildung 128

kurze, identische Stäbe auf beliebigen Wegen zwischen den Punkten aneinander. Der kürzeste Weg ist der, auf dem sie die geringste Menge Stäbe benötigen.

Wenn bekannt ist, was »kürzeste Verbindungen« in einem Raum sind, können Dreiecke konstruiert werden. Abbildung 128 zeigt ein Dreieck in der Kugeloberfläche. Dadurch, daß sie die Winkelsumme dieses Dreiecks ermitteln, können *in* der Kugeloberfläche lebende Wesen herauskommen, ob ihr Raum flach ist wie eine Ebene oder gekrümmt wie die Oberfläche einer Kugel. Der Leser wird von der Schule her wissen, daß die Winkelsumme im Dreieck stets 180 Grad beträgt. Schulmathematik vom Dreieck betrifft Dreiecke in der Ebene; über die Winkelsumme von Dreiecken in einer Kugeloberfläche schweigt sie sich aus. Die Winkelsumme des Dreiecks in Abbildung 128 beträgt $3 \cdot 90 = 270$ Grad – mehr also, wesentlich mehr, als die Winkelsumme von 180 Grad bei ebenen Dreiecken.

Kleinere Dreiecke in der Kugeloberfläche besitzen kleinere Winkelsummen. Wenn die Abmesser eines Dreiecks klein sind, bezogen auf den Radius der Kugel, auf der es angesiedelt ist, ist die Winkelsumme nur wenig mehr als 180 Grad – die Winkelsumme eines ebenen Dreiecks. Carl Friedrich Gauß (1777–1855), deutscher Mathematiker, Astronom und Physiker, hat es für möglich gehalten, daß die Winkelsumme wirklicher Dreiecke hier auf der Erde *nicht* 180 Grad beträgt. Er hat, so wird zumindest erzählt, die Winkelsumme in dem von den drei Harzbergen Inselberg, Brocken und Hoher Hagen aufgespannten Dreieck, so genau er konnte, ermittelt und keine Abweichung von 180 Grad gefunden. Wir wissen heute, daß die Schwerkraft der Erde dieses Dreieck stärker verformt als jeder andere Einfluß. Seine Winkelsumme ist daher die eines Dreiecks mit einigen Kilometern Seitenlänge in der Oberfläche einer Kugel mit dem Abstand der Erde von der Sonne als Radius. Ich habe bereits gesagt, daß eine so kleine Krümmung auch für heutige Landvermesser unnachweisbar ist.

Gauß, den viele für den größten Mathematiker halten, der je gelebt hat, hat seine Idee, der wirkliche Raum könne sich vom Raum der Anschauung unterscheiden, nie öffentlich kundgetan. Er wollte nicht als Häretiker dastehen. Die Kugeloberfläche unterscheidet vom zweidimensionalen Raum der Anschauung offenbar, daß sie endlich ist. Ein flaches Wesen, das in ihr immer geradeaus geht, gelangt zum Ausgangspunkt zurück. Es könnte sein, daß unser wirklicher Raum ein endlicher, wie die Kugeloberfläche gekrümmter dreidimensionaler Raum ist, der in vier Dimensionen eingebettet werden kann. (Diese hypothetische vierte Dimension ist *nicht* die Zeit, die stets zu den Raumdimensionen als weitere wirkliche Dimension hinzukommt.) Es kann auch sein, daß unser wirklicher Raum zugleich gekrümmt und unendlich ausgedehnt ist. Modelle eines solchen Raumes in zwei Dimensionen sind nicht ganz so anschaulich wie die Welten von Wesen, die in einer Kugeloberfläche leben.

Ich habe bereits R. P. Feynmans platte Wesen *in* der Oberfläche einer Herdplatte erwähnt. Die Temperatur der kreisrunden Herdplatte nehme von innen nach außen ab. Wir wollen annehmen, daß alles im Raum dieser Wesen, genau wie sie selbst, aus Material gemacht ist, das um so mehr schrumpft, je kälter es ist. Am Rand der Platte soll es so kalt sein, daß das Material dort zu einem ausdehnungslosen Punkt wird.

Entfernungen können R. P. Feynmans Wesen nur durch Stäbe messen, die bei Annäherung an den Rand genau wie alles andere in ihrer Welt mehr und mehr schrumpfen. Sie können den Rand selbst nicht erreichen, geschweige denn überschreiten, da ihre Schritte um so kürzer werden, je näher sie ihm kommen. So sieht es jedenfalls für uns aus. Da alles in ihrer Welt bei Annäherung an den Rand gleichermaßen schrumpft, sind für sie Schritte überall gleich lang. Sie sagen, daß sie den Rand der Welt nicht erreichen können, da es keinen gibt oder da er, was dasselbe ist, unendlich weit entfernt ist.

Wie die zweidimensionalen Bewohner der Kugeloberfläche können auch R. P. Feynmans Wesen kürzeste Verbindungen und Dreiecke konstruieren. Auf Details will ich nicht eingehen. Nur so viel: In dieser Welt ist bei *nach außen abnehmender* Temperatur die Winkelsumme von Dreiecken stets *kleiner* als 180 Grad. Das zeigt eine amüsante Überlegung, die ich dem Leser überlasse. Durch Bestimmung der Winkelsumme eines Dreiecks könnten also die Bewohner der Herdplatte herausbekommen, daß ihr Raum keine Ebene und keine Kugeloberfläche ist.

Die Abbildungen 129 zeigen, wie Escher unsere drei Weltmodelle sieht. Den Verschiebungssymmetrien der Ebene in Abbildung 129 a entsprechen Drehsymmetrien der Kugeloberfläche um den Kugelmittelpunkt in Abbildung 129 b. Das Innere des Kreises in Abbildung 129 c

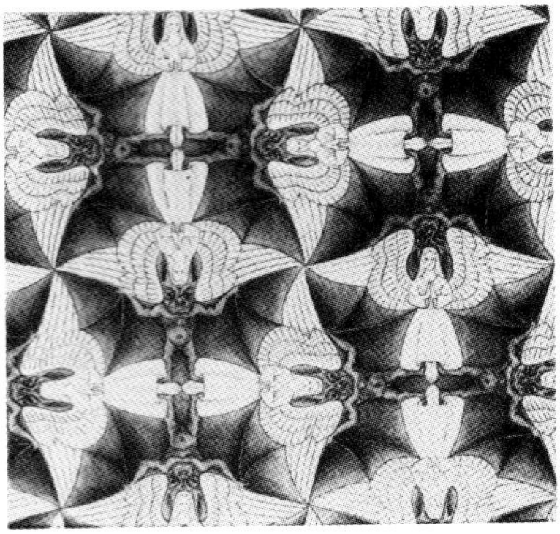

a

b

c

Abbildung 129: *Die Darstellungen M. C. Eschers veranschaulichen durch verwandte Motive drei verschiedene Geometrien.*

identifizieren wir mit R. P. Feynmans Herdplatte. Die Abbildung zeigt, wie Verschiebungen auf Flächen wirken. Sie illustriert die Symmetrien einer unendlich ausgedehnten Welt. In der Nähe des Randes werden die Figuren zwar kleiner und kleiner, behalten aber näherungsweise ihre Form. Je kleiner das Flächenstück ist, das man betrachtet, um so ausgeprägter ist die Ähnlichkeit.

Es ist möglich, die drei zweidimensionalen Weltmodelle auf drei Dimensionen zu übertragen. Der Ebene entspricht der dreidimensionale Raum unserer Anschauung, der zweidimensionalen Kugeloberfläche die dreidimensionale »Oberfläche« einer Kugel in vier Dimensionen und der Herdplatte R. P. Feynmans das Innere einer geheizten Kugel – ein kugelförmiger Backofen. Statt zu versuchen, uns diese dreidimensionalen Welten vorzustellen, ziehen wir es vor, von einer unserer drei Dimensionen abzusehen. Alle drei Modelle sind dann ernst zu nehmende Kandidaten für den wirklichen, physikalischen Raum unserer Welt. Die alte Frage nach dem Rand der Welt beantworten sie unterschiedlich. Sofern unser realer Raum der Abbildung 129b entspricht, kommt man, wenn man immer geradeaus geht, schließlich einmal aus der Gegenrichtung wieder an dieselbe Stelle; in den beiden anderen Fällen kann man unendlich lange und weit geradeaus gehen, ohne an derselben Stelle wieder anzukommen.

Masse, Krümmung und Schicksal des Universums

Wir sind nicht auf die Methode der Bestimmung der Winkelsumme im Dreieck angewiesen, wenn wir ermitteln wollen, welcher der drei Abbildungen 129 unsere wirkliche Welt entspricht. Die Krümmungseigenschaften des physikalischen Raumes sind dasselbe wie die Schwerkraft, die wiederum durch Massen bestimmt wird. Hier geht es um die Eigenschaften des Raumes insgesamt, also um die Gesamtmasse im Universum.

Nach dem Standardmodell der Kosmologie hat das Universum in einem Zustand zu existieren begonnen, in dem Materiedichte und Temperatur unendlich groß waren; seither expandiert es. Die Expansion des Weltalls kann man sich in den Modellen der Abbildungen 129b + c leicht vorstellen: Der Radius der Kugel beziehungsweise des Kreises war anfangs, im Augenblick des Urknalls, Null und wächst seither. Durch die Expansion nimmt die Entfernung der Massen im Universum voneinander zu, die Expansion wird durch die Schwerkraft abgebremst. Man stellt sich das expandierende Universum gern wie die Oberfläche eines Luftballons vor, der aufgeblasen wird. Die Galaxien in der Oberfläche der Kugel, die Massen des Weltalls, entfernen sich voneinander, nehmen selbst an der Expansion aber nicht teil, werden nicht größer. Ein analoges Modell für die Welt der Abbildung 129c ist auch vorstellbar.

Die Gesamtmasse des Universums entscheidet darüber, was in ferner Zukunft sein Schicksal sein wird. Die Masse kann so groß sein, daß die Schwerkraft insgesamt ausreicht, die Expansion zum Stillstand und dann zur Umkehr zu bringen. Sie kann auch so gering sein, daß das Universum für immer expandieren wird. Dazwischen gibt es den Grenzfall, daß die Expansion des Universums zwar zum Stillstand kommen wird, aber erst in unendlich ferner Zukunft. Wenn das Universum für immer expandiert, wird es zugleich immer kälter und kälter. Wenn Protonen nicht zerfallen, wird es nach der vergleichsweise kurzen Epoche, in der wir leben, für alle Ewigkeit nur kalte Materieklumpen und Strahlung geben, die ebenfalls immer kälter wird. Sollte das Proton zerfallen, so vergehen auch die Materieklumpen im Laufe der Zeit, und kälter und kälter werdende Strahlung bleibt übrig. Falls aber so viel Masse im Weltall vorhanden ist, daß die Expansion aufhört und sich umkehrt, so durchläuft es im wesentlichen seine Geschichte abermals in umgekehrter Reihenfolge: Während es sich zusammenzieht, wächst die Temperatur, und die Strukturen der Welt gehen im Chaos unter.

Alle Masse im Universum macht sich durch ihre Gravitation bemerkbar. Durch andere Methoden können wir nur Massen nachweisen, die Strahlung – insbesondere Licht, aber auch Radiowellen oder Röntgenstrahlen – aussenden, die wir auf der Erde oder mit Satelliten nachweisen können. Analyse der Drehbewegung von Spiralgalaxien wie unserer Milchstraße zeigt nun, daß es im Universum mehr Materie – dunkle Materie – gibt, als wir durch Strahlung nachweisen können. Die Drehgeschwindigkeit einer Galaxie ist dasselbe wie die Umlaufgeschwindigkeit ihrer Sterne. Gemessen wird, wie diese vom Abstand vom Mittelpunkt der Galaxie abhängt. Damit eine Galaxie weder auseinanderfliegt noch zusam-

Abbildung 130: *Dieselbe Schwerkraft, die Steine zur Erde fallen läßt, hält die sich drehende Galaxie M 81 zusammen: Schwerkraft und Fliehkraft halten sich überall die Waage. Gäbe es aber in M 81 nur diejenige Materie, die sich durch Strahlung – hier Licht – bemerkbar macht, würden ihre äußeren Sterne davonfliegen. Die Galaxie wäre nicht stabil, da sie nicht genug Materie besäße, um weit außen die Fliehkraft zu kompensieren. Daher gibt es dunkle Materie im Weltall, die sich nur durch ihre Schwerkraft bemerkbar macht und in Galaxien und Clustern von Galaxien konzentriert ist. Unbekannt ist, woraus sie besteht.*

menstürzt, muß die Anziehung durch ihre Schwerkraft der Fliehkraft überall die Waage halten. Es stellt sich heraus, daß die von den sichtbaren Massen von Galaxien ausgehende Schwerkraft bei den äußeren Sternen dazu nicht ausreicht; ein Beispiel ist die »M 81« genannte Galaxie der Abbildung 130. Ihre Sterne flögen, gäbe es nur leuchtende Materie, davon. Die Stabilität von Galaxien zeigt also, daß sie nicht nur aus sichtbarer Materie aufgebaut sind. Ein analoges Argument wie für Sterne in Galaxien gilt auch für die Galaxien selbst. Sie bilden Cluster von Galaxien, die nicht stabil wären, wenn sie nur aus sichtbarer Materie bestünden. Die so aus ihrer »äußeren Bewegung« ermittelte Gesamtmasse von Galaxien ist noch größer als die, die aus ihrer »inneren Bewegung«, der ihrer Sterne, folgt. Das erlaubt den Schluß, daß die dunkle Materie hauptsächlich außerhalb des leuchtenden Bereichs von Galaxien anzutreffen ist.

Was die nichtleuchtende Materie im Weltraum ist, wissen wir nicht. Kandidaten sind unter anderen massive Neutrinos und Schwarze Löcher. Viele Astrophysiker und Kosmologen denken, daß die Gesamtmasse des Universums ausreicht, die Expansion umzukehren. Das würde bedeuten, daß gerade 1 Prozent aller Masse des Universums sichtbar ist.

Unser Thema sind die Modelle der Abbildung 129 für den wirklichen Raum. Es stellt sich heraus, daß die Gesamtmasse des Universums darüber bestimmt, welches der Modelle die Wirklichkeit näherungsweise richtig wiedergibt. Denn die Frage nach dem richtigen Modell ist mit der nach dem schließlichen Verhalten des Universums identisch. In einem Universum, das durch das endliche Modell der Abbildung 129b dargestellt werden kann, gibt es so viel Masse, daß die Expansion umgekehrt wird. Hingegen wird das Universum, wenn es durch das unendliche Modell der Abbildung 129c beschrieben werden kann, für immer expandieren. Unser anschaulicher Raum, in zwei Dimensionen durch Abbildung 129a dargestellt, entspricht dem Grenzfall zwischen diesen beiden Möglichkeiten.

Wenn wir wissen, welches die Symmetrien des wirklichen, physikalischen Raums sind, wissen wir also auch, was am Ende das Schicksal der Welt sein wird: unendlicher, leerer, kalter und immer kälter werdender Raum mit oder ohne Materieklumpen oder wachsende Temperatur, kombiniert mit wachsender Dichte. In diesem zweiten Fall kann es sein, daß die Welt in einer Wiederholung des Urknalls neu zu existieren beginnt – ein für immer periodischer Ablauf. Was wirklich der Fall sein wird, wissen wir nicht. Aber der Gedanke, daß wir im Prinzip durch die Methode von Gauß, die Bestimmung der Winkelsumme in einem sehr, sehr großen Dreieck, herausbekommen können, was am Ende das Schicksal des Universums sein wird, ist atemberaubend. Praktisch wird die Entscheidung so aber nicht fallen, vielmehr durch genauere Messung der Gesamtmasse des Universums vermittels anderer, leichter zugänglicher Parameter.

Absoluter Raum und Machsches Prinzip

Die Frage, ob es einen absoluten Raum gebe, ist keine rein philosophische Frage. Ursache der Fliehkraft, der Kinder in einem Kettenkarussell ausgesetzt sind, ist zweifelsohne, daß sich das Karussell dreht. Womit vergleichen wir die Bewegung des Karussells, wenn wir sagen, daß es sich dreht und daß »deshalb« die Fliehkraft auftritt? Die Drehung relativ zu den Zuschauern oder dem Meßplatz der Stadt Karlsruhe kann nicht Ursache der Fliehkraft sein.

Relativ wozu dreht sich also das Karussell? Die Antwort von Isaac Newton wäre gewesen: relativ zum absoluten Raum. Die von Ernst Mach: relativ zu den Massen im Weltall. Einstein stimmt Mach zu. Seine allgemeine Relativitätstheorie aber weicht, so Steven Weinberg, genaugenommen vom »Machschen Prinzip« ab.

Karussell, Erde, Erdbahn und das Sonnensystem als Teil der Milchstraße drehen sich zweifelsohne, bezogen auf das Universum außerhalb. Man kann fragen, ob sich das Universum außerhalb ebenfalls dreht – relativ dann zum absoluten Raum.

Das Verhalten physikalischer Objekte hängt von ihrer Drehgeschwindigkeit ab. Die Sessel eines Kettenkarussells, das sich nicht dreht, hängen senkrecht herunter. Je schneller es sich dreht, um so höher fliegen die Sessel – das Karussell wird, anders gesagt, mit zunehmender Drehgeschwindigkeit flacher. Wenn es Sinn macht, zu sagen, daß sich das materielle Universum relativ zum absoluten Raum insgesamt dreht, müssen wir zwischen der Drehgeschwindigkeit des Karussells relativ zum materiellen Universum und jener relativ zum absoluten Raum unterscheiden.

Ob sich ein Objekt wie das Karussell, die Erde oder die Milchstraße relativ zum materiellen Universum dreht, kann man durch Inspektion entscheiden. Man stellt einfach fest, ob das Firmament sich, vom Karussell, von der Erde oder der Milchstraße aus gesehen, dreht oder nicht. Daß, genau wie die Sonne, die Sternbilder im

Osten aufgehen und im Westen untergehen, bedeutet, daß sich die Erde relativ zum materiellen Universum dreht. Von absolutem Raum, relativ zu dem sich das materielle Universum dreht, wollen wir sprechen, wenn in Systemen, die sich laut Inspektion relativ zum Firmament nicht drehen, Fliehkräfte auftreten. Keine Drehung, verglichen mit dem Firmament, bedeutet in dem Fall auf Grund der Naturgesetze – dynamisch – eine gemeinsame Drehung des Systems und des materiellen Universums, verglichen mit etwas anderem. Denn Fliehkräfte gibt es nur in sich drehenden Systemen. Ob es dieses andere – absoluten Raum, relativ zu dem sich dann das materielle Universum insgesamt dreht – gibt oder nicht, ist daher eine physikalische, im Prinzip entscheidbare Frage.

Drehen wir uns, dann fliegen unsere Arme in die Höhe. Für den, der in einer klaren Nacht nach oben sieht, steht das Firmament still. Zugleich hängen seine Arme senkrecht herunter. Daß er sich relativ zum materiellen Universum nicht dreht, bedeutet zugleich, daß er keinen Fliehkräften ausgesetzt ist. Existenz oder Nichtexistenz des absoluten Raumes ist durch den Ausgang von Experimenten wie diesem definiert.

Dies Experiment ist so ungenau, daß es nicht einmal die Drehung der Erde nachweisen kann. Einem Übersichtsartikel des Astrophysikers Denis W. Sciama entnehme ich zwei Abschätzungen der Zeit, die das Universum zu einer ganzen Umdrehung mindestens braucht. Die erste – mindestens $2{,}5 \cdot 10^8$ Jahre – folgt aus einer Analyse der Drehgeschwindigkeit und der Gestalt der Milchstraße. Die Milchstraße dreht sich relativ zum materiellen Universum außerhalb. Durch die bei der Drehung auftretenden Fliehkräfte wird sie abgeplattet und flacher – wie das sich drehende Kettenkarussell. Wenn sich das Universum als Ganzes nicht dreht, kommt ebendiese Drehgeschwindigkeit auch in den Naturgesetzen vor, die die Abplattung aus der Drehung zu berechnen gestatten. Würde sich das Universum in kürzerer Zeit als einmal in $2{,}5 \cdot 10^8$ Jahren ganz herum drehen, würden beobachtete und berechnete Abplattung nicht übereinstimmen. Daher die untere Schranke an die Zeit, die eine Umdrehung dauert. Sie erlaubt es, daß sich das heute 15 Milliarden Jahre alte Universum im Laufe seiner Geschichte mehr als fünfzigmal ganz herum gedreht hat. Eine bessere Grenze, die das Alter des Universums um viele Größenordnungen überschreitet, folgt daraus, daß sich die Erde relativ zur kosmischen Hintergrundstrahlung nur sehr langsam bewegt. Darauf gehe ich nicht näher ein. Insgesamt spricht zur Zeit nichts für die Existenz eines absoluten Raumes.

Das Machsche Prinzip führt die Fliehkraft und den Widerstand, den Massen Beschleunigungen entgegensetzen – die träge Masse –, auf Wechselwirkung mit den Massen des Universums zurück. Ohne eine solche Wechselwirkung wäre es in der Tat ein bemerkenswerter Zufall, daß meine Arme genau dann senkrecht herunterhängen, wenn ich mich relativ zum Firmament nicht drehe. Wenn aber eine solche Wechselwirkung für den Widerstand verantwortlich ist, den Körper Beschleunigungen entgegensetzen, so sollte man erwarten, daß dieser Widerstand auch von den Massen abhängt, die sich in der Nähe des beschleunigten Körpers befinden. Das, so argumentiert Steven Weinberg, würde darauf führen, daß die träge Masse davon abhängt, ob der Körper in die Richtung einer anderen großen Masse beschleunigt wird oder in die Gegenrichtung. Das Resultat wäre eine Richtungsabhängigkeit der Naturgesetze, die für Körper gelten, die frei fallen; die Drehsymmetrie der Naturgesetze wäre verletzt. Einsteins Äquivalenzprinzip von Schwerkraft und Beschleunigung sagt, daß für alle frei fallenden Körper unabhängig von der Massenverteilung im Universum (und in ihrer Nähe!) dieselben Naturgesetze gelten. Das wurde bereits besprochen; in jeder Raumkapsel gelten nach Einstein dieselben Naturgesetze. Die Massen im Universum legen nur fest, welches die Bahn eines frei fallenden Körpers ist und wie er sie durchläuft. Die Naturgesetze sind dann für alle Bahnen in jedem Augenblick dieselben. Auf allen Bahnen sind sie drehsymmetrisch, das heißt unabhängig von Massen, die sich in der Nähe der Bahn befinden.

Einsteins Äquivalenzprinzip unterscheidet sich also von dem Machschen Prinzip auf eine experimentell testbare Weise. Das Experiment besteht in einem Test der Richtungsabhängigkeit der Naturgesetze, insbesondere des Zahlenwertes der trägen Masse, für frei fallende Körper. Brechung der Drehsymmetrie würde Verletzung des Einsteinschen Äquivalenzprinzips signalisieren. Genaue Experimente zu dieser Frage, die ich hier nicht schildern kann, haben ergeben, daß die träge Masse mit einer Genauigkeit von 10^{-18} Prozent nicht vom Winkel abhängt, den der Versuchsaufbau mit der Richtung einschließt, in der von der Erde aus das Zentrum der

Milchstraße liegt – die größte Massenkonzentration in unserer kosmischen Nachbarschaft. Einsteins Äquivalenzprinzip steht nach Steven Weinberg also experimentell wesentlich besser da als das Machsche Prinzip.

Würde sich das Universum als Ganzes drehen, wäre eine Grundannahme der Kosmologie, das kosmologische Prinzip, verletzt. Angenommen wird, daß auf einer hinreichend großen Skala – bei Clustern oder gar erst bei Superclustern von Galaxien – keine Richtung und kein Ort im Raum vor anderen ausgezeichnet ist. Würde das Universum sich drehen, so wäre die Richtung der Drehachse vor allen anderen Richtungen ausgezeichnet – im Gegensatz zum kosmologischen Prinzip. Soweit von der Erde aus feststellbar, ist das kosmologische Prinzip erfüllt. Niemand nimmt heute mehr ernsthaft an, daß die Erde, die Sonne oder die Milchstraße einen ausgezeichneten Ort im Universum einnimmt. Wenn das zutrifft, können Beobachtungen von der Erde aus das kosmologische Prinzip beweisen. Heute ist seine stärkste Stütze, daß die kosmische Hintergrundstrahlung aus allen Richtungen mit der gleichen Stärke bei uns ankommt. Diese Strahlung ist im frühen Universum – weniger als eine Million Jahre nach dem Urknall – entstanden und durchsetzt das beobachtbare Universum seither ganz und gar. Mit dem Universum hat sich die bei ihrer Entstehung heiße Strahlung bis heute auf etwas weniger als drei Grad über dem absoluten Temperaturnullpunkt abgekühlt.

Inflation löst die Probleme des Urknallmodells

Wie die Naturgesetze, so ist das Universum im großen verschiebungs- und drehsymmetrisch. Diese bemerkenswerte Symmetrie betrifft auch Gebiete, die nach dem konventionellen Urknallmodell einander niemals beeinflußt haben können. Die Hintergrundstrahlung, die heute bei uns ankommt, ist praktisch seit dem Urknall mit Lichtgeschwindigkeit in immer dieselbe Richtung unterwegs. Ich will zur Illustration annehmen, das Universum expandiere nicht. Die Lichtgeschwindigkeit ist die größtmögliche Geschwindigkeit überhaupt. Wenn wir von der mit dem heutigen Alter des Weltalls verglichen kurzen Zeitspanne zwischen Urknall und Entstehung der Hintergrundstrahlung absehen, konnte uns daher vor der Ankunft der Hintergrundstrahlung aus dem Gebiet, in dem sie entstanden ist, keine physikalische Wirkung erreichen. Nun hat die Strahlung, die aus einer Richtung ankommt, genau dieselben Eigenschaften wie jene, die uns aus der Gegenrichtung erreicht. Dabei können die Gebiete, in denen beide entstanden sind, einander bis heute niemals beeinflußt haben – geschweige denn im Augenblick der Entstehung der Strahlung. Man kann argumentieren, daß die Gleichheit der physikalischen Prozesse in Gebieten, die einander nicht beeinflussen konnten, schwer zu verstehen ist.

Das ist das Horizontproblem der konventionellen Urknalltheorie. Wir haben für unser Argument vorausgesetzt, das Universum expandiere nicht und sei dennoch in einem Augenblick entstanden. Für ein langsam expandierendes Universum gilt das Argument genauso. Wenn sich aber das Universum in einem sehr frühen Stadium sehr rasch vergrößert hat, gilt es nicht mehr. Dann können jene Gebiete vor der raschen Expansion einander sehr wohl beeinflußt haben, in denen später, als das Universum knapp eine Million Jahre alt war, die Hintergrundstrahlung entstanden ist, die uns heute erreicht. Das ist die Hypothese des inflationären Universums, von der bereits früher gesprochen wurde. Nach dieser Hypothese ist das Universum zwischen seinen ersten 10^{-35} und 10^{-33} Sekunden um den Faktor 10^{50} oder mehr gewachsen. Ich weiß nichts, wodurch ich eine Längenvergrößerung um solch einen Faktor illustrieren könnte. Der Durchmesser des Wasserstoffatoms, um den Faktor 10^{25} vergrößert, ergibt ein Lichtjahr. Nach der inflationären Expansion, also nach 10^{-33} Sekunden, stimmt das konventionelle Scenario des Urknalls mit dem inflationären überein.

Das inflationäre Urknallmodell löst nicht nur, wie geschildert, das »Horizontproblem«, sondern auch das »Flachheitsproblem« des konventionellen Modells. Heute ist das Universum nahezu flach. Wir wissen, daß bei einer Gesamtmasse des Universums, die kleiner oder gleich einer »kritischen« Masse ist, dieses für immer expandieren wird. Ist die Gesamtmasse größer, wird die Expansion sich umkehren. Wenn das Universum genau die kritische Masse besitzt, ist der wirkliche Raum wie der Raum der Anschauung flach. Das Verhältnis der wirklichen Masse des Universums zur kritischen

Masse bestimmt, wie stark gekrümmt unser Raum ist. Dieses Verhältnis kann 1/10 sein oder auch 20, aber nicht 1/10000 oder 10000. Das Verhältnis ist also nahe bei eins. Theoretisch besteht dafür aber kein Grund. Das ist das Flachheitsproblem. Verschärft wird es dadurch, daß man ausrechnen kann, der diesem Bruchteil entsprechende Parameter müsse im frühen Universum einen Wert gehabt haben, der unglaublich nah an eins gewesen ist – zu Zeiten, deren Physik wir gerade noch zu verstehen glauben, kann die Abweichung nur 10^{-49} betragen haben. Das inflationäre Urknallmodell löst das Flachheitsproblem, da Inflation zuvor große Krümmungen so reduziert, daß der resultierende Raum nahezu flach ist. Das Modell sagt mit anderen Worten voraus, daß die Masse des Universums mit der kritischen Masse nahezu übereinstimmt.

Das inflationäre Urknallmodell wurde 1981/82 entwickelt. Daß es auch das Monopolproblem des konventionellen Urknallmodells löst, habe ich bereits in Kapitel 7 erwähnt. Die meisten Physiker denken heute, daß das sehr frühe Universum tatsächlich eine Zeitlang sehr schnell expandiert ist. Die physikalischen Gründe der Expansion sind aber kontrovers. Ich erwähne nur, daß der zumeist angenommene Mechanismus auf der spontanen Brechung der Symmetrien der GUT beruht.

Vor der Inflation

Wenn sich die Welt unmittelbar nach dem Urknall im Zustand höchster Symmetrie befunden hat, gibt es kein Horizontproblem. Dann war die Welt im Augenblick der Entstehung der Hintergrundstrahlung im Jahr siebenhunderttausend nach dem Urknall deshalb überall gleich, weil sie seit je überall gleich gewesen ist und weil seit je überall dieselben Naturgesetze galten. Das inflationäre Modell kommt ohne Annahmen über den Anfangszustand der Welt aus. Nach ihm ist die räumliche Symmetrie der beobachtbaren Welt das Resultat ihrer Entwicklung in den ersten 10^{-33} Sekunden und daher *vom Anfangszustand unabhängig*: Die Gleichheit der Verhältnisse in kleinen Gebieten wird durch Vergrößerung der Gebiete zur Gleichheit überall. Es ist verlockend, diesen Gesichtspunkt zum Programm zu erheben: Daß die Welt ist, wie sie ist, hat eine Entwicklung besorgt, die unabhängig von dem speziellen Anfangszustand eben dies Resultat haben mußte. Modifikationen des Programms sind ebenfalls denkbar. Nach dem Vorbild der spontanen Symmetriebrechung hat die Entwicklung der Welt vielleicht nur einen von vielen möglichen Wegen genommen. Und vielleicht betrifft diese Entwicklung nicht nur ihren Zustand, sondern auch die Naturgesetze mit den Konstanten, die sie enthalten. Es könnte sein, daß das Universum nach dem Muster der Abbildung 124 in Domänen aufgespalten ist, in denen unterschiedliche Naturgesetze mit unterschiedlichen Naturkonstanten gelten. Das »Einfrieren« der Verhältnisse beträfe dann nicht nur den Zustand der Welt, sondern auch die in ihr geltenden Gesetze.

Über all dies läßt sich zur Zeit trefflich spekulieren. Man kann erstaunt feststellen, daß von den tatsächlichen nur wenig abweichende Zahlenwerte der Naturkonstanten die Ausbildung von Strukturen im Universum unmöglich gemacht hätten. Wären Größen wie h, c, G und/oder die Ladungen und Massen von Elementarteilchen nur wenig anders, als sie tatsächlich sind, wäre intelligentes Leben, wie wir es kennen, ausgeschlossen. Manche glauben, daß es zahllose Welten mit allen möglichen Werten der Naturkonstanten gibt. Nur wenige – unsere zum Beispiel – zeichnet aus, daß sich in ihr Wesen entwickeln konnten, die Naturkonstanten messen und über ihre Zahlenwerte staunen. Das kann schon sein; sich aber zurückzulehnen und diese Spekulation unter dem Namen *anthropisches Prinzip* als Erklärung dafür anzubieten, daß die Konstanten die Zahlenwerte besitzen, die sie besitzen, ist Pseudowissenschaft und Mittelalter zugleich.

Wissenschaftliche Aussagen über Zeitpunkte, zu deren Verständnis die Quantentheorie der Gravitation herangezogen werden muß, sind zur Zeit nur in spekulativen Theorien wie der Superstringtheorie möglich. Es kann sein, daß die Superstringtheorie sich als die große, allumfassende Theorie der Zukunft herausstellen wird. Zwischen der Zeit, zu der die *Quantentheorie* der Gravitation berücksichtigt werden mußte, und der der Inflation könnte es einen Zustand des Universums gegeben haben, in dem zwar die Gravitation für Elementarteilchen eine Rolle spielt, diese aber klassisch – nichtquantenmechanisch – behandelt werden kann. Wenn das so ist, kann man die Entstehung von Teilchen aus Gravitationsenergie verstehen: Die Änderung der Krümmung des Weltalls, seine Expansion, produziert in einer Theorie, die Teilchen quantenmechanisch, die Gravitation aber klassisch behandelt, Elementarteilchen.

Entwicklung von Asymmetrien

Daß das Universum Strukturen enthält, bedeutet eine Symmetriebrechung. Die im großen geltende Dreh- und Verschiebungssymmetrie des Universums ist, wenn man kleinere Gebiete als Cluster von Galaxien betrachtet, sicher gebrochen. Inflation hat möglicherweise kleine Unregelmäßigkeiten so vergrößert, daß sich Galaxien und Galaxiencluster bilden konnten. Eine andere Symmetriebrechung, die unsere Existenz erst ermöglicht, ist die Asymmetrie der Zahl der Baryonen, verglichen mit der der Antibaryonen. Es gibt im heutigen Universum zahlreiche Protonen und Neutronen – Baryonen –, aber, soweit wir wissen, keine Antiprotonen und Antineutronen – Antibaryonen.

Die Entstehung des heutigen Universums können wir in zwei Schritte zerlegen. Erstens die Entstehung von »etwas« aus »nichts« und zweitens die weitere Entwicklung der einmal entstandenen Welt. Über die Entstehung des Etwas gibt es nur Spekulationen. Ihnen ist gemein, daß das Etwas, mit dem die Welt zu existieren begonnen hat, gleich viele Baryonen wie Antibaryonen besaß.

Die elektrische Ladung des Universums ist insgesamt Null. Das bedeutet nicht, es gebe keine elektrisch geladenen Teilchen. Es bedeutet, daß die Zahl der positiv geladenen Protonen mit der Zahl der negativ geladenen Elektronen übereinstimmt. So ist es bei jedem einzelnen Atom. Den positiv geladenen Kern umfliegen so viele Elektronen, wie der Kern Protonen enthält. Elektronen und Protonen sind entgegengesetzt-gleich geladen, das Atom ist elektrisch neutral.

Spekulative Theorien, die die Entstehung des Etwas aus dem Nichts erklären wollen, sagen auch voraus, daß das anfangs entstandene Etwas elektrisch neutral war. Da die heutige Welt elektrisch neutral ist, sind diese Spekulationen mit der Erhaltung der elektrischen Ladung vereinbar. Deren Erhaltung sagt nicht, daß die Zahl der geladenen Teilchen im Laufe der Zeit ungeändert bleibt; sie sagt nur, daß sich die Summe aller Ladungen im Laufe der Zeit nicht ändert. Da Teilchen und Antiteilchen entgegengesetzt-gleich geladen sind, erlaubt die Erhaltung der Ladung Prozesse, bei denen es anfangs nur ungeladene, am Ende ein Elektron und ein Positron als einzige geladene Teilchen gibt. Bei solchen Prozessen wird – sozusagen – die Darstellung der Gesamtladung 0 als »0 plus 0« zu »1 plus – 1« verändert. Der umgekehrte Prozeß – ein Elektron und ein Positron kommen zusammen und vernichten sich zu ungeladenen Teilchen – ist ebenfalls möglich. Genauso können Protonen und Antiprotonen paarweise erzeugt und vernichtet werden.

Prozesse, die die elektrische Gesamtladung ändern, wurden niemals beobachtet. Wenn unsere Ideen über den Aufbau der Welt und die Wechselwirkungen von Elementarteilchen richtig sind, kann es solche Prozesse nicht geben: Die Gesamtladung der Welt ist zeitlich konstant.

Mit der Protonenzahl ist es anders. Wenn das Etwas, das heute diese Welt ist, wirklich in einem Zustand mit der Protonenzahl 0 zu existieren begonnen hat, muß auf Grund »normaler« Naturgesetze erklärt werden, warum es heute im Universum Protonen, aber keine Antiprotonen gibt.

Das leisten Theorien vom Typ der GUT (Kap. 7). Bevor die Asymmetrie zwischen Materie und Antimaterie sich auszubilden begann, gab es im Universum gleich viele Protonen wie Antiprotonen. Gemessen an der Zahl der Protonen damals gibt es heute verschwindend wenige: Von jeweils 10^9 Protonen (und Antiprotonen) hat eins (keins) die gegenseitige Vernichtung überlebt. Wenn dies Bild richtig ist, sollten Protonen instabil sein und auch heute zerfallen. Wie in Kapitel 7 berichtet, wird nach dem Prozeß an vielen Stellen der Welt gesucht – bisher ohne Erfolg. Die elektrische Ladung bleibt beim Zerfall des Protons natürlich erhalten; es zerfällt zum Beispiel in neutrale Teilchen und ein wie es selbst positiv geladenes Positron.

Die Zeit als dritte oder vierte Dimension

Zu den Dimensionen des Raumes kommt in der wirklichen Welt stets als weitere Dimension die Zeit hinzu. Das ist selbstverständlich und für sich allein nicht aufregender als die Möglichkeit, Dias in der Reihenfolge, in der sie aufgenommen worden sind, im Diakasten aufzustellen. Für die zweidimensionalen Flachländer ist die Zeit eine dritte Dimension. Wir in drei Dimensionen können die Aufregung der Flachländer darüber nicht verstehen; manche von uns erschauern jedoch bei dem schlichten Gedanken an die »Zeit als vierte Dimension«. Die physikalische Zeit ist gerade *nicht* einfach eine dritte oder vierte Dimension, die zu den anderen zwei oder drei gleichberechtigt hinzukommt.

Zeit spielt in vielfacher Hinsicht eine Sonderrolle, verglichen mit dem Raum. Unsere Zeiterfahrung unterscheidet sich so vollkommen von unserer Raumerfahrung, daß die Nennung der Zeit als irgendwie gleichberechtigte Dimension, die zu den Raumdimensionen hinzukommt, von vornherein sinnlos zu sein scheint. Andererseits ist physikalische Zeit zunächst einmal Diakastenzeit. Physikalische Zeit ist ein Parameter, der an Ereignisse geheftet ist. Die Naturgesetze sagen, welche Folgen von Dias möglich und welche unmöglich sind. Betrachtet man nur die fundamentalen Naturgesetze, so ist mit einer Folge von Dias stets auch die zeitlich umgekehrte möglich – in totalem Widerspruch zu unserer Zeiterfahrung. Um nur ein Beispiel zu nennen: Duftstoff aus einer offenen Parfümflasche breitet sich im Zimmer aus; der umgekehrte Vorgang wurde niemals beobachtet.

Dies ist kein Buch über die Zeit, aber die offenbare Asymmetrie von Vergangenheit und Zukunft gehört zu unserem Thema (Kap. 9). Wenn man eine Diafolge in umgekehrter zeitlicher Reihenfolge durchläuft, sind alle Geschwindigkeiten umgekehrt. Will man den Vorgang, den die umgekehrte Folge darstellt, in der Wirklichkeit ablaufen lassen, muß man den dem letzten Dia entsprechenden Zustand mit umgekehrten Geschwindigkeiten verwirklichen. Das ist bei Vorgängen, die von Ordnung zu Unordnung führen, in der Regel ausgeschlossen. Wie soll man die Geschwindigkeiten aller Moleküle des im Zimmer verteilten Duftstoffes so genau umkehren, daß sie sich wieder in der Flasche versammeln? In der Praxis ist das ohne Zweifel unmöglich.

Praktische und tatsächliche Unmöglichkeit ist natürlich nicht dasselbe. In der Wirklichkeit sind beide aber in Fällen wie diesem ununterscheidbar. Das ist ein subtiler Punkt, der bewirkt, daß die Diakastenzeit der fundamentalen Physik als die Zeit auftritt, die wir erfahren. Eine ausführlichere Beschreibung des Sachverhalts enthält Kapitel 9.

Erst wenn man fragt, wie sich wirkliche Zeit- und Ortsmesser verhalten, bekommt die Redeweise von der Zeit als vierter Dimension einen konkreten Sinn, der über die Möglichkeit, Dias in der Reihenfolge anzuordnen, in der sie aufgenommen worden sind, hinausgeht. Zur Beschreibung eines Ereignisses – des Einschlags eines Blitzes – gehört die Angabe, wann und wo es sich ereignet hat. Die spezielle Relativitätstheorie Albert Einsteins sagt, wie Zeit und Ort, die ein Beobachter einem Ereignis zuweist, von der Geschwindigkeit des Beobachters abhängt.

Nehmen wir einen Beobachter, der genau in der Mitte zwischen zwei um einen Kilometer voneinander entfernten Blitzableitern sitzt. Nehmen wir weiter an, daß zwei Blitze so in die Blitzableiter einschlagen, daß das Licht von dem einen Einschlag genau gleichzeitig mit dem vom anderen Einschlag bei dem Beobachter ankommt. Er wird dann sagen, daß zwei Blitze gleichzeitig in einem Kilometer Entfernung voneinander eingeschlagen sind.

Für einen zweiten Beobachter, der sich relativ zu dem ersten bewegt – beispielsweise sitzt er in einem fahrenden Zug –, finden die zwei Blitzeinschläge weder gleichzeitig noch in einem Kilometer Entfernung voneinander statt. Schriebe ich eine Enzyklopädie statt eines Buches über Symmetrie, würde ich nun ansetzen und erläutern, wie die Resultate der Orts- und Zeitmessungen von dessen Bewegungszustand abhängen. Hier muß ich mich damit begnügen, zu sagen, daß, was dem einen Beobachter als Raum erscheint, für den anderen sowohl Raum als auch Zeit ist und umgekehrt. Diese, zwar nicht unbegrenzte, Transformierbarkeit von Raum und Zeit ineinander gibt der Redeweise von der Zeit als vierter Dimension ihren konkreten Sinn. Unmöglich ist es jedoch, die *Reihenfolge* von Ereignissen durch eine Geschwindigkeitsänderung zu ändern. »Vorher« und »nachher« können nicht vertauscht werden. Auch in der Relativitätstheorie ist es also sinnvoll, zwischen Ursache und Wirkung zu unterscheiden. Von dieser Einschränkung abgesehen, transformieren Geschwindigkeitsänderungen der Relativitätstheorie Raum und Zeit so ineinander wie Drehungen im Raum Richtungen.

Statt zu fragen, wie Orte und Zeiten bestimmter Ereignisse vom Bewegungszustand des Beobachters abhängen, kann man auch fragen, wie die Anzeige einer bewegten Uhr und die Länge eines bewegten Maßstabs, gemessen durch einen ruhenden Beobachter, von deren Geschwindigkeit beeinflußt werden. Das Resultat ist dem Leser sicher bekannt (Kap. 4) und soll hier nicht wiederholt werden. Die allgemeine Relativitätstheorie sagt, daß der Gang einer Uhr und die Länge eines Maßstabs auch davon abhängen, ob sie beschleunigt werden und/oder sich in einem Schwerefeld befinden. Sie stellt außerdem fest, daß bei hinreichend kleinen Systemen die Wirkungen von Schwerkraft und Beschleunigung ununterscheidbar sind. Läßt man das System frei fallen, so heben sich beide gerade auf, und die Naturgesetze sind die der speziellen Relativitätstheorie. All dies kann ich hier nicht im Detail schildern und muß den daran interessierten Leser auf die umfangreiche populärwissenschaftliche Literatur verweisen.

Konkrete und abstrakte Symmetrien

Giovanni di Paolos Darstellung der Schöpfung in Abbildung 131 veranschaulicht die aus dem Altertum stammende Idee, daß in den Himmeln die höchste Symmetrie der Kreise oder Kugeln herrsche. Im Inneren der Kreise ist die damals, um 1445, bekannte Erde abgebildet – Europa, Mittelmeer, Afrika und Asien. Dann folgen, als Kreise dargestellt, die anderen Elemente der Zeit Paolos: Wasser, Luft und Feuer. Darauf, ebenfalls als Kreise, die sieben damals bekannten beweglichen Himmelskörper: Mond, Merkur, Venus, Sonne, Mars, Jupiter und Saturn. Der letzte Kreis stellt die Fixsterne mit den Tierkreiszeichen dar. Die bekannte Realität bricht bei Giovanni die Symmetrie, das Unbekannte besitzt sie.

Die Abbildung soll die inneren Widerstände plausibel machen, die Kepler zu überwinden hatte, bevor er seiner Beobachtung von 1603 Glauben schenkte, daß die Bahn des Mars statt eines Kreises ein *platt gedrückter* Kreis ist. Als zusätzliche Asymmetrie steht die Sonne nicht im Zentrum dieser seltsam-asymmetrischen Bahn. Zwei Jahre später erkannte Kepler, daß die Marsbahn eine Ellipse mit der Sonne an einem ihrer Brennpunkte ist.

Abbildung 131: *Ausschnitt aus* Giovanni di Paolo: Die Erschaffung der Welt. *Unbekanntem wird höchste Symmetrie zugeschrieben; Bekanntes besitzt sie nicht: Im Innern der Kreise sind, Süden nach oben, die Umrisse von Europa, Asien und Afrika dargestellt. Wir haben, anders als die Zeitgenossen Giovannis, die Welt in symmetrische Gesetze und unsymmetrische Anfangsbedingungen unterteilt. Uns wundert also nicht, daß das, was wir sehen, nicht symmetrisch ist.*

Keplers Entdeckung, daß die Bahnen der Planeten durch Drehungen um den Sonnenmittelpunkt geändert werden, hat die moderne Naturwissenschaft mitbegründet. Wir wissen, daß die Bahn eines Planeten nicht allein von den Naturgesetzen bestimmt wird. Wie sich ein Planet bewegt, bestimmen die Naturgesetze zusammen mit »Anfangsbedingungen«. Die Naturgesetze sind, wie E. P. Wigner bemerkt, das Allgemeine; die Anfangsbedingungen sind das Besondere.

Wir unterscheiden zwischen Naturgesetzen und Anfangsbedingungen. Die Naturgesetze gelten für alle Abläufe; die Anfangsbedingungen legen fest, welcher durch die Naturgesetze erlaubte Ablauf jeweils vorkommt. Die Naturgesetze sagen, welche Umlaufbahnen um die Erde für Satelliten möglich sind und mit welcher Geschwindigkeit sie durchlaufen werden. Welche der durch das Naturgesetz der Gravitation erlaubten Bahnen ein Satellit durchläuft, hängt davon ab, in welche Richtung und mit welcher Geschwindigkeit er abgeschossen wird.

Drehsymmetrie der Naturgesetze verlangt, daß durch Drehungen aus möglichen Bahnen mögliche entstehen; über Drehsymmetrie der Bahn eines einzelnen Satelliten sagt sie nichts aus. Wenn man, wie Kepler 1603, die Bahn eines Planeten um die Sonne als unmittelbaren Ausdruck der Naturgesetze versteht, ist es in der Tat nicht zu begreifen, daß die vorgeschriebne Reise des Mars kein Kreis um die Sonne als Mittelpunkt ist. Doch die Bahn des Mars ist nicht allein Ausdruck des Naturgesetzes der Gravitation; sie ist auch Resultat einer historischen Entwicklung, die wir zwar nicht genau verstehen, von der wir aber wissen, daß sie stattgefunden hat: Sie haben Zufälle bei der Entwicklung des Planetensystems festgelegt.

Newtons Gesetze der Gravitation sind drehsymmetrisch. Sie besitzen die perfekte Symmetrie, die die Griechen den Bahnen der Himmelskörper zuschreiben wollten. Zur Entwicklung einer Wissenschaft wie der Physik gehört, daß sie von der Untersuchung konkreter Objekte zum allgemeinen, dem Naturgesetz, fortschreitet. Der Mars und seine Bahn sind für uns konkrete Objekte, die zufällig und als Einzelfall so sind, wie sie sind. Beim Studium solcher Objekte können die Symmetrien der Naturgesetze auftreten, müssen aber nicht. Das Vorkommen symmetrischer Objekte zeigt, daß die Naturgesetze ihre Existenz erlauben. Symmetrische Objekte sind insofern ein Hinweis auf Symmetrien der Naturgesetze. Zunächst auf dem oberflächlichen Niveau konkreter Objekte auftretende Symmetrien können auf diesem Niveau widerlegt werden, ohne dadurch abgeschafft zu sein. Möglicherweise existieren sie auf dem subtilen und abstrakten Niveau der Relationen solcher Objekte zueinander, der Naturgesetze, weiter.

Wenn die Naturgesetze bekannt sind, können wir durch ihre Symmetrien Resultate über konkrete Objekte und Abläufe herleiten, die anders nur schwer oder überhaupt nicht zu gewinnen sind. Dies habe ich in den Kapiteln 1 und 2 gegen E. P. Wigner als Advocatus Diaboli dargelegt. Ich hoffe, der Leser hat darüber nicht das Motto des Buches übersehen. Denn von Wigner stammen nicht nur die provozierenden Thesen der Kapitel 1 und 2, sondern auch viele der Einsichten, die ich dort gegen sie vertrete. Doch ihre alles überragende Rolle beginnen Symmetrien erst dann zu spielen, wenn die Naturgesetze *nicht* bekannt sind. Auch darauf hat E. P. Wigner als einer der ersten hingewiesen. Symmetrien waren seit je ein Leitfaden bei der Herleitung von Naturgesetzen; erst in diesem Jahrhundert aber haben E. P. Wigner, P. A. M. Dirac, H. Weyl und andere bewußt damit begonnen, Symmetrien als die Gesetze, denen die Naturgesetze unterliegen, zur Herleitung der Naturgesetze zu verwenden.

Relativitätstheorie und Quantenmechanik haben gezeigt, daß die Anschauung ein zur Erforschung der fundamentalen Naturgesetze untauglicher Leitfaden ist. Es hat sich herausgestellt, daß die fundamentalen Naturgesetze in der Sprache der Mathematik geschrieben sind und daß sie einfachen Symmetrieprinzipien genügen. Dies ist so weit nicht nur Anlaß zu Erstaunen und Vergnügen, sondern der – vielleicht einzige – Grund unserer Hoffnung, daß wir in unserer Erkenntnis der Naturgesetze werden fortschreiten können. Wäre die Natur insgesamt so chaotisch, wie sie uns auf dem Niveau konkreter Objekte und Abläufe erscheint – wir hätten keine Hoffnung auf Einsicht. Tatsächlich aber hat sich die Methode der Trennung von Anfangsbedingungen, die allein für die Zufälle des Wirklichen verantwortlich sind, und symmetrischen Naturgesetzen glänzend bewährt.

Das Universum als Ganzes

Wir haben kein Recht, zu erwarten, daß diese Methode auch auf das Universum als Ganzes ausgedehnt werden kann. Die Entwicklung des Universums ist *das* nichtwiederholbare Experiment par excellence; die Trennung von Anfangsbedingungen und Gesetzen hingegen beruht auf Wiederholbarkeit, da allein Wiederholung zwischen Zufall und Regel zu unterscheiden gestattet. Das Gesetz, das die Entwicklung des Universums als Ganzes beherrscht, kann nur von der Summe der Gesetze abgelesen werden, die für Abläufe in ihm gelten. Wenn wir von Spekulationen absehen und uns allein auf konkrete, eindeutig bestätigte Physik verlassen, können wir seine Entwicklung bis einhundert Sekunden nach dem Urknall zurückverfolgen. Das Universum als Ganzes befand sich damals in heftiger Entwicklung und Expansion. Anzunehmen, daß die Naturgesetze für Abläufe in ihm und die Naturkonstanten, zum Beispiel die Lichtgeschwindigkeit, zu dieser Zeit und in dieser Situation dieselben waren wie heute, ist verwegen bis zur Irrationalität; es bestätigt zu finden ist atemberaubend.

Was ist ein symmetrisches Naturgesetz?

Was Symmetrie – Wigner sagt Invarianz; ein Wort, das ich in diesem Buch vermieden habe, um die grundlegende Einheit aller Symmetrievorstellungen möglichst deutlich zu machen –, was also Symmetrie der Naturgesetze bedeutet, hat 1953 R. Haag, heute Hamburg, mit, so Wigner, »bewundernswerter Klarheit« in drei Sätzen zusammengefaßt. Wigner zitiert sie, um die Schwierigkeiten deutlich zu machen, die der Ausdehnung anschaulicher Symmetrievorstellungen auf quantenmechanische Formulierungen der Relativitätstheorie entgegenstehen.

Eine »vollständige Beschreibung eines physikalischen Systems« ist bei einem klassischen System wie einem Billard eine Angabe aller Orte aller Teilchen – Billardkugeln – zu allen Zeiten. Wenn man die Orte angeben will, muß man sie auf etwas – ein »Koordinatensystem« – beziehen. Die drei Symmetriepostulate R. Haags sind:

(a) Es soll möglich sein, eine vollständige Beschreibung eines physikalischen Systems von einem Koordinatensystem in jedes äquivalente Koordinatensystem zu übersetzen.

(b) Die Übersetzung einer dynamisch möglichen Beschreibung soll wieder dynamisch möglich sein. In einer etwas einfacheren

Sprache ausgedrückt: Eine Abfolge von Ereignissen, die einem Beobachter als möglich erscheint, soll auch jedem anderen Beobachter möglich scheinen.

(c) Die Kriterien dafür, ob eine vollständige Beschreibung dynamisch möglich ist, sollen für äquivalente Beobachter identisch sein.

Für klassische Systeme ist dem nichts hinzuzufügen. Die Naturgesetze erscheinen als Kriterien für die dynamische Möglichkeit einer vollständigen Beschreibung. Wenn wir die Symmetriedefinition in der Quantenmechanik anwenden wollen, müssen wir zunächst unsere Definition der »vollständigen Beschreibung« modifizieren. An die Stelle der Orte zu allen Zeiten tritt eine theoretische Konstruktion, die Wellenfunktion. Deren Beziehung zur direkten Beobachtung ist kompliziert. In der Relativitätstheorie kommt hinzu, daß »gleichzeitig« für zwei Beobachter, die sich relativ zueinander bewegen, nicht dieselbe Bedeutung besitzt. Quantenmechanik und Relativität zusammen führen dann auf Größen – lokale Felder (Kap. 8) –, die an allen Orten und zu allen Zeiten definiert sind und von denen feststeht, wie sie sich beim Übergang von einem Beobachter zu einem anderen ändern.

Jedes lokale Feld enthält die vollständige Information über das System, das es beschreibt. Durch lokale Felder können wir die Idee formulieren, daß gleichzeitige Ereignisse an verschiedenen Orten einander nicht beeinflussen können. In dem Rahmen, den sie abstecken, lassen sich die Vorstellungen detaillierter Theorien über die Wechselwirkungen der Elementarteilchen formulieren. Bereits die Rahmenbedingungen lokaler Theorien gestatten es aber, das Theorem von Spin und Statistik (Kap. 6) und das CPT-Theorem (Kap. 9) zu beweisen. Es ist bemerkenswert, daß experimentelle Tests physikalischer Grundvorstellungen unabhängig von Modellen möglich sind.

Strukturen, Leben und Symmetriebrechung

Die Symmetriebrechung scheint in der heilen Welt der Physik ein Fremdkörper zu sein. Doch wir wissen, daß allein sie Strukturen erlaubt. Unsere Existenz hängt von ihr ab. Die wirkliche zeitliche Richtung makroskopischer physikalischer Abläufe ist vor der umgekehrten dadurch ausgezeichnet, daß bei dem Prozeß selbst die Unordnung insgesamt gesehen wächst; beim umgekehrten nimmt sie ab. Der berühmte und folgenreiche zweite Hauptsatz der Thermodynamik sagt, es sei bei abgeschlossenen Systemen – Systemen, die nicht im Austausch mit ihrer Umgebung stehen – immer so. Das schließt nicht aus, daß sich mitten im wachsenden Chaos räumlich begrenzte Strukturen bilden und einige Zeit erhalten. Leben ist solch eine Struktur; Entstehung des Lebens ist eine Brechung von Symmetrie. Da insgesamt das Chaos auch bei der Bildung von Strukturen wachsen muß, können entstehende Strukturen nicht abgeschlossen sein; sie müssen Materie und/oder Energie mit ihrer Umwelt austauschen.

Entstehende Strukturen nehmen Materie oder Energie in geordneter – strukturierter – Form auf und geben sie weniger geordnet – weniger strukturiert – wieder ab. Die Strukturen selbst, beispielsweise Lebewesen, bleiben bestehen, solange dies möglich ist; wird es unmöglich, zerfallen sie. Hierfür gibt es zahlreiche Beispiele; Lebewesen sind eins. Die Materie, die sie aufnehmen, ist geordneter – weniger durchmischt – als die, die sie abgeben. Dadurch, daß sie anderswo die Unordnung vermehren, erhalten sie ihre eigene Ordnung – im Einklang mit dem unabdingbaren Wachstum der Unordnung insgesamt. Lebewesen sind nur ein Beispiel für Strukturen, die sich in einer Welt gebildet haben und erhalten, die insgesamt nur den Abbau von Struktur erlaubt. Ein anderes Beispiel sind die Muster, die sich in Öl bilden, das in einer Pfanne erhitzt wird.

Abbildung 132a zeigt solch ein Muster: eine von unten erhitzte Schicht von Silikonöl. Die Flüssigkeit transportiert Wärme an ihre Oberfläche und gibt sie dort ab. Derartige Muster treten bei geeignet gewähltem Temperaturunterschied zwischen Ober- und Unterschicht der Flüssigkeit spontan auf. Die Flüssigkeit transportiert die Wärme, indem sie geordnet von unten nach oben und zurück strömt. Für uns ist nur wichtig, daß sie an ihrer Unterseite Energie in konzentrierter Form – bei hoher Temperatur – aufnimmt und an der Oberseite weniger konzentriert – bei niedriger Temperatur – wieder abgibt. Die »Bénard-Rollen« der Abbildung 132a existieren, indem sie wie Lebewesen relativ Geordnetes in weniger Geordnetes umwandeln. Hört die Energiezufuhr auf, verschwinden die Rollen. Sie verschwinden auch, wenn es oberhalb ihrer

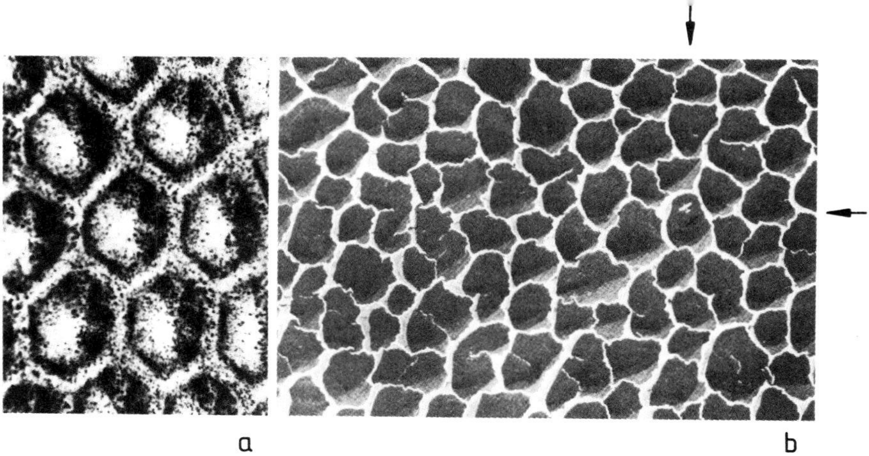

Abbildung 132: *Bildung von Strukturen bedeutet spontane Symmetriebrechung. Über Größenordnungen hinweg wird sie möglicherweise von universellen Gesetzen beherrscht: Die Bénard-Zellen der Abbildung a sind im Labor – Größenordnung: Zentimeter – entstanden, die der Abbildung b beim Austrocknen eines Sees – Größenordnung: Kilometer. Die Pfeile zeigen auf ein Flugzeug.*

Oberfläche so heiß geworden ist, daß es nicht mehr möglich ist, die unten zugeführte Energie oben schnell genug wieder abzugeben.

Abbildung 132b zeigt ganz ähnliche Strukturen, nun in Salzablagerungen auf dem Boden des Natronsees in Ostafrika. Bei der Ablagerung wurde das Salz durch Erdwärme von unten erhitzt. Daß auch auf dieser ganz anderen Längenskala – die zwei Pfeile am Abbildungsrand zeigen auf ein Flugzeug – im wesentlichen dieselben Formen wie in Abbildung 132a entstanden sind, zeigt die Universalität des der spontanen Symmetriebrechung und Strukturbildung zugrunde liegenden Mechanismus unmittelbar.

Wir wollen diese Überlegungen wegen zahlreicher Unsicherheiten nicht auf die Welt als Ganzes anwenden. Lokale Strukturen wie wir erwecken in uns in günstigen Minuten ein Gefühl von einer Ahnung, das Universum habe einen Zweck, und die Bildung von sich selbst erhaltenden Strukturen sei dieser Zweck. Über solch ein Gefühl kann man nicht wissenschaftlich urteilen, aber zweifelsohne gibt es physikalische Abläufe, die durch ihr Resultat besser beschrieben werden können als durch den Mechanismus, der sie bewirkt. Wenn wir Abläufe zerlegen und zerlegen, bis wir schließlich die fundamentalen Naturgesetze anwenden können, verlieren wir möglicherweise Begleitumstände, die als »Sinn« beschrieben werden können.

Coda

Staunen über Strukturen und Verständnis für die Bedingungen ihrer Existenz zu wecken – das ist der Zweck dieses Buches. M. C. Escher schreibt über die Gesetze, denen seine Darstellungen unterliegen und die sie veranschaulichen: »Es liegt etwas Atemberaubendes in derartigen Gesetzmäßigkeiten. Sie sind keine Erfindungen oder Erzeugnisse des menschlichen Geistes, sondern ›sind‹ oder ›existieren‹ unabhängig von uns. In einem luziden Moment kann man allenfalls entdecken, daß es sie gibt, und sich darüber Rechenschaft ablegen. Um ein greifbareres Beispiel als diese flache Scheibe (Eschers Kreislimit III) zu geben: Lange bevor es Menschen auf Erden gab, wuchsen in der Erdkruste schon die Kristalle. Eines Tages sah ein Mensch zum ersten Mal solch ein glitzerndes Stückchen Regelmäßigkeit liegen, oder er stieß darauf mit seiner steinernen Hacke, und es brach ab und fiel vor seine Füße, und er hob es auf und betrachtete es in seiner offenen Hand, und er wunderte sich.« Ich denke, daß der gefundene Kristall Anlaß ist, weiter zu suchen.

Anhang

Erklärungen zu den Farbtafeln

Farbtafel 1

Wenn man die Umrisse, nicht aber die Farben beachtet, besitzt die Zeichnung M. C. Eschers die Symmetrien der Abb. 52-10, um 45 Grad im Uhrzeigersinn gedreht. Die beiden vierfachen Drehpunkte – die schwarz ausgefüllten Quadrate der Abb. 52-10c – liegen nun auf einer waagerechten Gerade. Ihr entspricht die waagerechte Gerade durch den Mittelpunkt der Farbtafel. Ein vierfacher Drehpunkt der Farbtafel ist der Mittelpunkt selbst; ein anderer der Mittelpunkt des aus Rückenflossen gebildeten eckigen Wirbels links von ihm. Identifiziert man diese beiden vierfachen Drehpunkte mit den schwarzen Quadraten der Abb. 52-10c, so entspricht das von den Mittelpunkten der vier eckigen Wirbel der Farbtafel aufgespannte Quadrat derjenigen Fliese der Abb. 52-10c, die einen der Drehpunkte enthält. Die den Rauten in Abb. 52-10c entsprechenden Drehpunkte der Farbtafel um 180 Grad sind nun in der Mitte zwischen Ecken der Fliesen leicht zu entdecken: In ihnen berühren sich die Kiemen von jeweils zwei Fischen. Verschiebt man die Farbtafel so, daß ein runder Wirbel in einen anderen runden Wirbel überführt wird, bleibt sie unverändert. Um zu überprüfen, ob eine vermutete Symmetrie tatsächlich besteht, ist es am besten, Umrisse der Farbtafel auf durchsichtiger Folie nachzuzeichnen und die Folie der vermuteten Symmetrie entsprechend zu bewegen. Symmetrie besteht, wenn die Farbtafel dabei bis auf Randeffekte in sich übergeht. Beachtet man die Farben, sind alle Bewegungssymmetrien der Farbtafel außer den Verschiebungssymmetrien gebrochen; das Muster besitzt nur noch die Symmetrien der Abb. 52-1. An die Stelle der Drehsymmetrien treten nun Farbsymmetrien – das Muster bleibt ungeändert, wenn gleichzeitig mit einer der Drehungen um 90 oder 180 Grad die Farben der Abbildung durch einander ersetzt werden. Symmetrie besteht, wenn man gleichzeitig mit einer der Drehungen um 90 Grad im Uhrzeigersinn Braun durch Weiß, Weiß durch Blau, Blau durch Rot und Rot durch Braun ersetzt. Das Muster bleibt auch dann unverändert, wenn zusammen mit einer Drehung um 180 Grad zwei unabhängige Vertauschungen von je zwei Farben vorgenommen werden: Weiß und Rot werden beispielsweise vertauscht; außerdem Braun und Blau. Anders als beispielsweise bei Farbtafel 5 gibt es hier keine Symmetrie gegenüber mit Farbvertauschungen kombinierten Verschiebungen: Mit und ohne Berücksichtigung der verschiedenen Farben besitzt die Farbtafel dieselben Verschiebungssymmetrien.

Farbtafel 2

Richard Paul Lohses *Gruppe von acht Quadraten mit vier Rechtecken* besitzt außer der Identität keine Bewegungssymmetrie, wohl aber Farbsymmetrien. Die Abbildung geht in sich über, wenn die Drehung um 90 Grad mit Farbersetzungen kombiniert wird. Dreht man abermals um 90 Grad und wiederholt die Farbersetzungen, geht die Farbtafel selbstverständlich abermals in sich über. Daher besteht auch Symmetrie bei der aus beiden zusammengesetzten Operation – einer Drehung um 180 Grad, mit der selbst durch Wiederholung entstandenen Farbvertauschung kombiniert. So geht es noch zweimal weiter; dann ist gleichzeitig mit der Drehung um 360 Grad die »identische Farbvertauschung« erreicht – diejenige, die alle Farben in Wahrheit ungeändert läßt. Sie tritt hier, genauso wie die Identität unter den Drehungen, d.h. die Drehung um 360 Grad, als zusammengesetzte Operation auf.

Farbtafel 3

Sieht man nur auf die Umrisse und berücksichtigt die Farben nicht, so sind die Farbtafeln a und b identisch; ihre gemeinsame Symmetriegruppe ist dann D_2. Bei Berücksichtigung der Farben ist Abbildung a symmetrisch bei Spiegelungen an der waagerechten Geraden; außerdem bei Drehung um 180 Grad und Spiegelungen an der senkrechten Geraden, beide mit Rot-Grün-Vertauschung kombiniert. Abbildung b geht hingegen bei der »reinen« Drehung um 180 Grad und bei den mit Rot-Grün-Vertauschung kombinierten Spiegelungen an der waagerechten und senkrechten Gerade in sich über. Die Symmetriegruppen der Farbtafeln a und b sind also voneinander und von der Gruppe D_2 verschieden. Man kann sich überlegen, daß die Elemente aller drei Gruppen bei geeigneten Zuordnungen in denselben Beziehungen zueinander stehen, die Gruppen also isomorph sind.

Farbtafel 4

Berücksichtigt man Farbunterschiede nicht, so besitzt das einfach verschiebungssymmetrische ebene Muster die Symmetrien der Abbildung 49f. Wie die bereits besprochenen Farbtafeln, Farbtafel 5, das Ying-Yang (Abb. 6), Eschers Hockende Männer (Abb. 56), die Muster der Abbildung 58 und das Hinterreiterbild des Schutzumschlags, ist auch dieses so aufgebaut, daß bei Berücksichtigung der Farben die Bewegungssymmetrien der Umrisse entweder als reine Bewegungssymmetrien bestehen bleiben oder zu Farbsymmetrien werden. Die Verschiebungssymmetrie des Musters gehört zu den ersteren, die Gleitspiegelungssymmetrie zu den letzteren. Ich überlasse es dem Leser, die Spiegel- und Drehsymmetrien der Umrisse in dieses Schema einzuordnen.

Farbtafel 5

Der Leser kann die Symmetrien der aus drei Farben und einer Hintergrundfarbe aufgebauten Computerzeichnung leicht für sich selbst entdecken. Wie Hinterreiters Bild auf dem Schutzumschlag, Eschers hockende Männer (Abb. 56) und andere farbsymmetrische Muster des Buches ist die Farbtafel symmetrisch bei mit Farbvertauschungen kombinierten Verschiebungen.

Farbtafel 6

Die Konstruktionsvorschrift und die Symmetrien des Mandelbrotschen »selbstquadrierten Drachen« sind in der Legende zu Abbildung 82 beschrieben. Die Schläuche aus sich abwechselnden Farben führen auf Punkte, die zu ihm gehören.

Text- und Bildquellen

Angegeben sind die Quellen der Abbildungen, deren Vorlagen nicht vom Autor allein angefertigt wurden, die der Zitate und Einzelerwähnungen sowie Literaturstellen, die einzelne Darstellungen des Buches inhaltlich oder formal beeinflußt haben. Die Computerzeichnungen stammen mit vier Ausnahmen vom Autor, die Photos und Strichzeichnungen nach Vorlagen des Autors und aus den hier angegebenen Büchern hat Frau Marlies Sloan angefertigt. Mit wenigen Ausnahmen wurden die aus Fremdsprachen stammenden Zitate des Buches vom Autor ins Deutsche übertragen. Verschiedene Nennungen derselben Quelle sind zusammengefaßt; ansonsten folgt die Quellenliste der Reihenfolge des Buches. Im Buch bereits angegebene Quellen werden nicht abermals genannt.

Quellen der Farbtafeln

C. H. Macgillavry: Symmetry Aspects of M. C. Escher's Periodic Drawings; Bohn, Scheltema & Holkema; Utrecht 1976 (Farbtafel 1, mit freundlicher Genehmigung des Künstlers). Richard Paul Lohse: Gruppe von acht Quadraten mit vier Rechtecken, aus: Konstruktion und Geste – Schweizer Kunst der 50er Jahre; Bearbeitet von Willy Rotzler; Herausgeber Stadt Karlsruhe, Städtische Galerie 1986 (Farbtafel 2, mit freundlicher Genehmigung des Künstlers).

Quelle Motto

E. P. Wigner: Invariance in Physical Theory; Proceedings of the American Physical Society, Vol. 93, No. 7 (Dezember 1949).

Quellen Prolog

T. D. Lee: Particle Physics and Introduction to Field Theory; haarwood academic publishers, chur london new york; Amsterdam 1981 (T. D. Lees Auto; Unbeobachtbarkeit Kapitel 6). M. Gardner: Das gespiegelte Universum; Friedr. Vieweg & Sohn; Braunschweig 1967 (Zitat Wolfgang Pauli; Zyklop-Zitat A. Salam; Abb. 12). J. W. von Goethe: Der Versuch als Vermittler zwischen Objekt und Subjekt in: Goethes Werke, Band XIII S. 15, C. H. Beck, München, [17]1975 (Ich möchte ... hier eine Art von Paradoxon aufstellen, um eine lebhaftere Aufmerksamkeit zu erregen). R. P. Feynman, R. B. Leighton und M. Sands: Feynmans Vorlesungen über Physik, R. Oldenbourg Verlag München 1974; Band I (erste Erwähnung Feynman im Prolog) und Band II (Abb. 128 sowie Raummodelle in Kapitel 8 und im Epilog). Katalog der Ausstellung *Kunst und Kultur Sardiniens vom Neolithikum bis zum Ende der Nuraghenzeit*, Badisches Landesmuseum Karlsruhe, 1980, Verlag C. F. Müller, Karlsruhe (Abb. 1). Katalog zur Ausstellung *Ornamenta Ecclesiae* des Schnütgen-Museums der Stadt Köln 1985, Band I (Abb. 2). J. L. Borges und M. Guerrero: Einhorn, Sphinx und Salamander – Ein Handbuch der phantastischen Zoologie; Carl Hanser, München 1964. D. Dixon: Die Welt nach uns; C. Bertelsmann, München 1982. Hermann Weyl: Symmetrie; Birkhäuser, Basel 1955 (Abb. 3a, obere Abb. 4, Abb. 54b und 64). Postkarte *Schloß Karlsruhe*, Badisches Landesmuseum im Karlsruher Schloß, Luftbild Albrecht Brugger, Stuttgart (Abb. 3b). Antonio Paolucci: Ravenna, Editione Salera/Ravenna, 1971 (Abb. 3d). Postkarte *Achäminidischer Goldreif*, Badisches Landesmuseum Karlsruhe, Deutscher Kunstverlag München, Berlin (Abb. 3e). Katalog der Ausstellung *Symmetrie in Kunst, Natur und Wissenschaft*, Band 1, Mathildenhöhe, Darmstadt 1986 (Beitrag R. Wille: Abb. 3c; Beitrag S. Beeth-Lustenberger: Abb. 17; Beitrag P. Kramer: Erwähnung Kepler Kapitel 2; Beitrag K. G. Roesner: Abb. 132a). K. L. Wolf und R. Wolff: Symmetrie, Tafelband; Böhlau; Münster/Köln 1956 (Abb. 3f, untere Abb. 63, Abb. 66). Inserate der Firma Philips in *Die Weltwoche*, Zürich, Oktober 1986 (untere Abb. 4). Baukunst von den Anfängen bis zur modernen Architektur; C. Bertelsmann Verlag 1966 (Abb. 8). E. Haeckel: Art Forms in Nature; Dover Publications; New York 1974 (Abb. 7). Th. A. McMahon und J. T. Bonner: Form und Leben; Verlag Spektrum der Wissenschaft, Heidelberg 1985 (Abb. 8a, 9e; Sprunghöhe und Perlboot Kapitel 5). Panoramen der Geschichte – Zum Nutzen des Menschen; Scherz-Verlag, Bern, Stuttgart, Wien 1963 (Abb. 8b, 9b, c und d). Katalog der Firma Märklin, Artikel-Nummer 3352 (Abb. 9a). Hans Wichmann: Industrial Design; Prestel-Verlag 1985 (Abb. 9f). Werner Gilde: Gespiegelte Welt; Aulis Verlag Deubner & Co. KG, Köln (Abb. 10, 13, 35, 45). Ernst Peter Fischer: Mein linkes und mein rechtes Ich; Leader Juli/August 1986, Seite 101; Zürich 1986. R. P. Feynman: The Character of Physical Law; The M. I. T. Press, Cambridge, Massachusetts and London, England, 1967 (zweite Erwähnung Feynman). Katalog der Ausstellung *Max Ernst – Das graphische Werk*, Hamburger Kunsthalle 1967 (Abb. 14, © VG Bibel-Kunst, Bonn/SPADEM, Paris, 1986). W. A. Bentley und W. J. Humphreys: Snow Crystals; Dover Publications, New York 1962 (Abb. 15).

Quellen Kapitel 1

R. M. F. Houtappel, H. van Dam und E. P. Wigner: The Conceptual Basis and Use of the Geometric Invariance Principles; Reviews of Modern Physics Volume 37, Seite 595 (1965) und E. P. Wigner: Symmetry and Conservation Laws; Proceedings of the National Academy of Sciences, Vol. 51, No. 5; May 1964 (Erwähnungen Wigner in Kapitel 1, 2 und 6 außer im Zusammenhang mit Teilchenklassifikationen). Photos Abb. 18 von G. Mahler, Design-Büro Kremer-Mahler, Spichernstraße 16, 5 Köln 1. E. P. Wigner: The Unreasonable Effectiveness of Mathematics in the Natural Sciences, Communications in Pure and Applied Mathematics, Vol. 13, No. 1, February 1960; Nachdruck in E. P. Wigner: Symmetries and Reflections, siehe Literaturempfehlungen.

Quelle Kapitel 2

Meyers Physik-Lexikon, Bibliographisches Institut Mannheim 1973 (Abb. 25).

Quellen Kapitel 3

Die Laue-Aufnahme eines Kochsalzkristalls in Abb. 33 hat freundlicherweise Herr Prof. Dr. W. E. Klee, Institut für Kristallographie der Universität Karlsruhe, zur Verfügung gestellt. Henning Genz: Lineare und ebene Kristalle; Physik in unserer Zeit, 2/86 (Abb. 34a; die Computerzeichnungen des Autors in Abb. 37, 49, 50e, 52, 54c wurden zuerst hier publiziert). Victor Weisskopf: Knowledge and Wonder; The MIT Press, Cambridge, Massachusetts, and London, England, 1979 (Abb. 34b und Erwähnung Weisskopf in Kapitel 5). Führer *Wege zur Klassik* durch die Antikenabteilung des Badischen Landesmuseums, Karlsruhe 1985 (Abb. 41). A. K. Dewdney: The Planiverse Pan Books, London 1984 (Schwierigkeiten der Flachländer). E. P. Wigner: Violations of Symmetry in Physics, Scientific American 1957 (Nachzeichnung in Abb. 43a + b). J. Rosen: Symmetry Discovered; Cambridge University Press, Cambridge 1975 (Abb. 43c). G. E. Martin: Transformation Geometry; Springer-Verlag New York 1982 (Abb. 44 und 50b). Panoramen der Geschichte – Das tägliche Leben, Scherz-Verlag, Bern Stuttgart (Abb. 50a). Plakat der Ausstellung *Kleine Welt aus Papier* im Kindermuseum der staatlichen Kunsthalle Karlsruhe 1986 (Abb. 50d). J. Bronowski: The Ascent of Man; Little, Brown and Company; Boston/Toronto 1973 (Abb. 50c, 54a und 109). E. H. Gombrich: Ornament und Kunst, Klett-Cotta, Stuttgart 1982 (Abb. 54d, 58a, 58b). Leben und Werk M. C. Eschers, Rheingauer Verlagsgesellschaft Eltville 1964 (Abb. 56). D. R. Nelson: Quasikristalle, Spektrum der Wissenschaft 10/1986 (Abb. 53 zeigt einen Ausschnitt des dortigen Penrose-Musters). Die Welten des M. C. Escher; Heinz Moos Verlag, München (Abb. 58d und 128 sowie Zitat aus M. C. Escher *Unendlichkeitsannäherungen* am Ende des Buches).

Quellen Kapitel 4

Heinz Pagels: The Cosmic Code, Simon and Schuster, New York 1982 (Energiegewinnung aus Änderung der Schwerkraft; Zitat I. I. Rabi, Kapitel 7). A. S. Wightman: Relativistic Invariance and Quantum Physics; Nuovo Cimento Supplemento, Vol. 14, Serie 10, 1959, Seite 81 (subjektive Identität). J. Maddox: How special ist special relativity?; Nature *313*, 429 (1985) und J. Maddox: More tests of special relativity; Nature *319*, 533 (1986) (Tests der speziellen Relativitätstheorie). E. P. Wigner: Relativistic Invariance and Quantum Phenomena; Reviews of Modern Physics, Volume 29, 255 (1957); (Zitate E. P. Wigner 1957). H. Bondi: Relativity Theory and Gravitation; Eur. J. Phys. *7*, 106 (1986) (Erwähnung Bondi).

Quellen Kapitel 5

G. Galilei: Unterredungen und mathematische Demonstrationen über zwei neue Wissenszweige, die Mechanik und die Fallgesetze betreffend; Wissenschaftliche Buchgesellschaft, Darmstadt 1985. R. von Normann: Erstaunliche Zahlen; Wolfgang Krüger Verlag, Frankfurt am Main 1983 (Nashornkäfer). Paul Mongré (Felix Hausdorff): Das Chaos in kosmischer Auslese. Nachdruck: Zwischen Chaos und Kosmos oder Vom Ende der Metaphysik; Agis Verlag, Baden-Baden 1976 (Laplace-Zitat und Erwähnung Mongré). Particle Data

Group: Review of Particle Properties; Reviews of Modern Physics, Volume 56, No. 2 Teil II; April 1984 (Abb. 61 d und »verbindliche Elementarteilchenliste« in Kap. 6). Steven Weinberg: The Discovery of Subatomic Particles, Scientific American Library, W. H. Freeman, New York 1983, Zitat Rutherford). Heinrich Stork (Herausgeber): Symmetrie, Schriftenreihe Leitthemen; Aulis Verlag Deubner & Co KG, Köln 1985 (Beitrag F. Weberling obere Abb. 63 und Abb. 75 I und II). Benoit B. Mandelbrot: The Fractal Geometry of Nature; W. H. Freeman; New York 1983 (Abb. 67). Benoit B. Mandelbrot: How Long Is the Coast of Britain? Statistical Self-Similarity and Fractional Dimension; Science *156*, 636 (1967) (Zitat Richardson). Die Abb. 69 sind Ausschnittsvergrößerungen eines Photos eines Bergmassivs im Wilden Kaiser (Süddeutscher Bilderdienst München). L. P. Kadanoff: Fractals: Where's the physics?; Physics Today, February 1986 (Abb. 76a und Zitat). T.A. Witten und L. M. Sander: Diffusion-Limited Aggregation; a Kinetic Critical Phenomenon in Physical Review Letters, Volume 47, Seite 1400, 1981 (Abb. 76b). K. G. Wilson: Die Renormierungsgruppe; Spektrum der Wissenschaft 10/1979 (Abb. 79). F. Leeman, J. Elffer und M. Schuyt: Anamorphosen; M. DuMont-Schauberg, Köln 1975 (Abb. 81).

Quellen Kapitel 7

Die Postkarte in Abb. 87 wurde freundlicherweise vom Adressaten, Herrn Prof. Dr. Helmut Appel, Institut für experimentelle Kernphysik der Universität Karlsruhe, zur Verfügung gestellt. Die Abb. 96b und 100 stammen von DESY, Hamburg; die Abb. 96a von CERN, Genf und die Abb. 96c von SLAC, Palo Alto, California, USA. Entnommen wurde Abb. 96c J. E. Dodd: The Ideas of Particle Physics; Cambridge University Press, Cambridge 1984. W. Pauli: Offener Brief an die Gruppe der Radioaktiven bei der Gauvereinstagung in Tübingen, 1930. Zitiert in: W. Pauli: Physik und Erkenntnistheorie; Friedr. Vieweg & Sohn, Braunschweig 1984.

Quellen Kapitel 8

E. P. Wigner: Relativistic Invariance in Quantum Mechanics; Nuovo Cimento, Volume 3, Seite 517 (1956) (Erwähnung Wigner und Zitat Haag im Epilog). A. De Rujula: Remnants of the Fifth Force; CERN-TH. 4466/86; Genf 1986 und: On Weaker Forces than Gravity, CERN-TH. 4515/86, Genf 1986. C. Jarlskog und F. J. Yndurain: A precision determination of the number of spatial dimensions; CERN-TH. 4244/85; Genf 1985. Abb. 107 entstammt Physics Today, July 1985. P. Ginsparg und S. Glashow: Desperately seeking superstrings?; Physics Today, May 1986.

Quelle Kapitel 9

H. Frauenfelder und E. M. Henley: Teilchen und Kerne; R. Oldenbourg Verlag, München – Wien 1979 (zitiert als »bekanntes Lehrbuch«).

Quellen Kapitel 10

A. Salam: Unification of the Forces in J. H. Mulvay (Herausgeber): The Nature of Matter; Clarendon Press, Oxford 1981 (Erwähnung Salam in der Legende zu Abb. 120). E. P. Tryon: What made the world?; New Scientist 8, March 1984 (Gesamtenergie der Welt ist möglicherweise Null). John D. Barrow/Joseph Silk, Die asymmetrische Schöpfung; Piper, München 1986. H. Genz, H. M. Staudenmaier und F. Kaiser: Solitonen; Computererzeugter Film C1365, IWF, Göttingen 1980; Begleitveröffentlichung in: Publikationen zu wissenschaftlichen Filmen, Serie 7, Nummer 26 (1981) (Abb. 126).

Quellen Epilog

R. Penrose: The Geometry of the Universe. In: L. A. Steen (Herausgeber): Mathematics Today, Springer 1984. Steven Weinberg: Gravitation and Cosmology; John Wiley & Sons, Inc., New York, London, Sidney, Toronto 1972 (Erwähnungen Gauß und Steven Weinberg). T. Ferris, Galaxien; Birkhäuser, Basel, Boston, Stuttgart 1983 (Abb. 130). D. W. Sciama: The Universe as a Whole: In: J. Mehra (Herausgeber): The Physicist's Conception of Nature; D. Reidel; Dordrecht, Holland 1973. Katalog der Ausstellung *Kosmische Bilder in der Kunst des 20. Jahrhunderts*; Staatliche Kunsthalle Baden-Baden, Baden-Baden 1984 (Abb. 131). L. S. Dixon: The Garden of Empirical Delights. In: The Sciences, September/October 1985 (Erwähnung Giovanni di Paolo). H. C. von Baeyer: Looking-Glass Worlds. In: The Sciences, September/October 1985 (Erwähnungen Kepler). Hermann Haken: Erfolgsgeheimnisse der Natur; Deutsche Verlags-Anstalt, Stuttgart 1981 (Abb. 132b).

Literaturangaben

Informationen über Aspekte der Symmetrie, die nicht nur das Fachgebiet des Autors – Physik – betreffen, wurden den zuerst angegebenen »Allgemeinen Quellen« und Werken der dann folgenden »Literaturempfehlungen« entnommen. Letztere nennen Artikel und Bücher, die Einzelthemen ausführlicher darstellen, als es bei der Fülle der für das Thema Symmetrie wichtigen Sachverhalte hier möglich war. Nicht aufgenommen wurden Artikel und Bücher, die sich nur an Fachleute des jeweiligen Spezialgebietes wenden. Die mit einem oder zwei Sternen gekennzeichneten Schriften setzen durchgehend eine umfassendere naturwissenschaftliche Allgemeinbildung voraus als – mit Ausnahme von einigen Abschnitten – dieses Buch; die mit einem Stern kommen, anders als die mit zweien, ohne oder mit wenigen mathematischen Formeln aus und verwenden sie so, daß Verständnis wichtiger Punkte vom Verständnis der Formeln nicht abhängt. Zu den allgemeinen Quellen und den Literaturempfehlungen ist in Klammern immer dann hinzugefügt, welchen Aspekt unseres Themas sie betreffen, wenn dies nicht bereits der Titel des Werkes hinreichend klarmacht. Abgeschlossen werden die Literaturangaben mit populärwissenschaftlichen Vorarbeiten des Autors zum Thema Symmetrie. Diese enthalten – wie sollte es anders sein – manches vom im Buch Dargestellten.

Allgemeine Literatur zu Themen außerhalb der Physik

Heinrich Stork (Herausgeber): Symmetrie, Schriftenreihe Leitthemen; Aulis Verlag Deubner & Co KG, Köln 1985 (Symmetrie und Symmetriebrechung in der Biologie; Symmetrie allgemein). J. Rosen: Symmetry Discovered; Cambridge University Press, Cambridge 1975 (Symmetrie allgemein). Katalog der Ausstellung *Symmetrie in Kunst, Natur und Wissenschaft*, Bände 1–3, Mathildenhöhe, Darmstadt 1986 (Symmetrie allgemein). Werner Gilde: Gespiegelte Welt; Aulis Verlag Deubner & Co KG, Köln 1979 (Symmetrie allgemein). K. L. Wolf und R. Wolff: Symmetrie, Textband und Tafelband; Böhlau, Münster/Köln 1956. Manfred Eigen und Ruth Winkler: Das Spiel; Piper, München/Zürich 1975 (Symmetrie allgemein; Spiegelsymmetrieverletzung durch die Chemie des Lebens). W. Ludwig: Das Rechts-Links-Problem im Tierreich und beim Menschen; Springer-Verlag, Berlin, Heidelberg, New York; Nachdruck 1970 (Spiegelsymmetrie und ihre Brechung in der Biologie). A. J. MacDermott: Distinguishing true chirality from its accidental imitators; Nature *323*, 16 (1986) (Spiegelsymmetrieverletzungen allgemein). R. Janoschek: Zur Linkshändigkeit der Natur; Naturwissenschaftliche Rundschau *39*, 327 (1986) (Spiegelsymmetrieverletzung durch die Chemie des Lebens). S. F. Mason: Origins of biomolecular handedness; Nature *311*, 19 (1984) und: The left hand of nature; New Scientist, 19. Januar 1984 (Spiegelsymmetrieverletzung durch die Chemie des Lebens). K. Streif: Mit der linken Hand gegen den Rest der Welt; Die Weltwoche Nr. 42, Zürich 1985 (Linkshänder im Sport).

Empfohlene Literatur

Hermann Weyl: Symmetrie; Birkhäuser, Basel 1955 (Kapitel 1 bis 5 und Kapitel 9 bis Epilog). Ernst Peter Fischer: Mein linkes und mein rechtes Ich; Leader, Verlag der Weltwoche, Zürich, Juli/August 1986 (Spiegelsymmetrie und Spiegelsymmetriebrechung bei Lebewesen). Eugene P. Wigner: Symmetries and Reflections; Scientific Essays of Eugene P. Wigner; Indiana University Press, Bloomington & London 1967 (Naturgesetze und Symmetrien). E. H. Lockwood & R. H. Macmillan: Geometric Symmetry (*); Cambridge University Press, Cambridge UK 1978 (Kapitel 3). A. V. Shubnikov und V. A. Koptsik: Symmetry in Science and Art (*); Plenum Press, New York 1974 (Farbsymmetrien). C. H. Macgillavry: Symmetry Aspects of M. C. Escher's Periodic Drawings; Bohn, Scheltema & Holkema, Utrecht 1976. Benoit B. Mandelbrot: The Fractal Geometry of Nature (*); W. H. Freeman, New York 1983 (Fraktale). Th. A. McMahon und J. T. Bonner: Form und Leben; Verlag Spektrum der Wissenschaft, Heidelberg 1985 (Kapitel 5). Heinz Pagels: Perfect Symmetry; Michael Joseph, London 1985 (Kapitel 4 bis Epilog). E. Squires: To acknowledge the wonder (*); Adam Hilger, Bristol and Boston 1985 (Kapitel 7 bis Epilog). Teilchen, Felder und Symmetrien; Spektrum der Wissenschaft Verlag, Heidelberg 1984. Harald Fritzsch: Quarks (*); R. Piper, München 1981. Y.

Nambu: Quarks; World Scientific, Philadelphia and Singapure 1985. Oskar Höfling und Pedro Waloschek: Die Welt der kleinsten Teilchen; Rowohlt, Hamburg 1984. Albert Einstein: Über die spezielle und die allgemeine Relativitätstheorie; Friedr. Vieweg & Sohn, Braunschweig 1969. H. Bondi: Relativity Theory and Gravitation; Eur. J. Phys. 7, 106 (1986). Lewis C. Epstein: Relativitätstheorie anschaulich dargestellt; Birkhäuser, Basel, Boston, Stuttgart 1985. C. M. Will: Theory and experiment in gravitational physics (**); Cambridge University Press, Cambridge 1981. J. D. Barrow/J. Silk: Die asymmetrische Schöpfung; Piper, München 1986 (Kapitel 8 bis Epilog). I. Ekeland: Das Vorhersehbare und das Unvorhersehbare; Harnack, München 1985 (Richtung der Zeit). I. J. R. Aitchison: Nothing's plenty – The vacuum in modern quantum field theory (**); Contemp. Phys. *26*, 333 (1985). J. M. Irvine: The Constancy of the Laws of Physics in the Light of Prehistoric Nuclear Reactors (**), Contemp. Phys. *24*, 427 (1983). Steven Weinberg: Die ersten drei Minuten; Piper, München 1977 (Kapitel 10 und Epilog). Harald Fritzsch: Vom Urknall zum Zerfall; Piper, München 1983. James Trefil: Im Augenblick der Schöpfung; Birkhäuser, Basel, Boston, Stuttgart 1984. Rudolf Kippenhahn: Licht vom Rande der Welt; Deutsche Verlagsanstalt, Stuttgart 1984 (Urknall, dunkle Materie). Hermann Haken: Erfolgsgeheimnisse der Natur; Deutsche Verlagsanstalt, Stuttgart 1981 (Epilog).

Populärwissenschaftliche Publikationen des Autors zur Symmetrie

Henning Genz: Symmetrie – von der Schönheit der Naturgesetze; Redakteur Alexander von Cube; Fernsehsendung WDR, Köln 1978. Henning Genz: Spiegelbildlich betrachtet; Wochenend-Beilage der FAZ am 16.10.1982. Henning Genz: Natur, Naturgesetze – und Bilder. In: Katalog der Ausstellung Kosmische Bilder in der Kunst des 20. Jahrhunderts; Staatliche Kunsthalle Baden-Baden, Baden-Baden 1984. Henning Genz und Uli Deker: Die Symmetrie birgt die Weltformel; Bild der Wissenschaft, 1/86. Henning Genz: Symmetrien im Computer; Mathematisches Kabinett von Bild der Wissenschaft, 1/86. Henning Genz: Lineare und ebene Kristalle; Physik in unserer Zeit, 2/86. Henning Genz: Fraktale; Mathematisches Kabinett von Bild der Wissenschaft, 8/86. Henning Genz: Symmetrie – ein Programm zum Zeichnen Symmetrischer Ebener Muster (Kristalle), Teile I bis III; Physik und Didaktik 2,3,4/1987.

Hinweis für speziell interessierte Leser

Computerprogramm

Die Computerprogramme *Symmetrie* und *Fraktale* für IBM-compatible Rechner und den APPLE II (bitte angeben), die alle bewegungssymmetrischen und die meisten fraktalen Computermuster dieses Buches gezeichnet haben, können vom Autor unter der Adresse *H. Genz, ITTP, Universität Karlsruhe, D-7500 Karlsruhe* gegen einen Verrechnungsscheck über 34,–DM bezogen werden.

Weiterführendes Buch
Das Buch *Symmetrie und Symmetriebrechung in der Physik* von Henning Genz und Roger Decker, erschienen 1991 in der Reihe *Facetten* des Vieweg-Verlags, erzählt die Symmetrie-Geschichte neu für Leser mit guter naturwissenschaftlicher Allgemeinbildung. Die »kleine amüsante Rechnung« von Seite 76 wird vorgeführt, und es wird beschrieben, was die Aussage »Soweit wir wissen, sind die Naturgesetze zu allen Zeiten dieselben« wirklich bedeutet. Das Buch erörtert bevorzugt Themen, die mit Hilfe einfacher Formeln besser dargestellt werden können als ohne sie.

Danksagungen

All denen, die mich bei der langjährigen Arbeit an diesem Buch und seinen Vorstufen beraten und unterstützt haben, danke ich sehr herzlich. Nicht alles aus der Fülle der Anregungen, die ich bekommen habe, konnte ich schließlich verwerten. Die Kaffee- und Teerunde des Instituts für Theoretische Kernphysik der Universität Karlsruhe habe ich gelegentlich arg geplagt. Ihr danke ich für viele lebhafte und aufschlußreiche Diskussionen, die manches, das ins Buch hineinkommen sollte, nicht überlebt hat. Aus dieser Runde danke ich besonders den Herren Roger Decker und Wolfgang Langguth für kritische Lektüre von Teilen des Manuskriptes, Massimo Malvetti und Michael Schweizer für freundliche Hilfe bei der Computerei, Hartmut Pilkuhn für kritische und hilfreiche Anmerkungen sowie Hans Martin Staudenmaier für tatkräftige Unterstützung. Meinen Karlsruher Kollegen Wilfried Klee und Hans Wondratschek von der Kristallographie bin ich für geduldige Beratung und wertvolle Unterstützung sehr dankbar. Insbesondere Herr Wondratschek hat mich vor einigen (leider wohl nicht allen) Fehlern in Fragen der Kristallographie und ungewollten Verletzungen kristallographischer Konventionen bewahrt. Den Herren Michael Kobelt und Manfred Rueff, letzterer vom Fraunhofer-Institut für Produktionstechnik und Automatisierung in Stuttgart, danke ich für Beiträge zu frühen Versionen des Kapitels über Skalensymmetrie sehr herzlich. Die Deutsche Forschungsgemeinschaft und die Kollaboration der Universität Karlsruhe mit IBM Deutschland haben Computerarbeiten, auf denen einige Abbildungen dieses Buches fußen, unterstützt. Dafür gilt beiden Institutionen mein Dank. Dank auch an Frau Marlies Sloan, die Zeichnungen und Photos für das Buch angefertigt hat. Schließlich danke ich dem Piper-Verlag für freundliche und verständnisvolle Zusammenarbeit, insbesondere dem Lektor Ulrich Wank und dem Redakteur, Herrn Max Werner Vogel. Herr Vogel hat bei der Durchsicht viele Fragen ins Manuskript hineingeschrieben, die im gedruckten Text – hoffentlich zur Zufriedenheit von Herrn Vogel – beantwortet sind. Ich denke, daß die hinzugefügten Erläuterungen das Buch für Nicht-Physiker leichter lesbar machen. Gewidmet ist es meinem Vater, der immer wollte, daß ich eins schreibe, und meiner Frau, die ertragen hat, daß ich es tat.

Personenregister